高等数学

下册

张京良 **主编**

王学芳 黄桂芳 任启峰 **编**

清华大学出版社
北京

内 容 简 介

本书是普通高等院校工程类本科专业高等数学教材.在传承高等数学经典内容的基础上,本书强化了知识结构的逻辑性,内容编排条理清晰、知识叙述简洁易懂.全书加强了习题建设,题目数量充足、题型丰富,由基础到提高、暗含层次性.为适应新工科建设的需求,本书每章设有一节工程应用举例,用以提升学生的知识应用能力和学习兴趣;每章末附有数学方法、数学思维或数学思想简介,用以提高学生数学素养、践行课程思政育人;最后一章专门介绍数学技术,从软件使用、算法设计、建模过程等方面进一步拓宽学生数学视野、增强学生数学应用意识.

图书在版编目(CIP)数据

高等数学. 下册 / 张京良主编. -- 北京:清华大学出版社,2025. 5.
ISBN 978-7-302-69023-8

Ⅰ. O13
中国国家版本馆 CIP 数据核字第 20255YR469 号

责任编辑:佟丽霞　赵从棉
封面设计:常雪影
责任校对:赵丽敏
责任印制:沈　露

出版发行:清华大学出版社
　　　　　网　　　址:https://www.tup.com.cn, https://www.wqxuetang.com
　　　　　地　　　址:北京清华大学学研大厦 A 座　　邮　　编:100084
　　　　　社 总 机:010-83470000　　　　　　　　邮　　购:010-62786544
　　　　　投稿与读者服务:010-62776969, c-service@tup.tsinghua.edu.cn
　　　　　质量反馈:010-62772015, zhiliang@tup.tsinghua.edu.cn
印 装 者:三河市春园印刷有限公司
经　　销:全国新华书店
开　　本:185mm×260mm　　印　张:16.75　　　　字　　数:402 千字
版　　次:2025 年 6 月第 1 版　　　　　　　　　　印　　次:2025 年 6 月第 1 次印刷
定　　价:52.00 元

产品编号:105205-01

前 言

本书是普通高等院校工程类本科专业高等数学教材,全书分为上、下两册.上册内容包括极限与连续、导数与微分、微分中值定理与导数的应用、不定积分、定积分、微分方程.下册内容包括向量代数与空间解析几何、多元函数微分学、重积分、曲线积分与曲面积分、无穷级数、数学技术简介.书末附有行列式简介、习题答案与提示.

本书编写时,努力做到兼顾高等数学经典内容的传承性与新时代高等教育需求的适应性.在保留高等数学经典内容的基础上,本书着力加强了以下几方面的建设.其一,强化了高等数学经典内容的逻辑性.编写时尽力做到章节安排合理、内容衔接紧密、一元函数知识与多元函数知识相对应,具体体现在章节划分与节内内容叙述安排上.其二,加强了课程习题建设.每节习题题目数量充足、题型丰富,而且题目暗含层次性,同一知识点的题目,遵照循序渐进原则,基础题在前、提高题在后,为教师作业布置、学生按需练习提供便利.其三,努力适应新工科建设要求.第一方面,每一章都专门设置一节内容,介绍一些本章知识在工程应用中的案例,以提升学生的学习兴趣和培养学生的知识应用能力,这些案例可以作为教师讲解相应知识点时的引例;第二方面,每章末尾专题简介了一些数学方法、数学思维、数学思想,以提高学生的数学素养;第三方面,专门安排一章介绍数学技术,从软件使用、算法设计、建模过程等方面进一步拓宽学生的数学视野、增强学生的数学应用意识,用 MATLAB 实现高等数学中的基本运算与绘图部分可作为学生数学实验内容.书中带 * 章节或习题为选修内容.

本书编写时融入了编者的长期教学实践成果,同时也参考和引用了众多学者的教学研究成果,包括教材、教辅、专著、论文、网络文献等,主要参考资料已在参考文献部分列出,但有的参考资料由于时间久远,已经遗忘出处,无法列在参考文献中,在此向所有作者、出版单位表示诚挚的谢意.

教材编写是项浩繁工程,加之编者学识不足,书中定有疏漏及不当之处,敬请读者指正.

编 者

2025 年 2 月

目 录

第 七 章

向量代数与空间解析几何

　　自然界中,有的量只有大小,如长度、温度、时间等,这种量称为数量(或标量),确定了测量单位后用一个实数就可以表示,这些量的运算我们已经很熟悉了;此外,还有一种量,既有大小又有方向,如速度、力、位移等,这种量称为向量(或矢量),其表示和运算与我们熟悉的数量就有所不同了,此即为向量代数的内容.

　　所谓解析几何(或坐标几何),就是用代数方法研究几何问题,即把几何图形看作空间点的轨迹,通过建立坐标系把空间点(或向量)与有序数组(坐标)对应起来,进而建立描述几何图形性质和位置关系的代数方程(或方程组),从而把几何问题转化为代数问题,用代数方法去研究和解决这些问题.

　　本章将介绍向量代数及空间解析几何的基本方法,建立空间平面、直线、曲面、曲线的方程或方程组,给出它们的图形形状,为进一步学习多元函数微积分做好准备.

第一节　空间直角坐标系

　　解析几何的主要内容是建立几何图形与代数方程(或方程组)的联系,那么方程(或方程组)中的变量是怎么来的或表示什么意义呢? 这需要建立坐标系,将空间中的点与有序数组相对应. 在不同的坐标系下,几何图形所对应的代数方程是不同的. 本节介绍一种最常用的坐标系——空间直角坐标系.

一、空间点的直角坐标

　　在三维空间中取定一点 O,过点 O 作三条两两垂直的数轴,一般取三个数轴具有相同的长度单位. 称定点 O 为坐标原点,三条数轴为坐标轴,分别叫作 x 轴、y 轴和 z 轴. 通常把 x 轴和 y 轴配置在水平面上,z 轴是铅垂线. 坐标轴的正方向按右手规则排列,即用右手握住 z 轴,当右手的四指从 x 轴正向以 $\frac{\pi}{2}$ 角度转向 y 轴正向时,大拇指指向 z 轴正向,如图 7-1 所示. 图中箭头的指向表示数轴的正向. 这样的三个坐标轴就组成一个空间直角坐标系.

　　如图 7-2 所示,依次把过 x 轴和 y 轴,y 轴和 z 轴,z 轴和 x 轴的平面分别称为 xOy 平面、yOz 平面、zOx 平面,统称为坐标面. 三个坐标面把空间分成八个部分,每一部分称为一个卦限. 含三个坐标

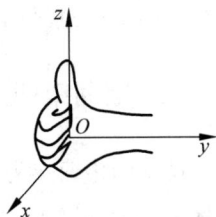

图　7-1

轴正半轴的部分称为第一卦限,在 xOy 平面上方的其余三个卦限按逆时针方向(从 z 轴正向看去)依次称为第二、第三、第四卦限;在 xOy 平面下方的四个卦限中,第一卦限下方的称为第五卦限,其余按逆时针方向依次称为第六、第七、第八卦限.

设 M 为空间中一个点,过点 M 分别作垂直于三个坐标轴的平面,交 x 轴、y 轴、z 轴于 P,Q,R 点(图7-3),这三个点在 x 轴、y 轴、z 轴上的坐标分别是 x,y,z. 点 M 唯一地确定了一个有序实数组 x,y,z;反之,如果有一个有序实数组 x,y,z,则分别在 x 轴、y 轴、z 轴上取与之对应的点 P,Q,R,分别过点 P,Q,R 作垂直于 x 轴、y 轴、z 轴的平面,这三个平面的交点 M 便是有序数组 x,y,z 所确定的唯一点. 这样就确定了空间中点 M 与有序数组 x,y,z 之间的一一对应关系. 我们称 (x,y,z) 为点 M 的坐标,依次称 x,y,z 为点 M 的横坐标、纵坐标和竖坐标. 坐标为 (x,y,z) 的点 M 通常记为 $M(x,y,z)$.

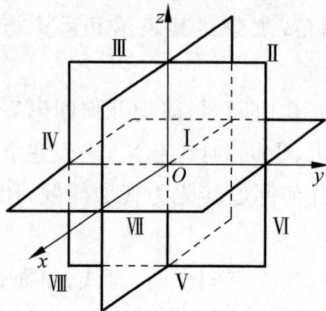
图 7-2

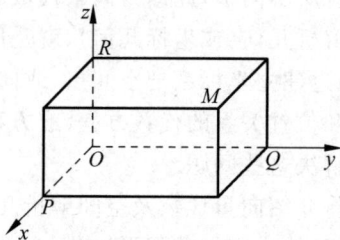
图 7-3

显然,不同卦限中点的坐标的正负号有如下规律(表7-1):

表 7-1　不同卦限中点的坐标的正负号规律

卦限	一	二	三	四	五	六	七	八
坐标符号	$(+,+,+)$	$(-,+,+)$	$(-,-,+)$	$(+,-,+)$	$(+,+,-)$	$(-,+,-)$	$(-,-,-)$	$(+,-,-)$

特别地,位于坐标轴、坐标面上点的坐标有一定的特征. 例如,x 轴上的点可表示为 $(x,0,0)$,xOy 平面上的点可表示为 $(x,y,0)$,原点为 $O(0,0,0)$,等等.

利用坐标可以给出空间中两点关于坐标轴、坐标面、坐标原点的对称含义. 例如:

(1) P_1,P_2 两点关于 x 轴对称,即连接两点的线段 P_1P_2 与 x 轴垂直相交,且被交点平分. 若 P_1 的坐标为 (x,y,z),则 P_2 的坐标为 $(x,-y,-z)$.

(2) P_1,P_2 两点关于 xOy 平面对称,即线段 P_1P_2 与 xOy 平面垂直,且被 xOy 平面平分. 若 P_1 的坐标为 (x,y,z),则 P_2 的坐标为 $(x,y,-z)$.

(3) P_1,P_2 两点关于原点 O 对称,即线段 P_1P_2 经过原点 O,且被点 O 平分. 若 P_1 的坐标为 (x,y,z),则 P_2 的坐标为 $(-x,-y,-z)$.

二、空间中两点间的距离

设空间中两点为 $M_1(x_1,y_1,z_1)$,$M_2(x_2,y_2,z_2)$. M_1,M_2 间的距离 d 可以用它们的坐标来表示. 过 M_1,M_2 分别作垂直于三条坐标轴的平面,这六个平面围成以 M_1M_2 为对角线的长方体(图7-4).

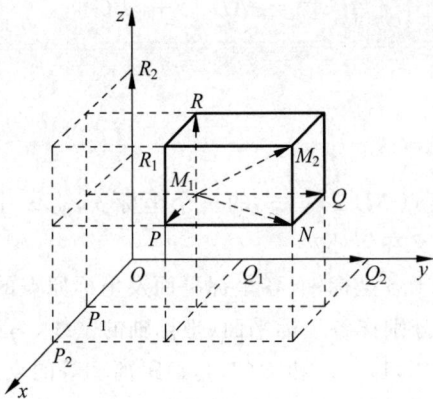

图　7-4

用符号 $|M_1M_2|$ 表示线段 M_1M_2 的长,有

$$d^2 = |M_1M_2|^2 = |M_1N|^2 + |NM_2|^2 = |M_1P|^2 + |PN|^2 + |NM_2|^2.$$

由于

$$|M_1P| = |P_1P_2| = |x_2 - x_1|, \quad |PN| = |Q_1Q_2| = |y_2 - y_1|,$$
$$|NM_2| = |R_1R_2| = |z_2 - z_1|,$$

因此可得如下空间两点间的距离公式:

$$d = |M_1M_2| = \sqrt{(x_2 - x_1)^2 + (y_2 - y_1)^2 + (z_2 - z_1)^2}.$$

特别地,点 $M(x,y,z)$ 与点 $O(0,0,0)$ 间的距离为

$$d = |OM| = \sqrt{x^2 + y^2 + z^2}.$$

例 1　在 xOy 平面上求与已知点 $A(2,1,3)$,$B(0,-2,2)$,$C(3,3,0)$ 等距离的点.

解　设所求点为 $P(x,y,0)$,则

$$|PA|^2 = |PB|^2, \quad |PA|^2 = |PC|^2,$$

利用两点间距离公式,得

$$\begin{cases} (x-2)^2 + (y-1)^2 + 3^2 = x^2 + (y+2)^2 + 2^2, \\ (x-2)^2 + (y-1)^2 + 3^2 = (x-3)^2 + (y-3)^2, \end{cases}$$

整理,得方程组

$$\begin{cases} 2x + 3y = 3, \\ x + 2y = 2, \end{cases}$$

解方程组,得 $x=0$,$y=1$,所以所求点为 $P(0,1,0)$.

例 2　试证以 $A(4,0,3)$,$B(1,1,2)$,$C(0,1,5)$ 为顶点的三角形为直角三角形.

证　因为

$$|AB| = \sqrt{(4-1)^2 + (0-1)^2 + (3-2)^2} = \sqrt{11},$$
$$|BC| = \sqrt{(0-1)^2 + (1-1)^2 + (5-2)^2} = \sqrt{10},$$
$$|AC| = \sqrt{(0-4)^2 + (1-0)^2 + (5-3)^2} = \sqrt{21},$$

所以

$$| AC |^2 = | AB |^2 + | BC |^2,$$

即△ABC 为直角三角形.

习题 7-1

1. 在直角坐标系中,若点 $M(x,y,z)$ 的三个坐标 x,y,z 中有一个为零,这个点在何处? 若有两个为零,这个点又在何处?

2. 求点 $M(x,y,z)$ 关于各坐标轴、各坐标平面及坐标原点的对称点坐标.

3. 过点 $A(a_0,b_0,c_0)$ 分别作各坐标平面、坐标轴的垂线,写出各垂足的坐标.

4. 在 x 轴上求与点 $A(5,1,-7)$ 和 $B(2,4,1)$ 距离相等的点.

5. 求点 $A(5,2,4)$ 到坐标原点及各坐标轴的距离.

6. 试证明以三点 $A(4,1,9),B(10,-1,6),C(2,4,3)$ 为顶点的三角形是等腰直角三角形.

第二节　向量及其线性运算

一、向量的概念

定义　既有大小又有方向的量称为向量.

在几何上,向量可用有向线段来表示.有向线段的长度表示向量的大小,有向线段的方向表示向量的方向.用符号 $\overrightarrow{AB}$ 表示以 A 为起点、以 B 为终点的向量.有时也用一个黑体字母 a 或用一个上面加箭头的字母 $\vec{a}$ 来表示向量.

向量的大小称为向量的模(或长度),记为 $|\overrightarrow{AB}|$ 或 $|a|$,$|\vec{a}|$.模等于 1 的向量称为单位向量.模等于 0 的向量称为零向量,记为 $\mathbf{0}$ 或 $\vec{0}$.零向量的方向可看作是任意的.以坐标原点 O 为起点的向量 $\overrightarrow{OM}$ 称为点 M 对于点 O 的向径(或矢径),常用黑体字母 r 表示.

在数学上只研究与起点无关的向量(自由向量).不管起点如何,凡是方向、长度相同的向量都是相等的.即若 $|a|=|b|$,且 a 与 b 同向,则称 a 与 b 相等,记作 $a=b$.

如果两个向量大小相等,方向相反,则称其中一个为另一个的反向量.a 的反向量记作$-a$.

设 a,b 是两个非零向量,把它们的起点平移到同一点 O,则 a 与 b 的夹角 φ 称为向量 a 与 b 的夹角(图 7-5),并限定 $0\leqslant\varphi\leqslant\pi$,记作 $(\widehat{a,b})$ 或 $(\widehat{b,a})$,即 $(\widehat{a,b})=\varphi$.

如果 $(\widehat{a,b})=0$ 或 π,就称向量 a 与 b 平行,记作 $a/\!/b$.如果 $(\widehat{a,b})=\dfrac{\pi}{2}$,就称向量 a 与 b 垂直,记作 $a\perp b$.规定零向量和任何向量都平行,也和任何向量都垂直.

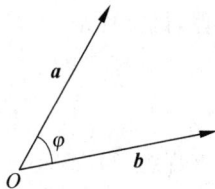

图　7-5

二、向量的线性运算

1. 向量的加减法

在物理学中,作用于一点的两个力的合力可以用"平行四边形法则"表示出来,两次位移

的合成一般用"三角形法则". 数学上,向量的加法运算也是按照"平行四边形法则"或"三角形法则"进行的:

(1) 平行四边形法则. 将向量 a,b 的起点移至同一点 O,以 a,b 为邻边的平行四边形的对角线 $\overrightarrow{OC}$ 表示向量 a 与 b 的和(图 7-6),记为 $a+b$.

(2) 三角形法则. 将 b 的起点移至 a 的终点,从 a 的起点到 b 的终点所引的向量就是 $a+b$(图 7-7).

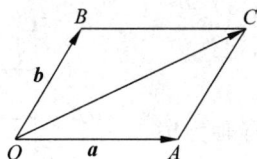
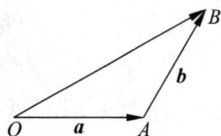

图　7-6　　　　　　　　　　　　图　7-7

如果 a,b 在同一直线上,规定如下:若 a,b 同向,则 $a+b$ 的方向与原来的两个向量方向相同,模等于 $|a|+|b|$;若 a,b 方向相反,则 $a+b$ 的方向与 a,b 中模较大的向量方向相同,且 $|a+b|=||a|-|b||$.

由定义容易验证向量的加法符合如下运算规律:

(1) 交换律　$a+b=b+a$;

(2) 结合律　$(a+b)+c=a+(b+c)$;

(3) $a+0=0+a=a$;

(4) $a+(-a)=(-a)+a=0$.

我们规定两个向量 a 与 b 的差为:$a-b=a+(-b)$.

向量的减法可看作向量加法的逆运算,即若 $a+b=c$,则 $a=c-b$.

2. 向量与数的乘法(数乘)

设 k 是一个实数. 向量 a 与 k 的乘积记作 ka,规定如下:ka 表示一个向量;ka 的模等于 k 的绝对值与向量 a 的模的乘积,即 $|ka|=|k||a|$;若 $k>0$,ka 与 a 同向;若 $k<0$,ka 与 a 反向;若 $k=0$,$ka=0$.

特别地,若 $k=-1$,有 $(-1)a=-a$;若 $a=0$,则对任意实数 k 都有 $ka=0$.

数乘向量满足如下运算规律(k,l 为实数):

(1) 结合律　$k(la)=l(ka)=(kl)a$.

(2) 分配律　$(k+l)a=ka+la$;

$$k(a+b)=ka+kb.$$

方向相同或相反的向量称为共线向量,平行于同一平面的向量称为共面向量. 易证如下结论:

(1) 两个非零向量 a,b 共线(平行),当且仅当存在 $k\neq0$,使 $a=kb$.

(2) 三个非零向量 a,b,c 共面,当且仅当存在不全为零的数 k,l,使 $a=kb+lc$.

设 a° 是与非零向量 a 同向的单位向量,则 a 可以表示为 $a=|a|a^\circ$. 因 $|a|\neq0$,故有

$$\frac{a}{|a|}=a^\circ,$$

即非零向量乘以其模的倒数得到一个与原向量同方向的单位向量.

三、向量的坐标

1. 向量的坐标和坐标分解式

为了利用数量来研究向量,必须建立向量与有序数组之间的对应关系.

给定向量 a,将其作平行移动,使其起始点位于原点 O,设此时 a 的终点为 M,即 $a = \overrightarrow{OM}$(图 7-8).设点 M 的坐标为 (x,y,z),显然,(x,y,z) 与向量 a 是一一对应的,则将 (x,y,z) 称为向量 a 的坐标,记为

$$a = (x,y,z).$$

设 $a = \overrightarrow{OM} = (x,y,z)$,以 OM 为对角线、三条坐标轴为棱作长方体 $RHMK\text{-}OPNQ$,如图 7-8 所示,则由向量的加法得

$$a = \overrightarrow{OM} = \overrightarrow{ON} + \overrightarrow{NM} = \overrightarrow{OP} + \overrightarrow{PN} + \overrightarrow{NM}$$
$$= \overrightarrow{OP} + \overrightarrow{OQ} + \overrightarrow{OR}.$$

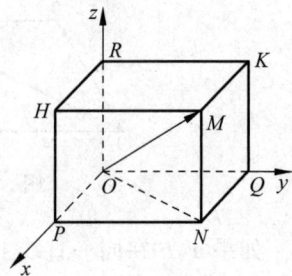

图　7-8

用 i,j,k 分别表示 x 轴、y 轴、z 轴上指向正向的单位向量,并称它们为坐标系的基本单位向量.因为点 M 的坐标为 (x,y,z),故由向量与数的乘法知

$$\overrightarrow{OP} = xi, \quad \overrightarrow{OQ} = yj, \quad \overrightarrow{OR} = zk,$$

如此可得

$$a = \overrightarrow{OP} + \overrightarrow{OQ} + \overrightarrow{OR} = xi + yj + zk,$$

上式右端称为向量 a 的坐标分解式,其中向量 xi,yj,zk 分别叫作向量 a 在 x 轴、y 轴、z 轴上的分向量.

有了向量的坐标分解式,就可把向量的线性运算用向量的坐标表示,也就是能够把向量间的线性运算转化为数量间的代数运算.设 $a = (a_x,a_y,a_z)$,$b = (b_x,b_y,b_z)$,即

$$a = a_x i + a_y j + a_z k, \quad b = b_x i + b_y j + b_z k,$$

则利用向量加法的交换律和结合律以及向量与数的乘法的结合律与分配律,有

$$a \pm b = (a_x i + a_y j + a_z k) \pm (b_x i + b_y j + b_z k)$$
$$= (a_x \pm b_x)i + (a_y \pm b_y)j + (a_z \pm b_z)k$$
$$= (a_x \pm b_x, a_y \pm b_y, a_z \pm b_z),$$
$$\lambda a = \lambda a_x i + \lambda a_y j + \lambda a_z k$$
$$= (\lambda a_x, \lambda a_y, \lambda a_z), \quad \lambda \text{ 为实数}.$$

也即

$$(a_x, a_y, a_z) \pm (b_x, b_y, b_z) = (a_x \pm b_x, a_y \pm b_y, a_z \pm b_z),$$
$$\lambda(a_x, a_y, a_z) = (\lambda a_x, \lambda a_y, \lambda a_z),$$

由此可知,对向量进行加、减、数乘运算,只需对向量的各个坐标分别进行相应的数量运算.

例 1　已知 $M_1(x_1,y_1,z_1)$,$M_2(x_2,y_2,z_2)$,求向量 $\overrightarrow{M_1M_2}$ 的坐标.

解　将 M_1,M_2 分别与坐标原点连线,则由向量的加法有

$$\overrightarrow{OM_2} = \overrightarrow{OM_1} + \overrightarrow{M_1M_2},$$

即

$$\overrightarrow{M_1M_2} = \overrightarrow{OM_2} - \overrightarrow{OM_1},$$

而

$$\overrightarrow{OM_1} = (x_1, y_1, z_1), \quad \overrightarrow{OM_2} = (x_2, y_2, z_2),$$

所以

$$\overrightarrow{M_1M_2} = (x_2, y_2, z_2) - (x_1, y_1, z_1) = (x_2 - x_1, y_2 - y_1, z_2 - z_1).$$

注 上述结果以后当作结论使用，$\overrightarrow{M_1M_2}$ 的坐标就是终点坐标减去始点坐标.

例 2 已知 $M_1(x_1, y_1, z_1), M_2(x_2, y_2, z_2)$，求线段 M_1M_2 的中点 M 的坐标.

解 设 M 的坐标为 (x, y, z)，则由两向量相等的定义知

$$\overrightarrow{M_1M} = \overrightarrow{MM_2},$$

运用例 1 的结果得

$$(x - x_1, y - y_1, z - z_1) = (x_2 - x, y_2 - y, z_2 - z),$$

由坐标的唯一性有

$$x - x_1 = x_2 - x, \quad y - y_1 = y_2 - y, \quad z - z_1 = z_2 - z,$$

即得

$$x = \frac{x_1 + x_2}{2}, \quad y = \frac{y_1 + y_2}{2}, \quad z = \frac{z_1 + z_2}{2},$$

此为中点坐标公式，也就是 M 的坐标为 $\left(\dfrac{x_1+x_2}{2}, \dfrac{y_1+y_2}{2}, \dfrac{z_1+z_2}{2}\right)$.

例 3 证明：两个非零向量平行当且仅当这两个向量的对应坐标分量成比例.

证 设两个非零向量分别为 $\boldsymbol{a} = (a_x, a_y, a_z), \boldsymbol{b} = (b_x, b_y, b_z)$，则由向量与数的乘法知

$$\boldsymbol{a} /\!/ \boldsymbol{b} \Leftrightarrow 存在 k \neq 0, 使 \boldsymbol{a} = k\boldsymbol{b} \Leftrightarrow (a_x, a_y, a_z) = k(b_x, b_y, b_z) \Leftrightarrow \frac{a_x}{b_x} = \frac{a_y}{b_y} = \frac{a_z}{b_z} = k.$$

2. 向量的坐标表示

利用向量的坐标可以给出向量的模及方向的表达式.

(1) 向量的模的坐标表示. 设向量 $\boldsymbol{a} = (x, y, z)$，将其作平行移动，使其始点位于原点 O，设此时 $\boldsymbol{a}$ 的终点为 M，即 $\boldsymbol{a} = \overrightarrow{OM}$，则点 M 的坐标为 (x, y, z)，又 O 点的坐标为 $(0,0,0)$，故由两点间的距离公式得

$$|\boldsymbol{a}| = |\overrightarrow{OM}| = \sqrt{(x-0)^2 + (y-0)^2 + (z-0)^2} = \sqrt{x^2 + y^2 + z^2}.$$

(2) 向量的方向的坐标表示. 设向量 $\boldsymbol{a}$ 与三条坐标轴的正向的夹角分别为 α, β, γ，称它们为向量 $\boldsymbol{a}$ 的方向角 $(0 \leqslant \alpha, \beta, \gamma \leqslant \pi)$，方向角的余弦 $\cos\alpha, \cos\beta, \cos\gamma$ 称为向量 $\boldsymbol{a}$ 的方向余弦. 易知，向量 $\boldsymbol{a}$ 的方向由其方向角或方向余弦决定.

如图 7-9 所示，设 $\boldsymbol{a} = \overrightarrow{OM} = (x, y, z)$，由于 $MP \perp OP$，所以点 P 在 x 轴上的坐标为 x，且

$$\cos\alpha = \frac{x}{|OM|} = \frac{x}{|\boldsymbol{a}|},$$

类似地，有

$$\cos\beta = \frac{y}{|OM|} = \frac{y}{|\boldsymbol{a}|},$$

$$\cos\gamma = \frac{z}{|OM|} = \frac{z}{|\boldsymbol{a}|},$$

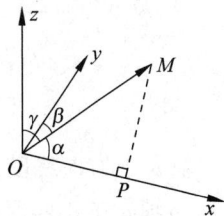

图 7-9

即

$$\cos\alpha = \frac{x}{\sqrt{x^2+y^2+z^2}}, \quad \cos\beta = \frac{y}{\sqrt{x^2+y^2+z^2}}, \quad \cos\gamma = \frac{z}{\sqrt{x^2+y^2+z^2}}.$$

把上面三个等式平方后再相加,得

$$\cos^2\alpha + \cos^2\beta + \cos^2\gamma = 1,$$

这说明任一向量的方向余弦的平方和等于 1.

利用方向余弦公式,与非零向量 $\boldsymbol{a}$ 同向的单位向量 $\boldsymbol{a}^\circ$ 可表示为

$$\boldsymbol{a}^\circ = \frac{\boldsymbol{a}}{|\boldsymbol{a}|} = \frac{1}{|\boldsymbol{a}|}(x, y, z) = (\cos\alpha, \cos\beta, \cos\gamma),$$

即单位向量的坐标恰为它的方向余弦.

例 4   设点 A 位于第一卦限,向径 $\overrightarrow{OA}$ 与 x 轴、y 轴的夹角依次为 $\frac{\pi}{3}$ 和 $\frac{\pi}{4}$,且 $|\overrightarrow{OA}| = 6$,求点 A 的坐标.

解 $\alpha = \frac{\pi}{3}, \beta = \frac{\pi}{4}$,由 $\cos^2\alpha + \cos^2\beta + \cos^2\gamma = 1$ 得

$$\cos^2\gamma = 1 - \left(\frac{1}{2}\right)^2 - \left(\frac{\sqrt{2}}{2}\right)^2 = \frac{1}{4},$$

因为点 A 位于第一卦限,所以 $\cos\gamma > 0$,故

$$\cos\gamma = \frac{1}{2},$$

设与 $\overrightarrow{OA}$ 同向的单位向量为 $\overrightarrow{OA}^\circ$,于是

$$\overrightarrow{OA} = |\overrightarrow{OA}| \overrightarrow{OA}^\circ = 6\left(\frac{1}{2}, \frac{\sqrt{2}}{2}, \frac{1}{2}\right) = (3, 3\sqrt{2}, 3),$$

这就是点 A 的坐标.

3. 向量在轴上的投影

已知空间中一点 A 和轴 u,过 A 作垂直于轴 u 的平面 α,平面 α 与轴 u 的交点 A' 称为点 A 在轴 u 上的投影(图 7-10).

设向量 $\overrightarrow{AB}$ 的起点 A 和终点 B 在轴上的投影分别为 A' 和 B',则称轴 u 上有向线段 $\overrightarrow{A'B'}$ 的值(记作 $A'B'$)为向量 $\overrightarrow{AB}$ 在轴 u 上的投影(图 7-11),记作 $\mathrm{Prj}_u\overrightarrow{AB} = A'B'$. 轴 u 称为投影轴.

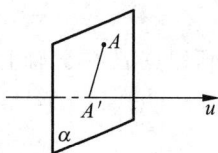

图   7-10

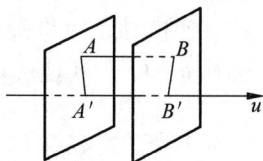

图   7-11

轴 u 上有向线段 $\overrightarrow{A'B'}$ 的值定义为:若 $\overrightarrow{A'B'}$ 与轴 u 的正向同向,则 $A'B' = |\overrightarrow{A'B'}|$;若 $\overrightarrow{A'B'}$ 与轴 u 的正向反向,则 $A'B' = -|\overrightarrow{A'B'}|$.

由上述定义可知,向量 $\boldsymbol{a}$ 在直角坐标系 $Oxyz$ 中的坐标 a_x, a_y, a_z 就是 $\boldsymbol{a}$ 在三条坐标

轴上的投影,即

$$a_x = \mathrm{Prj}_x \boldsymbol{a}, \quad a_y = \mathrm{Prj}_y \boldsymbol{a}, \quad a_z = \mathrm{Prj}_z \boldsymbol{a}.$$

由此可知,向量的投影具有与坐标相同的性质:

性质 1(投影定理)　设 $\overrightarrow{AB}$ 与轴 u 的夹角为 φ,则 $\mathrm{Prj}_u \overrightarrow{AB} = |\overrightarrow{AB}| \cos\varphi$.

性质 2　$\mathrm{Prj}_u (\boldsymbol{a} + \boldsymbol{b}) = \mathrm{Prj}_u \boldsymbol{a} + \mathrm{Prj}_u \boldsymbol{b}$.

性质 3　$\mathrm{Prj}_u (\lambda \boldsymbol{a}) = \lambda \mathrm{Prj}_u \boldsymbol{a}$.

下面只证明性质 1.

证　如图 7-12 所示,过点 A 引一条与轴 u 同向的轴 u',则 $\overrightarrow{AB}$ 与轴 u' 的夹角等于 $\overrightarrow{AB}$ 与轴 u 的夹角,而且

$$\mathrm{Prj}_u \overrightarrow{AB} = \mathrm{Prj}_{u'} \overrightarrow{AB}.$$

设点 B 在轴 u' 上的投影为 B'',则

$$\mathrm{Prj}_{u'} \overrightarrow{AB} = AB'' = |\overrightarrow{AB}| \cos\varphi,$$

所以

$$\mathrm{Prj}_u \overrightarrow{AB} = |\overrightarrow{AB}| \cos\varphi. \qquad\qquad \square$$

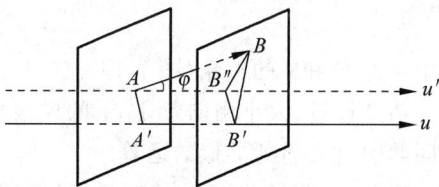

图　7-12

向量的投影是个标量. 由性质 1 可知,当 $0 \leqslant \varphi < \dfrac{\pi}{2}$ 时投影为正,当 $\dfrac{\pi}{2} < \varphi \leqslant \pi$ 时投影为负,当 $\varphi = \dfrac{\pi}{2}$ 时投影为零. 相等的向量在同一条轴上的投影相等.

习题 7-2

1. 设 D 是 $\triangle ABC$ 的边 BC 的中点,证明 $\overrightarrow{AD} = \dfrac{1}{2}(\overrightarrow{AB} + \overrightarrow{AC})$.

2. 用向量证明:如果平面上四边形的对角线相互平分,则该四边形为平行四边形.

3. 求点 $A(1, -3, 2)$ 关于点 $(1, 0, 1)$ 的对称点.

4. 求平行于向量 $\boldsymbol{a} = (2, 4, 1)$ 的单位向量.

5. 求向量 $\boldsymbol{a} = (3, -5, 4)$ 的方向余弦.

6. 已知某向量的起点在 x 轴上,终点是 $P(0, 1, 2)$,且向量与 x 轴正向的夹角为 $30°$,求该向量的模及方向余弦.

7. 某向量与三个坐标轴的夹角成比例 $1:2:3$,求向量的方向角.

8. 设已知两点 $M_1(4, \sqrt{2}, 1)$ 和 $M_2(3, 0, 2)$,计算向量 $\overrightarrow{M_1 M_2}$ 的模、方向余弦和方向角.

9. 设向量的方向余弦分别满足:

(1) $\cos\alpha = 0$;　　　(2) $\cos\beta = 1$;　　　(3) $\cos\alpha = \cos\beta = 0$.

这些向量与坐标轴或坐标面的关系如何?

10. 设向量 $\boldsymbol{r}$ 的模是 4,它与轴 u 的夹角为 $60°$,求 $\boldsymbol{r}$ 在轴 u 上的投影.

11. 一向量的终点为 $M(1, 4, 3)$,在三个坐标轴上的投影分别为 $2, 1, 5$,求该向量的起点坐标.

第三节　向量的乘法运算

一、两向量的数量积

由物理学知道,一个物体在常力 F 作用下沿直线从点 M_1 移动到点 M_2,用 s 表示位移 $\overrightarrow{M_1M_2}$,则力 F 所做的功为

$$W = |F||s|\cos\theta,$$

其中 θ 为 F 和 s 的夹角(图 7-13).

功是标量,大小由向量 F,s 的模及它们的夹角唯一确定. 在其他问题中也会遇到类似的运算.

定义 1　两个向量 a 与 b 的模与它们夹角的余弦的乘积称为这两个向量的数量积,记作 $a \cdot b$,即

$$a \cdot b = |a||b|\cos(\widehat{a,b}).$$

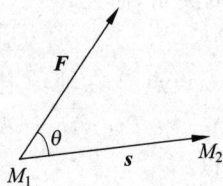
图　7-13

数量积又称为数积、内积、点积.

由上述定义,常力 F 所做的功 W 等于力 F 和位移 s 的数量积,即 $W = F \cdot s$.

由投影定理知道,$|b|\cos(\widehat{a,b})$ 表示向量 b 在与向量 a 同方向的轴上的投影,用 $\mathrm{Prj}_a b$ 表示. 于是有

$$a \cdot b = |a|\,\mathrm{Prj}_a b = |b|\,\mathrm{Prj}_b a.$$

由数量积的定义可知:

(1) $a \cdot a = |a|^2$;

(2) 两个非零向量 a,b 垂直的充要条件是 $a \cdot b = 0$.

按照规定,零向量与任何向量垂直,于是(2)对零向量也成立.

数量积满足如下运算规律:

(1) 交换律　$a \cdot b = b \cdot a$;

(2) 分配律　$(a+b) \cdot c = a \cdot c + b \cdot c$;

(3) 与数乘的结合律　$a \cdot (\lambda b) = \lambda(a \cdot b)$,$\lambda$ 是常数.

下面推导数量积的坐标表示式.

设 $a = a_x i + a_y j + a_z k$,$b = b_x i + b_y j + b_z k$,由数量积的运算规律得

$$\begin{aligned}
a \cdot b &= (a_x i + a_y j + a_z k) \cdot (b_x i + b_y j + b_z k)\\
&= a_x i \cdot (b_x i + b_y j + b_z k) + a_y j \cdot (b_x i + b_y j + b_z k) +\\
&\quad a_z k \cdot (b_x i + b_y j + b_z k)\\
&= a_x b_x i \cdot i + a_x b_y i \cdot j + a_x b_z i \cdot k + a_y b_x j \cdot i + a_y b_y j \cdot j +\\
&\quad a_y b_z j \cdot k + a_z b_x k \cdot i + a_z b_y k \cdot j + a_z b_z k \cdot k,
\end{aligned}$$

由于 i,j,k 互相垂直,且为单位向量,所以

$$i \cdot j = j \cdot k = k \cdot i = 0,\quad i \cdot j = j \cdot i,\quad j \cdot k = k \cdot j,\quad k \cdot i = i \cdot k,$$

$$i \cdot i = j \cdot j = k \cdot k = 1,$$

代入上式,得

$$a \cdot b = a_x b_x + a_y b_y + a_z b_z,$$

即：两个向量的数量积等于对应坐标分量的乘积之和.

若 a,b 为非零向量,则

$$\cos(\widehat{a,b}) = \frac{a \cdot b}{|a||b|} = \frac{a_x b_x + a_y b_y + a_z b_z}{\sqrt{a_x^2 + a_y^2 + a_z^2}\sqrt{b_x^2 + b_y^2 + b_z^2}}.$$

由上式可以看出：

a 与 b 垂直,当且仅当 $a_x b_x + a_y b_y + a_z b_z = 0$.

例 1　已知 $a = (1,2,5)$, $b = (3,1,2)$,求：

(1) $\cos(\widehat{a,b})$;　　　　(2) $\mathrm{Prj}_a b$.

解　因为

$$a \cdot b = |a||b|\cos(\widehat{a,b}) = |a|\,\mathrm{Prj}_a b,$$

所以

$$\cos(\widehat{a,b}) = \frac{a \cdot b}{|a||b|} = \frac{1\times3 + 2\times1 + 5\times2}{\sqrt{1^2+2^2+5^2}\sqrt{3^2+1^2+2^2}} = \frac{\sqrt{105}}{14},$$

$$\mathrm{Prj}_a b = \frac{a \cdot b}{|a|} = \frac{1\times3 + 2\times1 + 5\times2}{\sqrt{1^2+2^2+5^2}} = \frac{\sqrt{30}}{2}.$$

例 2　已知 $a = (1,0,1)$, $b = (0,1,2)$,求向量 $u = 3a+b$ 与 $v = a-2b$ 的夹角的余弦.

解　因为 $\cos(\widehat{u,v}) = \dfrac{u \cdot v}{|u||v|}$,而

$$\begin{aligned}
u \cdot v &= (3a+b)\cdot(a-2b) = 3a\cdot a - 6a\cdot b + b\cdot a - 2b\cdot b \\
&= 3(1^2+1^2) - 5(1\times0 + 0\times1 + 1\times2) - 2(1^2+2^2) \\
&= -14,
\end{aligned}$$

$$|u|^2 = u\cdot u = (3a+b)\cdot(3a+b) = 9a\cdot a + 6a\cdot b + b\cdot b = 35,$$

$$|v|^2 = v\cdot v = (a-2b)\cdot(a-2b) = a\cdot a - 4a\cdot b + 4b\cdot b = 14,$$

所以

$$\cos(\widehat{u,v}) = \frac{-14}{\sqrt{35}\sqrt{14}} = -\frac{\sqrt{10}}{5}.$$

二、两向量的向量积

在力学中,已知力 F 对于定点 O 的力矩可用一个向量 M 来表示(图 7-14).

(1) 向量 M 的大小为

$$|M| = |F||\overrightarrow{OQ}|,$$

其中 $|\overrightarrow{OQ}|$ 表示力臂,是 O 到力 F 的作用线的距离. 设 A 为力 F 的作用点,$r = \overrightarrow{OA}$, $\theta = (\widehat{r,F})$,由 $|\overrightarrow{OQ}| = |r|\sin\theta$ 得

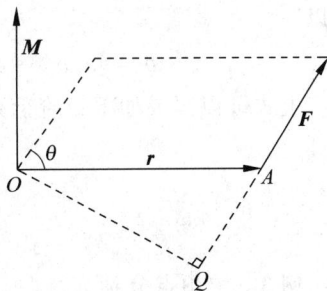

图　7-14

$$|\boldsymbol{M}|=|\boldsymbol{F}||\boldsymbol{r}|\sin\theta,$$

此值恰好为以 $\boldsymbol{r},\boldsymbol{F}$ 为邻边的平行四边形面积.

(2) $\boldsymbol{M}$ 的方向垂直于 $\boldsymbol{r}$ 与 $\boldsymbol{F}$ 确定的平面,且 $\boldsymbol{M}$ 的指向使 $\boldsymbol{r},\boldsymbol{F},\boldsymbol{M}$ 构成右手系.

力矩 $\boldsymbol{M}$ 的大小及方向完全由力 $\boldsymbol{F}$ 与力的作用点 A 对于点 O 的向径 $\boldsymbol{r}$ 所确定.

将上述定义两向量运算的方法一般化,可以得到如下定义.

定义 2　设向量 $\boldsymbol{c}$ 由向量 $\boldsymbol{a}$ 和 $\boldsymbol{b}$ 按如下规定给出:

(1) $\boldsymbol{c}$ 的模为 $|\boldsymbol{c}|=|\boldsymbol{a}||\boldsymbol{b}|\sin(\widehat{\boldsymbol{a},\boldsymbol{b}})$;

(2) $\boldsymbol{c}\perp\boldsymbol{a},\boldsymbol{c}\perp\boldsymbol{b}$,且 $\boldsymbol{a},\boldsymbol{b},\boldsymbol{c}$ 成右手系(图 7-15).向量 $\boldsymbol{c}$ 称为向量 $\boldsymbol{a}$ 与 $\boldsymbol{b}$ 的向量积,记为 $\boldsymbol{a}\times\boldsymbol{b}$,即

$$\boldsymbol{c}=\boldsymbol{a}\times\boldsymbol{b}.$$

向量积又称为叉积、外积等.

由向量积的定义可以推得:

(1) $\boldsymbol{a}\times\boldsymbol{a}=\boldsymbol{0}$;

(2) $\boldsymbol{a}\times\boldsymbol{b}$ 的模等于以 $\boldsymbol{a},\boldsymbol{b}$ 为邻边的平行四边形的面积;

(3) 非零向量 $\boldsymbol{a},\boldsymbol{b}$ 平行,当且仅当 $\boldsymbol{a}\times\boldsymbol{b}=\boldsymbol{0}$.

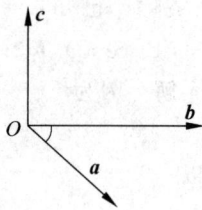

图　7-15

向量积具有如下运算规律:

(1) 反交换律　$\boldsymbol{a}\times\boldsymbol{b}=-\boldsymbol{b}\times\boldsymbol{a}$;

(2) $(\lambda\boldsymbol{a})\times\boldsymbol{b}=\boldsymbol{a}\times(\lambda\boldsymbol{b})=\lambda(\boldsymbol{a}\times\boldsymbol{b})$,$\lambda$ 是实数;

(3) 分配律　$(\boldsymbol{a}+\boldsymbol{b})\times\boldsymbol{c}=\boldsymbol{a}\times\boldsymbol{c}+\boldsymbol{b}\times\boldsymbol{c}$.

下面推导向量积的坐标表示式.

设 $\boldsymbol{a}=a_x\boldsymbol{i}+a_y\boldsymbol{j}+a_z\boldsymbol{k},\boldsymbol{b}=b_x\boldsymbol{i}+b_y\boldsymbol{j}+b_z\boldsymbol{k}$,则有

$$\begin{aligned}
\boldsymbol{a}\times\boldsymbol{b}&=(a_x\boldsymbol{i}+a_y\boldsymbol{j}+a_z\boldsymbol{k})\times(b_x\boldsymbol{i}+b_y\boldsymbol{j}+b_z\boldsymbol{k})\\
&=a_x\boldsymbol{i}\times(b_x\boldsymbol{i}+b_y\boldsymbol{j}+b_z\boldsymbol{k})+a_y\boldsymbol{j}\times(b_x\boldsymbol{i}+b_y\boldsymbol{j}+b_z\boldsymbol{k})+\\
&\quad a_z\boldsymbol{k}\times(b_x\boldsymbol{i}+b_y\boldsymbol{j}+b_z\boldsymbol{k})\\
&=a_xb_x(\boldsymbol{i}\times\boldsymbol{i})+a_xb_y(\boldsymbol{i}\times\boldsymbol{j})+a_xb_z(\boldsymbol{i}\times\boldsymbol{k})+a_yb_x(\boldsymbol{j}\times\boldsymbol{i})+\\
&\quad a_yb_y(\boldsymbol{j}\times\boldsymbol{j})+a_yb_z(\boldsymbol{j}\times\boldsymbol{k})+a_zb_x(\boldsymbol{k}\times\boldsymbol{i})+a_zb_y(\boldsymbol{k}\times\boldsymbol{j})+a_zb_z(\boldsymbol{k}\times\boldsymbol{k}),
\end{aligned}$$

由于

$$\boldsymbol{i}\times\boldsymbol{i}=\boldsymbol{j}\times\boldsymbol{j}=\boldsymbol{k}\times\boldsymbol{k}=\boldsymbol{0},\quad \boldsymbol{i}\times\boldsymbol{j}=\boldsymbol{k},\quad \boldsymbol{j}\times\boldsymbol{k}=\boldsymbol{i},$$
$$\boldsymbol{k}\times\boldsymbol{i}=\boldsymbol{j},\quad \boldsymbol{j}\times\boldsymbol{i}=-\boldsymbol{k},\quad \boldsymbol{k}\times\boldsymbol{j}=-\boldsymbol{i},\quad \boldsymbol{i}\times\boldsymbol{k}=-\boldsymbol{j},$$

所以

$$\boldsymbol{a}\times\boldsymbol{b}=(a_yb_z-a_zb_y)\boldsymbol{i}+(a_zb_x-a_xb_z)\boldsymbol{j}+(a_xb_y-a_yb_x)\boldsymbol{k}.$$

上式可以写成如下三阶行列式(见附录):

$$\boldsymbol{a}\times\boldsymbol{b}=\begin{vmatrix} \boldsymbol{i} & \boldsymbol{j} & \boldsymbol{k} \\ a_x & a_y & a_z \\ b_x & b_y & b_z \end{vmatrix}.$$

例 3　求顶点分别为 $A(1,2,1),B(0,2,2),C(2,1,3)$ 的三角形的面积.

解　$\triangle ABC$ 的面积等于以 $\overrightarrow{AC},\overrightarrow{AB}$ 为邻边的平行四边形面积的一半,即

$$S_{\triangle ABC} = \frac{1}{2} |\overrightarrow{AB} \times \overrightarrow{AC}|.$$

因为

$$\overrightarrow{AB} = (0-1, 2-2, 2-1) = (-1, 0, 1),$$
$$\overrightarrow{AC} = (2-1, 1-2, 3-1) = (1, -1, 2),$$

所以

$$\overrightarrow{AB} \times \overrightarrow{AC} = \begin{vmatrix} \boldsymbol{i} & \boldsymbol{j} & \boldsymbol{k} \\ -1 & 0 & 1 \\ 1 & -1 & 2 \end{vmatrix} = \boldsymbol{i} + 3\boldsymbol{j} + \boldsymbol{k} = (1, 3, 1),$$

故

$$S_{\triangle ABC} = \frac{1}{2} |\overrightarrow{AB} \times \overrightarrow{AC}| = \frac{\sqrt{11}}{2}.$$

例 4　证明向量 $\boldsymbol{c} = (2, -6, -1)$ 垂直于两向量 $\boldsymbol{a} = (3, 1, 0)$ 和 $\boldsymbol{b} = (1, 1, -4)$ 所在的平面.

证　只要证明 $\boldsymbol{c} /\!/ (\boldsymbol{a} \times \boldsymbol{b})$ 即可.

因为

$$\boldsymbol{a} \times \boldsymbol{b} = \begin{vmatrix} \boldsymbol{i} & \boldsymbol{j} & \boldsymbol{k} \\ 3 & 1 & 0 \\ 1 & 1 & -4 \end{vmatrix} = -4\boldsymbol{i} + 12\boldsymbol{j} + 2\boldsymbol{k} = (-4, 12, 2),$$

而且

$$\frac{2}{-4} = \frac{-6}{12} = \frac{-1}{2},$$

所以 $\boldsymbol{c} /\!/ (\boldsymbol{a} \times \boldsymbol{b})$，即 $\boldsymbol{c}$ 垂直于 $\boldsymbol{a}, \boldsymbol{b}$ 所在的平面.

三、向量的混合积

定义 3　称 $(\boldsymbol{a} \times \boldsymbol{b}) \cdot \boldsymbol{c}$ 为向量 $\boldsymbol{a}, \boldsymbol{b}, \boldsymbol{c}$ 的混合积，记为 $[\boldsymbol{abc}]$.

显然，$[\boldsymbol{abc}]$ 是个数量. 下面推导出混合积的坐标表达式.

设 $\boldsymbol{a} = (a_x, a_y, a_z), \boldsymbol{b} = (b_x, b_y, b_z), \boldsymbol{c} = (c_x, c_y, c_z)$，因为

$$\boldsymbol{a} \times \boldsymbol{b} = \begin{vmatrix} \boldsymbol{i} & \boldsymbol{j} & \boldsymbol{k} \\ a_x & a_y & a_z \\ b_x & b_y & b_z \end{vmatrix} = \begin{vmatrix} a_y & a_z \\ b_y & b_z \end{vmatrix} \boldsymbol{i} - \begin{vmatrix} a_x & a_z \\ b_x & b_z \end{vmatrix} \boldsymbol{j} + \begin{vmatrix} a_x & a_y \\ b_x & b_y \end{vmatrix} \boldsymbol{k},$$

所以

$$[\boldsymbol{abc}] = (\boldsymbol{a} \times \boldsymbol{b}) \cdot \boldsymbol{c} = c_x \begin{vmatrix} a_y & a_z \\ b_y & b_z \end{vmatrix} - c_y \begin{vmatrix} a_x & a_z \\ b_x & b_z \end{vmatrix} + c_z \begin{vmatrix} a_x & a_y \\ b_x & b_y \end{vmatrix} = \begin{vmatrix} a_x & a_y & a_z \\ b_x & b_y & b_z \\ c_x & c_y & c_z \end{vmatrix}.$$

容易验证，$[\boldsymbol{abc}] = [\boldsymbol{bca}] = [\boldsymbol{cab}]$.

混合积的几何意义是：$[\boldsymbol{abc}]$ 的绝对值等于以 $\boldsymbol{a}, \boldsymbol{b}, \boldsymbol{c}$ 为棱的平行六面体的体积. 若 $\boldsymbol{a}$，

b，c 成右手系，则$[abc]$的符号为正；若 a，b，c 成左手系，则$[abc]$的符号为负.

由混合积的几何意义可知：三个非零向量共面，当且仅当它们的混合积等于零.

例 5 导出 $A(x_1,y_1,z_1)$，$B(x_2,y_2,z_2)$，$C(x_3,y_3,z_3)$，$D(x_4,y_4,z_4)$四点在同一个平面上的条件.

解 向量 $\overrightarrow{AB}$，$\overrightarrow{AC}$，$\overrightarrow{AD}$ 共面与 A，B，C，D 在同一个平面上等价，所以有

$$\begin{vmatrix} x_2-x_1 & y_2-y_1 & z_2-z_1 \\ x_3-x_1 & y_3-y_1 & z_3-z_1 \\ x_4-x_1 & y_4-y_1 & z_4-z_1 \end{vmatrix}=0.$$

例 6 求以 $A(1,1,1)$，$B(3,4,4)$，$C(3,5,5)$ 和 $D(2,4,7)$为顶点的四面体 $ABCD$ 的体积.

解 由立体几何知道，四面体 $ABCD$ 的体积是以 $\overrightarrow{AB}$，$\overrightarrow{AC}$，$\overrightarrow{AD}$ 为相邻三棱的平行六面体体积的 1/6，利用混合积的几何意义，即有

$$V_{ABCD}=\frac{1}{6}[\overrightarrow{AB},\overrightarrow{AC},\overrightarrow{AD}],$$

而

$$\overrightarrow{AB}=(2,3,3),\quad \overrightarrow{AC}=(2,4,4),\quad \overrightarrow{AD}=(1,3,6),$$

故

$$[\overrightarrow{AB},\overrightarrow{AC},\overrightarrow{AD}]=\begin{vmatrix} 2 & 3 & 3 \\ 2 & 4 & 4 \\ 1 & 3 & 6 \end{vmatrix}=6,$$

于是所求四面体 $ABCD$ 的体积为

$$V_{ABCD}=\frac{1}{6}\times 6=1.$$

习题 7-3

1. 已知 $a=(3,2,2)$，$b=(1,0,2)$，求 $a \cdot b$，$a \times b$，$3a \cdot (-2b)$，$(a \times b) \cdot b$.

2. 已知 $|a|=3$，$|b|=4$，$(\widehat{a,b})=\dfrac{\pi}{4}$. 求 $a \cdot b$，$a \cdot a$，$(2a-b) \cdot (7a+4b)$.

3. 求向量 $a=(4,-3,4)$ 在向量 $b=(2,2,1)$ 上的投影.

4. 已知 a，b，c 为单位矢量，且 $a+b+c=0$，试计算 $a \cdot b+b \cdot c+c \cdot a$.

5. 已知点 $A(3,2,1)$，$B(1,-1,3)$，$C(0,1,1)$，求与 $\overrightarrow{AB}$，$\overrightarrow{AC}$ 同时垂直的单位向量.

6. 求以 $a=(1,-1,0)$，$b=(0,1,-2)$ 为邻边的平行四边形的面积及其对角线的长度.

7. 已知 $a+b+c=0$，试证 $a \times b=b \times c=c \times a$.

8. 已知 $a \times b=c \times d$，$a \times c=b \times d$，试证 $a-d$ 与 $b-c$ 共线.

9. 设 $a=(0,1,0)$，$b=(2,1,3)$，$c=(1,0,2)$，求$[abc]$.

10. 设 $(a \times b) \cdot c=2$，求$[(a+b) \times (b+c)] \cdot (c+a)$.

11. 设 $a=(1,0,1)$，$b=(3,2,1)$，$c=(1,6,0)$，求 $(a \times b) \cdot (b \times c)$，$a \times (b \times c)$.

12. 已知向量 p，q，r 两两相互垂直，且 $|p|=2$，$|q|=3$，$|r|=1$，求 $s=p+q+r$ 的模及

s 与 p,q,r 的夹角余弦.

第四节　空间平面及其方程

空间平面可以看作空间中动点的几何轨迹.平面上动点 $M(x,y,z)$ 的变化规律在代数上通常表现为适合 x,y,z 的方程.如果平面 Π 与三元方程

$$F(x,y,z)=0 \tag{1}$$

有下述关系：

　　（Ⅰ）Π 上任意一点的坐标都满足方程(1)，

　　（Ⅱ）不在 Π 上的点的坐标都不满足方程(1)，

则方程(1)称为平面 Π 的方程,而平面 Π 称为方程(1)的图形.

一、平面的点法式方程

设空间平面 Π 与某非零向量 $\boldsymbol{n}=(A,B,C)$ 垂直,且经过定点 $M_0(x_0,y_0,z_0)$,则 Π 的位置就由 $\boldsymbol{n}$ 和 M_0 唯一确定.设 $M(x,y,z)$ 是 Π 上任意一点,则有 $\overrightarrow{M_0M}\perp\boldsymbol{n}$,即 $\overrightarrow{M_0M}\cdot\boldsymbol{n}=0$.因为

$$\overrightarrow{M_0M}=(x-x_0,y-y_0,z-z_0),$$

所以

$$A(x-x_0)+B(y-y_0)+C(z-z_0)=0. \tag{2}$$

显然 Π 上任意点的坐标都满足方程(2).另一方面,如果点 $M(x,y,z)$ 不在平面 Π 上,则 $\overrightarrow{M_0M}$ 与 $\boldsymbol{n}$ 不垂直,即 $\overrightarrow{M_0M}\cdot\boldsymbol{n}\neq0$,这说明不在 Π 上的点的坐标不满足方程(2),故方程(2)是过点 M_0 且与 $\boldsymbol{n}$ 垂直的平面 Π 的方程.非零向量 $\boldsymbol{n}$ 称为平面 Π 的法向量.方程(2)是由定点 M_0 和法向量确定的,所以称之为平面的点法式方程.

例 1　求过点 $M_0(2,1,3)$,法向量为 $\boldsymbol{n}=(2,5,1)$ 的平面方程.

解　由方程(2),可得所求平面方程为

$$2(x-2)+5(y-1)+(z-3)=0,$$

即

$$2x+5y+z-12=0.$$

例 2　求过三个点 $M(1,0,0),N(0,0,1),P(0,1,1)$ 的平面方程.

解　只要能确定出所求平面的一个法向量,就可以用点法式方程写出平面方程.由向量积的定义知,$\overrightarrow{MN}\times\overrightarrow{NP}$ 垂直于 M,N,P 所确定的平面,所以可设法向量

$$\boldsymbol{n}=\overrightarrow{MN}\times\overrightarrow{NP},$$

由于

$$\overrightarrow{MN}=(-1,0,1),\quad\overrightarrow{NP}=(0,1,0),$$

易算得

$$\boldsymbol{n}=\overrightarrow{MN}\times\overrightarrow{NP}=(-1,0,-1),$$

由点法式方程可知,过点 M 的平面方程为

$$-1 \times (x-1) + 0 \times (y-0) + (-1) \times (z-0) = 0,$$

整理得

$$x + z - 1 = 0.$$

二、平面的一般方程

方程(2)是 x,y,z 的一次方程.实际上,任一平面都可用三元一次方程来表示.

设有三元一次方程

$$Ax + By + Cz + D = 0, \tag{3}$$

任取满足方程(3)的一组数 x_0,y_0,z_0,即

$$Ax_0 + By_0 + Cz_0 + D = 0, \tag{4}$$

两式相减得

$$A(x - x_0) + B(y - y_0) + C(z - z_0) = 0, \tag{5}$$

这正是过点 $M_0(x_0,y_0,z_0)$,以 $\boldsymbol{n} = (A,B,C)$ 为法向量的平面方程.而方程(3)与方程(5)是同解方程,所以方程(3)表示一个平面.方程(3)称为平面的一般方程.其中 x,y,z 的系数就是法向量的坐标,即 $\boldsymbol{n} = (A,B,C)$.

如果方程(3)中的系数有一个或几个为零(A,B,C 不能同时为零),则其表示的平面具有特殊的位置.例如,若 $D = 0$,则 $O(0,0,0)$ 在平面上,所以 $Ax + By + Cz = 0$ 表示过原点的平面;若 $A = 0$,方程(3)变为 $By + Cz + D = 0$,此时平面平行于 x 轴;若 $A = B = 0$,方程(3)变为 $Cz + D = 0$,表示平行于坐标平面 xOy 的平面,一般记为 $z = r$.特别地,$z = 0$ 就表示 xOy 平面.

设 A,B,C,D 都不为零,此时方程(3)可改写为

$$\frac{x}{a} + \frac{y}{b} + \frac{z}{c} = 1, \tag{6}$$

$(a,0,0),(0,b,0),(0,0,c)$ 分别为平面与 x 轴、y 轴、z 轴的交点坐标,方程(6)称为平面的截距式方程,a,b,c 依次称为平面在 x 轴、y 轴、z 轴上的截距.

例 3 求过 y 轴,且垂直于平面 $3x + y - z + 1 = 0$ 的平面方程.

解 因为平面过 y 轴,所以 $B = D = 0$,可设平面方程为 $Ax + Cz = 0$.又因为该平面与平面 $3x + y - z + 1 = 0$ 垂直,所以这两个平面的法向量相互垂直,即 $(A,0,C)$ 与 $(3,1,-1)$ 的数量积为零,于是 $3A - C = 0$.代入所设方程中,约去 $A(A \neq 0)$,即得平面方程为

$$x + 3z = 0.$$

三、两平面的夹角

空间中两平面的位置关系有相交、平行、重合三种情况.当两平面相交时,称这两个平面的法向量的夹角为两平面的夹角(通常指锐角).

设两平面为

$$\Pi_1 : A_1 x + B_1 y + C_1 z + D_1 = 0,$$
$$\Pi_2 : A_2 x + B_2 y + C_2 z + D_2 = 0,$$

下面确定 Π_1 和 Π_2 的夹角 θ(图 7-16).

平面 Π_1 和 Π_2 的法向量分别为
$$\boldsymbol{n}_1 = (A_1, B_1, C_1), \quad \boldsymbol{n}_2 = (A_2, B_2, C_2),$$
由数量积的定义,注意到 θ 取锐角,则有
$$\cos\theta = \frac{|\boldsymbol{n}_1 \cdot \boldsymbol{n}_2|}{|\boldsymbol{n}_1||\boldsymbol{n}_2|}$$
$$= \frac{|A_1A_2 + B_1B_2 + C_1C_2|}{\sqrt{A_1^2 + B_1^2 + C_1^2}\sqrt{A_2^2 + B_2^2 + C_2^2}}.$$
$$(7)$$

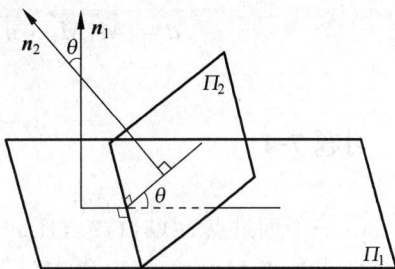

图　7-16

由两向量平行、垂直的充要条件可得:

(1) Π_1, Π_2 相互垂直,当且仅当
$$A_1A_2 + B_1B_2 + C_1C_2 = 0;$$

(2) Π_1, Π_2 相互平行,当且仅当
$$\frac{A_1}{A_2} = \frac{B_1}{B_2} = \frac{C_1}{C_2}.$$

例 4　求平面 $x - y + 2z = 0$ 和 $2x + y + z - 10 = 0$ 的夹角.

解　由式(7),有
$$\cos\theta = \frac{|1 \times 2 + (-1) \times 1 + 2 \times 1|}{\sqrt{1^2 + (-1)^2 + 2^2}\sqrt{2^2 + 1^2 + 1^2}} = \frac{1}{2},$$

所以夹角 $\theta = \dfrac{\pi}{3}$.

例 5　设 $M_0(x_0, y_0, z_0)$ 是平面 $Ax + By + Cz + D = 0$ 外一点,求点 M_0 到该平面的距离(图 7-17).

解　在平面上任取一点 $M_1(x_1, y_1, z_1)$,过 M_0 作一法向量 $\boldsymbol{n}$,则 M_0 到平面的距离等于向量 $\overrightarrow{M_1M_0}$ 在 $\boldsymbol{n}$ 上的投影的绝对值,即
$$d = |\operatorname{Prj}_{\boldsymbol{n}}\overrightarrow{M_1M_0}|,$$
设 $\boldsymbol{n}^\circ$ 为与 $\boldsymbol{n}$ 同向的单位向量,则有
$$d = |\operatorname{Prj}_{\boldsymbol{n}}\overrightarrow{M_1M_0}| = |\overrightarrow{M_1M_0} \cdot \boldsymbol{n}^\circ|.$$
设 $\boldsymbol{n}$ 与 (A, B, C) 同向,则

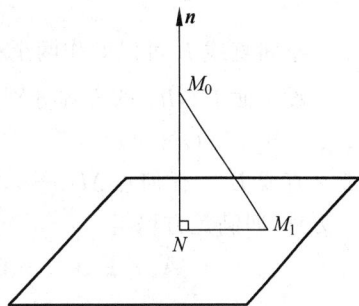

图　7-17

$$\boldsymbol{n}^\circ = \left(\frac{A}{\sqrt{A^2 + B^2 + C^2}}, \frac{B}{\sqrt{A^2 + B^2 + C^2}}, \frac{C}{\sqrt{A^2 + B^2 + C^2}}\right),$$
又因为
$$\overrightarrow{M_1M_0} = (x_0 - x_1, y_0 - y_1, z_0 - z_1),$$
且
$$Ax_1 + By_1 + Cz_1 + D_1 = 0,$$
所以
$$\overrightarrow{M_1M_0} \cdot \boldsymbol{n}^\circ = \frac{A(x_0 - x_1) + B(y_0 - y_1) + C(z_0 - z_1)}{\sqrt{A^2 + B^2 + C^2}} = \frac{Ax_0 + By_0 + Cz_0 + D}{\sqrt{A^2 + B^2 + C^2}},$$

于是得到点 $M_0(x_0,y_0,z_0)$ 到平面 $Ax+By+Cz+D=0$ 的距离公式：

$$d=|\overrightarrow{M_1M_0}\cdot \boldsymbol{n}^\circ|=\frac{|Ax_0+By_0+Cz_0+D|}{\sqrt{A^2+B^2+C^2}}. \tag{8}$$

习题 7-4

1. 一平面过点 $M(3,1,2)$，且 x 轴在该平面上，求此平面方程.

2. 求过点 $M(1,2,-1)$ 和 $N(5,0,7)$，且平行于 y 轴的平面方程.

3. 求过点 $A(1,-5,8)$，且与平面 $x+4y+2z-4=0$ 和 $5x-y-3z+1=0$ 都垂直的平面方程.

4. 设平面经过原点及点 $(6,-3,2)$，且与平面 $4x-y+2z=8$ 垂直，求此平面方程.

5. 指出下列各平面的特殊位置，并画出平面：

(1) $y=3$；　　(2) $2x-y=0$；　　(3) $x+z=1$；　　(4) $x+y+z=1$.

6. 求平面 $x+y+2z=1$ 与各坐标面夹角的余弦.

7. 求点 $(2,1,0)$ 到平面 $3x+4y+5z=0$ 的距离 d.

8. 某平面到原点的距离为 4，在三个坐标轴上的截距之比为 $a:b:c=1:2:3$，求此平面方程.

9. 求两平行平面 $Ax+By+Cz+D_1=0, Ax+By+Cz+D_2=0$ 之间的距离.

第五节　空间直线及其方程

一、空间直线的一般方程

空间直线 L 可以看作两个平面 Π_1 和 Π_2 的交线(图 7-18).

设平面 Π_1,Π_2 的方程分别为

$A_1x+B_1y+C_1z+D_1=0,\quad A_2x+B_2y+C_2z+D_2=0,$

那么直线 L 上任何点 $M(x,y,z)$ 的坐标应该同时满足这两个方程，即满足方程组

$$\begin{cases} A_1x+B_1y+C_1z+D_1=0, \\ A_2x+B_2y+C_2z+D_2=0. \end{cases} \tag{1}$$

反之，如果点 $M(x,y,z)$ 不在直线上，则不可能同时既在 Π_1 上，又在 Π_2 上，它的坐标不可能满足方程组(1). 因此，直线 L 可以用方程组(1)表示. 方程组(1)称为空间直线的一般方程.

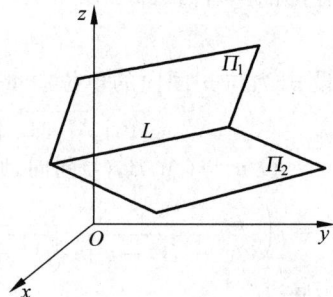

图　7-18

通过直线 L 的平面有无穷多个，只要在通过 L 的平面中任选两个，把它们的方程联立起来就是空间直线 L 的方程.

二、空间直线的点向式方程和参数方程

空间直线可由直线上一个点和直线方向唯一确定.

设直线 L 过点 $M_0(x_0,y_0,z_0)$ 且与非零向量 $s=(m,n,p)$ 平行,试建立该直线的方程.

设 $M(x,y,z)$ 为直线 L 上任意一点,则 $\overrightarrow{M_0M}$ 与 s 平行. 由向量平行的充要条件知,这两个向量的对应坐标成比例. 由于 $\overrightarrow{M_0M}=(x-x_0,y-y_0,z-z_0)$,因此

$$\frac{x-x_0}{m}=\frac{y-y_0}{n}=\frac{z-z_0}{p}. \tag{2}$$

反之,若点 M 不在直线 L 上,则 $\overrightarrow{M_0M}$ 不与 s 平行,这两个向量的对应坐标不成比例. 因此,方程(2)表示直线 L,称为直线的点向式方程(或对称式方程、标准式方程). 与直线 L 平行的非零向量 s 称为直线的方向向量,任一方向向量 s 的坐标 m,n,p 称为直线的一组方向数,向量 s 的方向余弦称为直线的方向余弦. 显然,一条直线的方向数有无穷多组.

若方程(2)中有分母为零,应理解为相应的分子也取零. 例如:

(1) 若 $m=0,n,p\neq0$,方程(2)可理解为 $\begin{cases}x=x_0,\\\dfrac{y-y_0}{n}=\dfrac{z-z_0}{p};\end{cases}$

(2) 若 $m=n=0,p\neq0$,方程(2)理解为 $\begin{cases}x=x_0,\\y=y_0;\end{cases}$

但习惯上仍记为

$$\frac{x-x_0}{0}=\frac{y-y_0}{n}=\frac{z-z_0}{p},$$

或

$$\frac{x-x_0}{0}=\frac{y-y_0}{0}=\frac{z-z_0}{p}.$$

如果设 $\dfrac{x-x_0}{m}=\dfrac{y-y_0}{n}=\dfrac{z-z_0}{p}=t$,$t$ 为参数,则方程(2)可改写成

$$\begin{cases}x=x_0+mt,\\y=y_0+nt,\\z=z_0+pt,\end{cases} \tag{3}$$

方程组(3)称为直线的参数方程.

例 1　用点向式方程和参数方程表示直线 $\begin{cases}x+y+z=1,\\2x+y-z=3.\end{cases}$

解　先确定直线上一个点 $M_0(x_0,y_0,z_0)$,再确定直线的方向数. 设 $x_0=0$,代入方程组可解得 $y_0=2,z_0=-1$,即点 $(0,2,-1)$ 在该直线上.

由于两平面的交线与这两个平面的法向量 $\boldsymbol{n}_1=(1,1,1)$,$\boldsymbol{n}_2=(2,1,-1)$ 都垂直,可取直线的方向向量为

$$s = \boldsymbol{n}_1 \times \boldsymbol{n}_2 = (-2, 3, -1),$$

所以直线的点向式方程为

$$\frac{x}{-2} = \frac{y-2}{3} = \frac{z+1}{-1};$$

令 $\dfrac{x}{-2} = \dfrac{y-2}{3} = \dfrac{z+1}{-1} = t$，得到参数方程

$$\begin{cases} x = -2t, \\ y = 2 + 3t, \\ z = -1 - t. \end{cases}$$

例 2　求过两点 $M_1(x_1, y_1, z_1), M_2(x_2, y_2, z_2)$ 的直线方程.

解　可取 $\overrightarrow{M_1 M_2}$ 为该直线的方向向量，点 $M_1(x_1, y_1, z_1)$ 为定点. 由 $\overrightarrow{M_1 M_2} = (x_2 - x_1, y_2 - y_1, z_2 - z_1)$ 得到点向式方程

$$\frac{x - x_1}{x_2 - x_1} = \frac{y - y_1}{y_2 - y_1} = \frac{z - z_1}{z_2 - z_1}.$$

三、两条直线的夹角

两条直线的方向向量的夹角 φ 称为两直线的夹角 $\left(\text{通常规定 } 0 \leqslant \varphi \leqslant \dfrac{\pi}{2}\right)$.

设两直线为

$$L_1: \frac{x - x_1}{m_1} = \frac{y - y_1}{n_1} = \frac{z - z_1}{p_1}, \quad L_2: \frac{x - x_2}{m_2} = \frac{y - y_2}{n_2} = \frac{z - z_2}{p_2},$$

L_1 与 L_2 的夹角为 φ，L_1, L_2 的方向向量分别为

$$\boldsymbol{s}_1 = (m_1, n_1, p_1), \quad \boldsymbol{s}_2 = (m_2, n_2, p_2),$$

则由向量夹角的余弦公式可得

$$\cos\varphi = \frac{|m_1 m_2 + n_1 n_2 + p_1 p_2|}{\sqrt{m_1^2 + n_1^2 + p_1^2} \sqrt{m_2^2 + n_2^2 + p_2^2}}.$$

由两向量垂直、平行的充要条件，可得如下结论：

(1) 直线 L_1 与 L_2 互相垂直，当且仅当

$$m_1 m_2 + n_1 n_2 + p_1 p_2 = 0.$$

(2) 直线 L_1 与 L_2 互相平行，当且仅当

$$\frac{m_1}{m_2} = \frac{n_1}{n_2} = \frac{p_1}{p_2}.$$

例 3　求直线 $\dfrac{x-1}{1} = \dfrac{y}{-4} = \dfrac{z+3}{1}$ 和 $\dfrac{x}{2} = \dfrac{y+2}{-2} = \dfrac{z}{-1}$ 的夹角.

解　$\boldsymbol{s}_1 = (1, -4, 1), \boldsymbol{s}_2 = (2, -2, -1)$，由两直线的夹角公式，得

$$\cos\varphi = \frac{|1 \times 2 + (-4) \times (-2) + 1 \times (-1)|}{\sqrt{1^2 + (-4)^2 + 1^2} \sqrt{2^2 + (-2)^2 + (-1)^2}} = \frac{\sqrt{2}}{2},$$

所以两直线的夹角为

$$\varphi = \frac{\pi}{4}.$$

四、直线与平面的夹角

直线与它在平面上的投影直线的夹角 φ 称为直线与平面的夹角. 通常规定 $0 \leqslant \varphi \leqslant \frac{\pi}{2}$ （图 7-19）.

设

$$L: \frac{x - x_0}{m} = \frac{y - y_0}{n} = \frac{z - z_0}{p},$$

$$\Pi: Ax + By + Cz + D = 0,$$

因为直线 L 的方向向量 $\boldsymbol{s} = (m, n, p)$ 与平面 Π 的法向量 $\boldsymbol{n} = (A, B, C)$ 的夹角为 $\frac{\pi}{2} - \varphi$ 或 $\frac{\pi}{2} + \varphi$,

$$\sin\varphi = \cos\left(\frac{\pi}{2} - \varphi\right) = \left| \cos\left(\frac{\pi}{2} + \varphi\right) \right|,$$

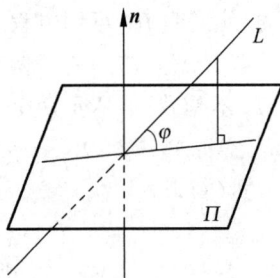

由两向量的夹角公式可得

$$\sin\varphi = \frac{|\boldsymbol{s} \cdot \boldsymbol{n}|}{|\boldsymbol{s}||\boldsymbol{n}|} = \frac{|mA + nB + pC|}{\sqrt{m^2 + n^2 + p^2}\sqrt{A^2 + B^2 + C^2}}. \tag{4}$$

图　7-19

例 4　求直线 $\dfrac{x+1}{1} = \dfrac{y-2}{0} = \dfrac{z-1}{-1}$ 与平面 $x + y + 1 = 0$ 的夹角.

解　直线的方向向量为 $\boldsymbol{s} = (1, 0, -1)$, 平面的法向量为 $\boldsymbol{n} = (1, 1, 0)$, 由直线与平面的夹角公式 (4), 可得

$$\sin\varphi = \frac{|\boldsymbol{s} \cdot \boldsymbol{n}|}{|\boldsymbol{s}||\boldsymbol{n}|} = \frac{|1 \times 1 + 0 \times 1 + (-1) \times 0|}{\sqrt{1^2 + 0^2 + (-1)^2}\sqrt{1^2 + 1^2 + 0^2}} = \frac{1}{2},$$

所以 $\varphi = \dfrac{\pi}{6}$, 即直线与平面的夹角为 $\dfrac{\pi}{6}$.

五、平面束方程

通过一条定直线的平面的全体叫作平面束. 下面建立平面束的方程.

设定直线 L 由方程组

$$\begin{cases} A_1 x + B_1 y + C_1 z + D_1 = 0, \\ A_2 x + B_2 y + C_2 z + D_2 = 0 \end{cases} \tag{5}$$

确定. 显然 $\boldsymbol{n}_1 = (A_1, B_1, C_1)$ 和 $\boldsymbol{n}_2 = (A_2, B_2, C_2)$ 不平行. 建立三元一次方程

$$\alpha(A_1 x + B_1 y + C_1 z + D_1) + \beta(A_2 x + B_2 y + C_2 z + D_2) = 0, \tag{6}$$

其中 α, β 为不同时为零的实数. 由 $\boldsymbol{n}_1, \boldsymbol{n}_2$ 不平行可知, $\alpha A_1 + \beta A_2, \alpha B_1 + \beta B_2, \alpha C_1 + \beta C_2$ 不同时为零. 将方程 (6) 改写为

$$(\alpha A_1 + \beta A_2)x + (\alpha B_1 + \beta B_2)y + (\alpha C_1 + \beta C_2)z + (\alpha D_1 + \beta D_2) = 0, \quad\quad (7)$$

方程(7)表示一个平面.

任取直线 L 上一点 $M(x,y,z)$，则 M 的坐标满足方程(7)，所以当 α, β 取不同值时，方程(7)表示通过 L 的一束平面.

反之，过 L 的任意平面 Π_3 的方程可表示成方程(7)的形式.事实上，设 $M_0(x_0, y_0, z_0)$ 是 Π_3 上且不在 L 上的点，则 Π_3 由 L 和 M_0 唯一确定.只要证明存在不全为零的实数 α, β，使等式

$$(\alpha A_1 + \beta A_2)x_0 + (\alpha B_1 + \beta B_2)y_0 + (\alpha C_1 + \beta C_2)z_0 + (\alpha D_1 + \beta D_2) = 0 \quad\quad (8)$$

成立，就说明 Π_3 可用方程(7)表示.

若 Π_3 是式(5)所示两个平面中的一个，则只要取 $\alpha = 1, \beta = 0$ 或 $\alpha = 0, \beta = 1$ 即可.不妨设 Π_3 不是式(5)所示两个平面中的任何一个，此时点 M_0 不在这两个平面上，所以有

$$A_1 x_0 + B_1 y_0 + C_1 z_0 + D_1 \neq 0, \quad A_2 x_0 + B_2 y_0 + C_2 z_0 + D_2 \neq 0,$$

代入式(8)，得

$$\frac{\alpha}{\beta} = -\frac{A_2 x_0 + B_2 y_0 + C_2 z_0 + D_2}{A_1 x_0 + B_1 y_0 + C_1 z_0 + D_1} \neq 0,$$

只要取

$$\beta = -1, \quad \alpha = \frac{A_2 x_0 + B_2 y_0 + C_2 z_0 + D_2}{A_1 x_0 + B_1 y_0 + C_1 z_0 + D_1}$$

即可.这说明通过 L 的任一平面都可以用方程(7)表示.称方程(7)为通过直线 L 的平面束方程.

例 5 求通过直线 $L: \begin{cases} x + y - z = 1, \\ x - y + z = 0 \end{cases}$ 和点 $M_0(1, 1, -1)$ 的平面方程.

解 设平面方程为

$$\alpha(x + y - z - 1) + \beta(x - y + z) = 0,$$

将点 M_0 的坐标代入，得

$$2\alpha - \beta = 0,$$

取 $\alpha = 1, \beta = 2$，即得所求平面方程为

$$3x - y + z - 1 = 0.$$

习题 7-5

1. 求平面 $x + y - z = 1$ 与三个坐标面的交线方程.

2. 将直线 $\begin{cases} 2x + 3y - z = 1, \\ x + z = 2 \end{cases}$ 化成点向式方程和参数方程.

3. 求过点 $A(3, 0, 1)$，且与平面 $x + 2y = 4$ 和 $3x + z = 0$ 都平行的直线方程.

4. 求过原点，且与三个坐标轴的夹角都相等的直线方程.

5. 设有直线 $L_1: \dfrac{x-1}{1} = \dfrac{y-5}{-2} = \dfrac{z+8}{1}$ 与 $L_2: \begin{cases} x - y = 6, \\ 2y + z = 3, \end{cases}$ 求 L_1 与 L_2 的夹角.

6. 求直线 $\begin{cases} x+y=1, \\ x-y-z=1 \end{cases}$ 与平面 $x-y+z=0$ 的夹角.

7. 试确定直线 $\dfrac{x}{3}=\dfrac{y}{-2}=\dfrac{z}{7}$ 和平面 $3x-2y+7z=8$ 的位置关系.

8. 求过直线 $\begin{cases} x+y-z=0, \\ 2x-y=3 \end{cases}$ 和点 $M(2,0,1)$ 的平面方程.

9. 求点 $(-1,2,0)$ 在平面 $x+2y-z+1=0$ 上的投影.

10. 求点 $P(3,-1,2)$ 到直线 $\begin{cases} x+y-z+1=0, \\ 2x-y+z-4=0 \end{cases}$ 的距离.

11. 设 M_0 是直线 L 外一点，M 是直线 L 上任意一点，且直线的方向向量为 s，试证：点 M_0 到直线 L 的距离为

$$d=\frac{|\overrightarrow{M_0M}\times s|}{|s|}.$$

12. 求直线 $\begin{cases} 2x-4y+z=0, \\ 3x-y-2z-9=0 \end{cases}$ 在平面 $4x-y+z=1$ 上的投影直线的方程.

第六节　空间曲面及其方程

一、空间曲面方程

在空间解析几何中，任何曲面都可以看作空间中点的几何轨迹. 曲面上动点 $M(x,y,z)$ 的变化规律在代数上通常表现为适合 x,y,z 的方程.

定义　如果曲面 S 与三元方程

$$F(x,y,z)=0 \tag{1}$$

有下述关系：

（Ⅰ）S 上任意一点的坐标都满足方程(1)；

（Ⅱ）不在 S 上的点的坐标都不满足方程(1)，

则方程(1)称为曲面 S 的方程，而曲面 S 称为方程(1)的图形.

本节研究空间曲面的方程表示，主要从下面两个基本问题入手：

(1) 已知一个曲面，建立曲面的方程；

(2) 已知点的坐标满足某方程，研究该方程所表示的曲面的形状.

本部分着重研究第一个问题，下面部分着重研究第二个问题.

1. 球面

空间中到一个定点的距离等于定长的点的集合叫作球面，定点叫作球心，定长称为半径.

若球心为 $M_0(x_0,y_0,z_0)$，半径为 R，设 $M(x,y,z)$ 为球面上任意一点，那么有 $|M_0M|=R$，由两点距离公式得

$$\sqrt{(x-x_0)^2+(y-y_0)^2+(z-z_0)^2}=R,$$

或

$$(x-x_0)^2+(y-y_0)^2+(z-z_0)^2=R^2. \tag{2}$$

这就是球面上任意一点所满足的方程.不在球面上的点都不满足方程(2),所以方程(2)就是以 M_0 为球心、以 R 为半径的球面方程.

2. 柱面

设空间中有一曲线 C,过 C 上一点引一条直线 L,直线 L 沿曲线 C 作平行移动形成的轨迹称为柱面,定曲线 C 称为柱面的准线,与 L 平行的每一条直线称为柱面的母线.

这里只讨论母线平行于一条坐标轴的柱面方程.

设柱面的母线平行于 z 轴,准线是 xOy 坐标面上一曲线 $F(x,y)=0$,下面讨论该柱面的方程.在空间直角坐标系中来看,三元方程 $F(x,y)=0$ 不含竖坐标 z,任取它的一个解 (x,y,z),说明点 $(x,y,0)$ 在准线上,而点 (x,y,z) 在母线上,所以空间方程 $F(x,y)=0$ 的解 (x,y,z) 对应的点在柱面上;另一方面,任取柱面上一点 (x,y,z),由于母线平行于 z 轴,故该点在 xOy 坐标面上的投影点为 $(x,y,0)$,它在准线上,故 $F(x,y)=0$,即 (x,y,z) 满足空间方程 $F(x,y)=0$.总之,该柱面方程就是空间方程 $F(x,y)=0$.

同理,空间方程 $F(x,z)=0$ 表示母线平行于 y 轴的柱面,准线是 xOz 坐标面上的曲线 $F(x,z)=0$;空间方程 $F(y,z)=0$ 表示母线平行于 x 轴的柱面,准线是 yOz 坐标面上的曲线 $F(x,z)=0$.

例如,方程 $y^2=2x$ 表示母线平行于 z 轴、准线为 xOy 面上抛物线 $y^2=2x$ 的柱面,称为抛物柱面(图 7-20).方程 $x^2+y^2=R^2$ 表示母线平行于 z 轴、准线为 xOy 面上圆线 $x^2+y^2=R^2$ 的柱面,称为正圆柱面(图 7-21).

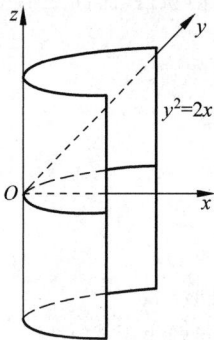

图 7-20

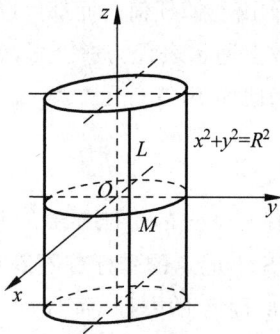

图 7-21

3. 锥面

设 C 为一定曲线,B 为 C 外一定点,过 B 任作一条直线与 C 相交,则该直线绕 B 点沿曲线 C 移动时所形成的曲面称为锥面,定点 B 称为锥面顶点,动直线称为锥面母线,定曲线 C 称为锥面准线.

下面介绍两种常用的锥面.

(1) 正圆锥面

准线为圆,顶点在圆所在平面上的投影恰为圆心的圆锥面称为正圆锥面.

如图 7-22 所示建立坐标系,设正圆锥面顶点为 $B(0,0,b)$,准线圆半径为 R,圆上点 A 的坐标为 $(x_0,y_0,0)$,在母线 BA 上任取一点 $M(x,y,z)$,则 $\overrightarrow{BM} /\!/ \overrightarrow{BA}$,从而对应坐标成比例,即

$$\frac{x}{x_0}=\frac{y}{y_0}=\frac{z-b}{-b},$$

而

$$x_0^2+y_0^2=R^2,$$

故

$$\frac{x^2+y^2}{R^2}=\frac{(z-b)^2}{b^2},$$

即图 7-22 中正圆锥面的方程为

$$b^2(x^2+y^2)-R^2(z-b)^2=0. \tag{3}$$

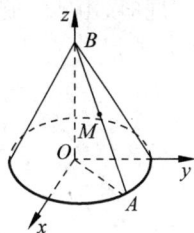

图 7-22

(2)二次锥面

由方程

$$\frac{x^2}{a^2}+\frac{y^2}{b^2}-\frac{z^2}{c^2}=0 \tag{4}$$

所确定的曲面称为二次锥面.

由方程(4)可知二次锥面具有如下特征(图 7-23):

其一,顶点是坐标原点,显然原点在锥面上.其次,如果 $M_0(x_0,y_0,z_0)$ 在锥面上,则对任意 t,(tx_0,ty_0,tz_0) 也在锥面上,从而直线 OM_0 在锥面上,即锥面母线是直线,且母线都过原点,从而原点是锥面顶点.

其二,锥面准线是椭圆.用平行于 xOy 坐标面的平面 $z=h$ 去截锥面,截痕

$$\begin{cases}\dfrac{x^2}{a^2}+\dfrac{y^2}{b^2}=\dfrac{h^2}{c^2},\\ z=h\end{cases}$$

是椭圆.

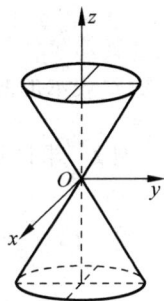

图 7-23

注 当 $a=b$ 时,二次锥面成为正圆锥面 $z^2=\alpha(x^2+y^2)$,α 是正常数.

4. 旋转曲面

一条平面曲线绕平面上一条定直线旋转一周所成的曲面称为旋转曲面,这条定直线称为旋转轴.

球面是一个圆绕它的一条直径旋转而成的旋转面,正圆柱面是一条直线绕与其平行的定直线旋转而成的旋转面,正圆锥面是一条直线绕与其相交的定直线旋转而成的旋转面.

下面仅讨论旋转轴为坐标轴时如何建立旋转曲面方程(对于一般情况,可以通过坐标轴的平移、旋转等变换化为这种情况讨论).

设在 yOz 平面上有一条已知曲线 $C:f(y,z)=0$.把这条曲线绕 z 轴旋转一周,就得到一个旋转曲面(图 7-24).

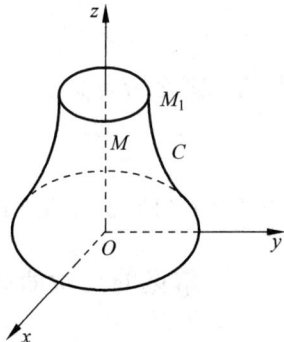

图 7-24

在曲面上任取一点 $M(x,y,z)$，则 M 必是由曲线 C 上某点 $M_1(0,y_1,z_1)$ 旋转得到，所以有

$$f(y_1,z_1)=0.$$

同时，由 M_1 旋转到 M 时，$z=z_1$ 保持不变，且点 M 到 z 轴的距离为 $d=\sqrt{x^2+y^2}=|y_1|$，所以

$$y_1=\pm\sqrt{x^2+y^2}.$$

将 $z=z_1$，$y_1=\pm\sqrt{x^2+y^2}$ 代入方程 $f(y_1,z_1)=0$，就得到旋转曲面方程

$$f(\pm\sqrt{x^2+y^2},z)=0. \tag{5}$$

由方程(5)可见，只要把 yOz 面上平面曲线方程中的 y 换成 $\pm\sqrt{x^2+y^2}$，就得到该曲线绕 z 轴旋转的旋转曲面方程.同理可知，

$$f(y,\pm\sqrt{x^2+z^2})=0 \tag{6}$$

表示曲线 C 绕 y 轴旋转的旋转曲面.

例 1 求椭圆 $\begin{cases}\dfrac{x^2}{a^2}+\dfrac{z^2}{c^2}=1,\\ y=0\end{cases}$ 绕 x 轴旋转所得到的旋转曲面方程.

解 把 $\dfrac{x^2}{a^2}+\dfrac{z^2}{c^2}=1$ 中的 z 用 $\pm\sqrt{y^2+z^2}$ 代换，即得

$$\frac{x^2}{a^2}+\frac{y^2+z^2}{c^2}=1, \tag{7}$$

称式(7)表示的曲面为旋转椭球面.

例 2 求抛物线 $\begin{cases}y^2=2pz,\\ x=0\end{cases}$ 绕 z 轴旋转所得到的旋转曲面方程.

解 把 $y^2=2pz$ 中的 y 用 $\pm\sqrt{x^2+y^2}$ 代换，即得
$$x^2+y^2=2pz, \tag{8}$$

称式(8)表示的曲面为旋转抛物面.

例 3 求双曲线 $\begin{cases}\dfrac{x^2}{a^2}-\dfrac{y^2}{b^2}=1,\\ z=0\end{cases}$ 分别绕 x 轴、y 轴旋转的旋转曲面方程.

解 绕 x 轴旋转的旋转曲面方程为

$$\frac{x^2}{a^2}-\frac{y^2+z^2}{b^2}=1, \tag{9}$$

绕 y 轴旋转的旋转曲面方程为

$$\frac{x^2+z^2}{a^2}-\frac{y^2}{b^2}=1, \tag{10}$$

称方程(9)、(10)表示的曲面为旋转双曲面.

二、常见的二次曲面

由三元二次方程表示的曲面叫作二次曲面.前面介绍的球面、圆柱面、二次锥面、旋转抛

物面、旋转双曲面等都是二次曲面.相应地,平面称为一次曲面.

下面介绍另外一些常见的二次曲面,并用截痕法分析曲面的形状.所谓截痕法,是用平行于坐标面的平面与曲面相截,考察交线(截痕)的形状,从而了解曲面全貌的方法.

1. 椭球面

方程

$$\frac{x^2}{a^2}+\frac{y^2}{b^2}+\frac{z^2}{c^2}=1, \quad a>0,b>0,c>0 \tag{11}$$

表示的曲面称为椭球面.

由方程(11)可知 $|x|\leqslant a,|y|\leqslant b,|z|\leqslant c$,这说明椭球面包含在六个平面 $x=\pm a,y=\pm b,z=\pm c$ 所围的长方体内,称 a,b,c 为椭球面的半轴.

椭球面与三个坐标面的交线分别为

$$\begin{cases} x=0, \\ \dfrac{y^2}{b^2}+\dfrac{z^2}{c^2}=1, \end{cases} \quad \begin{cases} y=0, \\ \dfrac{x^2}{a^2}+\dfrac{z^2}{c^2}=1, \end{cases} \quad \begin{cases} z=0, \\ \dfrac{x^2}{a^2}+\dfrac{y^2}{b^2}=1, \end{cases}$$

这些交线都是椭圆.

平行于 xOy 面的平面 $z=z_1(|z_1|\leqslant c)$ 与椭球面的交线为

$$\begin{cases} z=z_1, \\ \dfrac{x^2}{\dfrac{a^2(c^2-z_1^2)}{c^2}}+\dfrac{y^2}{\dfrac{b^2(c^2-z_1^2)}{c^2}}=1, \end{cases}$$

这是在平面 $z=z_1$ 内的椭圆,半轴分别为 $\dfrac{a\sqrt{c^2-z_1^2}}{c},\dfrac{b\sqrt{c^2-z_1^2}}{c}$.当 z_1 变化时,这些椭圆的中心都在 z 轴上.$|z_1|$ 由零逐渐增大到 c 时,椭圆截面由大变小,最后缩成一点.

用 $y=y_1(|y_1|\leqslant b)$ 或 $x=x_1(|x_1|\leqslant a)$ 去截椭球面,可得到与上述类似的结果.

综上所述,椭球面的形状如图 7-25 所示.它关于坐标面、坐标轴、坐标原点都对称.

若 $a=b\neq c$,则方程变为

$$\frac{x^2+y^2}{a^2}+\frac{z^2}{c^2}=1,$$

表示 xOz 面上的椭圆 $\dfrac{x^2}{a^2}+\dfrac{z^2}{c^2}=1$ 绕 z 轴旋转而成的旋转椭球面.

若 $a=b=c$,则方程变为

$$x^2+y^2+z^2=a^2,$$

表示以原点为球心、a 为半径的球面.

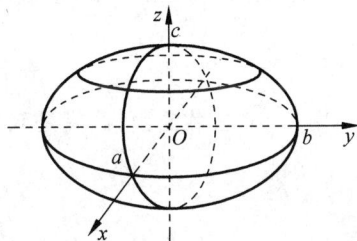

图 7-25

2. 单叶双曲面

方程

$$\frac{x^2}{a^2}+\frac{y^2}{b^2}-\frac{z^2}{c^2}=1 \tag{12}$$

表示的曲面称为单叶双曲面.

用平面 $z=h$ 去截曲面,截痕是椭圆:

$$\begin{cases} z=h, \\ \dfrac{x^2}{a^2}+\dfrac{y^2}{b^2}=1+\dfrac{h^2}{c^2}, \end{cases}$$

$|h|$越大,椭圆半轴越长.

用 $x=0$ 去截曲面,截痕是双曲线 $\begin{cases} \dfrac{y^2}{b^2}-\dfrac{z^2}{c^2}=1, \\ x=0; \end{cases}$

用 $y=0$ 去截曲面,截痕是双曲线 $\begin{cases} \dfrac{x^2}{a^2}-\dfrac{z^2}{c^2}=1, \\ y=0. \end{cases}$

单叶双曲面如图 7-26 所示.它关于坐标面、坐标轴、坐标原点都对称.

当 $a=b$ 时,方程变为 $\dfrac{x^2+y^2}{a^2}-\dfrac{z^2}{c^2}=1$,表示由 xOz 面上

的双曲线 $\dfrac{x^2}{a^2}-\dfrac{z^2}{c^2}=1$ 绕 z 轴旋转而成的旋转双曲面.

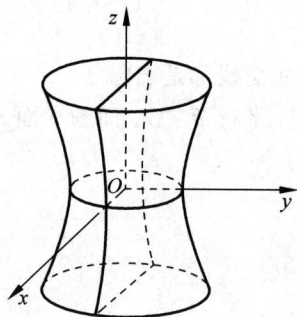

图　7-26

3. 双叶双曲面

方程

$$\frac{x^2}{a^2}-\frac{y^2}{b^2}-\frac{z^2}{c^2}=1 \tag{13}$$

表示的曲面称为双叶双曲面.

用平面 $x=h(|h|>a)$ 去截曲面,截痕是椭圆 $\begin{cases} x=h, \\ \dfrac{y^2}{b^2}+\dfrac{z^2}{c^2}=\dfrac{h^2}{a^2}-1; \end{cases}$

用 $y=0$ 去截曲面,截痕是双曲线 $\begin{cases} \dfrac{x^2}{a^2}-\dfrac{z^2}{c^2}=1, \\ y=0; \end{cases}$

用 $z=0$ 去截曲面,截痕是双曲线 $\begin{cases} \dfrac{x^2}{a^2}-\dfrac{y^2}{b^2}=1, \\ z=0. \end{cases}$

双叶双曲面如图 7-27 所示.它关于坐标面、坐标轴、坐标原点都对称.

当 $b=c$ 时,方程变为 $\dfrac{x^2}{a^2}-\dfrac{y^2+z^2}{b^2}=1$,表示由

xOy 面上的双曲线 $\dfrac{x^2}{a^2}-\dfrac{y^2}{b^2}=1$ 绕 x 轴旋转而成的旋

转双曲面.

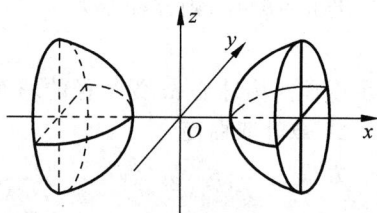

图　7-27

4. 椭圆抛物面

方程

$$\frac{x^2}{a^2}+\frac{y^2}{b^2}=z \tag{14}$$

表示的曲面称为椭圆抛物面.

用 $x=0, y=0$ 去截曲面,截痕都是抛物线:

$$\begin{cases}\dfrac{y^2}{b^2}=z, \\ x=0,\end{cases}\quad \begin{cases}\dfrac{x^2}{a^2}=z, \\ y=0;\end{cases}$$

用 $z=h(>0)$ 去截曲面,截痕是椭圆:

$$\begin{cases}\dfrac{x^2}{a^2}+\dfrac{y^2}{b^2}=h, \\ z=h.\end{cases}$$

综上所述,椭圆抛物面形状如图 7-28 所示.它关于 xOz 面、yOz 面、z 轴对称,顶点是原点.

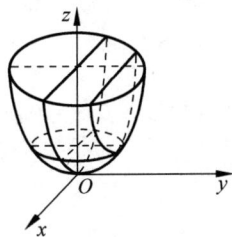

图　7-28

5. 双曲抛物面

方程

$$-\frac{x^2}{a^2}+\frac{y^2}{b^2}=z \tag{15}$$

表示的曲面称为双曲抛物面.

用 $x=0, y=0$ 去截曲面,截痕都是抛物线

$$\begin{cases}\dfrac{y^2}{b^2}=z, \\ x=0,\end{cases}\quad \begin{cases}-\dfrac{x^2}{a^2}=z, \\ y=0;\end{cases}$$

用 $z=h(\neq 0)$ 去截曲面,截痕是双曲线

$$\begin{cases}-\dfrac{x^2}{a^2}+\dfrac{y^2}{b^2}=h, \\ z=h.\end{cases}$$

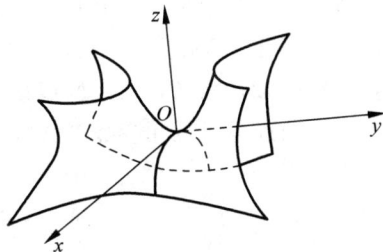

图　7-29

双曲抛物面形状如图 7-29 所示,类似马鞍形,故也称为马鞍面.它关于 xOz 面、yOz 面、z 轴对称.

习题 7-6

1. 画出下列曲面的草图:

(1) $x^2+y^2+\dfrac{1}{2}z^2=2$;　　　(2) $3y^2+z^2=8$;　　　(3) $x^2=3y$;

(4) $2x^2-y^2-2z^2=1$;　　　(5) $3x=4y^2-z^2$.

2. 求下列旋转曲面方程:

(1) 曲线 $\begin{cases}3x^2-4z^2=1, \\ y=0\end{cases}$ 绕 z 轴旋转一周;(2) 曲线 $\begin{cases}y^2-4z=0, \\ x=0\end{cases}$ 绕 y 轴旋转一周.

3. 设直线 L 过 $A(1,0,0)$, $B(0,1,1)$ 两点, 将 L 绕 z 轴旋转一周得到曲面 Σ, 求曲面 Σ 的方程.

4. 椭球面 S_1 由椭圆 $\dfrac{x^2}{4}+\dfrac{y^2}{3}=1$ 绕 x 轴旋转而成, 圆锥面 S_2 由过点 $(4,0)$ 且与椭圆 $\dfrac{x^2}{4}+\dfrac{y^2}{3}=1$ 相切的直线绕 x 轴旋转而成. 求 S_1 及 S_2 的方程.

5. 作出下列各组曲面所围的立体图形:

(1) $3x+4y+2z-12=0$, $x=0$, $y=0$, $x=2$, $y=1$;

(2) $x=\sqrt{y-z^2}$, $x=\dfrac{1}{2}\sqrt{y}$, $y=1$;

(3) $z=x^2+y^2+1$, $x+y=4$, $x=0$, $y=0$, $z=0$;

(4) $x=0$, $z=0$, $x=1$, $y=2$, $z=\dfrac{y}{4}$.

第七节　空间曲线及其方程

空间曲线可以看作两个空间曲面的交线. 一般方程为

$$\begin{cases} F(x,y,z)=0, \\ G(x,y,z)=0. \end{cases} \tag{1}$$

例1　考察方程组 $\begin{cases} x^2+y^2=1, \\ 2x+3y+3z=6 \end{cases}$ 所表示的曲线.

解　方程组中第一个方程表示圆柱面, 其准线是 xOy 面内的圆, 圆心在原点, 半径为 1, 母线平行于 z 轴. 第二个方程表示一个平面, 它与 x 轴、y 轴、z 轴的交点坐标分别为 $(3,0,0)$, $(0,2,0)$, $(0,0,2)$. 所以该方程组表示的曲线是上述平面与柱面的交线.

空间曲线也可以用参数形式表示. 即, 将曲线上任一点的坐标表示成参数 t 的函数

$$\begin{cases} x=x(t), \\ y=y(t), \\ z=z(t), \end{cases} \tag{2}$$

给定一个 t 值, 就确定曲线上一个点 (x,y,z); 随着 t 的变化, 就可确定出曲线上所有点. 称方程(2)为空间曲线的参数方程. 例如, 方程

$$\begin{cases} x=a\cos t, \\ y=a\sin t, \\ z=bt \end{cases}$$

表示空间中的一条螺旋曲线(即空间中一点 M 在圆柱面 $x^2+y^2=a^2$ 上以角速度 1 绕 z 轴旋转, 同时又以线速度 b 沿平行于 z 轴的正方向上升的几何轨迹, 参数 t 表示时间).

下面简单介绍一下空间曲线在坐标面上的投影曲线.

在方程组(1)中消去变量 z, 可以得到一个只含有变量 x 和 y 的方程

$$H(x,y)=0, \tag{3}$$

方程(3)表示母线平行于 z 轴的柱面. 显然, 方程组(1)所表示的空间曲线 C 上的点的坐标

都满足方程(3),即空间曲线 C 在柱面上.以曲线 C 为准线、母线平行于 z 轴的柱面称为曲线 C 关于 xOy 面的投影柱面,投影柱面与 xOy 面的交线称为空间曲线 C 在 xOy 面上的投影曲线(简称为投影),柱面(3)与 xOy 面的交线方程

$$\begin{cases} H(x,y)=0, \\ z=0 \end{cases}$$

必定包含空间曲线 C 在 xOy 面上的投影.

同理可求空间曲线 C 在 yOz 面、zOx 面上的投影.

例 2 求空间曲线 $\begin{cases} z=x^2+y^2, \\ x+y+3z=2 \end{cases}$ 在 xOy 面、yOz 面、zOx 面上的投影.

解 从方程组中消去 z,得

$$x+y+3(x^2+y^2)=2,$$

即

$$\left(x+\frac{1}{6}\right)^2+\left(y+\frac{1}{6}\right)^2=\frac{13}{18},$$

所以曲线在 xOy 面上的投影曲线为

$$\begin{cases} \left(x+\frac{1}{6}\right)^2+\left(y+\frac{1}{6}\right)^2=\frac{13}{18}, \\ z=0, \end{cases}$$

它表示一个圆.

同理可得该空间曲线在 yOz 面、zOx 面上的投影曲线方程分别为

$$\begin{cases} 2y^2+9z^2+6yz-4y-13z+4=0, \\ x=0; \end{cases}$$

$$\begin{cases} 2x^2+9z^2+6xz-4x-13z+4=0, \\ y=0. \end{cases}$$

习题 7-7

1. 画出下列曲线在第一卦限内的图形:

(1) $\begin{cases} x=1, \\ y=3; \end{cases}$ (2) $\begin{cases} x^2+y^2+z^2=4, \\ x-y=0. \end{cases}$

2. 写出曲线 $\begin{cases} y^2+z^2+4y=0, \\ x-y+\frac{1}{2}z=1 \end{cases}$ 在 xOy 面、yOz 面上的投影曲线方程.

3. 求曲线 $\begin{cases} z=2-x^2-y^2, \\ z=(x-1)^2+(y-1)^2 \end{cases}$ 在三个坐标面上的投影曲线的方程.

4. 求 $z=x^2+y^2$ 与平面 $z=9$ 所围成的立体在三个坐标面上的投影.

5. 求球面 $x^2+y^2+z^2=9$ 与平面 $x+z=1$ 的交线在 xOy 面上的投影曲线的方程.

6. 求锥面 $z=\sqrt{x^2+y^2}$ 与柱面 $z^2=2x$ 所围的立体在三个坐标面上的投影.

第八节　坐标轴变换

二次曲面的一般方程为

$$a_{11}x^2 + a_{22}y^2 + a_{33}z^2 + 2a_{12}xy + 2a_{13}xz + 2a_{23}yz + 2a_{14}x + 2a_{24}y + 2a_{34}z + a_{44} = 0, \quad (1)$$

其中 $a_{11}, a_{22}, a_{33}, a_{12}, a_{13}, a_{23}$ 不全为零.

为了研究曲面的性质,有时需要改变坐标系,把方程化为简单的标准形式.下面简单讨论直角坐标的两种变换公式.

一、坐标轴平移

坐标轴平移是指将坐标系的原点由 O 移到 O',而三个坐标轴的方向和单位都不变.Ox, Oy, Oz 称为旧坐标系,改变后的坐标系 $O'x', O'y', O'z'$ 称为新坐标系(图7-30),设新坐标系的原点 O' 在旧坐标系下的坐标为 (a, b, c),新旧坐标系的基本单位向量都是 $\boldsymbol{i}, \boldsymbol{j}, \boldsymbol{k}$,空间中任一点 P 的新、旧坐标分别为 (x', y', z') 和 (x, y, z),下面建立新、旧坐标之间的关系.

由于

$$\overrightarrow{OP} = \overrightarrow{OO'} + \overrightarrow{O'P},$$

$$\overrightarrow{OP} = x\boldsymbol{i} + y\boldsymbol{j} + z\boldsymbol{k},$$

$$\overrightarrow{O'P} = x'\boldsymbol{i} + y'\boldsymbol{j} + z'\boldsymbol{k},$$

$$\overrightarrow{OO'} = a\boldsymbol{i} + b\boldsymbol{j} + c\boldsymbol{k},$$

所以

$$x\boldsymbol{i} + y\boldsymbol{j} + z\boldsymbol{k} = (x'+a)\boldsymbol{i} + (y'+b)\boldsymbol{j} + (z'+c)\boldsymbol{k},$$

即

$$\begin{cases} x = x' + a, \\ y = y' + b, \\ z = z' + c. \end{cases} \quad (2)$$

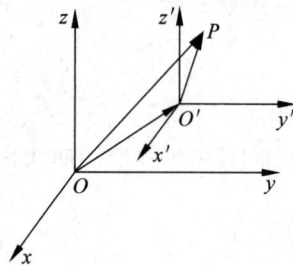

图　7-30

二、坐标轴旋转

直角坐标系原点不变,坐标轴的方向改变,这种坐标轴的变换称为坐标轴旋转.

设 Ox, Oy, Oz 是旧坐标系,Ox', Oy', Oz' 是新坐标系,新坐标轴在旧坐标系下的方向角见表7-2.

表 7-2　新坐标轴在旧坐标系下的方向角

	Ox	Oy	Oz
Ox'	α_1	β_1	γ_1
Oy'	α_2	β_2	γ_2
Oz'	α_3	β_3	γ_3

用 i, j, k 表示原基本单位向量，i', j', k' 表示新的基本单位向量. 由假设知

$$\begin{cases} i' = \cos\alpha_1 i + \cos\beta_1 j + \cos\gamma_1 k, \\ j' = \cos\alpha_2 i + \cos\beta_2 j + \cos\gamma_2 k, \\ k' = \cos\alpha_3 i + \cos\beta_3 j + \cos\gamma_3 k. \end{cases} \tag{3}$$

设空间中任一点 P 的新、旧坐标分别为 (x', y', z') 和 (x, y, z)，则有

$$\overrightarrow{OP} = x' i' + y' j' + z' k', \tag{4}$$

$$\overrightarrow{OP} = x i + y j + z k, \tag{5}$$

将式(3)代入式(4)，并由式(4)、式(5)相等，可得

$$\begin{cases} x = x' \cos\alpha_1 + y' \cos\alpha_2 + z' \cos\alpha_3, \\ y = x' \cos\beta_1 + y' \cos\beta_2 + z' \cos\beta_3, \\ z = x' \cos\gamma_1 + y' \cos\gamma_2 + z' \cos\gamma_3, \end{cases} \tag{6}$$

式(6)就是坐标轴旋转变换的新、旧坐标换算公式.

一般地，利用坐标轴旋转可消去二次方程中的交叉项. 此时，只需旋转交叉项中变元代表的两坐标轴，另一坐标轴不动. 下面以消去 xy 交叉项为例说明.

设二次方程为

$$a_{11}x^2 + a_{22}y^2 + a_{33}z^2 + 2a_{12}xy + 2a_{14}x + 2a_{24}y + 2a_{34}z + a_{44} = 0, \tag{7}$$

此时，使 z 轴不动，将 x, y 轴逆时针旋转 α 角度，得新坐标系 $Ox'y'z$，如图 7-31 所示，则

$$\alpha_1 = \alpha, \quad \beta_1 = \frac{\pi}{2} - \alpha, \quad \gamma_1 = \frac{\pi}{2};$$

$$\alpha_2 = \frac{\pi}{2} + \alpha, \quad \beta_2 = \alpha, \quad \gamma_2 = \frac{\pi}{2};$$

$$\alpha_3 = \frac{\pi}{2}, \quad \beta_3 = \frac{\pi}{2}, \quad \gamma_3 = 0.$$

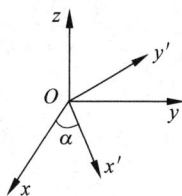

图 7-31

代入式(6)得

$$\begin{cases} x = x' \cos\alpha - y' \sin\alpha, \\ y = x' \sin\alpha + y' \cos\alpha, \\ z = z', \end{cases} \tag{8}$$

代入式(7)可求得交叉项 $x'y'$ 的系数

$$2a'_{12} = 2(a_{22} - a_{11})\sin\alpha\cos\alpha + 2a_{12}(\cos^2\alpha - \sin^2\alpha),$$

从而要消去交叉项 $x'y'$，需使 $a'_{12} = 0$，即

$$2(a_{22} - a_{11})\sin\alpha\cos\alpha + 2a_{12}(\cos^2\alpha - \sin^2\alpha) = 0,$$

整理得

$$\tan 2\alpha = \frac{2a_{12}}{a_{11} - a_{22}}, \tag{9}$$

此即消去交叉项所需的旋转角公式.

例 1 判定 $3x^2 - y^2 - z^2 + 6yz - 6x + 6y - 2z - 2 = 0$ ① 为何曲面.

解 先利用坐标轴旋转消去 yz 交叉项. 设 y, z 轴逆时针旋转了 θ 角，x 轴不动. 由

式(9)知

$$\tan 2\theta = \frac{2a_{23}}{a_{22} - a_{33}} = \frac{6}{(-1) - (-1)} = \infty,$$

可得

$$\theta = \frac{\pi}{4}.$$

由式(6)或式(8)容易得到坐标轴旋转公式

$$\begin{cases} x = x', \\ y = y'\cos\theta - z'\sin\theta = \dfrac{y' - z'}{\sqrt{2}}, \\ z = y'\sin\theta + z'\cos\theta = \dfrac{y' + z'}{\sqrt{2}}, \end{cases}$$

代入方程①,整理得

$$3x'^2 + 2y'^2 - 4z'^2 - 6x' + 2\sqrt{2}\,y' - 4\sqrt{2}\,z' - 2 = 0. \hspace{2em} ②$$

再利用坐标轴平移将其化为标准方程. 将方程②配方得

$$3(x' - 1)^2 + 2\left(y' + \frac{1}{\sqrt{2}}\right)^2 - 4\left(z' + \frac{1}{\sqrt{2}}\right)^2 = 4,$$

令

$$\begin{cases} x'' = x' - 1, \\ y'' = y' + \dfrac{1}{\sqrt{2}}, \\ z'' = z' + \dfrac{1}{\sqrt{2}}, \end{cases}$$

则原方程就化为标准形式

$$3x''^2 + 2y''^2 - 4z''^2 = 4,$$

为单叶双曲面.

习题 7-8

1. 将 $x^2 + 2y^2 + z^2 - 6x + 8y + 10z + 6 = 0$ 化为标准方程.

2. 方程 $x^2 - 2xy + y^2 + z^2 - 6z - 1 = 0$ 表示的图形是什么曲面?

第九节　工程应用举例

例1(飞机的飞行速度)　假设空气以每小时 32km 的速度沿平行 y 轴正向的方向流动,一架飞机在 xOy 平面沿与 x 轴正向成 $\frac{\pi}{6}$ 的方向飞行,若飞机相对于空气的速度是每小时 840km,问飞机相对于地面的速度是多少?

解　如图 7-32 所示,设 $\overrightarrow{OA}$ 为飞机相对于空气的速度,$\overrightarrow{AB}$ 为空气的流动速度,那么 $\overrightarrow{OB}$ 就是飞机相对于地面的速度.因为

$$\overrightarrow{OA} = 840 \times \cos\frac{\pi}{6}\boldsymbol{i} + 840 \times \sin\frac{\pi}{6}\boldsymbol{j} = 420\sqrt{3}\boldsymbol{i} + 420\boldsymbol{j}, \overrightarrow{AB} = 32\boldsymbol{j},$$

故

$$\overrightarrow{OB} = 420\sqrt{3}\boldsymbol{i} + 452\boldsymbol{j},$$

可得飞机相对于地面的速度为

$$|\overrightarrow{OB}| = \sqrt{(420\sqrt{3})^2 + (452)^2}\ \text{km/h} \approx 856.45\text{km/h}.$$

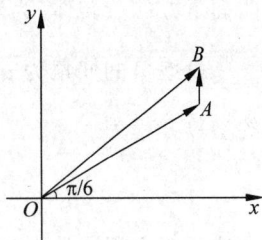

图　7-32

例 2（光线的反射线）　求光线 $L_0: \dfrac{x+1}{2} = \dfrac{y-2}{1} = \dfrac{z+1}{2}$ 照在镜面 $\Pi: x+y=4$ 上所产生的反射光线 L 的直线方程.

分析　在求反射光线也就是镜像直线方程时,须利用反射角等于入射角的光学原理.在数学上,也就是对称性原理.

解　如图 7-33 所示,显然 $P(-1,2,-1)$ 是直线 L_0 上一点,再将直线 L_0 的参数方程

$$x = -1 + 2t, \quad y = 2 + t, \quad z = -1 + 2t$$

代入平面 Π 的方程,可得 $(2t-1)+(t+2)=4$,解得 $t=1$,因此直线 L_0 与平面 Π 的交点为 $Q(1,3,1)$.

过点 $P(-1,2,-1)$ 作与平面 Π 垂直的直线

$$L_1: \frac{x+1}{1} = \frac{y-2}{1} = \frac{z+1}{0},$$

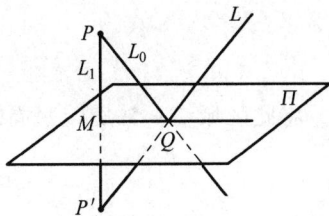

图　7-33

类似地可求出直线 L_1 与平面 Π 的交点为 $M\left(\dfrac{1}{2}, \dfrac{7}{2}, -1\right)$.

设点 P 关于平面 Π 的对称点为 P',则 M 必为线段 PP' 的中点,根据中点坐标公式可求出 $P'(2,5,-1)$.过点 $Q(1,3,1)$ 和 $P'(2,5,-1)$ 的直线

$$L: \frac{x-1}{1} = \frac{y-3}{2} = \frac{z-1}{-2}$$

就是所求的反射光线的直线方程.

例 3（高射炮的火力范围）　一门高射炮的炮口可在水平面 $360°$ 范围内任意转动,并可在铅直平面内以 $0°$ 和 $90°$ 之间任一仰角发射.如果空气阻力可以忽略不计,炮弹离开炮口时初速度为 v_0,求该高射炮的火力范围.

分析　本题所求的火力范围应该是一个旋转体,若把它看作一个点集,则这个点集由炮弹运动的所有不同轨迹曲线所构成.

解　在忽略炮身大小而把其看作一个几何点时,取炮口为坐标原点 O,铅直向上为 z 轴,任意一个方位的铅直平面为 yOz 坐标面,再取相应的 x 轴,得到坐标系如图 7-34 所示.

所求火力范围显然是一个在 xOy 平面上方、某个旋转

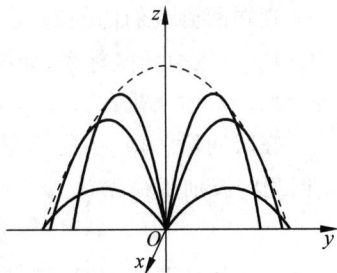

图　7-34

曲面下方的旋转体,为求出此旋转体,可在 yOz 坐标面的第一象限内进行考察.

设炮口的仰角为 α,$0\leqslant\alpha\leqslant\dfrac{\pi}{2}$,在忽略空气阻力的情况下,可求得炮弹在空中飞行轨迹的参数方程为

$$y=v_0 t\cos\alpha,\quad z=v_0 t\sin\alpha-\frac{1}{2}gt^2,$$

在这两个方程中消去参数 t,可得

$$z=y\tan\alpha-\frac{g}{2v_0^2}y^2\sec^2\alpha,$$

上式可以改写为

$$z=\frac{v_0^2}{2g}-\frac{gy^2}{2v_0^2}-\frac{gy^2}{2v_0^2}\left(\tan\alpha-\frac{v_0^2}{gy}\right)^2.$$

由此可知,能够选取适当的 α,使 yOz 坐标面的第一象限内点 (y,z) 总能被击中的充要条件是

$$0\leqslant z\leqslant\frac{v_0^2}{2g}-\frac{gy^2}{2v_0^2}.$$

将此区域绕 z 轴旋转一周即可得所求的火力范围为

$$0\leqslant z\leqslant\frac{v_0^2}{2g}-\frac{g}{2v_0^2}(x^2+y^2).$$

例 4(超声速飞机与马赫锥)　当一架超声速飞机在高空飞行时,由于飞机的速度比音速快,所以人们常常是先看到飞机在天空中掠过,片刻之后才能听到震耳的隆隆声.那么,在同一时刻,在天空中的什么区域内可以听到飞机的声音呢? 这个问题的答案十分有趣:能够听到飞机声的区域恰好是一个以飞机为顶点的圆锥体——这就是著名的"马赫锥".在马赫锥之外,无论距离飞机多么近,也不会听到飞机的轰鸣声.

设声音在空气中的传播速度为 v_0,并假定飞机正在沿水平方向作匀速直线飞行,飞行速度为 $v(v>v_0)$.试推导出马赫锥所满足的锥面方程.

解　解答这个问题之前,我们首先了解一下声音传播的特性.设在空中有一个点声源,它在 $t=0$ 时发出的声波以声速 v_0 向四面八方传播.经过时间 t 之后所能达到的最大传播范围是一个以声源为心的球面,球面半径恰好是声波在 t 时间内所传播的距离 $v_0 t$.因此,人们把声波称为球面波,把以 $v_0 t$ 为半径的球面称为 t 时刻的"波前".通过以上分析易知,波前是声音所达到的最远范围,在波前之外就听不到声源所发生的声音了.

现在回到我们的问题.以 $t=0$ 时飞机的位置作为坐标原点,以飞机前进的方向作为 x 轴,建立三维直角坐标系,如图 7-35 所示.为便于观察,图中未标出 z 轴,z 轴垂直于纸面向外.设 $t=a$ 时飞机在 $A(va,0,0)$ 处,考虑此时能听到飞机声的范围.

在时间段 $[0,a]$ 内的任意时刻 t,飞机作为一个点声源都在发出球面波,这个球面波到 a 时刻的波前半径为 $v_0(a-t)$.球心位置即为 t 时刻飞机的位置 vt.故波前方程为

$$(x-vt)^2+y^2+z^2=v_0^2(a-t)^2,\quad 0\leqslant t\leqslant a. \tag{1}$$

当 t 从 0 变到 a 时,这是一个含有参数 t 的球面族.由于在 $t=a$ 时声音不会超出任何一个球面,所以这个球面族所充斥的区域就是能听到飞机声的区域,而在球面族之外则听不

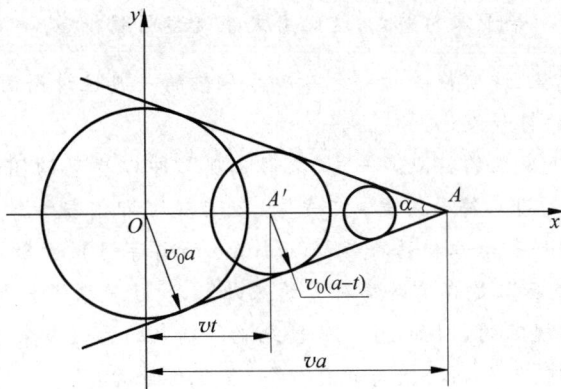

图　7-35

到飞机的声音.

为了消去球面的参数 t，将式(1)两端对 t 求导，得

$$v(x - vt) = v_0^2(a - t),\qquad(2)$$

由此解出

$$t = \frac{vx - v_0^2 a}{v^2 - v_0^2},$$

进而得到

$$x - vt = \frac{v_0^2(va - x)}{v^2 - v_0^2}, \quad a - t = \frac{v(va - x)}{v^2 - v_0^2},$$

将上述结果代入式(1)得

$$y^2 + z^2 = \frac{v_0^2}{v^2 - v_0^2}(x - va)^2,$$

这是一个以 $A(va, 0, 0)$ 为顶点、x 轴为对称轴的圆锥面，也就是我们所求的马赫锥锥面方程.

数学思想(一)——符号思想

数学思想是对数学概念、方法和理论的本质认识，是建立数学理论和解决数学问题的指导思想，任何数学知识的理解、数学概念的掌握、数学方法的应用、数学理论的建立，无一不是数学思想的体现和运用.

符号思想是指用符号及符号组成的数学语言来表达数学的概念、运算和命题的数学思想. 它是使数学由表示实际内容向形成抽象化形式系统转变的关键思想. 当古代人类采用小石头、小竹棍或打绳结来表示猎获物的数量时，就意味着这种抽象的产生；而当他们第一次试图使用记号将猎获物的数量记录下来时，就意味着符号思想的出现，这是人类认识的一个巨大飞跃，是数学成为理性科学的开端.

数学符号具有简明性的特点. 例如，分式的基本性质，用数学符号表示是 $\dfrac{am}{bm} = \dfrac{a}{b}$，

$\dfrac{a \div m}{b \div m} = \dfrac{a}{b}$,其中 m 是不等于零的整式,这比用文字表述简明得多.再比如,16 世纪到 17 世纪,人们创建了符号代数,这使得关于一元二次方程根的一般性讨论由以前的上百页纸的文字叙述简化为一页纸的符号表示.

数学符号还具有直观性的特点. 一是"象形直观",即以生动的图形来表示抽象的数学含义,例如角的符号 $\angle$、圆的符号 $\odot$ 等;二是"义性直观",即用与数学含义有关的字母来表示数学概念的名称,例如表示体积的符号 V(volume 的首字母)、函数符号 f(function 的首字母)等;三是"唯义直观",是在前两类符号的基础上,冲破其来源之局限,从书面形态结构到数学含义,都是人为规定的,例如 16—17 世纪流行起来的 $=$,( ),$[\ ]$,$\{\ \}$ 等.

数学符号类别多样,例如,仅"概念的符号"而言就可分为:

(1) 具体符号:表示数学具体概念的符号,如 $\triangle$,$\odot$,π,e,$\sin 30°$ 等.

(2) 运算符号:表示数学运算的符号,如 $+$,$-$,$\times$,$\div$,$\sqrt[n]{\ \ }$,$!$(阶乘)等.

(3) 关系符号:表示数学关系概念的符号,如 $=$,$\neq$,$\sim$,$\Leftrightarrow$,$<$,$\geqslant$ 等.

(4) 辅助符号:本身不表示任何概念,只在数学符号的组合和使用中起决定顺序或连接转折的作用,如 $\because$,$\therefore$ 和括号等.

另外,上述数学符号还可按"结构"分类,从而有单一符号和复合符号之说,前者如 α,$\triangle$,$\tan$ 等,这些符号不能再进行分解;后者如 $[a,b]$,$\tan\alpha$,$|a|$ 等,这些符号由单一符号根据数学意义组合而成,所以还可按意义进行分解,例如 $\sin 30°$ 可分解为 $\sin$ 和 $30°$,而 $\sin$ 和 $30°$ 都分别有自己的数学含义.

数学符号的发明是一种数学创造.有些重要的符号是否有规定或者所作规定是否科学合理,对数学能否较好地发展会产生相当大的影响和作用.十个阿拉伯数字,今天我们看来是很平常的,实际上,这几个符号的创造具有重大的意义,其产生绝非轻易之事.法国数学家拉普拉斯曾盛赞阿拉伯数字:"用不多的记号表示全部的数的思想,赋予它的除了形式上的意义外,还有位置上的意义.它之所以如此绝妙,正是由于这种简易(带来的方便)无法估量."

第 八 章

多元函数微分学

上册主要学习的是一元函数的微积分,所讨论的函数只有一个自变量,而在很多实际问题中所研究的量往往涉及多方面的因素,反映到数学上,就是一个变量依赖于多个变量的情形,这就是多元函数.本章将以二元函数为代表,介绍多元函数的概念、极限和连续性,讨论其微分法及其应用.从一元函数到二元函数在知识的类推方面会产生一些新的问题,但从二元函数到二元以上的多元函数的类推是无实质性困难的.

第一节 多元函数的概念、极限与连续性

一、多元函数的概念

定义域是函数概念的要素之一.一元函数的定义域是实数集 **R** 或数轴(一维空间)上的点集,一般情况下是区间;类似地,我们即将研究的二元函数,其定义域是坐标平面(二维空间)上的点集,一般情况下为区域.故在给出二元函数的概念前,先介绍平面点集.

1. 平面点集

由平面解析几何知,在平面上建立直角坐标系后,平面上的点 P 与其坐标,即一个有序二元实数组 (x,y) 是一一对应的,因此以后将 P 与 (x,y) 等同,平面上的点既可以用 P 表示,也可以用 (x,y) 表示.

平面上具有某种性质或满足某些条件的点的集合称为平面点集,记为
$$E = \{(x,y) \mid (x,y) \text{ 具有某性质}\}.$$

例如,整个坐标平面可以表示为 $\mathbf{R}^2 = \{(x,y) \mid x \in \mathbf{R}, y \in \mathbf{R}\}$.

平面上点的邻域是后面常用的一个平面点集.

设 $P_0(x_0,y_0)$ 是 xOy 平面上的一个点,δ 是某一正数,与点 $P_0(x_0,y_0)$ 距离小于 δ 的点 $P(x,y)$ 构成的集合称为点 P_0 的 δ 邻域,记为 $U(P_0,\delta)$,即
$$U(P_0,\delta) = \{P \mid |PP_0| < \delta\},$$
其中
$$|PP_0| = \sqrt{(x-x_0)^2 + (y-y_0)^2},$$
也就是
$$U(P_0,\delta) = \{(x,y) \mid \sqrt{(x-x_0)^2 + (y-y_0)^2} < \delta\}.$$

在几何上,$U(P_0,\delta)$ 就是 xOy 平面上以点 $P_0(x_0,y_0)$ 为中心、$\delta(\delta > 0)$ 为半径的圆的

内部.

点 P_0 的去心 δ 邻域为

$$\mathring{U}(P_0,\delta) = \{P \mid 0 < \mid PP_0 \mid < \delta\}$$

$$= \{(x,y) \mid 0 < \sqrt{(x-x_0)^2 + (y-y_0)^2} < \delta\}.$$

在不需要强调邻域半径 δ 时,用 $U(P_0)$ 表示点 P_0 的某个邻域,用 $\mathring{U}(P_0)$ 表示去心邻域.

利用邻域可以描述平面上点和点集的关系. 设 E 是平面上的一个点集,P 是平面上的一个点:

(1) 如果存在点 P 的某一邻域 $U(P)$ 使 $U(P) \subset E$,则称 P 为 E 的内点;

(2) 如果存在点 P 的某一邻域 $U(P)$ 使 $U(P) \cap E = \varnothing$,则称 P 为 E 的外点;

(3) 如果点 P 的任一邻域内既有属于 E 的点,也有不属于 E 的点,则称 P 为 E 的边界点.

在图 8-1 中,点 P_1 为 E 的内点,P_2 为 E 的外点,P_3 为 E 的边界点.

显然,E 的内点属于 E;E 的外点不属于 E;E 的边界点可能属于 E,也可能不属于 E. E 的边界点的全体称为 E 的边界.

根据点集中点的属性,可定义一些重要的平面点集.

如果点集 E 中的点都是内点,则称 E 为开集;如果点集 E 的边界包含在 E 中,则称 E 为闭集.

如果点集 E 内任何两点都可用折线连接起来,且该折线上的点都属于 E,则称 E 为连通集.

连通的开集称为开区域(或区域),开区域连同它的边界一起所构成的点集称为闭区域.

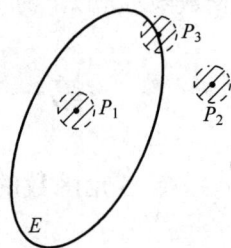

图   8-1

例如,点集 $E = \{(x,y) \mid 1 < x^2 + y^2 < 4\}$ 中每个点都是其内点,它是一个开集,而且是连通开集,所以 E 是一个区域(开区域);E 的边界是圆周 $x^2 + y^2 = 1$ 和 $x^2 + y^2 = 4$,从而点集 $\{(x,y) \mid 1 \leqslant x^2 + y^2 \leqslant 4\}$ 是闭集,也是闭区域;但点集 $\{(x,y) \mid 1 < x^2 + y^2 \leqslant 4\}$ 既不是开集,也不是闭集,当然既不是开区域,也不是闭区域.

对于点集 E,如果存在正数 r,使得 $E \subset U(O,r)$,则称 E 为有界集,其中 O 为坐标原点;否则,称 E 为无界集.

例如,点集 $\{(x,y) \mid 1 < x^2 + y^2 < 4\}$ 是有界开区域,点集 $\{(x,y) \mid 1 \leqslant x^2 + y^2 \leqslant 4\}$ 是有界闭区域;点集 $\{(x,y) \mid x+y > 0\}$ 是无界开区域,点集 $\{(x,y) \mid x+y \geqslant 0\}$ 是无界闭区域.

2. n 维空间

我们知道,数轴上的点与实数有一一对应的关系,从而实数集 $\mathbf{R}$ 可以用数轴上所有的点 x 来表示,点之间有加法、乘法等运算,称 $\mathbf{R}$ 为一维空间;在平面上引入直角坐标系后,平面上的所有点 $\mathbf{R}^2$ 可以用有序二元数组 (x,y) 的全体来表示,点之间有加法、数乘等运算,称 $\mathbf{R}^2$ 为二维空间;在空间中引入直角坐标系后,空间中的所有点 $\mathbf{R}^3$ 可以用有序三元数组 (x,y,z) 的全体表示,点之间有加法、数乘等运算,称 $\mathbf{R}^3$ 为三维空间. 一般地,设 n 为取定的一个自然数,有序 n 元数组 $(x_1,x_2,\cdots,x_n)$ 的全体记为 $\mathbf{R}^n$,在 $\mathbf{R}^n$ 中可定义类似于 $\mathbf{R}^2$,$\mathbf{R}^3$ 中的加法、数乘等运算,称 $\mathbf{R}^n$ 为 n 维空间,每个有序 n 元数组 $(x_1,x_2,\cdots,x_n)$ 称为 n 维空间中的一个点,数 x_i 称为该点的第 i 个坐标.

n 维空间中两点 $P(x_1,x_2,\cdots,x_n)$ 及 $Q(y_1,y_2,\cdots,y_n)$ 间的距离定义为

$$|PQ|=\sqrt{(y_1-x_1)^2+(y_2-x_2)^2+\cdots+(y_n-x_n)^2}.$$

容易验证当 $n=1,2,3$ 时,上述定义与数轴上、平面上、空间中两点间的距离定义一致. 而且,本小节前面关于平面点集的一系列概念可以很容易地推广到 n 维空间中去. 例如,对于 $P_0\in\mathbf{R}^n,\delta>0,n$ 维空间内的点 P_0 的 δ 邻域定义为

$$U(P_0,\delta)=\{P\mid|PP_0|<\delta,P\in\mathbf{R}^n\},$$

以邻域的概念为基础,可定义点集的内点、边界点以及区域等一系列概念.

3. 多元函数

在许多自然现象以及实际问题中,经常会遇到多个变量之间的依赖关系,这些关系可以用多元函数表示. 下面首先给出二元函数的定义.

定义 1 设 D 是一个平面点集. 若存在一个从 D 到实数集 $\mathbf{R}$ 的对应法则 f,使得对任意的 $P(x,y)\in D$,都存在唯一的实数 $z\in\mathbf{R}$ 与之对应,则称 f 为从 D 到 $\mathbf{R}$ 的二元函数, 记为

$$z=f(x,y),\quad \text{或} \ z=f(P),$$

其中,x,y 称为函数的自变量,z 称为函数的因变量,D 称为函数的定义域,数集 $\{z\mid z=f(x,y),(x,y)\in D\}$ 称为函数的值域.

例 1 设电路的电阻为 R,其两端电压为 U,则电路中的电流为

$$I=\frac{U}{R},$$

I 是关于 U,R 的二元函数.

例 2 一定量的理想气体的压强 p、体积 V 和绝对温度 T 之间具有关系:

$$p=\frac{RT}{V},$$

其中 R 为常数. 当 V,T 在集合 $\{(V,T)\mid V>0,T>T_0\}$ 内取定一对值 (V,T) 时,p 的对应值就随之确定. p 是变量 V,T 的二元函数.

类似地,可以给出三元函数 $u=f(x,y,z)$ 以及三元以上的函数的定义. 一般地,把定义1中的平面点集 D 换成 n 维空间内的点集 D,则可类似地定义 n 元函数 $u=f(x_1,x_2,\cdots,x_n)$. n 元函数也可简记为 $u=f(P)$,其中,点 $P(x_1,x_2,\cdots,x_n)\in D$. 当 $n=1$ 时,n 元函数就是一元函数;当 $n\geqslant2$ 时,n 元函数统称为多元函数.

例 3 长方体的体积 V 由它的底边长 x,y 及高 z 按以下公式确定:

$$V=xyz,$$

其中 V 是变量 x,y,z 的三元函数.

与一元函数相类似,一个多元函数是由其对应关系和定义域所确定的. 在后文讨论用算式表达的多元函数 $u=f(P)$ 时,一般不具体指明其定义域,此时,就以使算式 $u=f(P)$ 有意义的自变量所确定的点集为这个函数的定义域. 例如,函数 $z=\arcsin(x^2+y^2)$ 的定义域为 $\{(x,y)\mid x^2+y^2\leqslant1\}$,即平面上的单位圆(圆的内部和圆周),这是一个有界闭区域. 又如,函数 $z=\ln(x+y)$ 的定义域为 $\{(x,y)\mid x+y>0\}$,这是一个无界开区域.

设函数 $z=f(x,y)$ 的定义域为 D. 对于任意取定的 D 中的点 $P(x,y)$,对应的函数值为 $z=f(x,y)$. 这样,以 x 为横坐标、y 为纵坐标、$z=f(x,y)$ 为竖坐标,就可以在空间确定

一点 $M(x,y,z)$. 当 (x,y) 取遍 D 上的一切点时,就得到一
个空间点集

$$\{(x,y,z) \mid z=f(x,y),(x,y)\in D\},$$

这个点集称为二元函数 $z=f(x,y)$ 的图形(图 8-2).通常说
二元函数的图形是一张曲面.

例如,由空间解析几何可知,线性函数 $z=ax+by+c$ 的
图形是一张平面;函数 $z=x^2+y^2$ 的图形是旋转抛物面;函
数 $z=\sqrt{a^2-x^2-y^2}$ 和 $z=-\sqrt{a^2-x^2-y^2}$ 的图形是球心在
原点、半径为 a 的上、下半球面,合在一起即为方程 $x^2+y^2+z^2=a^2$ 所确定的球面.

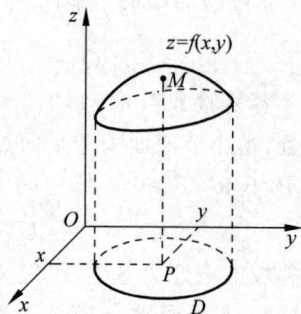

图 8-2

二、多元函数的极限

这里,着重讨论二元函数 $z=f(x,y)$ 当 $x\to x_0,y\to y_0$,即 $P(x,y)\to P_0(x_0,y_0)$ 时的
极限.关于多元函数的极限,可毫无困难地由二元函数的极限推广得到.

类似于一元函数的极限,如果点 $P(x,y)$ 以任意方式趋于点 $P_0(x_0,y_0)$,即点 P 与点
P_0 间的距离趋于零的过程中,对应的函数值无限接近于一个确定的常数 A,我们就说 A 是
函数 $z=f(x,y)$ 当 $(x,y)\to(x_0,y_0)$ 时的极限.下面用 ε-δ 语言描述极限的概念.

定义 2 设函数 $f(x,y)$ 在开区域(或闭区域) D 内有定义, $P_0(x_0,y_0)$ 是 D 的内点或非
孤立的边界点,如果存在数 A,使得对于任意给定的正数 ε,总存在正数 δ,对于适合不等式

$$0<|PP_0|=\sqrt{(x-x_0)^2+(y-y_0)^2}<\delta$$

的一切点 $P(x,y)\in D$,都有

$$|f(x,y)-A|<\varepsilon$$

成立,则称常数 A 为函数 $z=f(x,y)$ 当 $(x,y)\to(x_0,y_0)$ 时的极限,记作

$$\lim_{(x,y)\to(x_0,y_0)}f(x,y)=A \quad \text{或} \quad \lim_{\substack{x\to x_0\\y\to y_0}}f(x,y)=A,$$

也记作

$$\lim_{P\to P_0}f(P)=A \quad \text{或} \quad f(x,y)\to A(\rho\to 0),$$

其中 $\rho=|PP_0|$.

为了区别于一元函数的极限,我们把二元函数的极限叫作二重极限.

例 4 设 $f(x,y)=(x^2+y^2)\sin\dfrac{1}{x^2+y^2}, x^2+y^2\neq 0$,求证

$$\lim_{\substack{x\to 0\\y\to 0}}f(x,y)=0.$$

证 因为

$$\left|(x^2+y^2)\sin\frac{1}{x^2+y^2}-0\right|=(x^2+y^2)\cdot\left|\sin\frac{1}{x^2+y^2}\right|\leqslant x^2+y^2,$$

可见,对任给 ε>0,取 $\delta=\sqrt{\varepsilon}$,则当

$$0 < \sqrt{(x-0)^2 + (y-0)^2} < \delta$$

时,总有

$$\left| (x^2 + y^2)\sin\frac{1}{x^2 + y^2} - 0 \right| < \varepsilon$$

成立,所以

$$\lim_{\substack{x \to 0 \\ y \to 0}} f(x,y) = 0.$$

二重极限的定义中,要求点 $P(x,y)$ 以任何方式趋于 $P_0(x_0,y_0)$ 时,函数值都无限接近于 A. 因此,如果 $P(x,y)$ 仅以某种特殊方式,如沿着某一条确定的直线或曲线趋于 $P_0(x_0,y_0)$ 时,即使函数值无限接近于某一确定值,我们也不能由此断定函数的极限存在. 但是,如果得知 $P(x,y)$ 以某两种不同的方式趋于 $P_0(x_0,y_0)$ 时,函数趋于不同的值(或以某种方式趋于 $P_0(x_0,y_0)$ 时,函数的极限不存在),则可以断定此函数的极限不存在. 下面通过一个典型的例子予以说明.

考察函数

$$f(x,y) = \begin{cases} \dfrac{xy}{x^2 + y^2}, & x^2 + y^2 \neq 0, \\ 0, & x^2 + y^2 = 0, \end{cases}$$

当点 $P(x,y)$ 分别沿 x 轴和 y 轴趋于点 $(0,0)$ 时,有

$$\lim_{x \to 0} f(x,0) = \lim_{x \to 0} 0 = 0, \quad \lim_{y \to 0} f(0,y) = \lim_{y \to 0} 0 = 0,$$

即点 $P(x,y)$ 以这两种特殊方式趋于点 $(0,0)$ 时,函数的极限存在并且相等,但这并不能保证二重极限 $\lim\limits_{\substack{x \to 0 \\ y \to 0}} f(x,y)$ 存在. 事实上,当点 $P(x,y)$ 沿着直线 $y = mx$ 趋于点 $(0,0)$ 时,有

$$\lim_{\substack{y = mx \\ x \to 0}} \frac{xy}{x^2 + y^2} = \lim_{x \to 0} \frac{mx^2}{(1+m^2)x^2} = \frac{m}{1+m^2},$$

其值随着 m 值的变化而变化,故 $f(x,y)$ 在 $(x,y) \to (0,0)$ 时的极限不存在.

类似于定义 2,我们可以定义 n 元函数 $u = f(x_1, x_2, \cdots, x_n)$ 的极限. 在本书后面的内容中,我们会用到三元函数的极限,届时不再具体说明.

多元函数的极限有着与一元函数极限类似的运算法则,读者可以自行证明.

例 5　求 $\lim\limits_{\substack{x \to 2 \\ y \to 0}} \dfrac{\ln(1+xy)}{y}$.

解　令 $D_1 = \{(x,y) \mid y > 0\}$, $D_2 = \{(x,y) \mid y < 0\}$,易见 $P(2,0)$ 同时是 D_1, D_2 的边界点. 分别在 D_1, D_2 中考虑上述极限,都有

$$\lim_{\substack{x \to 2 \\ y \to 0}} \frac{\ln(1+xy)}{y} = \lim_{\substack{x \to 2 \\ y \to 0}} \frac{\ln(1+xy)}{xy} \cdot \lim_{\substack{x \to 2 \\ y \to 0}} x = 2.$$

例 6　计算 $\lim\limits_{\substack{x \to 0 \\ y \to 0}} \dfrac{xy}{\sqrt{x^2 + y^2}}$.

解　因为

$$0 \leqslant \left| \frac{xy}{\sqrt{x^2 + y^2}} \right| = |x| \frac{|y|}{\sqrt{x^2 + y^2}} \leqslant |x|,$$

而

$$\lim_{\substack{x \to 0 \\ y \to 0}} |x| = \lim_{x \to 0} |x| = 0,$$

由夹逼法则知

$$\lim_{\substack{x \to 0 \\ y \to 0}} \left| \frac{xy}{\sqrt{x^2 + y^2}} \right| = 0,$$

故

$$\lim_{\substack{x \to 0 \\ y \to 0}} \frac{xy}{\sqrt{x^2 + y^2}} = 0.$$

三、多元函数的连续性

以多元函数的极限为基础,可讨论多元函数的连续性.

定义 3　设函数 $f(x,y)$ 在开区域(或闭区域)D 内有定义,$P_0(x_0, y_0)$ 是 D 内的一点,如果 D 中的点 $P(x,y)$ 趋于 P_0 时,

$$\lim_{\substack{x \to x_0 \\ y \to y_0}} f(x,y) = f(x_0, y_0),$$

则称函数 $f(x,y)$ 在点 $P_0(x_0, y_0)$ 连续.

定义中"$P_0(x_0, y_0)$ 是 D 内的一点"指的是 $P_0(x_0, y_0)$ 是 D 的内点或属于 D 的边界点,因而这个定义的叙述兼顾了函数在区域 D 的边界处连续的情形,这与本节中极限的定义是一致的.

如果在定义中将(x_0, y_0)、(x,y) 改为 n 维空间中的点 P_0,P,并设 $P \to P_0$ 时函数的极限值等于 P_0 点的函数值,就可以得到 n 元函数连续的定义.

若函数 $f(x,y)$ 在点 P_0 不连续,则称 P_0 为此函数的间断点.不同于一元函数的情形,在平面区域或二维以上空间中的区域 D 上,这些间断点可以连成间断线(曲线)、间断面等.如果在开区域(或闭区域)D 内某些孤立的点或在 D 内某些曲线上函数 $f(x,y)$ 没有定义,但在 D 内其余部分 $f(x,y)$ 都有定义,那么这些孤立点或这些曲线上的点都是函数的不连续点,即间断点.

例如前面已经讨论过的函数

$$f(x,y) = \begin{cases} \dfrac{xy}{x^2 + y^2}, & x^2 + y^2 \neq 0, \\ 0, & x^2 + y^2 = 0, \end{cases}$$

当$(x,y) \to (0,0)$时其二重极限不存在,所以点$(0,0)$是函数的一个间断点.对于二元函数

$$f(x,y) = \frac{1}{x^2 + y^2 - 1},$$

圆周 $x^2 + y^2 = 1$ 是函数的间断线,这是因为在圆周上函数没有定义.

如果函数 $f(x,y)$ 在开区域(或闭区域)D 内的每一点都连续,那么就称函数 $f(x,y)$ 在开区域(或闭区域)D 内(或 D 上)连续,此时称 $f(x,y)$ 是 D 内(或 D 上)的连续函数.如果不强调区域 D 或者 D 就是函数的定义域,我们经常直接称此函数为连续函数.

既然多元函数的极限有着同一元函数的极限类似的运算法则,那么我们可以用极限运算法则来证明多元连续函数的和、差、积均为连续函数;在分母不为零处,连续函数的商是连续函数;多元连续函数的复合函数也是连续函数.

类似于一元初等函数,由多元多项式及基本初等函数经过有限次的四则运算和复合所构成的多元函数称为多元初等函数.这里的基本初等函数是指一元基本初等函数,而多元多项式是指由常数及各个自变量经有限次乘法与求和所得到的式子,比如二元 n 次多项式是指函数

$$\sum_{i+j\leqslant n} C_{ij} x^i y^j.$$

例如,$\dfrac{x+x^2-y^2}{1+x^2}$ 是两个多项式的商;$\sin(x-y)$ 由初等函数 $z=\sin u$ 与二元多项式 $u=x-y$ 复合而成;$\mathrm{e}^{x+y}\cdot\ln(1+x^2+y^2)$ 是两个二元复合函数的积.它们都是多元初等函数.

由连续函数的和、差、积、商的连续性以及连续函数的复合函数的连续性,加之多元多项式及基本初等函数的连续性,我们就可以得出如下结论:

一切多元初等函数在其定义区域内是连续的.

所谓定义区域是指包含在定义域内的开区域或闭区域.

对于一个多元连续函数,当求它在其定义区域内某点 P_0 处的极限时,只需求出函数在该点的函数值即可,因为由连续的定义有

$$\lim_{P\to P_0} f(P)=f(P_0).$$

例 7 求 $\lim\limits_{\substack{x\to 1\\ y\to 2}}\dfrac{x+y}{xy}$.

解 此题中的函数是初等函数,其定义域为

$$D=\{(x,y)\mid x\neq 0,y\neq 0\},$$

它不是连通的,从而不是区域.但对于 $P_0(1,2)\in D$,邻域 $U(P_0,1)\subset D$ 是 $f(x,y)$ 的一个定义区域,在该定义区域内,初等函数 $\dfrac{x+y}{xy}$ 连续,所以有

$$\lim_{\substack{x\to 1\\ y\to 2}}\frac{x+y}{xy}=f(1,2)=\frac{3}{2}.$$

一般地,对于初等函数 $f(P)$ 的定义域 D 的内点 P_0,必存在 P 的某一邻域 $U(P_0)\subset D$,此 $U(P_0)$ 为 $f(P)$ 的定义区域,从而 $f(P)$ 在点 P_0 处连续,$\lim\limits_{P\to P_0}f(P)=f(P_0)$.由此可见,对于初等函数 $f(P)$,在求 $\lim\limits_{P\to P_0}f(P)$ 时,只要 P_0 是其定义域的内点,则 $f(P)$ 在点 P_0 处连续,于是 $\lim\limits_{P\to P_0}f(P)=f(P_0)$.

例 8 求 $\lim\limits_{\substack{x\to 0\\ y\to 0}}\dfrac{\sqrt{xy+1}-1}{xy}$.

解 $\lim\limits_{\substack{x\to 0\\ y\to 0}}\dfrac{\sqrt{xy+1}-1}{xy}=\lim\limits_{\substack{x\to 0\\ y\to 0}}\dfrac{xy+1-1}{xy(\sqrt{xy+1}+1)}=\lim\limits_{\substack{x\to 0\\ y\to 0}}\dfrac{1}{\sqrt{xy+1}+1}=\dfrac{1}{2}.$

前面已经引入了二元函数在开区域(或闭区域)D 内(D 上)连续的概念,很容易将其相应地推广到 n 元函数 $f(P)$ 上去.

与闭区间上一元连续函数的性质相类似,有界闭区域上的多元连续函数有如下性质.

性质 1(最值定理)   若 $f(P)$ 是有界闭区域 D 上的多元连续函数,则 $f(P)$ 在 D 上能取得最大值和最小值. 也就是说,至少存在一点 $P_1 \in D$ 及 $P_2 \in D$,使得 $f(P_1)$ 为最大值而 $f(P_2)$ 为最小值. 即对于一切点 $P \in D$,有

$$f(P_2) \leqslant f(P) \leqslant f(P_1).$$

由最值定理,易得:

性质 2(有界定理)   若 $f(P)$ 是有界闭区域 D 上的多元连续函数,则 $f(P)$ 在 D 上有界. 即存在 $M > 0$,使得对一切 $P \in D$,都有

$$|f(P)| \leqslant M.$$

性质 3(介值定理)   设 $f(P)$ 是有界闭区域 D 上的多元连续函数,μ 是 $f(P)$ 在 D 上的最小值 m 和最大值 M 之间的一个数,则至少存在一点 $Q \in D$,使得 $f(Q) = \mu$.

性质 4(一致连续性定理)   有界闭区域 D 上的多元连续函数必定在 D 上一致连续. 这就是说,若 $f(P)$ 在有界闭区域 D 上连续,那么对于任意给定的正数 ε,总存在正数 δ,使得对于 D 上的任意两点 P_1, P_2,只要 $|P_1 P_2| < \delta$,就有

$$|f(P_1) - f(P_2)| < \varepsilon$$

成立.

习题 8-1

1. 指出下列平面点集是开区域还是闭区域:

(1) $\{(x, y) \mid x^2 + y^2 < r^2\}$;

(2) $\{(x, y) \mid 1 \leqslant x^2 + y^2 < 4\}$;

(3) $\{(x, y) \mid a \leqslant x \leqslant b, c \leqslant y \leqslant d\}$;

(4) $\mathbf{R}^2 = \{(x, y) \mid x \in \mathbf{R}, y \in \mathbf{R}\}$;

(5) $\{(x, y) \mid x^2 + y^2 \leqslant 1$ 且 $(x-1)^2 + y^2 \leqslant 1\}$;

(6) $\{(x, y) \mid xy > 0\}$.

2. 求下列各函数的定义域:

(1) $u = \sqrt{1 - y} - \dfrac{1}{\sqrt{x}}$;

(2) $u = \ln(1 - x - y)$;

(3) $u = \sqrt{x - y + 1}$;

(4) $u = \arccos \dfrac{z}{\sqrt{x^2 + y^2}}$;

(5) $u = \sqrt{R^2 - x^2 - y^2 - z^2} + \dfrac{1}{\sqrt{x^2 + y^2 + z^2 - r^2}}$.

3. 设 $f(x, y) = x^2 + y^2 - xy \tan \dfrac{x}{y}$,求 $f(tx, ty)$.

4. 设 $F(x, y) = \ln x \cdot \ln y$,试证:

$$F(xy, uv) = F(x, u) + F(x, v) + F(y, u) + F(y, v).$$

5. 求下列极限:

(1) $\lim\limits_{\substack{x \to 0 \\ y \to 1}} \dfrac{1 - xy}{x^2 + y^2}$;

(2) $\lim\limits_{\substack{x \to 1 \\ y \to 0}} \dfrac{\ln(x + e^y)}{\sqrt{x^2 + y^2}}$;

(3) $\lim\limits_{\substack{x \to 2 \\ y \to 0}} \dfrac{\sin(xy)}{y}$;

(4) $\lim\limits_{\substack{x \to 0 \\ y \to 0}} \dfrac{x^2 + y^2}{\sqrt{x^2 + y^2 + 1} - 1}$;

(5) $\lim\limits_{\substack{x \to +\infty \\ y \to +\infty}} (x^2 + y^2) e^{-(x+y)}$;

(6) $\lim\limits_{\substack{x \to +\infty \\ y \to +\infty}} \left(\dfrac{xy}{x^2 + y^2}\right)^{x^2}$;

(7) $\lim\limits_{\substack{x\to 0\\y\to 0}}\dfrac{1-\cos(x^2+y^2)}{(x^2+y^2)\mathrm{e}^{x^2y^2}}$;　(8) $\lim\limits_{\substack{x\to 0\\y\to 0}}x\sin\dfrac{1}{x^2+y^2}$;　(9) $\lim\limits_{\substack{x\to 0\\y\to 0}}\dfrac{x^2y}{x^2+y^2}$.

6. 证明下列极限不存在:

(1) $\lim\limits_{\substack{x\to 0\\y\to 0}}\dfrac{x+y}{x-y}$;　(2) $\lim\limits_{\substack{x\to 0\\y\to 0}}\sin\dfrac{1}{xy}$;　(3) $\lim\limits_{\substack{x\to 0\\y\to 0}}\dfrac{2x^2y}{x^4+y^2}$.

7. 判断下列极限的存在性:

(1) $\lim\limits_{\substack{x\to 0\\y\to 0}}xy\ln(x^2+y^2)$;　(2) $\lim\limits_{\substack{x\to 0\\y\to 0}}\dfrac{x^2y^2}{x^2y^2+(x-y)^2}$.

8. 设 $f(x,y)=\dfrac{x-y}{x+y}$,求 $\lim\limits_{x\to 0}[\lim\limits_{y\to 0}f(x,y)],\lim\limits_{y\to 0}[\lim\limits_{x\to 0}f(x,y)],\lim\limits_{\substack{x\to 0\\y\to 0}}f(x,y)$.

9. 函数 $z=\dfrac{y^2+2x}{y^2-2x}$ 在何处是间断的?

10. 函数 $f(x,y)=\begin{cases}\dfrac{xy}{\sqrt{x^2+y^2}},&x^2+y^2\neq 0,\\ a,&x^2+y^2=0\end{cases}$ 在 $(0,0)$ 处连续,求 a 的值.

第二节　偏　导　数

对于一元函数,为了描述函数关于自变量的变化率,引入了导数的概念.对于多元函数,同样需要研究其变化率.但多元函数含有多个自变量,函数变化率情况比一元函数要复杂,比如,有时需要考虑函数关于每个自变量的变化率,有时需要考虑函数沿某个方向的变化率,等等.本节分析函数关于一个自变量的变化率,其他变化率情况后面研究.

一、偏导数的定义与计算

以二元函数 $z=f(x,y)$ 为例,考虑函数关于其中一个自变量的变化率.例如,把 y 看作是不变的(当作常量),此时 $f(x,y)$ 就成为关于 x 的一元函数,反映 $f(x,y)$ 关于 x 变化率的量就是它关于 x 的导数,此导数就称为二元函数 $f(x,y)$ 对自变量 x 的偏导数.

定义　设函数 $z=f(x,y)$ 在点 (x_0,y_0) 的某一邻域内有定义,固定 $y=y_0$,而 x 在 x_0 处有增量 Δx 时,相应地,函数有增量 $\Delta_x z=f(x_0+\Delta x,y_0)-f(x_0,y_0)$,若极限

$$\lim_{\Delta x\to 0}\frac{\Delta_x z}{\Delta x}=\lim_{\Delta x\to 0}\frac{f(x_0+\Delta x,y_0)-f(x_0,y_0)}{\Delta x}$$

存在,则称此极限为函数 $z=f(x,y)$ 在 (x_0,y_0) 处对 x 的偏导数,记为

$$\frac{\partial z}{\partial x}\Big|_{\substack{x=x_0\\y=y_0}},\quad \frac{\partial f}{\partial x}\Big|_{\substack{x=x_0\\y=y_0}},\quad z_x\Big|_{\substack{x=x_0\\y=y_0}} \text{ 或 } f_x(x_0,y_0),$$

也即

$$f_x(x_0,y_0)=\lim_{\Delta x\to 0}\frac{f(x_0+\Delta x,y_0)-f(x_0,y_0)}{\Delta x}.$$

类似地,函数 $z=f(x,y)$ 在点 (x_0,y_0) 处对 y 的偏导数定义为

$$f_y(x_0,y_0)=\lim_{\Delta y\to 0}\frac{f(x_0,y_0+\Delta y)-f(x_0,y_0)}{\Delta y},$$

记作

$$\left.\frac{\partial z}{\partial y}\right|_{\substack{x=x_0\\y=y_0}},\quad \left.\frac{\partial f}{\partial y}\right|_{\substack{x=x_0\\y=y_0}},\quad z_y\left.\right|_{\substack{x=x_0\\y=y_0}}\text{ 或 }f_y(x_0,y_0).$$

如果函数 $z=f(x,y)$ 在区域 D 内每一点处对 x 的偏导数都存在,那么这个偏导数事实上就是关于 x,y 的函数,称为函数 $z=f(x,y)$ 对自变量 x 的偏导函数,记作

$$\frac{\partial z}{\partial x},\quad \frac{\partial f}{\partial x},\quad z_x\text{ 或 }f_x(x,y).$$

类似地,可以定义函数 $z=f(x,y)$ 对自变量 y 的偏导函数,记作

$$\frac{\partial z}{\partial y},\quad \frac{\partial f}{\partial y},\quad z_y\text{ 或 }f_y(x,y).$$

注 习惯上,有时也会将 z_x,f_x,z_y,f_y 记成 z'_x,f'_x,z'_y,f'_y,后面的高阶偏导数的记号类似.

由上述定义不难看出,$f(x,y)$ 在点 (x_0,y_0) 处的偏导数 $f_x(x_0,y_0)$ 和 $f_y(x_0,y_0)$ 分别是偏导函数 $f_x(x,y)$ 及 $f_y(x,y)$ 在点 (x_0,y_0) 处的函数值. 与一元函数的导函数一样,以后在不至于混淆的地方也把偏导函数简称为偏导数.

偏导数的概念可以推广到二元以上的函数. 一般地,n 元函数 $y=f(x_1,x_2,\cdots,x_n)$ 在点 $P_0(x_1^{(0)},x_2^{(0)},\cdots,x_n^{(0)})$ 处关于其第 i 个自变量 x_i 的偏导数定义为

$$f_{x_i}(P_0)=\lim_{h\to 0}\frac{f(x_1^{(0)},\cdots,x_{i-1}^{(0)},x_i^{(0)}+h,x_{i+1}^{(0)},\cdots,x_n^{(0)})-f(x_1^{(0)},\cdots,x_n^{(0)})}{h},$$

比如,三元函数 $u=f(x,y,z)$ 在 $P_0(x_0,y_0,z_0)$ 处对 y 的偏导数为

$$\left.\frac{\partial u}{\partial y}\right|_{P_0}=f_y(x_0,y_0,z_0)=\lim_{\Delta y\to 0}\frac{f(x_0,y_0+\Delta y,z_0)-f(x_0,y_0,z_0)}{\Delta y}.$$

在计算偏导数时,并不需要新的方法,只需将函数看作关于某一自变量的一元函数,用一元函数的求导方法计算导数即可. 比如,求 $\frac{\partial f}{\partial x}$ 时,把 $f(x,y)$ 中的 y 暂时当作常量而将 $f(x,y)$ 对 x 求导数即可;求 $\frac{\partial f}{\partial y}$,就把 $f(x,y)$ 中的 x 视为常量,将 $f(x,y)$ 对 y 求导数.

例 1 设 $f(x,y)=xy+x^2+y^3$. 求函数在点 $(0,1)$、$(2,0)$ 处的偏导数.

解 把 y 看成常量,得

$$\frac{\partial f}{\partial x}=y+2x,\quad f_x(0,1)=1,\quad f_x(2,0)=4;$$

再把 x 看成常量,得

$$\frac{\partial f}{\partial y}=x+3y^2,\quad f_y(0,1)=3,\quad f_y(2,0)=2.$$

例 2 求 $z=x^2\sin xy$ 的偏导数.

解 $\frac{\partial z}{\partial x}=2x\sin xy+x^2\cos xy\cdot y=2x\sin xy+x^2 y\cos xy,\ \frac{\partial z}{\partial y}=x^2\cos xy\cdot x=x^3\cos xy.$

例 3 求 $r = \sqrt{x^2 + y^2 + z^2}$ 的偏导数.

解 把 y, z 都视为常量,得

$$\frac{\partial r}{\partial x} = \frac{x}{\sqrt{x^2 + y^2 + z^2}} = \frac{x}{r},$$

由于所给函数关于自变量的对称性(即在函数表达式中任意对调两个自变量之后,仍表示原来的函数),因此有

$$\frac{\partial r}{\partial y} = \frac{y}{r}, \qquad \frac{\partial r}{\partial z} = \frac{z}{r}.$$

例 4 理想气体的状态方程为 $pV = RT$(R 为常数),求证:

$$\frac{\partial p}{\partial V} \frac{\partial V}{\partial T} \frac{\partial T}{\partial p} = -1.$$

证 因为

$$p = \frac{RT}{V}, \qquad \frac{\partial p}{\partial V} = -\frac{RT}{V^2},$$

$$V = \frac{RT}{p}, \qquad \frac{\partial V}{\partial T} = \frac{R}{p},$$

$$T = \frac{pV}{R}, \qquad \frac{\partial T}{\partial p} = \frac{V}{R},$$

所以

$$\frac{\partial p}{\partial V} \frac{\partial V}{\partial T} \frac{\partial T}{\partial p} = -\frac{RT}{V^2} \frac{R}{p} \frac{V}{R} = -\frac{RT}{pV} = -1.$$

例 5 设 $z = x^y, x > 0, x \neq 1$,求证:

$$\frac{x}{y} \frac{\partial z}{\partial x} + \frac{1}{\ln x} \frac{\partial z}{\partial y} = 2z.$$

证 因为

$$\frac{\partial z}{\partial x} = yx^{y-1}, \qquad \frac{\partial z}{\partial y} = x^y \ln x,$$

所以

$$\frac{x}{y} \frac{\partial z}{\partial x} + \frac{1}{\ln x} \frac{\partial x}{\partial y} = \frac{x}{y} yx^{y-1} + \frac{1}{\ln x} x^y \ln x = 2x^y = 2z.$$

对一元函数而言,其导数 $\dfrac{\mathrm{d}y}{\mathrm{d}x}$ 可看作函数的微分 $\mathrm{d}y$ 与自变量的微分 $\mathrm{d}x$ 之商(微商). 而对于多元函数的偏导数 $\dfrac{\partial f}{\partial x}, \dfrac{\partial f}{\partial y}$,其记号是一个整体,不能看作分子与分母之商,这一点从例 4 所证明的等式中就可以看出来.

如果一元函数在一点处有导数,则此导数就是函数所表示的曲线在对应点的切线斜率. 二元函数 $z = f(x, y)$ 在点 (x_0, y_0) 的偏导数的几何意义如下:

函数 $z = f(x, y)$ 的图形是空间中的曲面(图 8-3),$M_0(x_0, y_0, z_0) = M_0(x_0, y_0, f(x_0, y_0))$ 是曲面上的点. 当 $y = y_0$ 时,$z = f(x, y_0)$ 表示曲面上过 M_0 点的一条曲线,它

是曲面 $z=f(x,y)$ 和平面 $y=y_0$ 的交线. 它是平面 $y=y_0$ 上的曲线,其自变量为 x,因变量为 z,而偏导数 $f_x(x_0,y_0)$ 就是此曲线在点 M_0 处的切线 M_0T_x 对 x 轴正向的斜率. 同样,偏导数 $f_y(x_0,y_0)$ 的几何意义是曲面与平面 $x=x_0$ 的交线在点 M_0 处的切线 M_0T_y 对 y 轴正向的斜率.

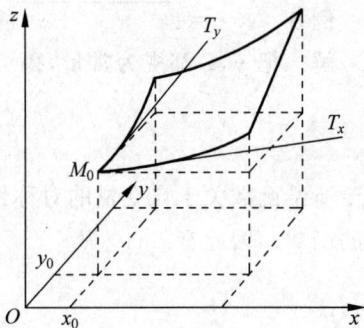

图 8-3

在这一部分的最后,我们讨论偏导数与函数的连续性的关系. 对一元函数而言,我们有可导必连续的结论,必须注意的是,对于多元函数,即使各偏导数在某点都存在,也不能保证函数在此点连续. 这是因为各偏导数只能刻画点 P 沿坐标轴或平行于坐标轴的方向趋于 P_0 时函数值 $f(P)$ 趋于 $f(P_0)$,并不能保证 P 沿任何方式趋于 P_0 时,函数值 $f(P)$ 都趋于 $f(P_0)$. 这一问题可由函数 $z=$

$$f(x,y)=\begin{cases} \dfrac{xy}{x^2+y^2}, & x^2+y^2\neq 0, \\ 0, & x^2+y^2=0 \end{cases}$$ 予以说明. 在第一节已经讨论过,此函数在点 $(0,0)$ 的二

重极限不存在,从而在点 $(0,0)$ 不连续,但有

$$f_x(0,0)=\lim_{\Delta x\to 0}\frac{f(0+\Delta x,0)-f(0,0)}{\Delta x}=\lim_{\Delta x\to 0}0=0,$$

$$f_y(0,0)=\lim_{\Delta y\to 0}\frac{f(0,0+\Delta y)-f(0,0)}{\Delta y}=\lim_{\Delta y\to 0}0=0.$$

此处,我们不加证明地给出如下结论.

定理 1 若函数 $z=f(x,y)$ 在点 (x_0,y_0) 的某个邻域内处处有偏导数 $f_x(x,y)$, $f_y(x,y)$,且各偏导数在此邻域内有界,则 $f(x,y)$ 在点 (x_0,y_0) 处连续.

二、高阶偏导数

设函数 $z=f(x,y)$ 在区域 D 内有

$$\frac{\partial z}{\partial x}=f_x(x,y), \quad \frac{\partial z}{\partial y}=f_y(x,y),$$

那么在 D 内它们是 x,y 的函数. 如果这两个函数的偏导数也存在,则称它们是函数 $z=f(x,y)$ 的二阶偏导数. 按照对变量求偏导次序的不同,有如下四个二阶偏导数:

$$\frac{\partial^2 z}{\partial x^2}=f_{xx}(x,y)=\frac{\partial}{\partial x}\left(\frac{\partial z}{\partial x}\right), \quad \frac{\partial^2 z}{\partial x\partial y}=f_{xy}(x,y)=\frac{\partial}{\partial y}\left(\frac{\partial z}{\partial x}\right),$$

$$\frac{\partial^2 z}{\partial y\partial x}=f_{yx}(x,y)=\frac{\partial}{\partial x}\left(\frac{\partial z}{\partial y}\right), \quad \frac{\partial^2 z}{\partial y^2}=f_{yy}(x,y)=\frac{\partial}{\partial y}\left(\frac{\partial z}{\partial y}\right),$$

其中 $\dfrac{\partial^2 z}{\partial x\partial y},\dfrac{\partial^2 z}{\partial y\partial x}$ 称为混合偏导数. 同样可以定义三阶、四阶、……及 n 阶偏导数. 二阶及二阶以上的偏导数统称为高阶偏导数.

例6　设 $z = x\mathrm{e}^x \sin y$，求其二阶偏导数.

解　$\dfrac{\partial z}{\partial x} = \mathrm{e}^x \sin y + x\mathrm{e}^x \sin y = (x+1)\mathrm{e}^x \sin y$，　$\dfrac{\partial z}{\partial y} = x\mathrm{e}^x \cos y$，

$\dfrac{\partial^2 z}{\partial x^2} = (x+1+1)\mathrm{e}^x \sin y = (x+2)\mathrm{e}^x \sin y$，　$\dfrac{\partial^2 z}{\partial x \partial y} = (x+1)\mathrm{e}^x \cos y$，

$\dfrac{\partial^2 z}{\partial y \partial x} = (x+1)\mathrm{e}^x \cos y$，　$\dfrac{\partial^2 z}{\partial y^2} = -x\mathrm{e}^x \sin y$.

值得注意的是，上例中有 $\dfrac{\partial^2 z}{\partial x \partial y} = \dfrac{\partial^2 z}{\partial y \partial x}$，即两个二阶混合偏导数相等. 也就是说，函数的混合偏导数与对 x, y 求导的先后顺序无关. 这并不是偶然的，事实上，有下述定理.

定理2　如果函数 $z = f(x, y)$ 的两个混合偏导数 $\dfrac{\partial^2 z}{\partial x \partial y}$ 及 $\dfrac{\partial^2 z}{\partial y \partial x}$ 在点 (x_0, y_0) 处连续，那么在点 (x_0, y_0) 处两个二阶混合偏导数必相等.

此定理的条件：两个二阶偏导数在点 (x_0, y_0) 处连续，已经蕴含了要求二阶偏导数在点 (x_0, y_0) 的某邻域内有定义.

定理2指出，二阶混合偏导数在连续的条件下与求导的次序无关. 对于二元以上的函数以及更高阶的混合偏导数，均可在相应的混合偏导数连续的条件下得到与求导次序无关的结论. 因此，在一般情况下，人们不很关注求导次序的问题.

例7　验证函数 $z = \ln\sqrt{x^2 + y^2}$ 满足二维拉普拉斯(Laplace)方程 $\dfrac{\partial^2 z}{\partial x^2} + \dfrac{\partial^2 z}{\partial y^2} = 0$.

证　$z = \ln\sqrt{x^2 + y^2} = \dfrac{1}{2}\ln(x^2 + y^2)$，

$\dfrac{\partial z}{\partial x} = \dfrac{x}{x^2 + y^2}$，　$\dfrac{\partial^2 z}{\partial x^2} = \dfrac{(x^2 + y^2) - x \cdot 2x}{(x^2 + y^2)^2} = \dfrac{y^2 - x^2}{(x^2 + y^2)^2}$，

$\dfrac{\partial z}{\partial y} = \dfrac{y}{x^2 + y^2}$，　$\dfrac{\partial^2 z}{\partial y^2} = \dfrac{(x^2 + y^2) - y \cdot 2y}{(x^2 + y^2)^2} = \dfrac{x^2 - y^2}{(x^2 + y^2)^2}$，

所以

$$\dfrac{\partial^2 z}{\partial x^2} + \dfrac{\partial^2 z}{\partial y^2} = \dfrac{y^2 - x^2}{(x^2 + y^2)^2} + \dfrac{x^2 - y^2}{(x^2 + y^2)^2} = 0.$$

例8　证明函数 $u = \dfrac{1}{r}$ 满足拉普拉斯方程

$$\dfrac{\partial^2 u}{\partial x^2} + \dfrac{\partial^2 u}{\partial y^2} + \dfrac{\partial^2 u}{\partial z^2} = 0,$$

其中 $r = \sqrt{x^2 + y^2 + z^2}$.

证　$\dfrac{\partial u}{\partial x} = -\dfrac{1}{r^2}\dfrac{\partial r}{\partial x} = -\dfrac{1}{r^2}\dfrac{x}{r} = -\dfrac{x}{r^3}$，$\dfrac{\partial^2 u}{\partial x^2} = -\dfrac{x}{r^3} + \dfrac{3x}{r^4}\dfrac{\partial r}{\partial x} = -\dfrac{1}{r^3} + \dfrac{3x^2}{r^5}$.

由于函数关于自变量对称，因此

$$\dfrac{\partial^2 u}{\partial y^2} = -\dfrac{1}{r^3} + \dfrac{3y^2}{r^5}，\qquad \dfrac{\partial^2 u}{\partial z^2} = -\dfrac{1}{r^3} + \dfrac{3z^2}{r^5}，$$

所以

$$\frac{\partial^2 u}{\partial x^2}+\frac{\partial^2 u}{\partial y^2}+\frac{\partial^2 u}{\partial z^2}=-\frac{3}{r^3}+\frac{3(x^2+y^2+z^2)}{r^5}=-\frac{3}{r^3}+\frac{3r^2}{r^5}=0.$$

习题 8-2

1. 求下列函数在给定点的偏导数：

(1) $f(x,y)=\sin(xy)+\cos^2(xy)$，求 $f_x\left(\frac{\pi}{4},1\right),f_y\left(\frac{\pi}{4},0\right)$；

(2) $f(x,y)=x^2y^2-2y$，求 $f_x(2,3),f_y(0,0),f_y(x,y)\big|_{\substack{x=y\\y=x}}$；

(3) $f(x,y)=x+(y-1)\arcsin\sqrt{\frac{x}{y}}$，求 $f_x(x,1)$.

2. 求下列函数的偏导数：

(1) $z=\sqrt{\ln(xy)}$；   (2) $s=\frac{u^2+v^2}{uv}$；   (3) $z=\ln\tan\frac{x}{y}$；

(4) $z=(1+xy)^y$；   (5) $u=x^{\frac{y}{z}}$；   (6) $u=\arctan(x-y)^z$.

3. 设 $z=\ln(\sqrt{x}+\sqrt{y})$，证明：$x\frac{\partial z}{\partial x}+y\frac{\partial z}{\partial y}=\frac{1}{2}$.

4. 设 $T=2\pi\sqrt{\frac{l}{g}}$，证明：$l\frac{\partial T}{\partial l}+g\frac{\partial T}{\partial g}=0$.

5. 曲线 $\begin{cases}z=\dfrac{x^2+y^2}{4},\\ y=4\end{cases}$，在点 $(2,4,5)$ 处的切线对于 x 轴的倾角是多少？

6. $f(x,y)=e^{\sqrt{x^2+y^4}}$ 在点 $(0,0)$ 处的偏导数是否存在？

7. 求下列高阶偏导数：

(1) $z=x^4+y^4-4x^2y^2$，所有二阶偏导数；   (2) $z=\arctan\frac{y}{x}$，所有二阶偏导数；

(3) $z=x^y$，所有二阶偏导数；   (4) $u=x\ln(xy)$，求 $\dfrac{\partial^3 u}{\partial x^2\partial y},\dfrac{\partial^3 u}{\partial x\partial y^2}$；

(5) $u=xyze^{x+y+z}$，求 $\dfrac{\partial^{p+q+r}u}{\partial x^p\partial y^q\partial z^r}$.

8. 设 $f(x,y)=\begin{cases}xy\dfrac{x^2-y^2}{x^2+y^2},& x^2+y^2\neq0,\\ 0,& x=y=0,\end{cases}$ 求 $f_{xy}(0,0),f_{yx}(0,0)$.

9. 设 $f(x,y,z)=xy^2+yz^2+zx^2$，求 $f_{xx}(0,0,1),f_{xz}(1,0,2),f_{yz}(0,-1,0)$ 及 $f_{zzx}(2,0,1)$.

10. 验证：

(1) $y=e^{-kn^2t}\sin nx$ 满足 $\dfrac{\partial y}{\partial t}=k\dfrac{\partial^2 y}{\partial x^2}$；   (2) $r=\sqrt{x^2+y^2+z^2}$ 满足 $\dfrac{\partial^2 r}{\partial x^2}+\dfrac{\partial^2 r}{\partial y^2}+\dfrac{\partial^2 r}{\partial z^2}=\dfrac{2}{r}$.

11. 证明：不存在二元函数 $f(x,y)$ 满足 $\dfrac{\partial f}{\partial x}=y,\dfrac{\partial f}{\partial y}=3x$.

12. 设函数 $u(x,y)=\phi(x+y)+\phi(x-y)+\displaystyle\int_{x-y}^{x+y}\psi(t)\mathrm{d}t$，其中函数 ϕ 具有二阶导数，ψ 具有一阶导数，求 $\dfrac{\partial^2 u}{\partial x^2},\dfrac{\partial^2 u}{\partial y^2},\dfrac{\partial^2 u}{\partial x\partial y}$.

第三节　多元复合函数的求导法则

上一节中多元函数偏导数的计算是将函数看作一元函数直接进行计算的，与一元函数有复合函数一样，多元函数也有复合函数，这就需要将一元复合函数的求导法则推广到多元复合函数情形，称为复合函数偏导数的链式法则.

定理 1　如果函数 $u=\varphi(t)$ 及 $v=\psi(t)$ 都在点 t 可导，函数 $z=f(u,v)$ 在对应的点 (u,v) 具有连续的偏导数，则复合函数 $z=f[\varphi(t),\psi(t)]$ 在点 t 可导，且

$$\frac{\mathrm{d}z}{\mathrm{d}t}=\frac{\partial z}{\partial u}\frac{\mathrm{d}u}{\mathrm{d}t}+\frac{\partial z}{\partial v}\frac{\mathrm{d}v}{\mathrm{d}t} \tag{1}$$

证　设 t 有增量 Δt，此时，$u=\varphi(t),v=\psi(t)$ 对应的增量为 $\Delta u,\Delta v$，复合函数 $z=f(u,v)$ 对应的增量为 Δz，则

$$\begin{aligned}\Delta z&=f(u+\Delta u,v+\Delta v)-f(u,v)\\&=[f(u+\Delta u,v+\Delta v)-f(u,v+\Delta v)]+[f(u,v+\Delta v)-f(u,v)],\end{aligned}$$

由拉格朗日中值定理可知，存在 $\theta_1,\theta_2\in(0,1)$，使得

$$f(u+\Delta u,v+\Delta v)-f(u,v+\Delta v)=f_u(u+\theta_1\Delta u,v+\Delta v)\Delta u,$$

$$f(u,v+\Delta v)-f(u,v)=f_v(u,v+\theta_2\Delta v)\Delta v,$$

由于 $z=f(u,v)$ 在点 (u,v) 的偏导数连续，故

$$f_u(u+\theta_1\Delta u,v+\Delta v)=f_u(u,v)+\alpha,\quad f_v(u,v+\theta_2\Delta v)=f_v(u,v)+\beta,$$

其中 α,β 均为 $\Delta u\to 0,\Delta v\to 0$ 时的无穷小. 因此

$$\Delta z=f(u+\Delta u,v+\Delta v)-f(u,v)=f_u(u,v)\Delta u+f_v(u,v)\Delta v+\alpha\Delta u+\beta\Delta v,$$

由已知条件可知，当 $\Delta t\to 0$ 时有 $\Delta u\to 0$ 及 $\Delta v\to 0$，从而 α,β 是无穷小，于是

$$\begin{aligned}\lim_{\Delta t\to 0}\frac{\Delta z}{\Delta t}&=\lim_{\Delta t\to 0}\left[f_u(u,v)\frac{\Delta u}{\Delta t}+f_v(u,v)\frac{\Delta v}{\Delta t}+\alpha\frac{\Delta u}{\Delta t}+\beta\frac{\Delta v}{\Delta t}\right]\\&=f_u(u,v)\frac{\mathrm{d}u}{\mathrm{d}t}+f_v(u,v)\frac{\mathrm{d}v}{\mathrm{d}t},\end{aligned}$$

所以

$$\frac{\mathrm{d}z}{\mathrm{d}t}=\frac{\partial z}{\partial u}\frac{\mathrm{d}u}{\mathrm{d}t}+\frac{\partial z}{\partial v}\frac{\mathrm{d}v}{\mathrm{d}t},$$

即复合函数在点 t 可导，且式(1)成立.　□

式(1)中的导数 $\dfrac{\mathrm{d}z}{\mathrm{d}t}$ 称为全导数，它自然可推广至中间变量多于两个的情形，比如复合函数 $z=f(u,v,w),u=\varphi(t),v=\psi(t),w=\omega(t)$ 的情形，全导数为

$$\frac{\mathrm{d}z}{\mathrm{d}t} = \frac{\partial z}{\partial u}\frac{\mathrm{d}u}{\mathrm{d}t} + \frac{\partial z}{\partial v}\frac{\mathrm{d}v}{\mathrm{d}t} + \frac{\partial z}{\partial w}\frac{\mathrm{d}w}{\mathrm{d}t}. \tag{2}$$

定理 1 是一个二元函数与两个一元函数复合的情形,对于一个二元函数与两个二元函数复合的情形,有如下定理.

定理 2 如果函数 $u = \varphi(x,y)$,$v = \psi(x,y)$ 都在点 (x,y) 处有偏导数,函数 $z = f(u,v)$ 在对应点 (u,v) 处有连续的偏导数,则复合函数 $z = f[\varphi(x,y),\psi(x,y)]$ 在点 (x,y) 处的偏导数存在,且

$$\frac{\partial z}{\partial x} = \frac{\partial z}{\partial u}\frac{\partial u}{\partial x} + \frac{\partial z}{\partial v}\frac{\partial v}{\partial x}, \tag{3}$$

$$\frac{\partial z}{\partial y} = \frac{\partial z}{\partial u}\frac{\partial u}{\partial y} + \frac{\partial z}{\partial v}\frac{\partial v}{\partial y}. \tag{4}$$

证明略. 事实上,将自变量 y 看作常量,就由式(1)推得式(3);将自变量 x 看作常量,就由式(1)推得式(4).

例 1 设 $z = uv + \sin t$,而 $u = \mathrm{e}^t$,$v = \cos t$,求全导数 $\dfrac{\mathrm{d}z}{\mathrm{d}t}$.

解 $\dfrac{\mathrm{d}z}{\mathrm{d}t} = \dfrac{\partial z}{\partial u}\dfrac{\mathrm{d}u}{\mathrm{d}t} + \dfrac{\partial z}{\partial v}\dfrac{\mathrm{d}v}{\mathrm{d}t} + \dfrac{\partial z}{\partial t} = v\mathrm{e}^t - u\sin t + \cos t = \mathrm{e}^t\cos t - \mathrm{e}^t\sin t + \cos t$

$\qquad = \mathrm{e}^t(\cos t - \sin t) + \cos t.$

例 2 设 $z = \mathrm{e}^u\sin v$,$u = 2xy$,$v = x + y^2$,求 z_x,z_y.

解 $z_x = \dfrac{\partial z}{\partial u}\dfrac{\partial u}{\partial x} + \dfrac{\partial z}{\partial v}\dfrac{\partial v}{\partial x} = \mathrm{e}^u\sin v \cdot 2y + \mathrm{e}^u\cos v \times 1 = \mathrm{e}^{2xy}[2y\sin(x+y^2) + \cos(x+y^2)];$

$z_y = \dfrac{\partial z}{\partial u}\dfrac{\partial u}{\partial y} + \dfrac{\partial z}{\partial v}\dfrac{\partial v}{\partial y} = \mathrm{e}^u\sin v \cdot 2x + \mathrm{e}^u\cos v \cdot 2y = 2\mathrm{e}^{2xy}[x\sin(x+y^2) + y\cos(x+y^2)].$

更一般地,由 $u = \varphi(x,y)$,$v = \psi(x,y)$,$w = \omega(x,y)$ 及 $z = f(u,v,w)$ 复合成的复合函数 $z = f[\varphi(x,y),\psi(x,y),\omega(x,y)]$ 在相应条件下求导的链式法则为

$$\frac{\partial z}{\partial x} = \frac{\partial z}{\partial u}\frac{\partial u}{\partial x} + \frac{\partial z}{\partial v}\frac{\partial v}{\partial x} + \frac{\partial z}{\partial w}\frac{\partial w}{\partial x}, \tag{5}$$

$$\frac{\partial z}{\partial y} = \frac{\partial z}{\partial u}\frac{\partial u}{\partial y} + \frac{\partial z}{\partial v}\frac{\partial v}{\partial y} + \frac{\partial z}{\partial w}\frac{\partial w}{\partial y}. \tag{6}$$

有时相应的变量并不如上述情况中那样整齐,例如复合函数 $z = f[\varphi(x,y),x,y]$,其中 $z = f(u,x,y)$ 有连续的偏导数,$\varphi(x,y)$ 有偏导数. 此时,搞清楚复合关系将是十分有益的. 事实上,上述复合函数可看作 $z = f(u,v,w)$ 与 $u = \varphi(x,y)$,$v = \psi(x,y) = x$,$w = \omega(x,y) = y$ 复合得到,由式(5)、式(6)有

$$\frac{\partial z}{\partial x} = \frac{\partial f}{\partial u}\frac{\partial u}{\partial x} + \frac{\partial f}{\partial x}, \quad \frac{\partial z}{\partial y} = \frac{\partial f}{\partial u}\frac{\partial u}{\partial y} + \frac{\partial f}{\partial y}.$$

注意,这里 $\dfrac{\partial z}{\partial x}$,$\dfrac{\partial z}{\partial y}$ 是 $z = z(x,y) = f[\varphi(x,y),x,y]$ 的偏导数,而 $\dfrac{\partial f}{\partial x}$,$\dfrac{\partial f}{\partial y}$ 则表示 $z = f(u,x,y)$ 对其第二、第三个变量的偏导数,也就是分别把 u,y 或 u,x 视为不变的数而对 x 或 y 求导. 在此情况下,我们换用如下记号是方便的.

设 $z=f(u,v)$，记：

$$f'_1=\frac{\partial f(u,v)}{\partial u}, \quad f'_2=\frac{\partial f(u,v)}{\partial v},$$

$$f''_{11}=\frac{\partial^2 f(u,v)}{\partial u^2}, \quad f''_{12}=\frac{\partial^2 f(u,v)}{\partial u \partial v}, \quad f''_{22}=\frac{\partial^2 f(u,v)}{\partial v^2}.$$

例 3 设 $u=f(x,y,z)=\mathrm{e}^{x^2+y^2+z^2}, z=x^2\sin y$，求 $\dfrac{\partial u}{\partial x}, \dfrac{\partial u}{\partial y}$.

解 $\dfrac{\partial u}{\partial x}=\dfrac{\partial f}{\partial x}+\dfrac{\partial f}{\partial z}\dfrac{\partial z}{\partial x}=2x\mathrm{e}^{x^2+y^2+z^2}+2z\mathrm{e}^{x^2+y^2+z^2}\cdot 2x\sin y$

$\qquad =2x(1+2x^2\sin^2 y)\mathrm{e}^{x^2+y^2+x^4\sin^2 y};$

$\qquad \dfrac{\partial u}{\partial y}=\dfrac{\partial f}{\partial y}+\dfrac{\partial f}{\partial z}\dfrac{\partial z}{\partial y}=2y\mathrm{e}^{x^2+y^2+z^2}+2z\mathrm{e}^{x^2+y^2+z^2}\cdot x^2\cos y$

$\qquad =2(y+x^4\sin y\cos y)\mathrm{e}^{x^2+y^2+x^4\sin^2 y}.$

例 4 设 $z=f\left(xy,\dfrac{x}{y}\right)+g\left(\dfrac{y}{x}\right)$，其中 f 具有二阶连续偏导数，g 具有二阶连续导数，求 $\dfrac{\partial^2 z}{\partial x \partial y}$.

解 $\dfrac{\partial z}{\partial x}=f'_1 y+f'_2\dfrac{1}{y}+g'\left(-\dfrac{y}{x^2}\right),$

$\qquad \dfrac{\partial^2 z}{\partial x \partial y}=f'_1+y\left[f''_{11}x+f''_{12}\left(-\dfrac{x}{y^2}\right)\right]-\dfrac{1}{y^2}f'_2+\dfrac{1}{y}\left[f''_{21}x+f''_{22}\left(-\dfrac{x}{y^2}\right)\right]-$

$\qquad\qquad \dfrac{1}{x^2}g'-\dfrac{y}{x^2}g''\dfrac{1}{x}$

$\qquad =f'_1-\dfrac{1}{y^2}f'_2-\dfrac{1}{x^2}g'-\dfrac{y}{x^3}g''+xyf''_{11}-\dfrac{x}{y^3}f''_{22}.$

例 5 设 $f(u,v)$ 具有二阶连续偏导数，$z=f(x,xy)$，求 $\dfrac{\partial^2 z}{\partial x \partial y}$.

解 $\dfrac{\partial z}{\partial x}=f'_1(x,xy)+f'_2(x,xy)\cdot y,$

$\qquad \dfrac{\partial^2 z}{\partial x \partial y}=f''_{11}\times 0+f''_{12}x+f'_2+y(f''_{21}\times 0+f''_{22}x)$

$\qquad =f'_2+xf''_{12}+xyf''_{22}.$

例 6 设 $u=f(x,y)$ 的所有二阶偏导数连续，把下列表达式转换为极坐标中的形式：

(1) $\left(\dfrac{\partial u}{\partial x}\right)^2+\left(\dfrac{\partial u}{\partial y}\right)^2;$ \qquad\qquad (2) $\dfrac{\partial^2 u}{\partial x^2}+\dfrac{\partial^2 u}{\partial y^2}.$

解 （1）利用直角坐标与极坐标间的关系式

$$x=r\cos\theta, \quad y=r\sin\theta,$$

可将函数转换成极坐标 r,θ 的函数：

$$u=f(x,y)=f(r\cos\theta,r\sin\theta)=F(r,\theta).$$

从而

$$\frac{\partial u}{\partial r} = \frac{\partial u}{\partial x}\cos\theta + \frac{\partial u}{\partial y}\sin\theta, \tag{7}$$

$$\frac{\partial u}{\partial \theta} = \frac{\partial u}{\partial x}(-r\sin\theta) + \frac{\partial u}{\partial y}r\cos\theta. \tag{8}$$

将式(7)、式(8)联立解出 $\dfrac{\partial u}{\partial x}, \dfrac{\partial u}{\partial y}$,得

$$\frac{\partial u}{\partial x} = \frac{\partial u}{\partial r}\cos\theta - \frac{1}{r}\frac{\partial u}{\partial \theta}\sin\theta,$$

$$\frac{\partial u}{\partial y} = \frac{\partial u}{\partial r}\sin\theta + \frac{1}{r}\frac{\partial u}{\partial \theta}\cos\theta,$$

两式平方后相加,得

$$\left(\frac{\partial u}{\partial x}\right)^2 + \left(\frac{\partial u}{\partial y}\right)^2 = \left(\frac{\partial u}{\partial r}\right)^2 + \frac{1}{r^2}\left(\frac{\partial u}{\partial \theta}\right)^2.$$

(2) 由 $x = r\cos\theta, y = r\sin\theta$ 解出

$$r = \sqrt{x^2+y^2}, \theta = \arctan\frac{y}{x}\left(\text{或 } \theta = \arctan\frac{y}{x}+\pi, \text{不影响 } \theta \text{ 的偏导数}\right),$$

则有

$$\frac{\partial r}{\partial x} = \frac{x}{r} = \cos\theta, \quad \frac{\partial r}{\partial y} = \frac{y}{r} = \sin\theta,$$

$$\frac{\partial \theta}{\partial x} = \frac{-y}{x^2+y^2} = -\frac{\sin\theta}{r}, \quad \frac{\partial \theta}{\partial y} = \frac{x}{x^2+y^2} = \frac{\cos\theta}{r},$$

又

$$\frac{\partial u}{\partial x} = \frac{\partial u}{\partial r}\cos\theta - \frac{\partial u}{\partial \theta}\frac{\sin\theta}{r},$$

所以

$$\frac{\partial^2 u}{\partial x^2} = \frac{\partial}{\partial r}\left(\frac{\partial u}{\partial x}\right)\frac{\partial r}{\partial x} + \frac{\partial}{\partial \theta}\left(\frac{\partial u}{\partial x}\right)\frac{\partial \theta}{\partial x}$$

$$= \frac{\partial}{\partial r}\left(\frac{\partial u}{\partial r}\cos\theta - \frac{\partial u}{\partial \theta}\frac{\sin\theta}{r}\right)\cos\theta - \frac{\partial}{\partial \theta}\left(\frac{\partial u}{\partial r}\cos\theta - \frac{\partial u}{\partial \theta}\frac{\sin\theta}{r}\right)\frac{\sin\theta}{r}$$

$$= \frac{\partial^2 u}{\partial r^2}\cos^2\theta - 2\frac{\partial^2 u}{\partial r\partial \theta}\frac{\sin\theta\cos\theta}{r} + \frac{\partial^2 u}{\partial \theta^2}\frac{\sin^2\theta}{r^2} + \frac{\partial u}{\partial \theta}\frac{2\sin\theta\cos\theta}{r^2} + \frac{\partial u}{\partial r}\frac{\sin^2\theta}{r}.$$

同理,由

$$\frac{\partial u}{\partial y} = \frac{\partial u}{\partial r}\sin\theta + \frac{1}{r}\frac{\partial u}{\partial \theta}\cos\theta$$

可得

$$\frac{\partial^2 u}{\partial y^2} = \frac{\partial^2 u}{\partial r^2}\sin^2\theta + 2\frac{\partial^2 u}{\partial r\partial \theta}\frac{\sin\theta\cos\theta}{r} + \frac{\partial^2 u}{\partial \theta^2}\frac{\cos^2\theta}{r^2} - \frac{\partial u}{\partial \theta}\frac{2\sin\theta\cos\theta}{r^2} + \frac{\partial u}{\partial r}\frac{\cos^2\theta}{r^2}.$$

将上面所得两式相加,有

$$\frac{\partial^2 u}{\partial x^2} + \frac{\partial^2 u}{\partial y^2} = \frac{\partial^2 u}{\partial r^2} + \frac{1}{r}\frac{\partial u}{\partial r} + \frac{1}{r^2}\frac{\partial^2 u}{\partial \theta^2} = \frac{1}{r^2}\left[r\frac{\partial}{\partial r}\left(r\frac{\partial u}{\partial r}\right) + \frac{\partial^2 u}{\partial \theta^2}\right].$$

此例中,我们用变量代换或坐标变换来变换一个函数表达式或一个方程,这在化简方程及求解中是十分有意义的. 注意到例子中两部分所用的方法是有区别的,后者首先视 u 为

r,θ 的函数,然后复合成 x,y 的函数,这一方法较前者一般方便得多. 在学习了下一节之后,题中的 $\dfrac{\partial r}{\partial x}$, $\dfrac{\partial r}{\partial y}$ 等可用隐函数求导方法方便地求出.

习题 8-3

1. 设 $z = \mathrm{e}^{x-2y}$,而 $x = \sin t$,$y = t^3$,求 $\dfrac{\mathrm{d}z}{\mathrm{d}t}$.

2. 设 $z = \arcsin(x-y)$,而 $x = 3t$,$y = 4t^3$,求 $\dfrac{\mathrm{d}z}{\mathrm{d}t}$.

3. 设 $z = \arctan(xy)$,而 $y = \mathrm{e}^x$,求 $\dfrac{\mathrm{d}z}{\mathrm{d}x}$.

4. 设 $u = \dfrac{\mathrm{e}^{ax}(y-z)}{a^2+1}$,而 $y = a\sin x$,$z = \cos x$,求 $\dfrac{\mathrm{d}u}{\mathrm{d}x}$.

5. 设 $z = u^2 + v^2$,而 $u = x+y$,$v = x-y$,求 $\dfrac{\partial z}{\partial x}$,$\dfrac{\partial z}{\partial y}$.

6. 设 $z = u^2\ln v$,而 $u = \dfrac{x}{y}$,$v = 3x-2y$,求 $\dfrac{\partial z}{\partial x}$,$\dfrac{\partial z}{\partial y}$.

7. 设 $z = \arctan\dfrac{x}{y}$,而 $x = u+v$,$y = u-v$,验证 $\dfrac{\partial z}{\partial u} + \dfrac{\partial z}{\partial v} = \dfrac{u-v}{u^2+v^2}$.

8. 求下列函数的一阶偏导数(其中 f 具有一阶连续偏导数):

(1) $u = f(x^2-y^2, \mathrm{e}^{xy})$;   (2) $u = f\left(\dfrac{x}{y}, \dfrac{y}{z}\right)$;   (3) $z = f(x^y, y^x)$;

(4) $u = f(x, xy, xyz)$;   (5) $z = f^2(x, xy)$;   (6) $z = x^2 y f(x^2-y^2, xy)$.

9. 设 $z = xy + xF(u)$,而 $u = \dfrac{y}{x}$,$F(u)$ 为可导函数,证明:$x\dfrac{\partial z}{\partial x} + y\dfrac{\partial z}{\partial y} = z + xy$.

10. 设 $z = \dfrac{y}{f(x^2-y^2)}$,其中 $f(u)$ 为可导函数,验证 $\dfrac{1}{x}\dfrac{\partial z}{\partial x} + \dfrac{1}{y}\dfrac{\partial z}{\partial y} = \dfrac{z}{y^2}$.

11. 设函数 $z = f(x,y)$ 在点 $(1,1)$ 处有连续的偏导数,且 $f(1,1) = 1$,$\left.\dfrac{\partial f}{\partial x}\right|_{(1,1)} = 2$,$\left.\dfrac{\partial f}{\partial y}\right|_{(1,1)} = 3$,$\varphi(x) = f(x, f(x,x))$. 求 $\left.\dfrac{\mathrm{d}}{\mathrm{d}x}\varphi^3(x)\right|_{x=1}$.

12. 设 $z = f(x^2+y^2)$,其中 f 具有二阶导数,求所有二阶偏导数.

13. 求下列函数的 $\dfrac{\partial^2 z}{\partial x^2}$,$\dfrac{\partial^2 z}{\partial x \partial y}$,$\dfrac{\partial^2 z}{\partial y^2}$(其中 f 有二阶连续偏导数):

(1) $z = f(xy, y)$;   (2) $z = f\left(x, \dfrac{x}{y}\right)$;

(3) $z = f(xy^2, x^2 y)$;   (4) $z = f(\sin x, \cos y, \mathrm{e}^{x+y})$.

第四节   隐函数的求导方法

在一元函数求导部分,我们已经给出了由一个方程确定的一元隐函数的求导方法,但并未给出判定隐函数是否存在的方法. 这里将给出一元隐函数存在的判定定理,并将其推广到多元函数情形,给出多元隐函数存在的判定定理与求导方法.

一、一个方程的情形

首先考虑方程
$$F(x,y)=0, \tag{1}$$
在一定的条件下它确定一个一元函数 $y=f(x)$.

定理 1 设函数 $F(x,y)$ 在点 (x_0,y_0) 的某一邻域内具有连续的偏导数,且 $F(x_0,y_0)=0$,$F_y(x_0,y_0)\neq0$,则方程 $F(x,y)=0$ 在点 (x_0,y_0) 的某一邻域内能唯一确定一个连续且有连续导数的函数 $y=f(x)$,它满足 $y_0=f(x_0)$,并且有
$$\frac{\mathrm{d}y}{\mathrm{d}x}=-\frac{F_x}{F_y}. \tag{2}$$

定理证明略.下面仅推导隐函数求导公式(2).

因为函数 $y=f(x)$ 是方程(1)所确定的,故在其定义域内它满足
$$F[x,f(x)]\equiv0,$$
此恒等式左端是 x 的一个复合函数,将它对 x 求全导数,得
$$\frac{\partial F}{\partial x}+\frac{\partial F}{\partial y}\frac{\mathrm{d}y}{\mathrm{d}x}=0.$$

由于 F_y 连续及 $F_y(x_0,y_0)\neq0$,所以存在 (x_0,y_0) 的某一邻域,在此邻域内 $F_y\neq0$,于是得到隐函数求导公式
$$\frac{\mathrm{d}y}{\mathrm{d}x}=-\frac{F_x}{F_y}.$$

如果 $F(x,y)$ 的二阶偏导数也都连续,把等式(2)两端作为 x 的复合函数再对 x 求导,得
$$\frac{\mathrm{d}^2y}{\mathrm{d}x^2}=\frac{\partial}{\partial x}\left(-\frac{F_x}{F_y}\right)+\frac{\partial}{\partial y}\left(-\frac{F_x}{F_y}\right)\frac{\mathrm{d}y}{\mathrm{d}x}=-\frac{F_{xx}F_y-F_{yx}F_x}{F_y^2}-\frac{F_{xy}F_y-F_{yy}F_x}{F_y^2}\left(-\frac{F_x}{F_y}\right),$$
即
$$\frac{\mathrm{d}^2y}{\mathrm{d}x^2}=-\frac{F_{xx}F_y^2-2F_{xy}F_xF_y+F_{yy}F_x^2}{F_y^3}.$$

注 也可以把 y 理解为 x 的函数,对式(1)两端求二阶导数得到 $\dfrac{\mathrm{d}^2y}{\mathrm{d}x^2}$.

例 1 函数 $F(x,y)=x^3+y^3-3xy$ 在点 $B(\sqrt[3]{4},\sqrt[3]{2})$ 和原点 $O(0,0)$ 处的偏导数 $F_y=3y^2-3x=0$ 不满足定理 1 的条件(图 8-4),因而 $F(x,y)=0$ 在点 B 及点 O 附近不能确定 y 是 x 的函数;除 B,O 两点之外,$F_y\neq0$,
$$\frac{\mathrm{d}y}{\mathrm{d}x}=-\frac{F_x}{F_y}=-\frac{3x^2-3y}{3y^2-3x}=\frac{y-x^2}{y^2-x}.$$

定理 1 可推广到多元函数,例如一个三元方程
$$F(x,y,z)=0 \tag{3}$$

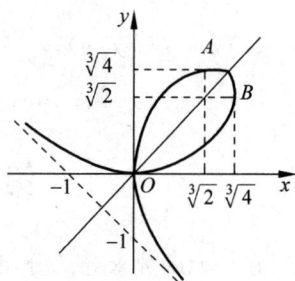
图 8-4

就可能确定一个二元函数. 类似于定理 1, 有:

定理 2 设函数 $F(x,y,z)$ 在点 (x_0,y_0,z_0) 的某一邻域内具有连续的偏导数, 且 $F(x_0,y_0,z_0)=0$, $F_z(x_0,y_0,z_0)\neq0$, 则方程 $F(x,y,z)=0$ 在点 (x_0,y_0,z_0) 的某一邻域内能唯一确定一个连续且具有连续偏导数的函数 $z=f(x,y)$, 它满足 $z_0=f(x_0,y_0)$, 并且有

$$\frac{\partial z}{\partial x}=-\frac{F_x}{F_z},\quad \frac{\partial z}{\partial y}=-\frac{F_y}{F_z}. \tag{4}$$

定理证明略. 下面仅推导隐函数求导公式(4).

把恒等式 $F[x,y,f(x,y)]\equiv0$ 两边分别对 x,y 求偏导数, 由复合函数求导法则得

$$F_x+F_z\frac{\partial z}{\partial x}=0,\quad F_y+F_z\frac{\partial z}{\partial y}=0.$$

由 F_z 的连续性及 $F_z(x_0,y_0,z_0)\neq0$ 可知, 存在点 (x_0,y_0,z_0) 的某一邻域, 在该邻域内 F_z 不为零. 将上两式同除以 F_z 就可以得到式(4).

求由方程确定的隐函数的导数或偏导数时, 可以套用式(2), 式(4), 也可以用直接法, 即按照式(2), 式(4)的推导过程中的方法求导.

例 2 设 $x^2+y^2+z^2-4z=0$, 求 $\dfrac{\partial^2 z}{\partial x^2}$.

解 设 $F(x,y,z)=x^2+y^2+z^2-4z$, 当 $z\neq2$ 时, 有

$$F_x=2x,\quad F_z=2z-4,\quad \frac{\partial z}{\partial x}=-\frac{F_x}{F_z}=\frac{x}{2-z},$$

$$\frac{\partial^2 z}{\partial x^2}=\frac{2-z+x\dfrac{\partial z}{\partial x}}{(2-z)^2}=\frac{2-z+x\left(\dfrac{x}{2-z}\right)}{(2-z)^2}=\frac{(2-z)^2+x^2}{(2-z)^3}.$$

例 3 设函数 $z=z(x,y)$ 由 $\mathrm{e}^{\frac{x}{z}}+\mathrm{e}^{\frac{y}{z}}=2\mathrm{e}$ 确定, 求 $\dfrac{\partial z}{\partial y}$.

解 方程 $\mathrm{e}^{\frac{x}{z}}+\mathrm{e}^{\frac{y}{z}}=2\mathrm{e}$ 两端对 y 求导得

$$\mathrm{e}^{\frac{x}{z}}\left(\frac{-x}{z^2}\right)z_y+\mathrm{e}^{\frac{y}{z}}\left(\frac{z-yz_y}{z^2}\right)=0,$$

整理得

$$z_y=\frac{z\mathrm{e}^{\frac{y}{z}}}{x\mathrm{e}^{\frac{x}{z}}+y\mathrm{e}^{\frac{y}{z}}}.$$

二、方程组的情形

隐函数存在定理可以继续推广. 考虑既增加变量个数又增加方程个数的情形, 即推广到方程组情形.

考虑方程组

$$\begin{cases} F(x,y,u,v)=0, \\ G(x,y,u,v)=0, \end{cases} \tag{5}$$

在它的四个变量中,一般只有两个是独立变化的,在一定的条件下,方程组(5)可以确定两个二元函数. 在下面的隐函数存在定理以及后续内容中,我们常需用到一个由偏导数组成的函数行列式:

$$J = \frac{\partial(F,G)}{\partial(u,v)} = \begin{vmatrix} F_u & F_v \\ G_u & G_v \end{vmatrix},$$

称之为雅可比(Jacobi)行列式.

定理 3 设 $F(x,y,u,v)$,$G(x,y,u,v)$ 在点 (x_0,y_0,u_0,v_0) 的某一邻域内具有对各个变量的连续偏导数,又 $F(x_0,y_0,u_0,v_0)=0$,$G(x_0,y_0,u_0,v_0)=0$,且在点 (x_0,y_0,u_0,v_0) 处有

$$J = \frac{\partial(F,G)}{\partial(u,v)} \neq 0,$$

则方程组(5)在点 (x_0,y_0,u_0,v_0) 的某一邻域内能唯一确定一组连续且具有连续偏导数的函数 $u=u(x,y)$,$v=v(x,y)$,它们满足 $u_0=u(x_0,y_0)$,$v_0=v(x_0,y_0)$,并且有

$$\begin{cases} \dfrac{\partial u}{\partial x} = -\dfrac{1}{J}\dfrac{\partial(F,G)}{\partial(x,v)}, & \dfrac{\partial v}{\partial x} = -\dfrac{1}{J}\dfrac{\partial(F,G)}{\partial(u,x)}, \\ \dfrac{\partial u}{\partial y} = -\dfrac{1}{J}\dfrac{\partial(F,G)}{\partial(y,v)}, & \dfrac{\partial v}{\partial y} = -\dfrac{1}{J}\dfrac{\partial(F,G)}{\partial(u,y)}. \end{cases} \qquad (6)$$

定理证明略. 下面仅推导隐函数求导式(6).

由于

$$F[x,y,u(x,y),v(x,y)] \equiv 0,$$
$$G[x,y,u(x,y),v(x,y)] \equiv 0,$$

上面两恒等式两端分别对 x 求导,得

$$\begin{cases} F_x + F_u \dfrac{\partial u}{\partial x} + F_v \dfrac{\partial v}{\partial x} = 0, \\ G_x + G_u \dfrac{\partial u}{\partial x} + G_v \dfrac{\partial v}{\partial x} = 0, \end{cases}$$

这是关于 $\dfrac{\partial u}{\partial x}$,$\dfrac{\partial v}{\partial x}$ 的线性方程组,由定理条件可推得,其系数行列式

$$J = \begin{vmatrix} F_u & F_v \\ G_u & G_v \end{vmatrix} = \frac{\partial(F,G)}{\partial(u,v)}$$

在点 (x_0,y_0,u_0,v_0) 的某一邻域内非零,故可以唯一地解出 $\dfrac{\partial u}{\partial x}$,$\dfrac{\partial v}{\partial x}$,得

$$\frac{\partial u}{\partial x} = -\frac{1}{J}\begin{vmatrix} F_x & F_v \\ G_x & G_v \end{vmatrix}, \qquad \frac{\partial v}{\partial x} = -\frac{1}{J}\begin{vmatrix} F_u & F_x \\ G_u & G_x \end{vmatrix}.$$

同理,上面两恒等式两端分别对 y 求导,可求得

$$\frac{\partial u}{\partial y} = -\frac{1}{J}\begin{vmatrix} F_y & F_v \\ G_y & G_v \end{vmatrix}, \qquad \frac{\partial v}{\partial y} = -\frac{1}{J}\begin{vmatrix} F_u & F_y \\ G_u & G_y \end{vmatrix}.$$

当计算隐函数(组)的偏导数时,可以直接套用式(6),更多的是使用直接法,即按照式(6)的推导过程中的方法求导,有时还使用其他方法.

例 4　设函数 $x=x(u,v),y=y(u,v)$ 在点 (u,v) 的某一邻域内连续且有连续的偏导数，又满足 $\dfrac{\partial(x,y)}{\partial(u,v)}\neq 0$，试证明方程组 $\begin{cases}x=x(u,v),\\ y=y(u,v)\end{cases}$ 在点 (x,y,u,v) 的某一邻域内唯一确定了一组连续且具有连续偏导数的反函数 $u=u(x,y),v=v(x,y)$，并求它们对 x,y 的偏导数.

解　令

$$\begin{cases}F(x,y,u,v)\equiv x-x(u,v)=0,\\ G(x,y,u,v)\equiv y-y(u,v)=0,\end{cases}$$

则有

$$J=\frac{\partial(F,G)}{\partial(u,v)}=\frac{\partial(x,y)}{\partial(u,v)}\neq 0.$$

根据定理 3，方程组唯一确定 $u=u(x,y),v=v(x,y)$，满足本题的要求，且有

$$\frac{\partial(F,G)}{\partial(x,v)}=\begin{vmatrix}1 & -\dfrac{\partial x}{\partial v}\\[2mm] 0 & -\dfrac{\partial y}{\partial v}\end{vmatrix}=-\frac{\partial y}{\partial v},\quad \frac{\partial(F,G)}{\partial(u,x)}=\begin{vmatrix}-\dfrac{\partial x}{\partial u} & 1\\[2mm] -\dfrac{\partial y}{\partial u} & 0\end{vmatrix}=\frac{\partial y}{\partial u},$$

$$\frac{\partial(F,G)}{\partial(y,v)}=\begin{vmatrix}0 & -\dfrac{\partial x}{\partial v}\\[2mm] 1 & -\dfrac{\partial y}{\partial v}\end{vmatrix}=\frac{\partial x}{\partial v},\quad \frac{\partial(F,G)}{\partial(u,y)}=\begin{vmatrix}-\dfrac{\partial x}{\partial u} & 0\\[2mm] -\dfrac{\partial y}{\partial u} & 1\end{vmatrix}=-\frac{\partial x}{\partial u},$$

所以

$$\frac{\partial u}{\partial x}=\frac{1}{J}\frac{\partial y}{\partial v},\quad \frac{\partial v}{\partial x}=-\frac{1}{J}\frac{\partial y}{\partial u},$$

$$\frac{\partial u}{\partial y}=-\frac{1}{J}\frac{\partial x}{\partial v},\quad \frac{\partial v}{\partial y}=\frac{1}{J}\frac{\partial x}{\partial u}.$$

这里的偏导数使用定理 3 的公式求得，也可以用直接法求得.

例 5　已知 $\begin{cases}x+y+z=0,\\ x^2+y^2+z^2=1,\end{cases}$ 求 $\dfrac{\mathrm{d}x}{\mathrm{d}z},\dfrac{\mathrm{d}y}{\mathrm{d}z}$.

解　方程组中每个方程两端对 z 求导得

$$\begin{cases}x_z+y_z+1=0,\\ 2xx_z+2yy_z+2z=0,\end{cases}$$

解得

$$\frac{\mathrm{d}x}{\mathrm{d}z}=\frac{y-z}{x-y},\quad \frac{\mathrm{d}y}{\mathrm{d}z}=\frac{z-x}{x-y}.$$

例 6　设 $xu-yv=0,yu+xv=1$，求 $\dfrac{\partial u}{\partial x},\dfrac{\partial u}{\partial y},\dfrac{\partial v}{\partial x}$ 和 $\dfrac{\partial v}{\partial y}$.

解　方程组中每个方程两端对 x 求导并移项得

$$\begin{cases}x\dfrac{\partial u}{\partial x}-y\dfrac{\partial v}{\partial x}=-u,\\[3mm] y\dfrac{\partial u}{\partial x}+x\dfrac{\partial v}{\partial x}=-v,\end{cases}$$

在 $J = \begin{vmatrix} x & -y \\ y & x \end{vmatrix} = x^2 + y^2 \neq 0$ 的条件下,可解得

$$\frac{\partial u}{\partial x} = -\frac{xu + yv}{x^2 + y^2}, \quad \frac{\partial v}{\partial x} = \frac{yu - xv}{x^2 + y^2};$$

同理,方程组中每个方程两端对 y 求导,在 $J = x^2 + y^2 \neq 0$ 的条件下可解得

$$\frac{\partial u}{\partial y} = \frac{xv - yu}{x^2 + y^2}, \quad \frac{\partial v}{\partial y} = -\frac{xu + yv}{x^2 + y^2}.$$

习题 8-4

1. 对下列方程确定的函数求 $\dfrac{\mathrm{d}y}{\mathrm{d}x}$:

(1) $\sin y + \mathrm{e}^x - xy^2 = 0$;　　　　　(2) $\ln\sqrt{x^2 + y^2} = \arctan\dfrac{y}{x}$.

2. 求下列方程确定的函数 $z = z(x, y)$ 的一阶偏导数:

(1) $\dfrac{x}{z} = \ln\dfrac{z}{y}$;　　　(2) $f(x+y, y+z, z+x) = 0$;　　　(3) $z = f(xz, z-y)$.

3. 设函数 $z = z(x, y)$ 由方程 $F\left(\dfrac{y}{x}, \dfrac{z}{x}\right) = 0$ 确定,其中 F 有连续的偏导数,且 $F'_2 \neq 0$,求

$$x\frac{\partial z}{\partial x} + y\frac{\partial z}{\partial y}.$$

4. 设 $\Phi(u, v)$ 有连续的偏导数,证明由方程 $\Phi(cx - az, cy - bz) = 0$ 所确定的函数 $z = f(x, y)$ 满足

$$a\frac{\partial z}{\partial x} + b\frac{\partial z}{\partial y} = c,$$

其中 a, b, c 为常数.

5. 根据隐函数存在定理,三元方程 $xy - z\ln y + \mathrm{e}^{xz} = 1$ 在点 $(0, 1, 1)$ 的某个邻域内能确定几个具有连续偏导数的二元隐函数?

6. 设 $x = x(y, z), y = y(x, z), z = z(x, y)$ 都是由方程 $F(x, y, z) = 0$ 所确定的具有连续偏导数的函数,证明

$$\frac{\partial x}{\partial y}\frac{\partial y}{\partial z}\frac{\partial z}{\partial x} = -1.$$

7. 设 $\xi = x, \eta = x^2 + y^2$,变换方程 $y\dfrac{\partial z}{\partial x} - x\dfrac{\partial z}{\partial y} = 0\Big($ 即:将方程中的 $\dfrac{\partial z}{\partial x}, \dfrac{\partial z}{\partial y}$ 变换为 $\dfrac{\partial z}{\partial \xi},$ $\dfrac{\partial z}{\partial \eta}$ 的组合 $\Big)$.

8. 求下列方程确定的函数的二阶偏导数:

(1) $x + y + z = \mathrm{e}^z$,求 $\dfrac{\partial^2 z}{\partial x^2}$;　　　　　(2) $xy + yz + zx = 1$,求 $\dfrac{\partial^2 z}{\partial y^2}$;

(3) $\mathrm{e}^z - xyz = 0$，求 $\dfrac{\partial^2 z}{\partial x^2}$； (4) $z^3 - 3xyz = a^3$，求 $\dfrac{\partial^2 z}{\partial x \partial y}$.

9．求下列方程组所确定的函数的导数或偏导数：

(1) $\begin{cases} x+y+z=0, \\ xyz=1, \end{cases}$ 求 $\dfrac{\mathrm{d}y}{\mathrm{d}x}, \dfrac{\mathrm{d}z}{\mathrm{d}x}, \dfrac{\mathrm{d}^2 y}{\mathrm{d}x^2}$； (2) $\begin{cases} z=x^2+y^2, \\ x^2+2y^2+3z^2=20, \end{cases}$ 求 $\dfrac{\mathrm{d}y}{\mathrm{d}x}, \dfrac{\mathrm{d}z}{\mathrm{d}x}$；

(3) $\begin{cases} x=u+v, \\ y=u^2+v^2, \\ z=u^3+v^3, \end{cases}$ 求 $\dfrac{\partial z}{\partial x}, \dfrac{\partial z}{\partial y}$； (4) $\begin{cases} x=\mathrm{e}^u+u\sin v, \\ y=\mathrm{e}^u-u\cos v, \end{cases}$ 求 $\dfrac{\partial u}{\partial x}, \dfrac{\partial v}{\partial x}, \dfrac{\partial u}{\partial y}, \dfrac{\partial v}{\partial y}$；

(5) $\begin{cases} u=f(ux,v+y), \\ v=g(u-x,v^2y), \end{cases}$ 求 $\dfrac{\partial u}{\partial x}, \dfrac{\partial v}{\partial x}$，其中 f,g 有一阶连续偏导数.

10．设 $y=f(x,t)$，而 t 是由方程 $F(x,y,t)=0$ 所确定的关于 x,y 的函数，其中 f,F 都具有一阶连续偏导数. 试证明 $\dfrac{\mathrm{d}y}{\mathrm{d}x}=\dfrac{\dfrac{\partial f}{\partial x}\dfrac{\partial F}{\partial t}-\dfrac{\partial f}{\partial t}\dfrac{\partial F}{\partial x}}{\dfrac{\partial f}{\partial t}\dfrac{\partial F}{\partial y}+\dfrac{\partial F}{\partial t}}$.

第五节 全 微 分

一、全微分的定义

在二元函数的偏导数定义中，曾引入一个自变量固定时函数对另外一个自变量的增量：
$$\Delta_x z = f(x+\Delta x,y)-f(x,y),$$
$$\Delta_y z = f(x,y+\Delta y)-f(x,y),$$
它们分别称为函数对 x 和对 y 的偏增量. 由一元函数微分学的知识有
$$\Delta_x z \approx f_x(x,y)\Delta x, \quad \Delta_y z \approx f_y(x,y)\Delta y,$$
以上两式的右端分别称为函数对 x 和 y 的偏微分.

生产实际中，很多时候需要研究多元函数的各个自变量都变化时因变量的变化情况，即每个自变量都取得增量时因变量所获得的增量的情况，这个增量称为函数的全增量. 对于复杂的函数，直接计算函数的全增量可能比较复杂或比较困难，下面研究用自变量增量的线性函数近似代替函数全增量的方法，即全微分相关知识.

以二元函数为例. 设函数 $z=f(x,y)$ 在点 $P(x,y)$ 的某一邻域内有定义，在此邻域内任取一点 $Q(x+\Delta x,y+\Delta y)$，则函数在点 P 对应于自变量增量 $\Delta x,\Delta y$ 的全增量为
$$\Delta z = f(x+\Delta x,y+\Delta y)-f(x,y).$$

定义 如果函数 $z=f(x,y)$ 在点 (x,y) 的全增量
$$\Delta z = f(x+\Delta x,y+\Delta y)-f(x,y)$$
可表示为
$$\Delta z = A\Delta x + B\Delta y + o(\rho), \tag{1}$$
其中，A,B 仅与 x,y 有关而不依赖于 $\Delta x,\Delta y$，$\rho=\sqrt{(\Delta x)^2+(\Delta y)^2}$，则称函数 $z=f(x,y)$

在点 $P(x,y)$ 可微分(简称可微),而 $A\Delta x+B\Delta y$ 称为函数 $z=f(x,y)$ 在点 (x,y) 的全微分,记为 $\mathrm{d}z\big|_P$,即

$$\mathrm{d}z\big|_P=A\Delta x+B\Delta y.$$

不需要特别强调或特别指出点 P 时,全微分一般记作

$$\mathrm{d}z=A\Delta x+B\Delta y. \tag{2}$$

如果函数在区域 D 内每一点处都可微,则称函数在区域 D 内可微.

不难看出,当 $Q\rightarrow P$ 时,即 $\Delta x\rightarrow 0,\Delta y\rightarrow 0$ 时,有 $\rho\rightarrow 0$. 由式(1)知

$$\lim_{\substack{\Delta x\to 0 \\ \Delta y\to 0}}\Delta z=\lim_{\rho\to 0}o(\rho)=0,$$

从而

$$\lim_{\substack{\Delta x\to 0 \\ \Delta y\to 0}}f(x+\Delta x,y+\Delta y)=\lim_{\substack{\Delta x\to 0 \\ \Delta y\to 0}}\big[f(x,y)+\Delta z\big]=f(x,y),$$

这说明,如果函数在点 (x,y) 可微,则函数在这一点处连续,即连续性是可微性的一个必要条件.

下面继续探讨函数可微的条件与全微分的计算公式.

定理 1 如果函数 $z=f(x,y)$ 在点 (x,y) 可微,则此函数在点 (x,y) 的偏导数 $\dfrac{\partial z}{\partial x},\dfrac{\partial z}{\partial y}$ 必定存在,且函数在点 (x,y) 的全微分为

$$\mathrm{d}z=\frac{\partial z}{\partial x}\Delta x+\frac{\partial z}{\partial y}\Delta y. \tag{3}$$

证 设 $z=f(x,y)$ 在点 $P(x,y)$ 可微,则由全微分的定义知,对点 P 的某个邻域中的任一点 $Q(x+\Delta x,y+\Delta y)$,式(1)成立. 特别地,当 $\Delta y=0$ 时,式(1)也成立. 此时,$\rho=|\Delta x|$,式(1)成为

$$f(x+\Delta x,y)-f(x,y)=A\cdot\Delta x+o(|\Delta x|),$$

所以有

$$\lim_{\Delta x\to 0}\frac{f(x+\Delta x,y)-f(x,y)}{\Delta x}=A+\lim_{\Delta x\to 0}\frac{o(|\Delta x|)}{\Delta x}$$

$$=A+\lim_{\Delta x\to 0}\frac{o(|\Delta x|)}{|\Delta x|}\frac{|\Delta x|}{\Delta x}=A,$$

从而 $\dfrac{\partial z}{\partial x}$ 存在,且 $\dfrac{\partial z}{\partial x}=A$.

同理可证 $\dfrac{\partial z}{\partial y}=B$. 如此,式(3)成立. □

如果 $z=f(x,y)$ 在点 (x,y) 有偏导数,那么,判断函数在这一点是否可微只需检验下式是否成立:

$$\lim_{\rho\to 0}\frac{\Delta z-\left(\dfrac{\partial z}{\partial x}\Delta x+\dfrac{\partial z}{\partial y}\Delta y\right)}{\rho}=0.$$

偏导数在点 (x,y) 存在仅是函数在该点可微的一个必要条件,而不是充分条件. 例如,考虑函数

$$f(x,y) = \begin{cases} \dfrac{xy}{\sqrt{x^2+y^2}}, & x^2+y^2 \neq 0, \\ 0, & x^2+y^2 = 0, \end{cases}$$

它在点 $(0,0)$ 有 $f_x(0,0) = f_y(0,0) = 0$,所以

$$\Delta z - [f_x(0,0)\Delta x + f_y(0,0)\Delta y] = \frac{\Delta x \cdot \Delta y}{\sqrt{(\Delta x)^2+(\Delta y)^2}},$$

当点 $Q(\Delta x, \Delta y)$ 沿直线 $y=x$ 趋于点 $(0,0)$ 时,

$$\frac{1}{\rho} \frac{\Delta x \cdot \Delta y}{\sqrt{(\Delta x)^2+(\Delta y)^2}} = \frac{\Delta x \cdot \Delta y}{(\Delta x)^2+(\Delta y)^2} = \frac{\Delta x \cdot \Delta x}{(\Delta x)^2+(\Delta x)^2} = \frac{1}{2},$$

它不能随 $\rho \to 0$ 而趋于零,这说明 $f(x,y)$ 在点 $(0,0)$ 不可微. 从而定理 1 给出的只是可微的一个必要条件.

定理 2(充分条件) 如果函数 $z=f(x,y)$ 的偏导数 $\dfrac{\partial z}{\partial x}$,$\dfrac{\partial z}{\partial y}$ 在点 (x,y) 连续,则函数 $f(x,y)$ 在这点可微.

证 设函数的偏导数在点 $P(x,y)$ 连续,从而有点 P 的某一邻域,在此邻域内函数的偏导数存在(以后总这样理解). 设 $(x+\Delta x, y+\Delta y)$ 是此邻域内任意一点,则有

$$\Delta z = f(x+\Delta x, y+\Delta y) - f(x,y)$$
$$= [f(x+\Delta x, y+\Delta y) - f(x, y+\Delta y)] + [f(x, y+\Delta y) - f(x,y)].$$

先对上式右端第一个括号中的部分使用拉格朗日中值定理,得

$$f(x+\Delta x, y+\Delta y) - f(x, y+\Delta y) = f_x(x+\theta_1\Delta x, y+\Delta y)\Delta x, \quad 0<\theta_1<1,$$

令 $\varepsilon_1 = f_x(x+\theta_1\Delta x, y+\Delta y) - f_x(x,y)$,得

$$f(x+\Delta x, y+\Delta y) - f(x, y+\Delta y) = f_x(x,y)\Delta x + \varepsilon_1\Delta x,$$

由 $f_x(x,y)$ 在点 (x,y) 的连续性,以及当 $\rho \to 0$ 时,$(x+\theta_1\Delta x, y+\Delta y) \to (x,y)$,可得 $\lim\limits_{\rho \to 0} \varepsilon_1 = 0$.

再对上式右端第二个括号中的部分使用拉格朗日中值定理,同理可得

$$f(x, y+\Delta y) - f(x,y) = f_y(x,y)\Delta y + \varepsilon_2\Delta y,$$

满足 $\lim\limits_{\rho \to 0} \varepsilon_2 = 0$.

综上可得

$$\Delta z = f_x(x,y)\Delta x + f_y(x,y)\Delta y + \varepsilon_1\Delta x + \varepsilon_2\Delta y,$$

注意到

$$\left| \frac{\varepsilon_1\Delta x + \varepsilon_2\Delta y}{\rho} \right| \leqslant |\varepsilon_1| + |\varepsilon_2|,$$

故可推得

$$\lim_{\rho \to 0} \frac{\varepsilon_1\Delta x + \varepsilon_2\Delta y}{\rho} = 0,$$

即

$$\varepsilon_1\Delta x + \varepsilon_2\Delta y = o(\rho),$$

这就证明了 $z=f(x,y)$ 在点 $P(x,y)$ 可微. □

上述两定理可以完全类似地推广到一般的 n 元函数.

习惯上,把自变量的增量 $\Delta x,\Delta y$ 分别记为 $\mathrm{d}x,\mathrm{d}y$,并称之为自变量 x 与自变量 y 的微分.如此,函数 $z=f(x,y)$ 的全微分就写为

$$\mathrm{d}z=\frac{\partial z}{\partial x}\mathrm{d}x+\frac{\partial z}{\partial y}\mathrm{d}y, \tag{4}$$

它表明二元函数的全微分等于它的两个偏微分之和,这称为二元函数的微分符合叠加原理.

叠加原理也适合二元以上的函数.如果 n 元函数 $u=f(x_1,x_2,\cdots,x_n)$ 可微,则有

$$\mathrm{d}u=\sum_{i=1}^{n}\frac{\partial u}{\partial x_i}\mathrm{d}x_i.$$

例 1   求函数 $z=\mathrm{e}^{xy}$ 在点 $(2,1)$ 处的全微分.

解

$$\frac{\partial z}{\partial x}=y\mathrm{e}^{xy},\quad \frac{\partial z}{\partial x}\Big|_{\substack{x=2\\y=1}}=\mathrm{e}^2;\quad \frac{\partial z}{\partial y}=x\mathrm{e}^{xy},\quad \frac{\partial z}{\partial y}\Big|_{\substack{x=2\\y=1}}=2\mathrm{e}^2,$$

所以

$$\mathrm{d}z\Big|_{\substack{x=2\\y=1}}=\mathrm{e}^2\mathrm{d}x+2\mathrm{e}^2\mathrm{d}y.$$

例 2   设 $f(x,y,z)=\mathrm{e}^{x+z}\sin(x+y)$,求全微分.

解   因为

$$\frac{\partial f}{\partial x}=\mathrm{e}^{x+z}[\sin(x+y)+\cos(x+y)],$$

$$\frac{\partial f}{\partial y}=\mathrm{e}^{x+z}\cos(x+y),\quad \frac{\partial f}{\partial z}=\mathrm{e}^{x+z}\sin(x+y),$$

所以

$$\mathrm{d}f=\mathrm{e}^{x+z}[\sin(x+y)+\cos(x+y)]\mathrm{d}x+\mathrm{e}^{x+z}\cos(x+y)\mathrm{d}y+\mathrm{e}^{x+z}\sin(x+y)\mathrm{d}z.$$

例 2 中 $\mathrm{d}f$ 是 x,y,z 的函数,还可以考虑对其求全微分,称之为 f 的二阶微分.类似地,还可以求三阶微分、$\cdots\cdots$、n 阶微分.阶数不低于二阶的微分统称为高阶微分.

全微分形式不变性   设函数 $z=f(u,v)$ 具有连续的偏导数,则它的全微分为

$$\mathrm{d}z=\frac{\partial z}{\partial u}\mathrm{d}u+\frac{\partial z}{\partial v}\mathrm{d}v.$$

如果 u,v 又是中间变量,即是 x,y 的函数,$u=\varphi(x,y),v=\psi(x,y)$,且它们也具有连续偏导数,则复合函数 $z=f[\varphi(x,y),\psi(x,y)]$ 的全微分为

$$\mathrm{d}z=\frac{\partial z}{\partial x}\mathrm{d}x+\frac{\partial z}{\partial y}\mathrm{d}y.$$

利用复合函数求偏导的公式,有

$$\mathrm{d}z=\left(\frac{\partial z}{\partial u}\frac{\partial u}{\partial x}+\frac{\partial z}{\partial v}\frac{\partial v}{\partial x}\right)\mathrm{d}x+\left(\frac{\partial z}{\partial u}\frac{\partial u}{\partial y}+\frac{\partial z}{\partial v}\frac{\partial v}{\partial y}\right)\mathrm{d}y$$

$$=\frac{\partial z}{\partial u}\left(\frac{\partial u}{\partial x}\mathrm{d}x+\frac{\partial u}{\partial y}\mathrm{d}y\right)+\frac{\partial z}{\partial v}\left(\frac{\partial v}{\partial x}\mathrm{d}x+\frac{\partial v}{\partial y}\mathrm{d}y\right)$$

$$=\frac{\partial z}{\partial u}\mathrm{d}u+\frac{\partial z}{\partial v}\mathrm{d}v.$$

式中 $\mathrm{d}u,\mathrm{d}v$ 是函数 $u=\varphi(x,y),v=\psi(x,y)$ 的全微分.由此可见,无论 u,v 是自变量还是

中间变量,函数 $z=f(u,v)$ 的全微分形式都是一样的. 这个性质称为全微分形式不变性. 这个性质为计算和推导带来了方便,使我们不必仔细地搞清复合函数关系. 需要指出的是,对高阶全微分,此形式不变性不复存在.

例 3 设 $z=\mathrm{e}^u\sin v,u=xy,v=x+y$,求 $\dfrac{\partial z}{\partial x},\dfrac{\partial z}{\partial y}$.

解
$$\mathrm{d}z=\mathrm{d}(\mathrm{e}^u\sin v)=\mathrm{e}^u\sin v\mathrm{d}u+\mathrm{e}^u\cos v\mathrm{d}v=\mathrm{e}^u\big[\sin v(y\mathrm{d}x+x\mathrm{d}y)+\cos v(\mathrm{d}x+\mathrm{d}y)\big]$$
$$=\mathrm{e}^u(y\sin v+\cos v)\mathrm{d}x+\mathrm{e}^u(x\sin v+\cos v)\mathrm{d}y=\frac{\partial z}{\partial x}\mathrm{d}x+\frac{\partial z}{\partial y}\mathrm{d}y.$$

由全微分形式不变性,比较上式中 $\mathrm{d}x,\mathrm{d}y$ 的系数,得
$$\frac{\partial z}{\partial x}=\mathrm{e}^u(y\sin v+\cos v)=\mathrm{e}^{xy}\big[y\sin(x+y)+\cos(x+y)\big],$$
$$\frac{\partial z}{\partial y}=\mathrm{e}^u(x\sin v+\cos v)=\mathrm{e}^{xy}\big[x\sin(x+y)+\cos(x+y)\big].$$

从这一例子的结果看,用这样的方法可以同时求出所有的偏导数.

*二、全微分在近似计算中的应用

根据全微分的定义及定理 1,如果函数 $z=f(x,y)$ 在点 (x,y) 可微,则有
$$\Delta z=f_x(x,y)\Delta x+f_y(x,y)\Delta y+o(\sqrt{(\Delta x)^2+(\Delta y)^2}),$$
当 $|\Delta x|,|\Delta y|$ 都较小时,就有近似公式
$$\Delta z\approx\mathrm{d}z=f_x(x,y)\Delta x+f_y(x,y)\Delta y,$$
或
$$f(x+\Delta x,y+\Delta y)\approx f(x,y)+f_x(x,y)\Delta x+f_y(x,y)\Delta y. \tag{5}$$
上述公式可用于对二元函数作近似计算和误差估计.

例 4 计算 $(1.04)^{2.02}$ 的近似值.

解 设 $f(x,y)=x^y$,则 $(1.04)^{2.02}=f(1.04,2.02)$.

取 $x=1,y=2,\Delta x=0.04,\Delta y=0.02$,则
$$f(1,2)=1,\quad f_x(x,y)=yx^{y-1},\quad f_y(x,y)=x^y\ln x,\quad f_x(1,2)=2,\quad f_y(1,2)=0,$$
所以由式(5)得
$$f(1.04,2.02)\approx f(1,2)+f_x(1,2)\Delta x+f_y(1,2)\Delta y,$$
即
$$(1.04)^{2.02}\approx 1+2\times 0.04+0\times 0.02=1.08.$$

例 5 设半径为 20cm、高为 100cm 的圆柱体在受力后发生了变形,其半径增加了 0.05cm,高减少了 1cm,问此圆柱体的体积变化了多少?

解 设圆柱体的底半径和高分别为 r 和 h,则其体积为
$$V=\pi r^2 h,$$
由题意知 $r=20\mathrm{cm},h=100\mathrm{cm},\Delta r=0.05\mathrm{cm},\Delta h=-1\mathrm{cm}$,则有

$$\Delta V \approx dV = V_r \Delta r + V_h \Delta h = 2\pi r h \Delta r + \pi r^2 \Delta h$$

$$= [2\pi \times 20 \times 100 \times 0.05 + \pi \times 20^2 \times (-1)] \text{cm}^3$$

$$= -200\pi \text{cm}^3,$$

即此圆柱体的体积约减小了 $200\pi \text{cm}^3$.

在误差估计方面,对于二元函数 $z = f(x, y)$,如果自变量 x, y 的绝对误差界分别为 δ_x, δ_y,即

$$|\Delta x| \leqslant \delta_x, \quad |\Delta y| \leqslant \delta_y,$$

则 z 的误差

$$|\Delta z| \approx |dz| = \left| \frac{\partial z}{\partial x} \Delta x + \frac{\partial z}{\partial y} \Delta y \right| \leqslant \left| \frac{\partial z}{\partial x} \right| \cdot |\Delta x| + \left| \frac{\partial z}{\partial y} \right| \cdot |\Delta y|$$

$$\leqslant \left| \frac{\partial z}{\partial x} \right| \delta_x + \left| \frac{\partial z}{\partial y} \right| \delta_y,$$

从而 z 的绝对误差界约为

$$\delta_z = \left| \frac{\partial z}{\partial x} \right| \delta_x + \left| \frac{\partial z}{\partial y} \right| \delta_y,$$

相对误差界约为

$$\frac{\delta_z}{|z|} = \frac{1}{|z|} \left(\left| \frac{\partial z}{\partial x} \right| \delta_x + \left| \frac{\partial z}{\partial y} \right| \delta_y \right).$$

由上述可见,根据自变量的绝对误差界可以估计函数值的绝对误差界和相对误差界,这里不再举例说明.

习题 8-5

1. 求下列函数在给定点的全微分:

(1) $u = x^4 + y^4 - 4x^2y^2$,$(0,0)$ 和 $(1,1)$;　　　　(2) $u = \ln(x + y^2)$,$(0,1)$ 和 $(1,1)$;

(3) $z = x\sin(x+y)$,$\left(\dfrac{\pi}{4}, \dfrac{\pi}{4} \right)$;　　　　　　　(4) $z = \dfrac{y}{x}$,$(2,1)$.

2. 求下列函数的全微分:

(1) $z = xy + \dfrac{x}{y}$;　　(2) $z = e^{\frac{y}{x}}$;　　(3) $z = \dfrac{y}{\sqrt{x^2 + y^2}}$;　　(4) $u = x^{yz}$.

3. 求函数 $z = e^{xy}$ 当 $x=1, y=1, \Delta x = 0.15, \Delta y = 0.1$ 时的全增量和全微分.

4. $z = f(u,v,w) = u^2 + vw$,而 $u = x+y, v = x^2, w = xy$,求 dz.

5. 设二元函数 $z = xe^{x+y} + (x+1)\ln(1+y)$,求 $dz|_{(1,0)}$.

6. 设函数 $f(u)$ 可微,且 $f'(0) = \dfrac{1}{2}$,求 $z = f(4x^2 - y^2)$ 在点 $(1,2)$ 处的全微分.

7. 若函数 $z = z(x,y)$ 由方程 $e^x + yz + x + \cos x = 2$ 确定,求 $dz|_{(0,1)}$.

8. 设函数 $f(u,v)$ 可微,$z = z(x,y)$ 由方程 $(x+1)z - y^2 = x^2 f(x-z, y)$ 确定,求 dz.

9. 讨论函数 $f(x,y) = \begin{cases} \dfrac{xy}{x^2 + y^2}, & (x,y) \neq (0,0), \\ 0, & (x,y) = (0,0) \end{cases}$ 在点 $(0,0)$ 处的可微性.

10. 讨论函数 $f(x,y)=\sqrt{x^2+y^2}$ 在点 $(0,0)$ 处的可微性.

*11. 计算 $\sqrt{(1.02)^3+(1.97)^3}$ 的近似值.

*12. 计算 $(1.97)^{1.05}$ 的近似值,已知 $\ln 2=0.693$.

*13. 设矩形的边长为 $x=6\mathrm{m}$ 与 $y=8\mathrm{m}$,如果 x 增加 $5\mathrm{cm}$,y 减小 $10\mathrm{cm}$,求矩形对角线变化值的近似值.

*14. 设有一直角三角形,测得其两直角边的长分别为 $(7\pm0.1)\mathrm{cm}$ 和 $(24\pm0.1)\mathrm{cm}$,试估计利用上述二值计算斜边长度时的绝对误差界和相对误差界.

第六节　多元函数微分法的几何应用

一、空间曲线的切线与法平面

设 Γ 为空间一曲线,$M_0(x_0,y_0,z_0)\in\Gamma$,下面求曲线 Γ 在 M_0 处的切线方程和法平面方程.

先考虑曲线方程为参数方程的情形.设 Γ 的参数方程为

$$\begin{cases} x=\varphi(t), \\ y=\psi(t), \quad t\in I, \\ z=\omega(t), \end{cases} \tag{1}$$

并假定上式中三个函数都在 I 上有连续的导数,且导数不同时为零(Γ 称为光滑曲线).

在 M_0 附近任取 $M(x,y,z)\in\Gamma$,设 M_0,M 对应的参数分别为 t_0 和 $t=t_0+\Delta t$,记

$$\Delta x=x-x_0=\varphi(t)-\varphi(t_0),$$
$$\Delta y=y-y_0=\psi(t)-\psi(t_0),$$
$$\Delta z=z-z_0=\omega(t)-\omega(t_0),$$

则 $\overrightarrow{M_0M}=(\Delta x,\Delta y,\Delta z)$ 是割线 M_0M 的一个方向向量,每一个分量都除以 Δt 后所得向量 $\left(\dfrac{\Delta x}{\Delta t},\dfrac{\Delta y}{\Delta t},\dfrac{\Delta z}{\Delta t}\right)$ 仍是割线 M_0M 的方向向量. 当 M 沿着曲线 Γ 趋向 M_0 时(即 $\Delta t\to0$),割线 M_0M 的极限位置 M_0T 就是曲线 Γ 在点 M_0 处的切线 (图 8-5),从而割线 M_0M 的方向向量 $\left(\dfrac{\Delta x}{\Delta t},\dfrac{\Delta y}{\Delta t},\dfrac{\Delta z}{\Delta t}\right)$ 的极限就是切线的方向向量,称为曲线 Γ 在 M_0 点的切向量. 如此曲线 Γ 在 M_0 点的切向量为

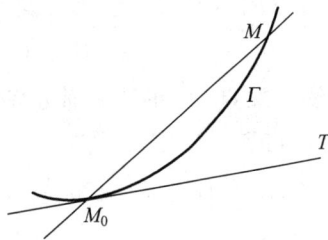

图 8-5

$$\left(\lim_{\Delta t\to0}\frac{\Delta x}{\Delta t},\lim_{\Delta t\to0}\frac{\Delta y}{\Delta t},\lim_{\Delta t\to0}\frac{\Delta z}{\Delta t}\right)=(\varphi'(t_0),\psi'(t_0),\omega'(t_0)),$$

进而,曲线 Γ 在点 M_0 的切线方程为

$$\frac{x-x_0}{\varphi'(t_0)}=\frac{y-y_0}{\psi'(t_0)}=\frac{z-z_0}{\omega'(t_0)}. \tag{2}$$

过点 M_0 与切线垂直的平面称为曲线 Γ 在 M_0 处的法平面. 显然,法平面在点 M_0 处的法向量 $\boldsymbol{T}$ 可取切向量,故曲线 Γ 在点 M_0 的法平面方程为

$$\varphi'(t_0)(x-x_0)+\psi'(t_0)(y-y_0)+\omega'(t_0)(z-z_0)=0. \tag{3}$$

再考虑曲线方程为一般方程的情形. 设 Γ 的一般方程为

$$\begin{cases} F(x,y,z)=0, \\ G(x,y,z)=0, \end{cases} \tag{4}$$

又设 F,G 有对各个变量的连续偏导数, 在点 $M_0(x_0,y_0,z_0)\in\Gamma$ 处

$$\frac{\partial(F,G)}{\partial(y,z)},\quad \frac{\partial(F,G)}{\partial(z,x)},\quad \frac{\partial(F,G)}{\partial(x,y)}$$

不全为零. 不妨设

$$J=\frac{\partial(F,G)}{\partial(y,z)}\bigg|_{M_0}\neq 0,$$

此时方程组(4)在 M_0 的某一邻域内能确定一组可导函数 $y=f(x),z=g(x)$, 且有

$$f'(x_0)=\frac{1}{J}\frac{\partial(F,G)}{\partial(z,x)}\bigg|_{M_0},\quad g'(x_0)=\frac{1}{J}\frac{\partial(F,G)}{\partial(x,y)}\bigg|_{M_0},$$

这样, 曲线 Γ 在点 M_0 的某一邻域内有参数方程

$$x=x,\quad y=f(x),\quad z=g(x),$$

故曲线的切向量为 $(1,f'(x_0),g'(x_0))$, 分量乘以 $J=\dfrac{\partial(F,G)}{\partial(y,z)}\bigg|_{M_0}$ 后仍为切向量, 即切向量为

$$\left(\begin{vmatrix} F_y & F_z \\ G_y & G_z \end{vmatrix}_{M_0}, \begin{vmatrix} F_z & F_x \\ G_z & G_x \end{vmatrix}_{M_0}, \begin{vmatrix} F_x & F_y \\ G_x & G_y \end{vmatrix}_{M_0} \right),$$

或记为

$$\begin{vmatrix} \boldsymbol{i} & \boldsymbol{j} & \boldsymbol{k} \\ F_x & F_y & F_z \\ G_x & G_y & G_z \end{vmatrix}_{M_0},$$

进而, 曲线 Γ 在点 M_0 的切线方程为

$$\frac{x-x_0}{\begin{vmatrix} F_y & F_z \\ G_y & G_z \end{vmatrix}_{M_0}}=\frac{y-y_0}{\begin{vmatrix} F_z & F_x \\ G_z & G_x \end{vmatrix}_{M_0}}=\frac{z-z_0}{\begin{vmatrix} F_x & F_y \\ G_x & G_y \end{vmatrix}_{M_0}}, \tag{5}$$

曲线 Γ 在点 M_0 的法平面方程为

$$\begin{vmatrix} F_y & F_z \\ G_y & G_z \end{vmatrix}_{M_0}(x-x_0)+\begin{vmatrix} F_z & F_x \\ G_z & G_x \end{vmatrix}_{M_0}(y-y_0)+\begin{vmatrix} F_x & F_y \\ G_x & G_y \end{vmatrix}_{M_0}(z-z_0)=0. \tag{6}$$

例 1　求曲线 $x=t,y=t^2,z=t^3$ 在点 $(1,1,1)$ 处的切线及法平面方程.

解　在点 $(1,1,1)$ 处, $t=1,x_t'=1,y_t'=2,z_t'=3$, 因此切向量为

$$\boldsymbol{T}=(1,2,3),$$

切线方程为

$$\frac{x-1}{1}=\frac{y-1}{2}=\frac{z-1}{3},$$

法平面方程为
$$(x-1)+2(y-1)+3(z-1)=0,$$
即
$$x+2y+3z=6.$$

例 2　求曲线 $x^2+y^2+z^2=9, xy-z=0$ 在点 $M_0(1,2,2)$ 处的切线方程和法平面方程.

解　令 $F(x,y,z)=x^2+y^2+z^2-9, G(x,y,z)=xy-z$,则有

$$\begin{vmatrix} F_y & F_z \\ G_y & G_z \end{vmatrix}_{M_0} = \begin{vmatrix} 2y & 2z \\ x & -1 \end{vmatrix}_{M_0} = -8,$$

$$\begin{vmatrix} F_z & F_x \\ G_z & G_x \end{vmatrix}_{M_0} = \begin{vmatrix} 2z & 2x \\ -1 & y \end{vmatrix}_{M_0} = 10,$$

$$\begin{vmatrix} F_x & F_y \\ G_x & G_y \end{vmatrix}_{M_0} = \begin{vmatrix} 2x & 2y \\ y & x \end{vmatrix}_{M_0} = -6,$$

因此切向量为 $\boldsymbol{T}=(-8,10,-6)$,将其除以 -2,得 $(4,-5,3)$,切线方程为

$$\frac{x-1}{4}=\frac{y-2}{-5}=\frac{z-2}{3},$$

法平面方程为

$$4(x-1)-5(y-2)+3(z-2)=0,$$

即

$$4x-5y+3z=0.$$

注　本题也可以不直接套用式 (5)、式 (6),而是按照推导式 (5)、式 (6) 的方法求出曲线的切向量,用式 (2)、式 (3) 来做.

二、曲面的切平面与法线

设 Σ 为一曲面,M_0 是 Σ 上一点.若 Σ 过 M_0 的任一曲线的切线构成一平面,则称这一平面为曲面 Σ 在点 M_0 处的切平面,过 M_0 且与切平面垂直的直线称为曲面 Σ 在点 M_0 处的法线.

下面求曲面过一点的切平面和法线方程.

先考虑曲面方程是隐式方程的情形.设曲面 Σ 的方程为

$$F(x,y,z)=0, \tag{7}$$

$M_0(x_0,y_0,z_0)$ 为 Σ 上一点,假设函数 $F(x,y,z)$ 的偏导数在点 M_0 处连续且不全为零(Σ 称为光滑曲面).

在 Σ 上任作一条过点 M_0 的曲线 Γ(图 8-6),设其方程为

$$x=\varphi(t),\quad y=\psi(t),\quad z=\omega(t),$$

则有

$$F[\varphi(t),\psi(t),\omega(t)]\equiv 0,$$

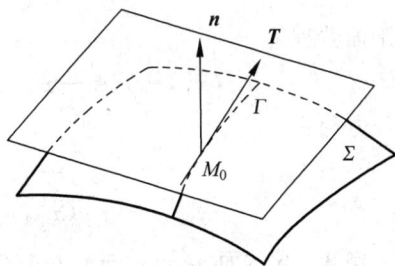

图 8-6

上式两端对 t 求导,在点 M_0(对应于 $t=t_0$)处有

$$F_x(x_0,y_0,z_0)\varphi'(t_0)+F_y(x_0,y_0,z_0)\psi'(t_0)+F_z(x_0,y_0,z_0)\omega'(t_0)=0. \quad (8)$$

令 $\boldsymbol{n}=(F_x(x_0,y_0,z_0),F_y(x_0,y_0,z_0),F_z(x_0,y_0,z_0))$,$\boldsymbol{T}=(\varphi'(t_0),\psi'(t_0),\omega'(t_0))$,则式(8)表示向量 $\boldsymbol{n}$ 与向量 $\boldsymbol{T}$ 垂直,但向量 $\boldsymbol{T}$ 是曲线 Γ 在点 M_0 处的切向量,并注意到 Γ 的任意性,式(8)就说明曲面 Σ 上过点 M_0 的曲线的切线都与 $\boldsymbol{n}$ 垂直,即 $\boldsymbol{n}$ 是 Σ 的过点 M_0 的切平面的法向量. 如此,曲面 Σ 在点 M_0 处的切平面方程为

$$F_x(x_0,y_0,z_0)(x-x_0)+F_y(x_0,y_0,z_0)(y-y_0)+F_z(x_0,y_0,z_0)(z-z_0)=0,$$
$$(9)$$

在点 M_0 处的法线方程为

$$\frac{x-x_0}{F_x(x_0,y_0,z_0)}=\frac{y-y_0}{F_y(x_0,y_0,z_0)}=\frac{z-z_0}{F_z(x_0,y_0,z_0)}. \quad (10)$$

垂直于曲面切平面的向量称为曲面的法向量. 上面给出的 $\boldsymbol{n}$ 就是 Σ 在点 M_0 处的一个法向量. 法向量的方向余弦(法方向余弦)为

$$\cos\alpha=\frac{\pm F_x}{\sqrt{F_x^2+F_y^2+F_z^2}},$$

$$\cos\beta=\frac{\pm F_y}{\sqrt{F_x^2+F_y^2+F_z^2}},$$

$$\cos\gamma=\frac{\pm F_z}{\sqrt{F_x^2+F_y^2+F_z^2}},$$

其中 α,β,γ 为法向量方向角,而正负号取决于法向量的方向. 这在后面要学的曲面积分部分会用到.

再考虑曲面方程为显式方程的情形. 设曲面 Σ 的方程为

$$z=f(x,y), \quad (11)$$

$M_0(x_0,y_0,z_0)$ 为 Σ 上一点,$f(x,y)$ 在点 (x_0,y_0) 有连续的偏导数,$z_0=f(x_0,y_0)$. 令

$$F(x,y,z)=f(x,y)-z,$$

则有

$$F_x=f_x(x,y),\quad F_y=f_y(x,y),\quad F_z=-1,$$

从而曲面 Σ 在点 $M_0(x_0,y_0,z_0)$ 处的法向量为

$$\boldsymbol{n}=(f_x(x_0,y_0),f_y(x_0,y_0),-1),$$

切平面方程为

$$f_x(x_0,y_0)(x-x_0)+f_y(x_0,y_0)(y-y_0)-(z-z_0)=0, \quad (12)$$

法线方程为

$$\frac{x-x_0}{f_x(x_0,y_0)}=\frac{y-y_0}{f_y(x_0,y_0)}=\frac{z-z_0}{-1}. \quad (13)$$

例 3　求球面 $x^2+y^2+z^2=14$ 在点 $(1,2,3)$ 处的切平面及法线方程.

解　令 $F(x,y,z)=x^2+y^2+z^2-14$,则法向量

$$\boldsymbol{n}=(F_x,F_y,F_z)=(2x,2y,2z),\quad \boldsymbol{n}\big|_{(1,2,3)}=(2,4,6),$$

在点$(1,2,3)$处球面的切平面方程为

$$2(x-1)+4(y-2)+6(z-3)=0,$$

即

$$x+2y+3z=14;$$

法线方程为

$$\frac{x-1}{1}=\frac{y-2}{2}=\frac{z-3}{3},$$

即

$$x=\frac{y}{2}=\frac{z}{3}.$$

例 4　求曲面 $z=x^2+y^2-4y$ 在点$(2,2,0)$处的切平面及法线方程.

解　令 $f(x,y)=x^2+y^2-4y$,则法向量

$$\boldsymbol{n}=(f_x,f_y,-1)=(2x,2y-4,-1),\quad \boldsymbol{n}\big|_{(2,2,0)}=(4,0,-1),$$

曲面在点$(2,2,0)$处的切平面方程为

$$4(x-2)+0(y-2)-z=0,$$

即

$$4x-z=8;$$

法线方程为

$$\frac{x-2}{4}=\frac{y-2}{0}=\frac{z}{-1}.$$

习题 8-6

1. 求曲线 $x=t-\sin t,y=1-\cos t,z=4\sin\dfrac{t}{2}$ 在点$\left(\dfrac{\pi}{2}-1,1,2\sqrt{2}\right)$处的切线及法平面方程.

2. 求曲线 $y^2=4x,z^2=2-x$ 在点$(1,2,1)$处的切线及法平面方程.

3. 求曲线 $\begin{cases}x^2+y^2+z^2-3x=0,\\2x-3y+5z-4=0\end{cases}$ 在点$(1,1,1)$处的切线及法平面方程.

4. 求曲线 $\sin(xy)+\ln(y-x)=x$ 在点$(0,1)$处的切线方程.

5. 在曲面 $z=xy$ 上求一点,使这点的法线垂直于平面 $x+3y+z+9=0$,并写出此法线方程.

6. 试证曲面 $\sqrt{x}+\sqrt{y}+\sqrt{z}=\sqrt{a}\ (a>0)$上任何点处的切平面在各坐标轴上的截距之和等于$a$.

7. 求曲面 $e^{\frac{x}{z}}+e^{\frac{y}{z}}=4$ 在点$(\ln2,\ln2,1)$处的切平面与法线方程.

8. 求曲面 $ax^2+by^2+cz^2=1$ 在点(x_0,y_0,z_0)处的切平面与法线方程.

9. 求曲面 $z=x^2+y^2$ 与平面 $2x+4y-z=0$ 平行的切平面的方程.

第七节　方向导数和梯度

一、方向导数

偏导数反映的是函数沿坐标轴方向的变化率,但在很多实际问题中还需要考虑函数沿其他方向的变化率,比如:选择登山路径时要考虑山的高度沿不同方向的变化情况;研究电场时要考虑电压沿不同方向的变化;天气预报中要研究气压、温度沿不同方向的变化;等等.下面先以二元函数为例讨论这个问题,再将相关知识推广到三元函数上.

定义 1　设 l 是 xOy 平面上以 $P_0(x_0, y_0)$ 为始点的一条射线,方向向量为 l(图 8-7),函数 $z = f(x, y)$ 在点 $P_0(x_0, y_0)$ 的某一邻域 $U(P_0)$ 内有定义,$P(x, y)$ 为 l 上另一点且 $P(x, y) \in U(P_0)$. 令 $\rho = |P_0 P| = \sqrt{(\Delta x)^2 + (\Delta y)^2}$,如果极限

$$\lim_{\rho \to 0^+} \frac{f(x, y) - f(x_0, y_0)}{\rho}$$

存在,则称此极限为二元函数 $f(x, y)$ 在点 P_0 沿方向 l 的方向导数,记作 $\left.\dfrac{\partial f}{\partial l}\right|_{P_0}$ 或 $\left.\dfrac{\partial f}{\partial l}\right|_{(x_0, y_0)}$,即

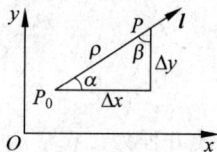

图　8-7

$$\left.\frac{\partial f}{\partial l}\right|_{(x_0, y_0)} = \lim_{\rho \to 0^+} \frac{f(x, y) - f(x_0, y_0)}{\rho}. \tag{1}$$

不难看出,当 $\left.\dfrac{\partial f}{\partial x}\right|_{P_0}$,$\left.\dfrac{\partial f}{\partial y}\right|_{P_0}$ 存在时,它们分别是函数 $f(x, y)$ 在点 P_0 处沿 x 轴正向与 y 轴正向的方向导数.

显然,偏导数反映的是函数沿坐标轴方向的变化情况,偏导数存在不能保证函数沿其他方向的方向导数存在.关于方向导数的存在与计算,有如下定理.

定理　如果函数 $f(x, y)$ 在点 $P_0(x_0, y_0)$ 可微,则 $f(x, y)$ 在点 P_0 沿任何方向 l 的方向导数都存在,且

$$\left.\frac{\partial f}{\partial l}\right|_{(x_0, y_0)} = f_x(x_0, y_0) \cos\alpha + f_y(x_0, y_0) \cos\beta, \tag{2}$$

其中 $\cos\alpha$,$\cos\beta$ 是方向 l 的方向余弦.

证　如图 8-7 所示,$P(x_0 + \Delta x, y_0 + \Delta y)$ 是 l 上的点,从而有

$$\cos\alpha = \frac{\Delta x}{\rho}, \quad \cos\beta = \frac{\Delta y}{\rho}.$$

由于 $f(x, y)$ 在点 P_0 处可微,故有

$$f(P) - f(P_0) = f_x(x_0, y_0) \Delta x + f_y(x_0, y_0) \Delta y + o(\rho),$$

从而

$$\frac{f(P) - f(P_0)}{\rho} = f_x(x_0, y_0) \frac{\Delta x}{\rho} + f_y(x_0, y_0) \frac{\Delta y}{\rho} + \frac{o(\rho)}{\rho}$$

$$= f_x(x_0, y_0) \cos\alpha + f_y(x_0, y_0) \cos\beta + \frac{o(\rho)}{\rho}.$$

当 P 沿 l 趋于 P_0 时,$\rho \to 0^+$,对上式取极限,得

$$\left. \frac{\partial f}{\partial l} \right|_{(x_0, y_0)} = \lim_{\rho \to 0^+} \frac{f(x, y) - f(x_0, y_0)}{\rho} = f_x(x_0, y_0)\cos\alpha + f_y(x_0, y_0)\cos\beta. \qquad \square$$

方向导数的概念和计算公式可推广到三元函数上. 设 l 是空间中以 $P_0(x_0, y_0, z_0)$ 为始点的一射线,则三元函数 $f(x, y, z)$ 在点 $P_0(x_0, y_0, z_0)$ 沿方向 l 的方向导数定义为

$$\left. \frac{\partial f}{\partial l} \right|_{(x_0, y_0, z_0)} = \lim_{\rho \to 0^+} \frac{f(x, y, z) - f(x_0, y_0, z_0)}{\rho}, \qquad (3)$$

其中 $\rho = \sqrt{(\Delta x)^2 + (\Delta y)^2 + (\Delta z)^2}$. 如果 $f(x, y, z)$ 在点 $P_0(x_0, y_0, z_0)$ 可微,则有

$$\left. \frac{\partial f}{\partial l} \right|_{(x_0, y_0, z_0)} = f_x(x_0, y_0, z_0)\cos\alpha + f_y(x_0, y_0, z_0)\cos\beta + $$

$$f_z(x_0, y_0, z_0)\cos\gamma, \qquad (4)$$

其中 $\cos\alpha, \cos\beta, \cos\gamma$ 是 l 的方向余弦.

例 1 求 $f(x, y) = x + 2y + xy^2 + \cos(2x + y)$ 在点 $(0, 0)$ 处沿方向 $\boldsymbol{l} = (3, 4)$ 的方向导数.

解 因为

$$f_x(x, y) = 1 + y^2 - 2\sin(2x + y), \quad f_y(x, y) = 2 + 2xy - \sin(2x + y),$$

故函数 $f(x, y)$ 的偏导数连续,因此 $f(x, y)$ 可微,则由式(2)得

$$\left. \frac{\partial f}{\partial l} \right|_{(0, 0)} = f_x(0, 0)\cos\alpha + f_y(0, 0)\cos\beta = 1 \times \frac{3}{\sqrt{3^2 + 4^2}} + 2 \times \frac{4}{\sqrt{3^2 + 4^2}} = \frac{11}{5}.$$

例 2 设 $u = ax^2 + by^2 + cz^2$,求此函数在单位球面上的点 $\left(\frac{1}{\sqrt{2}}, \frac{1}{\sqrt{2}}, 0 \right)$ 处沿球面外法线方向的方向导数.

解 单位球面的方程为 $x^2 + y^2 + z^2 = 1$,令 $F(x, y, z) = x^2 + y^2 + z^2 - 1$,则单位球面在 (x, y, z) 处的法向量为 $\pm(F_x, F_y, F_z) = \pm(2x, 2y, 2z)$,分析易知外法线是 $(2x, 2y, 2z)$,故在点 $M_0 \left(\frac{1}{\sqrt{2}}, \frac{1}{\sqrt{2}}, 0 \right)$ 处的外法线方向为 $\boldsymbol{n} = (\sqrt{2}, \sqrt{2}, 0)$,其方向余弦为

$$\cos\alpha = \frac{\sqrt{2}}{\sqrt{2 + 2 + 0}} = \frac{1}{\sqrt{2}}, \quad \cos\beta = \frac{\sqrt{2}}{\sqrt{2 + 2 + 0}} = \frac{1}{\sqrt{2}}, \quad \cos\gamma = 0,$$

从而函数 u 的方向导数为

$$\left. \frac{\partial u}{\partial n} \right|_{M_0} = (u_x\cos\alpha + u_y\cos\beta + u_z\cos\gamma)_{M_0} = \left(2a \frac{1}{\sqrt{2}} \frac{1}{\sqrt{2}} + 2b \frac{1}{\sqrt{2}} \frac{1}{\sqrt{2}} + 0 \times 0 \right) = a + b.$$

二、梯度

方向导数反映的是函数值沿某个方向的变化率,我们自然想知道函数沿哪一方向变化最快,即沿哪个方向方向导数最大或最小. 下面以取方向导数最大值为例进行研究.

设 $u(x, y)$ 为一个可微函数,$P(x, y)$ 是平面上一点,l 为过 $P(x, y)$ 的射线,下面分析 l 满足什么条件时,$u(x, y)$ 沿 l 方向的方向导数取最大值.

设 l 的方向余弦为 $\cos\alpha, \cos\beta$,记 $\boldsymbol{g} = \left(\frac{\partial u}{\partial x}, \frac{\partial u}{\partial y} \right)$,与 l 同向的单位向量记为 $\boldsymbol{l}^0 = (\cos\alpha,$

$\cos\beta$),则

$$\frac{\partial u}{\partial l} = \frac{\partial u}{\partial x}\cos\alpha + \frac{\partial u}{\partial y}\cos\beta = \boldsymbol{g} \cdot \boldsymbol{l}^0 = |\boldsymbol{g}| \cdot |\boldsymbol{l}^0| \cos(\widehat{\boldsymbol{g}, \boldsymbol{l}^0}) = |\boldsymbol{g}| \cos(\widehat{\boldsymbol{g}, \boldsymbol{l}^0}).$$

由上式可见,射线 l 的方向与 $\boldsymbol{g}$ 的方向相同时,$\frac{\partial u}{\partial l}$ 取得最大值 $|\boldsymbol{g}|$. 这个特殊的方向 $\boldsymbol{g}$ 称为梯度方向,有如下定义:

定义 2 设 $u(x,y)$ 为一可微函数,$P(x,y)$ 是平面上一点,称 $\frac{\partial u}{\partial x}\Big|_P \boldsymbol{i} + \frac{\partial u}{\partial y}\Big|_P \boldsymbol{j}$ 为函数 $u(x,y)$ 在点 $P(x,y)$ 的梯度,记为 $\mathrm{grad}\, u|_P$,即

$$\mathrm{grad}\, u|_P = \frac{\partial u}{\partial x}\Big|_P \boldsymbol{i} + \frac{\partial u}{\partial y}\Big|_P \boldsymbol{j}.$$

不强调点 P 时,梯度简记为

$$\mathrm{grad}\, u = \frac{\partial u}{\partial x}\boldsymbol{i} + \frac{\partial u}{\partial y}\boldsymbol{j} \quad \text{或} \quad \mathrm{grad}\, u = \left(\frac{\partial u}{\partial x}, \frac{\partial u}{\partial y}\right). \tag{5}$$

与上述类似,可给出三元函数梯度的定义:设 $u(x,y,z)$ 为一可微函数,$P(x,y,z)$ 是空间中一点,函数 $u(x,y,z)$ 在点 $P(x,y,z)$ 的梯度为

$$\mathrm{grad}\, u = \frac{\partial u}{\partial x}\boldsymbol{i} + \frac{\partial u}{\partial y}\boldsymbol{j} + \frac{\partial u}{\partial z}\boldsymbol{k}, \tag{6}$$

它的方向与函数 $u(x,y,z)$ 取得最大方向导数的方向一致,而它的模为方向导数的最大值.

下面从几何上分析一下梯度,以三元函数 $u = f(x,y,z)$ 的梯度为例. 在空间中,满足方程

$$f(x,y,z) = c$$

的空间的点集表示一个曲面(c 是在函数 f 的值域内的某常数),称为函数 $u = f(x,y,z)$ 的等量面,该曲面上一点 $P(x,y,z)$ 处的一个法线向量(另一个与其反向)为

$$\boldsymbol{n} = (f_x, f_y, f_z),$$

即

$$\frac{\partial u}{\partial x}\boldsymbol{i} + \frac{\partial u}{\partial y}\boldsymbol{j} + \frac{\partial u}{\partial z}\boldsymbol{k},$$

它正是函数 u 在 P 点处的梯度 $\mathrm{grad}\, u$,所以函数 $u = f(x,y,z)$ 在点 P 的梯度方向与过点 P 的等量面 $f(x,y,z) = c$ 在这点的法线的一个方向相同,且从数值较低的等量面指向数值较高的等量面,而梯度的模等于函数沿此法线方向的方向导数.

类似地,函数 $u = f(x,y)$ 在点 P 的梯度方向与过点 P 的等量线 $f(x,y) = c$ 在这点的法线的一个方向相同,且从数值较低的等量线指向数值较高的等量线,而梯度的模等于函数沿此法线方向的方向导数.

例 3 求函数 $u = xy^2 + 2y$ 在点 $P(2,-1)$ 处的梯度.

解 $\dfrac{\partial u}{\partial x} = y^2$, $\dfrac{\partial u}{\partial y} = 2xy + 2$, $\mathrm{grad}\, u|_P = [y^2 \boldsymbol{i} + (2xy + 2)\boldsymbol{j}]_P = \boldsymbol{i} - 2\boldsymbol{j}$.

例 4 函数 $f(x,y,z) = x^3 - xy^2 - z$ 在 $P(1,1,0)$ 处沿什么方向变化最快,在这个方向的变化率是多少?

解 $\dfrac{\partial f}{\partial x} = 3x^2 - y^2$, $\dfrac{\partial f}{\partial y} = -2xy$, $\dfrac{\partial f}{\partial z} = -1$,

$$\mathrm{grad}f|_P = [(3x^2 - y^2)\boldsymbol{i} - 2xy\boldsymbol{j} - \boldsymbol{k}]_P = 2\boldsymbol{i} - 2\boldsymbol{j} - \boldsymbol{k},$$

函数 $f(x,y,z)$ 在点 P 处沿 $\mathrm{grad}f|_P$ 方向增加最快,沿 $-\mathrm{grad}f|_P$ 方向减少最快,在这两个方向的变化率分别是

$$|\,\mathrm{grad}f|_P\,| = \sqrt{2^2 + (-2)^2 + (-1)^2} = 3 \quad \text{与} \quad -|\,\mathrm{grad}f|_P\,| = -3.$$

最后简单地介绍一下数量场与向量场的概念.

如果对于空间区域 D 内的每一点 M,都有一个确定的数量 $f(M)$,则称在此空间区域 D 内确定了一个数量场(如温度场).一个数量场可用一个数量函数 $f(M)$ 来确定.如果对每一个点 M 都确定一个向量 $\boldsymbol{F}(M)$,则称此空间区域 D 内确定了一个向量场(如速度场).向量场可用向量函数 $\boldsymbol{F}(M)$ 来确定.向量函数 $\boldsymbol{F}(M)$ 是指

$$\boldsymbol{F}(M) = P(M)\boldsymbol{i} + Q(M)\boldsymbol{j} + R(M)\boldsymbol{k},$$

其中 $P(M), Q(M), R(M)$ 为点 M 的数量函数.

若向量场 $\boldsymbol{F}(M)$ 是某个数量函数 $f(M)$ 的梯度,则称 $f(M)$ 为向量场 $\boldsymbol{F}(M)$ 的一个势函数,并称向量场 $\boldsymbol{F}(M)$ 为势场.

例 5 设在坐标原点处有一点电荷 q.由电学知识知,它在空间非原点 $P(x,y,z)$ 处产生的电位为

$$u = \frac{q}{4\pi\varepsilon r},$$

其中 ε 为介电常数,矢径 $\boldsymbol{r} = x\boldsymbol{i} + y\boldsymbol{j} + z\boldsymbol{k}$,$r = \sqrt{x^2 + y^2 + z^2}$,试求电位 u 的梯度.

解 根据梯度的定义及运算公式,得

$$\mathrm{grad}u = -\frac{q}{4\pi\varepsilon r^2}\mathrm{grad}r = -\frac{q}{4\pi\varepsilon r^2}\frac{x\boldsymbol{i} + y\boldsymbol{j} + z\boldsymbol{k}}{\sqrt{x^2 + y^2 + z^2}} = \frac{\boldsymbol{r}}{4\pi\varepsilon r^3} = -\boldsymbol{E},$$

其中 $\boldsymbol{E}$ 是点电荷 q 在点 P 处产生的电场强度.

习题 8-7

1. 求函数 $u = xy^2 + z^2 - xyz$ 在点 $(1,1,2)$ 处沿方向角为 $\alpha = \frac{\pi}{3}, \beta = \frac{\pi}{4}, \gamma = \frac{\pi}{3}$ 的方向的方向导数.

2. 求函数 $u = xyz$ 在点 $M(1,1,1)$ 处沿 $\boldsymbol{l} = (2,-1,3)$ 的方向导数.

3. 求函数 $z = 1 - \left(\dfrac{x^2}{a^2} + \dfrac{y^2}{b^2}\right)$ 在点 $\left(\dfrac{a}{\sqrt{2}}, \dfrac{b}{\sqrt{2}}\right)$ 处沿曲线 $\dfrac{x^2}{a^2} + \dfrac{y^2}{b^2} = 1$ 在该点的内法线方向的方向导数.

4. 求函数 $u = x^2 + y^2 + z^2$ 在曲线 $x = t, y = t^2, z = t^3$ 上的点 $(1,1,1)$ 处,沿曲线在该点的切线正方向(对应 t 增大的方向)的方向导数.

5. 求函数 $u = x + y + z$ 在球面 $x^2 + y^2 + z^2 = 1$ 上点 (x_0, y_0, z_0) 处,沿球面在该点的外法线方向的方向导数.

6. 证明:函数 $f(x,y) = \sqrt{x^2 + y^2}$ 在原点处沿任何方向的方向导数都是 1,但两个偏导数不存在.

7. 求函数 $f(x,y)=\arctan\dfrac{x}{y}$ 在点 $(0,1)$ 处的梯度.

8. 求 $\left.\operatorname{grad}\left(xy+\dfrac{z}{y}\right)\right|_{(2,1,1)}$.

9. 证明：$\operatorname{grad}\dfrac{1}{r}=-\dfrac{\boldsymbol{r}}{r^3}$，其中 $\boldsymbol{r}=x\boldsymbol{i}+y\boldsymbol{j}+z\boldsymbol{k}$，$r=\sqrt{x^2+y^2+z^2}$.

10. 设 u,v 是 x,y,z 的函数，有连续的偏导数，$f(t)$ 是有连续导数的函数. 证明：

(1) $\operatorname{grad}(u+v)=\operatorname{grad}u+\operatorname{grad}v$；   (2) $\operatorname{grad}(uv)=v\operatorname{grad}u+u\operatorname{grad}v$；

(3) $\operatorname{grad}f(u)=f'(u)\operatorname{grad}u$.

11. 函数 $u=xy^2z$ 在点 $M(1,-1,2)$ 处沿什么方向的方向导数最大？求出此方向导数的最大值.

12. 已知函数 $f(x,y)$ 在点 $P_0(x_0,y_0)$ 处可微，且沿 x 轴正向到射线 l 的转角为 $\theta_1=\dfrac{\pi}{6}$，$\theta_2=\dfrac{\pi}{3}$ 方向时的方向导数分别为 $1,0$，求 $f(x,y)$ 在此点的最快增长方向及最大增长率.

第八节　多元函数的极值与最值

实际问题中，常会遇到多元函数的最大值、最小值问题. 类似于一元函数，多元函数的最大值、最小值与极大值、极小值有密切联系. 本节以二元函数为例，先研究多元函数的极值问题，再用其解决最值问题.

一、无条件极值

这里讨论的极值问题，对于函数的自变量只要求它在函数的定义域内，而无其他需满足的条件进行限制，这样的极值称为无条件极值或无约束极值. 下面先给出多元函数极值的定义.

定义　设函数 $z=f(x,y)$ 在点 (x_0,y_0) 的某个邻域内有定义. 如果对于此邻域内的任何一点 (x,y)，都有不等式

$$f(x,y)\leqslant f(x_0,y_0)$$

成立，则称函数 $f(x,y)$ 在点 (x_0,y_0) 有极大值 $f(x_0,y_0)$，称 (x_0,y_0) 为 $f(x,y)$ 的极大值点；如果在该邻域内总有不等式

$$f(x,y)\geqslant f(x_0,y_0)$$

成立，则称函数 $f(x,y)$ 在点 (x_0,y_0) 有极小值 $f(x_0,y_0)$，称 (x_0,y_0) 为 $f(x,y)$ 的极小值点. 极大值、极小值统称为极值，极大值点、极小值点统称为极值点.

例 1　函数 $z=x^2+y^2$ 在点 $(0,0)$ 处有极小值 0. 这是因为对于在点 $(0,0)$ 任一邻域内的异于 $(0,0)$ 的点 (x,y) 必有 $x^2+y^2>0$，从而函数值大于 0.

例 2　函数 $z=xy$ 在点 $(0,0)$ 处不取得极值. 事实上，对点 $(0,0)$ 的任一邻域，总可以取得足够小的正数 ε，使点 $(\varepsilon,\varepsilon)$ 与 $(\varepsilon,-\varepsilon)$ 都在此邻域内，在这两点处的函数值分别为 $\varepsilon^2>0$ 和 $-\varepsilon^2<0$，而在点 $(0,0)$ 处的函数值为 0.

关于二元函数极值的概念不难推广到 n 元函数 $u=f(x_1,x_2,\cdots,x_n)$，只需将定义中的

$f(x,y)$, $f(x_0,y_0)$ 分别改写成 $f(x_1,x_2,\cdots,x_n)$ 和 $f(x_1^0,x_2^0,\cdots,x_n^0)$ 即可.

对于有一阶偏导数的函数,有如下极值问题的一阶必要条件.

定理 1(必要条件)　设函数 $z=f(x,y)$ 在点 (x_0,y_0) 具有偏导数,且在点 (x_0,y_0) 处有极值,则它在这点的偏导数必为零. 即

$$f_x(x_0,y_0)=0, \quad f_y(x_0,y_0)=0.$$

证　不妨设 $z=f(x,y)$ 在点 (x_0,y_0) 处有极小值,即在点 (x_0,y_0) 的某邻域内的点 (x,y) 都满足

$$f(x,y) \geqslant f(x_0,y_0).$$

特别地,对于在该邻域内满足 $y=y_0$ 的点,上式变为

$$f(x,y_0) \geqslant f(x_0,y_0).$$

这说明 $f(x,y_0)$ 作为 x 的一元函数在 $x=x_0$ 处取得极小值,从而必有

$$f_x(x_0,y_0)=0.$$

同理可证

$$f_y(x_0,y_0)=0. \qquad\qquad\qquad \square$$

若在点 P_0 的某邻域内,对所有 $P\neq P_0$, $f(P)<f(P_0)$(或 $f(P)>f(P_0)$)均成立,则称在点 P_0 处函数 $f(P)$ 取得严格极大值(或严格极小值). 不难看出,严格极值点一定是极值点.

从几何上看,如果曲面 $z=f(x,y)$ 在极值点 (x_0,y_0,z_0) 处有切平面,则此切平面方程为

$$f_x(x_0,y_0)(x-x_0)+f_y(x_0,y_0)(y-y_0)-(z-z_0)=0,$$

即 $z=z_0$,说明极值点处的切平面与 xOy 坐标面平行.

对于 n 元函数 $u=f(x_1,x_2,\cdots,x_n)$,如果它在点 $P_0(x_1^0,x_2^0,\cdots,x_n^0)$ 有偏导数,则它在点 P_0 取得极值的必要条件为

$$f_{x_i}(x_1^0,x_2^0,\cdots,x_n^0)=0, \quad i=1,2,\cdots,n,$$

称使上式成立的点为函数 $u=f(x_1,x_2,\cdots,x_n)$ 的驻点. 定理 1 说明,具有偏导数的极值点一定是驻点,但函数的驻点不一定是极值点. 例 2 中的点 $(0,0)$ 是函数 $z=xy$ 的驻点,但不是极值点.

由定理 1 可知,在求极值时,将驻点作为极值点的候选对象,然后作进一步的判定即可. 下述定理给出了一种判定方法.

定理 2(充分条件)　设函数 $z=f(x,y)$ 在点 (x_0,y_0) 的某邻域内连续且有一阶及二阶连续偏导数,并且 $f_x(x_0,y_0)=0$, $f_y(x_0,y_0)=0$. 令

$$A=f_{xx}(x_0,y_0), \quad B=f_{xy}(x_0,y_0), \quad C=f_{yy}(x_0,y_0),$$

则 $f(x,y)$ 在点 (x_0,y_0) 处:

(1) $AC-B^2>0$ 时有极值,且当 $A<0$ 时有极大值,当 $A>0$ 时有极小值;

(2) $AC-B^2<0$ 时没有极值;

(3) $AC-B^2=0$ 时可能有极值,也可能无极值,有待进一步检验.

定理 2 的证明见第九节,此处略.

综上所述,求具有二阶连续偏导数的函数 $z=f(x,y)$ 的极值的方法如下:

第一步　解方程组 $\begin{cases} f_x(x,y)=0, \\ f_y(x,y)=0, \end{cases}$ 求出一切实数解,即求得一切驻点.

第二步　对每一个驻点(x_0,y_0),求出二阶偏导数值A,B和C.

第三步　定出$AC-B^2$的符号,根据定理2的结论判定$f(x_0,y_0)$是不是极值,是极大值还是极小值.

例3　求函数$f(x,y)=x^3-y^3+3x^2+3y^2-9x$的极值.

解　解方程组
$$\begin{cases} f_x(x,y)=3x^2+6x-9=0, \\ f_y(x,y)=-3y^2+6y=0, \end{cases}$$
得驻点$(1,0),(1,2),(-3,0),(-3,2)$.又
$$f_{xx}(x,y)=6x+6,\quad f_{xy}(x,y)=0,\quad f_{yy}(x,y)=-6y+6.$$
所以,在点$(1,0)$处,$AC-B^2=12\times6>0,A>0$,因此函数在点$(1,0)$处有极小值$f(1,0)=-5$;

在点$(1,2)$处,$AC-B^2=12\times(-6)<0$,因此点$(1,2)$不是极值点;

在点$(-3,0)$处,$AC-B^2=-12\times6<0$,因此点$(-3,0)$不是极值点;

在点$(-3,2)$处,$AC-B^2=-12\times(-6)>0,A<0$,因此函数在点$(-3,2)$处有极大值$f(-3,2)=31$.

需要指出的是,上述是求偏导数存在的极值点的方法,偏导数不存在的点也有可能是极值点.关于求偏导数不存在的极值点的方法超出了本课程的范围.

二、条件极值

有些实际问题要求将自变量限制在函数的定义域内的一条平面曲线、空间曲线、曲面上,或者在以平面曲线、曲面为边界的区域内,前者在数学上表现为自变量满足一个或几个方程,而后者则表现为不等式或不等式组,这种自变量有附加条件的极值称为条件极值.前面提到的自变量需满足的方程或不等式称为约束条件,条件极值也称为约束极值,在这里我们仅讨论具有等式约束(方程条件)的条件极值问题.例如,要在单位圆内做一个内接矩形,使其面积最大,则问题可表示为在条件$x^2+y^2=1$之下使$z=xy$取得最大值,最后归结为一个条件极值问题.

对上述问题,可由$x^2+y^2=1$解出y,比如$y=\sqrt{1-x^2}$,代入目标函数得到$z=xy=x\sqrt{1-x^2}$,将问题化为一元函数的无条件极值问题.但是,在一般情况下,求解约束条件方程并非易事.有一种方法则可以不必将条件极值问题化为无条件极值问题,而是直接寻求条件极值.这就是下面要介绍的拉格朗日乘数法.

以函数有一个限制条件为例进行说明.考虑如下问题:求函数
$$z=f(x,y) \tag{1}$$
在条件
$$\varphi(x,y)=0 \tag{2}$$
下的极值.

这里先分析取得极值的必要条件,即寻找可能的极值点.假设(x_0,y_0)是一个极值点,下面分析(x_0,y_0)应满足什么条件.

显然,首先有

$$\varphi(x_0,y_0)=0. \tag{3}$$

其次,假设在 (x_0,y_0) 的某个邻域内 $f(x,y)$,$\varphi(x,y)$ 都有连续的一阶偏导数,且 $\varphi_y(x_0,y_0)\neq 0$.则由隐函数存在定理,方程(2)确定了一个连续且具有连续导数的函数 $y=\psi(x)$,从而 $y_0=\psi(x_0)$.将 $y=\psi(x)$ 代入式(1),得到关于变量 x 的一元函数

$$z=f[x,\psi(x)], \tag{4}$$

由假设可知,式(1)在 (x_0,y_0) 处取得极值,相当于式(4)在 $x=x_0$ 处取得极值.由极值存在的必要条件知

$$\frac{\mathrm{d}z}{\mathrm{d}x}\Big|_{x=x_0}=f_x(x_0,y_0)+f_y(x_0,y_0)\cdot\psi'(x_0)=0, \tag{5}$$

而由隐函数求导公式知

$$\psi'(x_0)=-\frac{\varphi_x(x_0,y_0)}{\varphi_y(x_0,y_0)},$$

将其代入式(5)得

$$f_x(x_0,y_0)-f_y(x_0,y_0)\frac{\varphi_x(x_0,y_0)}{\varphi_y(x_0,y_0)}=0, \tag{6}$$

式(3)与式(6)就是极值点 (x_0,y_0) 满足的条件.

为便于记忆,作如下处理.首先令 $\lambda=-\dfrac{f_y(x_0,y_0)}{\varphi_y(x_0,y_0)}$,则式(3)、(6)等价为

$$\begin{cases} f_x(x_0,y_0)+\lambda\varphi_x(x_0,y_0)=0,\\ f_y(x_0,y_0)+\lambda\varphi_y(x_0,y_0)=0,\\ \varphi(x_0,y_0)=0; \end{cases}$$

$$\tag{7}$$

其次,引进辅助函数

$$L(x,y)=f(x,y)+\lambda\varphi(x,y),$$

则式(7)恰为

$$\begin{cases} L_x(x_0,y_0)=0,\\ L_y(x_0,y_0)=0,\\ \varphi(x_0,y_0)=0, \end{cases}$$

也就是说原条件极值点包含在所构造的辅助函数 $L(x,y)$ 的驻点中.

这种求极值点的方法就是拉格朗日乘数法,函数 $L(x,y)$ 称为拉格朗日函数,参数 λ 称为拉格朗日乘子.拉格朗日乘数法概括如下:

拉格朗日乘数法 要求函数 $z=f(x,y)$ 在条件 $\varphi(x,y)=0$ 下的可能的极值点,先作拉格朗日函数

$$L(x,y)=f(x,y)+\lambda\varphi(x,y),$$

其中 λ 为参数.令

$$\begin{cases} L_x(x,y)=0,\\ L_y(x,y)=0,\\ \varphi(x,y)=0, \end{cases} \tag{8}$$

解方程组(8)即得可能的极值点.

注 如果把拉格朗日乘子也看作变元,即拉格朗日函数为三元函数

$$L(x,y,\lambda)=f(x,y)+\lambda\varphi(x,y),$$

则方程组(8)可写成

$$\begin{cases} L_x=0, \\ L_y=0, \\ L_\lambda=0, \end{cases} \tag{9}$$

这样更简洁、更方便记忆. 以后我们将采用这种写法.

上述拉格朗日乘数法可推广到 $n(>2)$ 元函数及 $m(<n)$ 个限制条件的情形. 即求函数

$$z=f(x_1,x_2,\cdots,x_n)$$

在条件

$$\varphi_i(x_1,x_2,\cdots,x_n)=0, \quad i=1,2,\cdots,m$$

之下的极值时,先作拉格朗日函数

$$L(x_1,x_2,\cdots,x_n,\lambda_1,\lambda_2,\cdots,\lambda_m)=f(x_1,x_2,\cdots,x_n)+\sum_{i=1}^m\lambda_i\varphi_i(x_1,x_2,\cdots,x_n). \tag{10}$$

求出其驻点即得可能的极值点.

需要说明的是,在求得可能的极值点后,对于它们是不是极值点,有时需要设法应用定理 2 进行判定,而在解决实际问题时,往往可以根据问题本身的性质来判定.

例 4 求函数 $u=xyz$ 在约束条件 $\dfrac{1}{x}+\dfrac{1}{y}+\dfrac{1}{z}=\dfrac{1}{a}$($x>0,y>0,z>0,a>0$)下的极值.

解 作拉格朗日函数

$$L(x,y,z,\lambda)=xyz+\lambda\left(\frac{1}{x}+\frac{1}{y}+\frac{1}{z}-\frac{1}{a}\right),$$

令

$$\begin{cases} L_x=yz-\dfrac{\lambda}{x^2}=0, \\[2mm] L_y=xz-\dfrac{\lambda}{y^2}=0, \\[2mm] L_z=xy-\dfrac{\lambda}{z^2}=0, \\[2mm] L_\lambda=\dfrac{1}{x}+\dfrac{1}{y}+\dfrac{1}{z}-\dfrac{1}{a}=0, \end{cases}$$

解得 $x=y=z=3a$,故点$(3a,3a,3a)$是唯一可能的极值点.

将条件 $\dfrac{1}{x}+\dfrac{1}{y}+\dfrac{1}{z}=\dfrac{1}{a}$ 确定的隐函数记作 $z=z(x,y)$,将目标函数看作 $u=xyz(x,y)=F(x,y)$(也可从条件中解出 z 代入目标函数直接得到),再应用二元函数极值的充分条件(定理 2)进行判定可知,$(3a,3a,3a)$是极小值点,因此原函数在$(3a,3a,3a)$处取得极小值 $27a^3$.

例 5 求函数 $f(x,y,z)=x^2+y^2+z^2$ 在约束条件 $x+y+z=1$ 与 $x+2y+3z=6$ 下的极值.

解　可化为无条件极值进行求解,比如通过两个约束条件用 z 表示 x,y,进而将原问题化为一元函数的极值问题,请读者自行练习.此处仍练习拉格朗日乘数法.作拉格朗日函数

$$L(x,y,z,\lambda,\mu)=x^2+y^2+z^2+\lambda(x+y+z-1)+\mu(x+2y+3z-6),$$

令

$$\begin{cases} L_x=2x+\lambda+\mu=0, \\ L_y=2y+\lambda+2\mu=0, \\ L_z=2z+\lambda+3\mu=0, \\ L_\lambda=x+y+z-1=0, \\ L_\mu=x+2y+3z-6=0, \end{cases}$$

解得 $x=-\dfrac{5}{3},y=\dfrac{1}{3},z=\dfrac{7}{3}$,故点 $\left(-\dfrac{5}{3},\dfrac{1}{3},\dfrac{7}{3}\right)$ 是唯一可能的极值点.

判定 $\left(-\dfrac{5}{3},\dfrac{1}{3},\dfrac{7}{3}\right)$ 是不是极值点有多种方法,比如从约束条件解出 z,代入目标函数,再应用二元函数极值的充分条件进行判定;再如从两个条件中解出 x,y 代入目标函数,用一元函数极值判定法;等等.经判定,原函数在 $\left(-\dfrac{5}{3},\dfrac{1}{3},\dfrac{7}{3}\right)$ 处取得极小值 $\dfrac{25}{3}$.

三、最值问题

我们知道,如果函数 $f(x,y)$ 在有界闭区域 D 上连续,则它在 D 上能取得最大值与最小值,如何求出这些最值呢?此外,在实际问题中,经常会遇到"利润最大""用料最省"等最优化问题,它们可归结为求目标函数的最大值或最小值问题.

先分析有界闭区域上连续函数的最小值与最大值的求法.设函数 $z=f(x,y)$ 在有界闭区域 D 上连续,在点 P_0 处取得最大(最小)值,则 P_0 可能位于 D 的内部,也可能位于 D 的边界上.一般地,我们假定函数在 D 内可微且只有有限个驻点.在这样的条件下,如果最值点 P_0 位于 D 的内部,则它必是极值点,从而是函数的驻点.如此,求函数的最大值和最小值的一般方法为:求出 $f(x,y)$ 在 D 内部的所有驻点及相应的函数值,再求出函数在 D 的边界上的最大值和最小值,将这些函数值进行比较,其中最大者就是最大值、最小者则是最小值.当然,求函数在 D 的边界上的最大(最小)值并不太容易,一般利用边界条件将 $f(x,y)$ 化为一元函数求无条件极值或直接求条件极值再求最值.

在求解最优化问题时,一般建立目标函数,然后求该函数的最大值或最小值即可.此时,往往根据问题的性质就可以断定目标函数确实具有最大值或最小值,而且一定在定义区域内部取得.这时如果求得目标函数在定义区域内只有一个驻点,则直接就可以断定该点就是所求的最值点.

例 6　求函数 $f(x,y)=z=xy(4-x-y)$ 在 $x=1,y=0$, $x+y=6$ 所围区域 D 上的最大值和最小值(图 8-8).

解　(1)求 D 内的驻点及相应函数值.令

$$\begin{cases} z_x=y(4-2x-y)=0, \\ z_y=x(4-x-2y)=0, \end{cases}$$

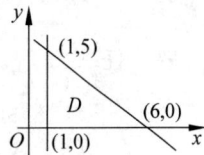

图　8-8

解得 $(0,0),(0,4),(4,0),\left(\dfrac{4}{3},\dfrac{4}{3}\right)$, 属于 D 内的是 $\left(\dfrac{4}{3},\dfrac{4}{3}\right)$, $f\left(\dfrac{4}{3},\dfrac{4}{3}\right)=\dfrac{64}{27}=d$.

(2) 求边界上的最值. 在边界 $x=1$ 上, 函数为 $\varphi(y)=f(1,y)=3y-y^2$, $y\in[0,5]$. 令 $\varphi'(y)=0$ 得 $y=\dfrac{3}{2}$, 比较 $\varphi\left(\dfrac{3}{2}\right)=\dfrac{9}{4}$, $\varphi(0)=0$, $\varphi(5)=-10$, 可知在该边界上, 函数最大值为 $\varphi\left(\dfrac{3}{2}\right)=\dfrac{9}{4}=M_1$, 最小值为 $\varphi(5)=-10=m_1$; 在边界 $y=0$ 上, 函数为 $u(x)=f(x,0)=0$, $x\in[1,6]$, 此时函数最大值与最小值为 $0=M_2=m_2$; 在边界 $x+y=6$ 上, 函数为 $\psi(x)=f(x,6-x)=2x^2-12x$, $x\in[1,6]$, 令 $\psi'(x)=0$ 得 $x=3$, 比较 $\psi(3)=-18$, $\psi(1)=-10$, $\psi(6)=0$, 可知在该边界上, 函数最大值为 $\psi(6)=0=M_3$, 最小值为 $\psi(3)=-18=m_3$.

(3) 比较 d,M_1,M_2,M_3 得函数最大值为 $f\left(\dfrac{4}{3},\dfrac{4}{3}\right)=\dfrac{64}{27}$; 比较 d,m_1,m_2,m_3 得函数最小值为 $f(3,3)=-18$.

例7 求函数 $f(x,y)=x^2+y^2+2xy-2x$ 在区域 $D=\{(x,y)\mid x^2+y^2\leqslant 1\}$ 上的最值.

解 (1) 求 D 内的驻点及相应函数值. 令
$$\begin{cases} f_x=2x+2y-2=0, \\ f_y=2y+2x=0, \end{cases}$$
无解, 故 D 内无驻点.

(2) 求边界上的最值. 可将 $x^2+y^2=1$ 的参数方程代入 $f(x,y)$ 化为一元函数, 请读者自行练习, 这里直接用条件极值求解. 相当于求函数 $f(x,y)=x^2+y^2+2xy-2x$ 在条件 $x^2+y^2=1$ 下的极值. 作拉格朗日函数
$$L(x,y,\lambda)=x^2+y^2+2xy-2x+\lambda(x^2+y^2-1),$$
令
$$\begin{cases} L_x=2x+2y-2+2\lambda x=0, \\ L_y=2y+2x+2\lambda y=0, \\ L_\lambda=x^2+y^2-1=0, \end{cases}$$
得 $\left(\dfrac{\sqrt{3}}{2},-\dfrac{1}{2}\right)$, $\left(-\dfrac{\sqrt{3}}{2},-\dfrac{1}{2}\right)$, $(0,1)$, 比较这三点的函数值知: $f\left(-\dfrac{\sqrt{3}}{2},-\dfrac{1}{2}\right)=1+\dfrac{3}{2}\sqrt{3}$ 是函数在 D 上的最大值, $f\left(\dfrac{\sqrt{3}}{2},-\dfrac{1}{2}\right)=1-\dfrac{3}{2}\sqrt{3}$ 是最小值.

例8 已知曲线 C: $\begin{cases} x^2+y^2-2z^2=0, \\ x+y+3z=5, \end{cases}$ 求 C 上距离 xOy 面最远的点和最近的点.

解 任取 $(x,y,z)\in C$, 它到 xOy 面的距离为 $d=|z|$. 只需求函数 $d^2=z^2$ 在条件 $x^2+y^2-2z^2=0$ 与 $x+y+3z=5$ 下的最值点即可. 作拉格朗日函数
$$L(x,y,z,\lambda,\mu)=z^2+\lambda(x^2+y^2-2z^2)+\mu(x+y+3z-5),$$
令

$$\begin{cases} L_x = 2\lambda x + \mu = 0, \\ L_y = 2\lambda y + \mu = 0, \\ L_z = 2z - 4\lambda z + 3\mu = 0, \\ L_\lambda = x^2 + y^2 - 2z^2 = 0, \\ L_\mu = x + y + 3z - 5 = 0, \end{cases}$$

得可能的极值点 $(1,1,1),(-5,-5,5)$,根据几何意义,最远点和最近点是存在的,故这就是所求点,比较这两点处的函数值知,距离 xOy 面最远的点为 $(-5,-5,5)$,最近的点为 $(1,1,1)$.

例9 要用铁板制作一个体积为 $2\mathrm{m}^3$ 的有盖长方体水箱,问当长、宽、高各取何尺寸时,才能使用料最省?

解 设水箱的长和宽分别为 x(单位:m),y(单位:m),则其高为 $\dfrac{2}{xy}$ m,此水箱的用料面积为

$$A = 2\left(xy + y\,\frac{2}{xy} + x\,\frac{2}{xy}\right) = 2\left(xy + \frac{2}{x} + \frac{2}{y}\right), \quad (x,y) \in D,$$

其中 $D = \{(x,y)\,|\,x>0,y>0\}$. 令

$$A_x = 2\left(y - \frac{2}{x^2}\right) = 0, \quad A_y = 2\left(x - \frac{2}{y^2}\right) = 0,$$

解此方程组,得 $x = y = \sqrt[3]{2}$.

由于水箱的最小用料面积一定存在,而在 D 内只有唯一的驻点 $(\sqrt[3]{2}, \sqrt[3]{2})$,因此在这一点处 A 取得最小值,即水箱的长为 $\sqrt[3]{2}$ m、宽为 $\sqrt[3]{2}$ m、高为 $\dfrac{2}{\sqrt[3]{2} \times \sqrt[3]{2}}$ m $= \sqrt[3]{2}$ m(正立方体)时,水箱用料最省.

习题 8-8

1. 求下列函数的极值:

(1) $f(x,y) = x^2 + y^2 - 4(x-y)$;　　　　(2) $f(x,y) = (6x - x^2)(y^2 - 4y)$;

(3) $f(x,y) = 3axy - x^3 - y^3, a > 0$;　　　(4) $f(x,y) = \mathrm{e}^{2x}(x + y^2 + 2y)$.

2. 求下列条件极值:

(1) $f(x,y) = x + y$,条件 $x^2 + y^2 = 1$;

(2) $f(x,y) = xy$,条件 $x + y = 1$;

(3) $f(x,y,z) = z$,条件 $\dfrac{x}{3} + \dfrac{y}{4} + \dfrac{z}{5} = 1$ 和 $x^2 + y^2 = 1$.

3. 设 $z = z(x,y)$ 是由方程 $x^2 - 6xy + 10y^2 - 2yz - z^2 + 18 = 0$ 确定的函数,求该函数的极值.

4. 求 $z = x^2 y(4 - x - y)$ 在直线 $x + y = 6$ 与两坐标轴围成的闭区域 D 上的最值.

5. 求函数 $f(x,y) = x^2 + 2y^2 - x^2 y^2$ 在区域 $D = \{(x,y)\,|\,x^2 + y^2 \leqslant 4, y \geqslant 0\}$ 上的最值.

6. 从斜边长为 l 的一切直角三角形中求出周长最大的直角三角形.

7. 从已知周长为 $2p$ 的一切三角形中求出面积最大的三角形.

8. 容积为 4m^3 的无盖长方形水箱的长、宽、高为多少时,水箱的表面积最小?

9. 在 xOy 平面上求一点,使它到 $x=0,y=0$ 及 $x+2y-16=0$ 三条直线的距离平方之和为最小.

10. 将周长为 $2p$ 的矩形绕它的一边旋转而构成一个圆柱体,问矩形的边长各为多少时,圆柱的体积最大?

11. 求内接于椭球 $\dfrac{x^2}{a^2}+\dfrac{y^2}{b^2}+\dfrac{z^2}{c^2}=1$ 的长方体的最大体积.

12. 抛物面 $z=x^2+y^2$ 被平面 $x+y+z=1$ 截成一椭圆,求原点到此椭圆的最长与最短距离.

13. 已知函数 $f(x,y)=x+y+xy$,曲线 C: $x^2+y^2+xy=3$,求 $f(x,y)$ 在曲线 C 上的最大方向导数.

*第九节　二元函数的泰勒公式与极值充分条件的证明

在一元函数的泰勒公式部分我们已经知道,一个一元函数可以用一个一元多项式近似表示.类似地,二元函数也可以用一个二元多项式近似表示,这就是二元函数的泰勒公式.本节先介绍二元函数的泰勒公式,然后以此为工具证明极值充分性条件.

一、二元函数的泰勒公式

先引进记号 $\left(h\dfrac{\partial}{\partial x}+k\dfrac{\partial}{\partial y}\right)^p f(x,y)$:

$$\left(h\frac{\partial}{\partial x}+k\frac{\partial}{\partial y}\right)f(x,y)=hf_x(x,y)+kf_y(x,y),$$

$$\left(h\frac{\partial}{\partial x}+k\frac{\partial}{\partial y}\right)^2 f(x,y)=h^2f_{xx}(x,y)+2hkf_{xy}(x,y)+k^2f_{yy}(x,y),$$

$$\left(h\frac{\partial}{\partial x}+k\frac{\partial}{\partial y}\right)^m f(x,y)=\sum_{p=0}^{m}C_m^p h^p k^{m-p}\frac{\partial^m f}{\partial x^p \partial y^{m-p}}.$$

定理　设二元函数 $z=f(x,y)$ 在点 (x_0,y_0) 的某一邻域内有对 x,y 的直到 $n+1$ 阶的连续偏导数,(x_0+h,y_0+k) 是此邻域内任一点,则有

$$f(x_0+h,y_0+k)=f(x_0,y_0)+\left(h\frac{\partial}{\partial x}+k\frac{\partial}{\partial y}\right)f(x_0,y_0)+$$

$$\frac{1}{2!}\left(h\frac{\partial}{\partial x}+k\frac{\partial}{\partial y}\right)^2 f(x_0,y_0)+\cdots+\frac{1}{n!}\left(h\frac{\partial}{\partial x}+k\frac{\partial}{\partial y}\right)^n f(x_0,y_0)+$$

$$\frac{1}{(n+1)!}\left(h\frac{\partial}{\partial x}+k\frac{\partial}{\partial y}\right)^{n+1}f(x_0+\theta h,y_0+\theta k),\quad 0<\theta<1.$$

证　令

$$\Phi(t)=f(x_0+th,y_0+tk),\quad 0\leqslant t\leqslant 1,$$

显然有 $\Phi(0)=f(x_0,y_0),\Phi(1)=f(x_0+h,y_0+k)$. 根据复合函数的求导法则,可得

$$\Phi'(t) = h f_x(x_0 + th, y_0 + tk) + k f_y(x_0 + th, y_0 + tk)$$

$$= \left(h \frac{\partial}{\partial x} + k \frac{\partial}{\partial y} \right) f(x_0 + th, y_0 + tk),$$

$$\vdots$$

一般地, 有

$$\Phi^{(p)}(t) = \sum_{i=0}^{p} C_p^i h^i k^{p-i} \frac{\partial^p f}{\partial x^i \partial y^{p-i}} \Bigg|_{(x_0 + th, y_0 + tk)} = \left(h \frac{\partial}{\partial x} + k \frac{\partial}{\partial y} \right)^p f(x_0 + th, y_0 + tk).$$

利用一元函数的麦克劳林公式可以得到

$$\Phi(1) = \Phi(0) + \frac{\Phi'(0)}{1!} + \frac{\Phi''(0)}{2!} + \cdots + \frac{\Phi^{(n)}(0)}{n!} + \frac{\Phi^{(n+1)}(\theta)}{(n+1)!}, \quad 0 < \theta < 1,$$

也就是

$$f(x_0 + h, y_0 + k) = f(x_0 + y_0) + \left(h \frac{\partial}{\partial x} + k \frac{\partial}{\partial y} \right) f(x_0 + y_0) +$$

$$\frac{1}{2!} \left(h \frac{\partial}{\partial x} + k \frac{\partial}{\partial y} \right)^2 f(x_0 + y_0) + \cdots +$$

$$\frac{1}{n!} \left(h \frac{\partial}{\partial x} + k \frac{\partial}{\partial y} \right)^n f(x_0 + y_0) + R_n, \tag{1}$$

其中

$$R_n = \frac{1}{(n+1)!} \left(h \frac{\partial}{\partial x} + k \frac{\partial}{\partial y} \right)^{n+1} f(x_0 + \theta h, y_0 + \theta k), \quad 0 < \theta < 1. \tag{2}$$

定理得证. □

式(1)称为二元函数 $f(x, y)$ 在点 (x_0, y_0) 的 n 阶泰勒公式, 而 R_n 的表达式(2)称为拉格朗日型余项. 上述定理说明, 由式(1)右端关于 h, k 的二元 n 次多项式近似表达函数 $f(x_0 + h, y_0 + k)$ 时, 其误差为 $|R_n|$. 由定理的条件可知, 函数的各 $n+1$ 阶偏导数都在点 (x_0, y_0) 的某一邻域内连续, 从而其绝对值在此邻域内都不超过某一正数 M, 所以有

$$|R_n| \leqslant \frac{M}{(n+1)!} (|h| + |k|)^{n+1},$$

令 $\rho = \sqrt{h^2 + k^2}$, 由柯西不等式 $|h| + |k| \leqslant \sqrt{2} \rho$ 可得

$$|R_n| \leqslant \frac{M}{(n+1)!} (\sqrt{2} \rho)^{n+1} = \frac{(\sqrt{2})^{n+1}}{(n+1)!} M \rho^{n+1},$$

不难看出, 当 $\rho \to 0$ 时, $|R_n|$ 是比 ρ^n 高阶的无穷小.

当 $n = 0$ 时, 式(1)成为

$$f(x_0 + h, y_0 + k) = f(x_0, y_0) + h f_x(x_0 + \theta h, y_0 + \theta k) + k f_y(x_0 + \theta h, y_0 + \theta k),$$

这就是二元函数的拉格朗日中值公式.

在泰勒公式(1)中, 如果取 $x_0 = 0, y_0 = 0$, 则可得到 n 阶麦克劳林公式:

$$f(x, y) = f(0,0) + \left(x \frac{\partial}{\partial x} + y \frac{\partial}{\partial y} \right) f(0,0) + \frac{1}{2!} \left(x \frac{\partial}{\partial x} + y \frac{\partial}{\partial y} \right)^2 f(0,0) + \cdots +$$

$$\frac{1}{n!} \left(x \frac{\partial}{\partial x} + y \frac{\partial}{\partial y} \right)^n f(0,0) +$$

$$\frac{1}{(n+1)!} \left(x \frac{\partial}{\partial x} + y \frac{\partial}{\partial y} \right)^{n+1} f(\theta x, \theta y), \quad 0 < \theta < 1.$$

例 1　求函数 $f(x,y)=\ln(1+x+y)$ 的三阶麦克劳林公式.

解　因为

$$f_x(x,y)=f_y(x,y)=\frac{1}{1+x+y},$$

$$f_{xx}(x,y)=f_{xy}(x,y)=f_{yy}(x,y)=-\frac{1}{(1+x+y)^2},$$

$$\frac{\partial^3 f}{\partial x^p \partial y^{3-p}}=\frac{2!}{(1+x+y)^3},\quad p=0,1,2,3,$$

$$\frac{\partial^4 f}{\partial x^p \partial y^{4-p}}=-\frac{3!}{(1+x+y)^4},\quad p=0,1,2,3,4,$$

所以

$$\left(x\frac{\partial}{\partial x}+y\frac{\partial}{\partial y}\right)f(0,0)=xf_x(0,0)+yf_y(0,0)=x+y,$$

$$\left(x\frac{\partial}{\partial x}+y\frac{\partial}{\partial y}\right)^2 f(0,0)=x^2 f_{xx}(0,0)+2xyf_{xy}(0,0)+y^2 f_{yy}(0,0)=-(x+y)^2,$$

$$\left(x\frac{\partial}{\partial x}+y\frac{\partial}{\partial y}\right)^3 f(0,0)=x^3 f_{xxx}(0,0)+3x^2 y f_{xxy}(0,0)+3xy^2 f_{xyy}(0,0)+y^3 f_{yyy}(0,0)$$

$$=2(x+y)^3,$$

$$\left(x\frac{\partial}{\partial x}+y\frac{\partial}{\partial y}\right)^4 f(\theta x,\theta y)=-3!\frac{(x+y)^4}{(1+\theta x+\theta y)^4},$$

又有 $f(0,0)=0$,所以

$$\ln(1+x+y)=x+y-\frac{1}{2}(x+y)^2+\frac{1}{3}(x+y)^3+R_3,$$

其中 $R_3=\frac{1}{4!}\left(x\frac{\partial}{\partial x}+y\frac{\partial}{\partial y}\right)^4 f(\theta x,\theta y)=-\frac{1}{4}\frac{(x+y)^4}{(1+\theta x+\theta y)^4},0<\theta<1.$

二、极值充分条件的证明

下面证明第八节中的定理 2.

设函数 $z=f(x,y)$ 在点 $P_0(x_0,y_0)$ 的某邻域 $U_1(P_0)$ 内连续且有一阶及二阶连续偏导数,又 $f_x(x_0,y_0)=0,f_y(x_0,y_0)=0.$

根据二元函数的泰勒公式,对于任一 $(x_0+h,y_0+k)\in U_1(P_0)$ 有

$$\Delta f=f(x_0+h,y_0+k)-f(x_0,y_0)$$

$$=\frac{1}{2}[h^2 f_{xx}(x_0+\theta h,y_0+\theta k)+2hk f_{xy}(x_0+\theta h,y_0+\theta k)+$$

$$k^2 f_{yy}(x_0+\theta h,y_0+\theta k)],\quad 0<\theta<1. \tag{3}$$

(1) 设 $AC-B^2>0$,即 $f_{xx}(x_0,y_0)f_{yy}(x_0,y_0)-[f_{xy}(x_0,y_0)]^2>0.$

因为 $f(x,y)$ 的二阶偏导数在 $U_1(P_0)$ 内连续,由上式知,存在邻域 $U_2(P_0)\subset U_1(P_0)$,使得对任意 $(x_0+h,y_0+k)\in U_2(P_0)$ 有

$$f_{xx}(x_0+\theta h,y_0+\theta k)f_{yy}(x_0+\theta h,y_0+\theta k)-[f_{xy}(x_0+\theta h,y_0+\theta k)]^2>0.$$

为了简便,记

$$f_{xx}(x_0+\theta h,y_0+\theta k)=f_{xx},\quad f_{xy}(x_0+\theta h,y_0+\theta k)=f_{xy},$$
$$f_{yy}(x_0+\theta h,y_0+\theta k)=f_{yy},$$

上式表明 f_{xx} 与 f_{yy} 都不等于零且同号.将式(3)改写为

$$\Delta f=\frac{1}{2f_{xx}}[(hf_{xx}+kf_{xy})^2+k^2(f_{xx}f_{yy}-f_{xy}^2)],$$

上式中括号部分为正,所以 Δf 与 f_{xx} 同号.又由二阶偏导数的连续性知,在 $U_2(P_0)$ 中 f_{xx} 与 A 同号,所以当 $A>0$ 时,$\Delta f=f(x_0+h,y_0+k)-f(x_0,y_0)>0$,$f(x_0,y_0)$ 为极小值; 当 $A<0$ 时,$\Delta f=f(x_0+h,y_0+k)-f(x_0,y_0)<0$,$f(x_0,y_0)$ 为极大值.

(2) 设 $AC-B^2<0$,即 $f_{xx}(x_0,y_0)f_{yy}(x_0,y_0)-[f_{xy}(x_0,y_0)]^2<0$.

当 $f_{xx}(x_0,y_0)=f_{yy}(x_0,y_0)=0$ 时,由上式知 $f_{xy}(x_0,y_0)\neq0$.在式(3)中分别取 $k=h$ 及 $k=-h$,得

$$\Delta f=\frac{h^2}{2}[f_{xx}(x_0+\theta_1 h,y_0+\theta_1 h)+2f_{xy}(x_0+\theta_1 h,y_0+\theta_1 h)+$$
$$f_{yy}(x_0+\theta_1 h,y_0+\theta_1 h)],$$
$$\Delta f=\frac{h^2}{2}[f_{xx}(x_0+\theta_2 h,y_0-\theta_2 h)-2f_{xy}(x_0+\theta_2 h,y_0-\theta_2 h)+$$
$$f_{yy}(x_0+\theta_2 h,y_0-\theta_2 h)],$$
$$0<\theta_1,\theta_2<1.$$

当 $h\to0$ 时,上面两式中括号部分分别趋于 $2f_{xy}(x_0,y_0)$ 与 $-2f_{xy}(x_0,y_0)$,表明 Δf 在 (x_0,y_0) 某邻域中可正可负,从而 $f(x_0,y_0)$ 不是极值.

当 $f_{xx}(x_0,y_0)$ 与 $f_{yy}(x_0,y_0)$ 不同时为零时,不妨设 $f_{xx}(x_0,y_0)\neq0$.首先,在式(3) 中取 $k=0$,得

$$\Delta f=\frac{1}{2}h^2 f_{xx}(x_0+\theta h,y_0),$$

可见,当 h 充分接近零时,Δf 与 $f_{xx}(x_0,y_0)$ 同号.其次,在式(3)中取 $h=-f_{xy}(x_0,y_0)s$, $k=-f_{xx}(x_0,y_0)s$,得

$$\Delta f=\frac{1}{2}s^2\{[f_{xy}(x_0,y_0)]^2 f_{xx}(x_0+\theta h,y_0+\theta k)-$$
$$2f_{xy}(x_0,y_0)f_{xx}(x_0,y_0)f_{xy}(x_0+\theta h,y_0+\theta k)+$$
$$[f_{xx}(x_0,y_0)]^2 f_{yy}(x_0+\theta h,y_0+\theta k)\},$$

当 $s\to0$ 时,上面大括号部分趋于

$$f_{xx}(x_0,y_0)\{f_{xx}(x_0,y_0)f_{yy}(x_0,y_0)-[f_{xy}(x_0,y_0)]^2\},$$

因为 $AC-B^2<0$,上式与 $f_{xx}(x_0,y_0)$ 异号,因此 Δf 与 $f_{xx}(x_0,y_0)$ 异号.综合上面两种情况,在 (x_0,y_0) 某邻域中 Δf 可正可负,从而 $f(x_0,y_0)$ 不是极值.

(3) 当 $AC-B^2=0$ 时,举例说明即可.比如

$$f(x,y)=x^2+y^4,\quad g(x,y)=x^2+y^3,$$

这两个函数都以 $(0,0)$ 为驻点,且在 $(0,0)$ 处 $AC-B^2=0$,但 $f(x,y)$ 在 $(0,0)$ 处有极小值,

而 $g(x,y)$ 在 $(0,0)$ 处没有极值.

习题 8-9

1. 求函数 $f(x,y)=2x^2-xy-y^2-6x-3y+5$ 在点 $(1,-2)$ 的泰勒公式.

2. 求函数 $f(x,y)=\sin x\sin y$ 在点 $\left(\dfrac{\pi}{4},\dfrac{\pi}{4}\right)$ 的二阶泰勒公式.

3. 求函数 $f(x,y)=e^x\ln(1+y)$ 的三阶麦克劳林公式.

第十节　工程应用举例

例 1（并联可变电阻总电阻的调节问题）　有 n 个可变电阻并联成为一个总的可变电阻器,其中各个可变电阻的电阻值之间的大小关系为

$$R_1<R_2<\cdots<R_n,$$

现在用对各个电阻进行逐个调节的方法来达到对总电阻的调节,试问应通过怎样的调节次序从初调到微调,以达到较精确的调节目标?

解　$R=\dfrac{1}{R_1^{-1}+R_2^{-1}+\cdots+R_n^{-1}}$,它关于各个变量的变化率(偏导数)为

$$\frac{\partial R}{\partial R_k}=\frac{-1}{(R_1^{-1}+R_2^{-1}+\cdots+R_n^{-1})^2}\cdot\left(-\frac{1}{R_k^2}\right)=\left(\frac{R}{R_k^2}\right)^2,\quad k=1,2,\cdots,n.$$

由于 $R_1<R_2<\cdots<R_n$,故得

$$\frac{\partial R}{\partial R_1}>\frac{\partial R}{\partial R_2}>\cdots>\frac{\partial R}{\partial R_n}>0.$$

易知,调节 R_1 对总电阻 R 值产生的影响最大,然后依次调节 $R_2,R_3,\cdots,R_n$ 对总电阻值的影响越来越小.所以应该通过先调节 R_1,再调节 R_2,……,最后调节 R_n 的次序,来对各个电阻进行逐个调节,可以从初调到微调达到较精确的目标.

例 2（机体对药物的反应）　设给药量为 x 单位,经过 t(单位:h)后机体产生的某种反应为 E(以适当的单位量度),且有

$$E(x,t)=x^2(a-x)t^2e^{-t},\quad 0\leqslant x\leqslant a,T>0,$$

其中 a 为常数,表示可允许给予的最大药量,求取得最大值(最大反应 E)的药量和时间.

解　因为

$$\frac{\partial E}{\partial x}=(2ax-3x^2)t^2e^{-t},\quad \frac{\partial E}{\partial t}=(ax^2-x^3)(2-t)te^{-t},$$

令 $\dfrac{\partial E}{\partial x}=0,\dfrac{\partial E}{\partial t}=0$,得

$$\begin{cases}x(2a-3x)t^2e^{-t}=0,\\ x^2(a-x)(2-t)te^{-t}=0,\end{cases}$$

解方程组得

$$\begin{cases} x=0, \\ t=0, \end{cases}(舍去)\quad \begin{cases} x=\dfrac{2}{3}a, \\ t=2, \end{cases}$$

符合题意的驻点仅有一个,为 $\left(\dfrac{2}{3}a,2\right)$,故取药量为 $x=\dfrac{2}{3}a$ 单位,时间为 $t=2\mathrm{h}$ 时反应最大.

例 3(工业用水问题) 在化工厂的生产过程中,反应罐内液体化工原料排出后,在罐壁上留有 a(单位:kg)含有该化工原料浓度 c_0 的残液,现在用 b(单位:kg)清水去清洗,拟分三次进行.每次清洗后总在罐壁上留有 a 含有该化工原料的残液,但浓度由 c_0 变为 c_1,再变为 c_2,最后变为 c_3,试问应该如何分配三次的用水量,使最终浓度 c_3 为最小?

解 设三次的用水量分别为 x,y,z(单位:kg),则第一次清洗后残液浓度为 $c_1=\dfrac{ac_0}{a+x}$,第二次清洗后残液浓度为 $c_2=\dfrac{ac_1}{a+y}=\dfrac{a^2c_0}{(a+x)(a+y)}$,第三次清洗后残液浓度为

$$c_3=\dfrac{ac_2}{a+z}=\dfrac{a^3c_0}{(a+x)(a+y)(a+z)}.$$

这样,问题变成了求目标函数 $c_3=\dfrac{a^3c_0}{(a+x)(a+y)(a+z)}$ 在约束条件 $x+y+z=b$ 下的最小值.为了方便计算,可将它化为求目标函数 $u=(a+x)(a+y)(a+z)$ 在约束条件 $x+y+z=b$ 下的最大值问题.

设拉格朗日函数

$$L=(a+x)(a+y)(a+z)+\lambda(x+y+z-b),$$

令 $\dfrac{\partial L}{\partial x}=0,\dfrac{\partial L}{\partial y}=0,\dfrac{\partial L}{\partial z}=0,\dfrac{\partial L}{\partial \lambda}=0$,得

$$\begin{cases} (a+y)(a+z)+\lambda=0, \\ (a+x)(a+z)+\lambda=0, \\ (a+x)(a+y)+\lambda=0, \\ x+y+z=b, \end{cases}$$

解得 $x=y=z=\dfrac{b}{3}$,即当三次用水量相等时,有最好的洗涤效果,此时

$$(c_3)_{\min}=\dfrac{c_0}{\left(1+\dfrac{b}{3a}\right)^3}.$$

例 4(湖水最深处的测量) 为求太湖的最深深度,先在地面上取定坐标 xOy,z 轴向上,并设湖底曲面可用一连续可微函数 $z=f(x,y)$ 来表示.于是问题转换为求二元函数 $f(x,y)$ 的最小值.

现有一测量船,用特制的仪器可以测得湖中每一点的深度,也就是说可以算出任意一点的函数值.因而对这个 $f(x,y)$,我们既了解又不了解.所谓不了解,是指函数的具体表达式不知道,想用以前讲的求极值方法则用不上.所谓了解,是指给定一点 (x,y) 后,总可以通过仪器测出该点的函数值.对这样的一个函数,怎么求它的最小值呢?

解 如图 8-9 所示,设测量船从湖边某一点 P_1 出发,首先要解决的问题是船往哪个方向开好.最自然的想法是应向着湖的中心方向开去,可是太湖很大,无法判断哪个方向指向湖中心.一种合理的想法是,既然不能直指湖中心,就退而求其次,只将测量船一步步往深处开就行,尽管航行的路线可能会有迂回,但总能逐步达到最深处.

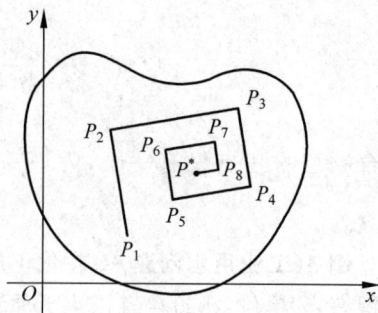

下面就按这种想法开始航行.首先测出点 $P_1(x_1,y_1)$ 和它邻近的两点 $P_x(x_1+\Delta x,y_1)$,$P_y(x_1,y_1+\Delta y)$ 的函数值,利用这三点的值,近似求出 P_1 点的梯度向量

$$\mathrm{grad}f(P_1)=\left(\frac{f(x_1+\Delta x,y_1)-f(x_1,y_1)}{\Delta x},\frac{f(x_1,y_1+\Delta y)-f(x_1,y_1)}{\Delta y}\right),$$

在 P_1 点局部来看,函数沿 $-\mathrm{grad}f(P_1)$ 方向下降最快,所以令测量船沿 P_1 点的负梯度方向往前开,一边开,一边每隔一定时间(假定等速前进)测一次湖的深度.若后一点测得的深度比前一点的深,测量船就继续向前开,直到某一点测得的深度比前一点测得的深度浅时,测量船就退回前一点,设该点为 $P_2(x_2,y_2)$.这样,我们就由 P_1 点前进到了 P_2 点.

然后就可如法炮制,近似求出 P_2 点的梯度向量 $\mathrm{grad}f(P_2)$,测量船沿 $-\mathrm{grad}f(P_2)$ 方向往前开,再边开边测,一直到沿这个方向上的最低点停下来,设该点为 $P_3(x_3,y_3)$.再沿 $-\mathrm{grad}f(P_3)$ 方向往前开,求出 P_4 点,……若干步后,测量船几乎就在某一点附近转圈.最后按什么标准结束测量呢?可以利用 P_n 点的梯度绝对值充分小(一般不可能等于零),小于事先指定的误差时即可停止,这时就认为 P_n 点是最低点 $P^*(x^*,y^*)$(或者利用 P_n,P_{n+1} 之间的距离充分小,小于事先指定的误差时即可停止,同样认为 P_n 就是 P^*).由此就求出了太湖的最深深度 $f(x^*,y^*)$.

例 5(最小二乘法) 许多工程问题中,常常需要根据实际测量得到的两个变量的一系列数据找出这两个变量间的函数关系的近似表达式,通常叫作配曲线或找经验公式.经验公式建立后,就可以把生产或实验中所积累的某些经验上升到理论高度加以分析.下面通过举例介绍一种应用十分广泛的找直线型经验公式的方法——最小二乘法(method of least squares).

在炼钢过程中,钢水含碳量的多少直接影响冶炼时间的长短,需要掌握钢水含碳量和冶炼时间的关系.现设已测得钢水的含碳量 x 与冶炼时间 T 的一组数据,见表 8-1.

表 8-1 含碳量 x 与冶炼时间 T

$x/10^{-4}$	104	180	190	177	147	134	150	191	204	121
T/min	100	200	210	185	155	135	170	205	235	125

试根据上述数据,建立变量 T 和 x 间的经验公式 $T=f(x)$.

解 一般地,先把数据描在方格纸上,根据实验数据选一些常用的函数(如一次函数、二次函数、指数函数等)来反映变量 x 和 T 之间的关系.就本例而言,这些点明显地分布在某一直线附近(图 8-10),因此,我们选定经验公式为一个一次函数 $T=ax+b$.这样,问题就变成

了合理选择系数 a 和 b 来确定经验公式.

要合理选取 a 和 b,就应该有一个标准.如图 8-11 所示,$\varepsilon_1 = T_1 - ax_1 - b$ 表示用 $T = ax + b$ 反映 x_1 与 T_1 的关系时所产生的偏差,当点 (x_1, T_1) 在直线 $T = ax + b$ 上时偏差 $\varepsilon_1 = 0$,我们希望 ε_1 越小越好.

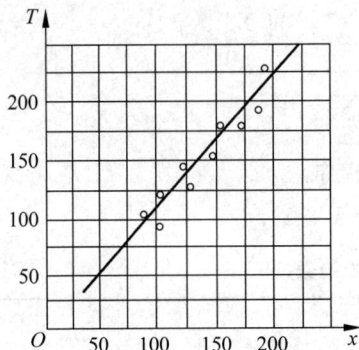

图 8-10

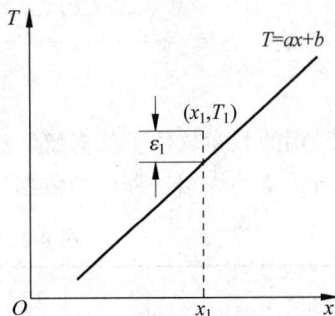

图 8-11

一般地,由数据 $(x_1, T_1), \cdots, (x_n, T_n)$ 得出相应的偏差为 $\varepsilon_1 = T_1 - ax_1 - b, \cdots, \varepsilon_n = T_n - ax_n - b$.令

$$M = \sum_{i=1}^{n} \varepsilon_i^2 = \sum_{i=1}^{n} (T_i - ax_i - b)^2, \tag{1}$$

M 为所有偏差的平方和,叫作总偏差,它是 a, b 的函数 $M(a, b)$.选择 a, b 使总偏差 $M(a, b)$ 达到最小值,这种确定系数的方法叫作最小二乘法.

自然还可以有不同于上述 $M(a, b)$ 的方法来描述总偏差.但应注意,以各偏差的代数和 $\sum_{i=1}^{n} \varepsilon_i$ 作总偏差是不合适的,这是因为 ε_i 有正有负,可能会相互抵消.一个合理的标准是 $\sum_{i=1}^{n} |\varepsilon_i|$,但对这个函数求最小值是很困难的,而由式(1)确定的总偏差 $M(a, b)$ 不仅求最小值较容易,并且在统计学上有确定的意义.

问题最后转化为一个无条件极值问题,使 $M(a, b)$ 达到最小.由极值的必要条件,有

$$\frac{\partial M}{\partial a} = -\sum_{i=1}^{n} 2(T_i - ax_i - b)x_i = -2\left(\sum_{i=1}^{n} x_i T_i - a\sum_{i=1}^{n} x_i^2 - b\sum_{i=1}^{n} x_i\right) = 0,$$

$$\frac{\partial M}{\partial b} = -\sum_{i=1}^{n} 2(T_i - ax_i - b) = -2\left(\sum_{i=1}^{n} T_i - a\sum_{i=1}^{n} x_i - nb\right) = 0,$$

即 a, b 满足方程组

$$\begin{cases} \left(\sum_{i=1}^{n} x_i^2\right)a + \left(\sum_{i=1}^{n} x_i\right)b = \sum_{i=1}^{n} x_i T_i, \\ \left(\sum_{i=1}^{n} x_i\right)a + nb = \sum_{i=1}^{n} T_i, \end{cases} \tag{2}$$

此方程组称为最小二乘问题的法方程组.可以证明,当数据 (x_i, T_i) 的个数为两个及以上时,方程组有解

$$\begin{cases} a = \dfrac{n\sum\limits_{i=1}^{n}x_i T_i - \left(\sum\limits_{i=1}^{n}x_i\right)\left(\sum\limits_{i=1}^{n}T_i\right)}{n\sum\limits_{i=1}^{n}x_i^2 - \left(\sum\limits_{i=1}^{n}x_i\right)^2}, \\ b = \dfrac{\left(\sum\limits_{i=1}^{n}T_i\right)\left(\sum\limits_{i=1}^{n}x_i^2\right) - \left(\sum\limits_{i=1}^{n}x_i\right)\left(\sum\limits_{i=1}^{n}x_i T_i\right)}{n\sum\limits_{i=1}^{n}x_i^2 - \left(\sum\limits_{i=1}^{n}x_i\right)^2}. \end{cases}$$

在一些常用的数学软件中均有解上述问题的程序.

将前面所讨论的炼钢过程中的数据列表计算(表 8-2).

表 8-2　炼钢过程中的数据

i	1	2	3	4	5	6	7	8	9	10	$\sum\limits_{i=1}^{10}$
x_i	104	180	190	177	147	134	150	191	204	121	1 598
T_i	100	200	210	185	155	135	170	205	235	125	1 720
x_i^2	10 816	32 400	36 100	31 329	21 609	17 956	22 500	36 481	41 616	14 641	265 448
$x_i T_i$	10 400	36 000	39 900	32 745	22 785	18 090	25 500	39 155	47 940	15 125	287 640

代入式(2),解方程组

$$\begin{cases} 265\,448a + 1\,598b = 287\,640, \\ 1\,598a + 10b = 1720 \end{cases}$$

得

$$a = 1.267, \quad b = -30.51,$$

因此经验公式为

$$T = 1.267x - 30.51.$$

注　如果根据实际情况的需要,经验公式形如

$$y = a_n x^n + a_{n-1} x^{n-1} + \cdots + a_1 x + a_0,$$

依照前面的思路不难得出关于系数 $a_0, a_1, \cdots, a_n$ 的最小二乘法方程组. 当经验公式具有指数形式 $y = c\mathrm{e}^{\alpha x}$ 时,取对数得

$$\lg y = \alpha \lg e \cdot x + \lg c,$$

用最小二乘法处理数据 $(x_1, \lg y_1), \cdots, (x_n, \lg y_n)$,求得 $\alpha \lg e$ 和 $\lg c$,由此就可求出系数 α 和 c.

数学思想(二)——公理化思想

公理化思想是把某一数学分支的理论按照一组选定的公理进行序化的数学思想,与之对应的方法是建立演绎科学理论的一种方法,称作公理化方法. 由于这种思想与方法联系十分紧密,人们常不加区别,笼统地称之为公理化思想方法.

公理化思想方法的基本原理是,把一个学科分支众多的概念、命题进行整理、排队、分析,从中找出尽可能少的一些不加定义的原始基本概念和一组基本公理,将它们作为立论的

起点,由此出发,利用纯逻辑推理法则把这一个数学分支建立成为演绎系统.

人们把公理化思想方法的发展历史大致分为三个阶段:

(1) 产生阶段:由亚里士多德的三段论到欧几里得的《几何原本》问世.大约在公元前 3 世纪,古希腊哲学家和逻辑学家亚里士多德以数学及其他演绎的学科为例,把完全三段论作为公理,由此推导出其他所有三段论法,从而使整个三段论体系成为一个公理系统.亚里士多德的思想方法深深地影响了欧几里得,他在总结前人的数学成果时采用了公理化方法,著成了《几何原本》,在书中他采用了 23 个基本概念、5 条公理和 5 条公设,用演绎法推出了欧氏几何的所有基本内容.在欧几里得的公理系统中,概念直接反映数学的性质,而且概念、定义、公理的表述以及定理的论证往往受到直观的约束和影响,因此,欧几里得系统的公理化被称为"实体公理化".

(2) 完善阶段:由罗巴切夫斯基几何的产生到希尔伯特《几何基础》的问世.欧几里得公理系统中有些定义是多余的,有些定理的证明很直观,这吸引着数学家们对其展开深入研究.19 世纪初,罗巴切夫斯基、黎曼等人采用了新的公设代替欧几里得的第五公设(即平行线公设),创立了非欧几何,推动了公理化思想方法的发展.接着数学家们创建了连续性公理、顺序公理、算术公理、群的公理等,在这些公理基础上,希尔伯特于 1899 年发表了《几何基础》一书,解决了欧氏几何的欠缺问题,完善了几何学的公理化方法,同时也将几何公理化方法的研究推向了一个新的阶段,即形式公理化阶段.

(3) 形式化阶段:希尔伯特提出数学体系形式化设想之后的公理化发展时期.希尔伯特把自然数理论、几何理论等作为一个整体加以研究,提出了所谓希尔伯特规划,即:证明古典数学的每一个分支都可以公理化;证明每个这样的系统都是完备的;证明每一个这样的系统都是相容的;证明每一个这样的系统所对应的模型都是同构的;寻找一种可以在有限步骤内判定任何一命题的可证明性的方法.希尔伯特为具体实施这个规划而创立了证明论(元数学).通过对元数学的研究,他把公理化思想方法进一步精确化,使之进入纯形式化阶段,这时数学的研究对象已不再是具体的、特殊的对象,而是抽象的数学结构和模式.

数学公理化思想方法对数学乃至于科学的发展都有着重大作用:

首先,它具有分析和总结数学知识的作用.采用公理化结构形式,命题按逻辑演绎关系串联起来形成有机的整体,易于从根本上理解和掌握,也便于应用;同时,由于公理化方法把各个数学理论的基础分析得很清楚,有利于比较各个数学分支理论的异同,从而促进和推动新理论的产生,罗氏几何、黎曼几何就是在研究公理化方法的过程中产生的.数学理论的公理化表述所表现出来的严格性、条理性和结构性体现了科学性和数学美.

此外,公理化推动了现代数学和科学的发展.康托尔的朴素集合论曾因罗素悖论等逻辑上的困难而陷入危机,进行公理化改造后,原来的问题都得到解决,集合论已从朴素的形式发展为较为完善的公理集合论;早期概率论存在理论基础不牢固、概念混乱等现象,1900年希尔伯特提出概率论公理化的目标,促进了概率论的现代化改造,1933 年柯尔莫哥洛夫以集合论为工具建立了概率论的公理化体系,使它成为理论严密、应用广泛的现代数学分支;位势论也是在 20 世纪 50 年代至 70 年代的公理化进程中完成现代化变革的,而且与随机过程建立了密切的联系.

第 九 章

重积分

在一元函数积分学中,利用定积分已经能够解决很多实际问题,但受被积函数是一元函数、积分范围是闭区间所限,还有一些问题用定积分无法解决.例如,求三维空间中一般立体的体积、分布不均匀物体的质量、曲面面积、转动惯量、变力沿曲线做的功,等等,因此,有必要把定积分的概念和计算方法进行推广,这就是本章与下一章的主要内容,即多元函数积分学.

本章将定积分推广到被积函数是多元函数,而积分范围是平面区域或空间区域的情形,得到重积分(二重积分、三重积分)的概念及计算方法,并讨论它们的一些实际应用.重积分虽然在形式上与定积分有所不同,但本质上却是一致的,都是某种和式的极限,其基本思想也是把积分区域分割,局部求近似,作和(整体近似),取极限.

第一节 二 重 积 分

一、二重积分的概念

引例 1 曲顶直柱体的体积.

曲顶直柱体是指在直角坐标系下,由母线平行于 z 轴的柱面、xOy 面及一个空间曲面 $z=f(x,y)(z\geqslant 0)$ 所围的立体(图 9-1),以下简称为曲顶柱体.

如何求曲顶柱体的体积呢?采用分割,局部求近似,作和,再取极限的方法来计算.具体做法是:

(1)把 xOy 面上的闭区域 D 任意分成 n 个小的闭子区域,记作 $\sigma_1,\sigma_2,\cdots,\sigma_n$,面积分别为 $\Delta\sigma_1,\Delta\sigma_2,\cdots,\Delta\sigma_n$,以 σ_i 的边界为准线作母线平行于 z 轴的柱面,这些柱面把曲顶柱体分割成 n 个底面积很小的曲顶柱体.

(2)在每个 $\sigma_i(i=1,2,\cdots,n)$ 上任意取一点 (ξ_i,η_i),以 $f(\xi_i,\eta_i)$ 为高作平顶小柱体.第 i 个小曲顶柱体的体积可以用这个平顶小柱体的体积 $f(\xi_i,\eta_i)\Delta\sigma_i$ 近似代替(图 9-2).

(3)令 $V_n=\sum\limits_{i=1}^{n}f(\xi_i,\eta_i)\Delta\sigma_i$,这是曲顶柱体体积的近似值.

(4)闭区域 D 中任意两点之间的距离的最大值称为区域 D 的直径.记 σ_i 的直径为 λ_i,令 $\lambda=\max\limits_{1\leqslant i\leqslant n}\{\lambda_i\}$.当 D 的分割越来越细密,即 $\lambda\to 0$ 时,和式 V_n 的极限如果存在,就将其定义为曲顶柱体的体积 V,即

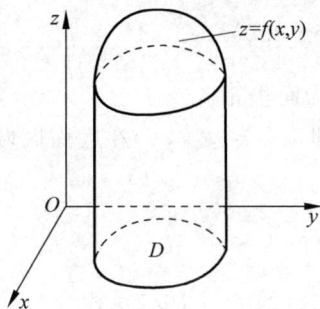

图 9-1

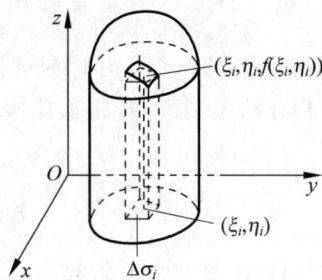

图 9-2

$$V = \lim_{\lambda \to 0} \sum_{i=1}^{n} f(\xi_i, \eta_i) \Delta \sigma_i.$$

引例 2 平面薄板的质量.

设一块薄板在 xOy 面上占有区域 D,薄板的质量分布不均匀,面密度为 $\rho = \rho(x, y)$,求薄板的质量.

分割 D 为 n 个小区域 $\sigma_1, \sigma_2, \cdots, \sigma_n$,面积分别为 $\Delta \sigma_1, \Delta \sigma_2, \cdots, \Delta \sigma_n$. 在每个小区域 σ_i 上任意取一点 $(\xi_i, \eta_i)(i=1,2,\cdots,n)$,以点 (ξ_i, η_i) 处的密度 $\rho(\xi_i, \eta_i)$ 近似代替 σ_i 上各点处的密度. σ_i 的质量近似值为 $\rho(\xi_i, \eta_i) \Delta \sigma_i$(图 9-3).

整个薄板质量的近似值为

$$\sum_{i=1}^{n} \rho(\xi_i, \eta_i) \Delta \sigma_i.$$

用 λ_i 表示 σ_i 的直径,$\lambda = \max_{1 \leqslant i \leqslant n} \{\lambda_i\}$,当分割越来越细密

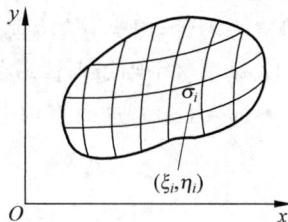

图 9-3

时,上述近似值趋于薄板的质量 M,即

$$M = \lim_{\lambda \to 0} \sum_{i=1}^{n} \rho(\xi_i, \eta_i) \Delta \sigma_i.$$

上述两个例子的实际背景完全不同,但解决的方法是完全一样的.求解步骤与引入一元函数定积分时的步骤一样,所不同的是把一元函数换成了二元函数,把闭区间换成了有界闭区域.除去 $f(x, y)$,$\rho(x, y)$ 的具体含义,引入如下二重积分的定义.

定义 设 $f(x, y)$ 是定义在平面有界闭区域 D 上的有界二元函数.将 D 任意分成 n 个小闭区域 $\sigma_1, \sigma_2, \cdots, \sigma_n$,相应的面积分别记为 $\Delta \sigma_1, \Delta \sigma_2, \cdots, \Delta \sigma_n$. 用 λ_i 表示 σ_i 的直径,并记 $\lambda = \max_{1 \leqslant i \leqslant n} \{\lambda_i\}$. 在 $\sigma_i(i=1,2,\cdots,n)$ 中任意取一点 (ξ_i, η_i),作乘积 $f(\xi_i, \eta_i) \Delta \sigma_i$,并作和式 $\sum_{i=1}^{n} f(\xi_i, \eta_i) \Delta \sigma_i$. 如果当 $\lambda \to 0$ 时和式的极限

$$\lim_{\lambda \to 0} \sum_{i=1}^{n} f(\xi_i, \eta_i) \Delta \sigma_i$$

存在,且此极限与对 D 的分割方法、点 (ξ_i, η_i) 的取法无关,则称此极限值为函数 $f(x, y)$ 在闭区域 D 上的二重积分,记作 $\iint\limits_{D} f(x, y) \mathrm{d}\sigma$,即

$$\iint\limits_{D} f(x,y)\mathrm{d}\sigma = \lim_{\lambda \to 0} \sum_{i=1}^{n} f(\xi_i,\eta_i)\Delta\sigma_i,$$

其中 D 称为积分区域, $f(x,y)$ 称为被积函数, $\mathrm{d}\sigma$ 称为面积元素.

由二重积分的定义可知,曲顶柱体的体积 V 是曲面 $z=f(x,y)$ 在底面区域 D 上的二重积分

$$V = \iint\limits_{D} f(x,y)\mathrm{d}\sigma;$$

平面薄板的质量 M 是面密度函数 $\rho(x,y)$ 在薄板所占区域 D 上的二重积分

$$M = \iint\limits_{D} \rho(x,y)\mathrm{d}\sigma.$$

如果 $\iint\limits_{D} f(x,y)\mathrm{d}\sigma$ 存在,则称二元函数 $f(x,y)$ 在区域 D 上可积.二重积分在几何上表示曲顶柱体体积的代数和,从直观上看,曲顶是连续曲面或分片连续曲面的柱体的体积是一定存在的,这表明闭区域 D 上的连续函数或分片连续函数 $f(x,y)$ 在 D 上是可积的.本章所涉及的被积函数都假定是积分区域 D 上的连续函数或分片连续函数.

当函数 $f(x,y)$ 在 D 上可积时, $\iint\limits_{D} f(x,y)\mathrm{d}\sigma$ 与对 D 的分割方法无关.在直角坐标系中,常用分别平行于 x 轴、y 轴的两族直线来分割 D.如此,除了包含边界点的一些小闭区域(可略去不计,因为分割无限细时,它们所对应的项的和的极限为零)外,其余小闭区域都是矩形.设第 i 个小矩形区域的边长为 $\Delta x_i,\Delta y_i$,则其面积为 $\Delta\sigma_i = \Delta x_i \Delta y_i$,从而把面积元素记为 $\mathrm{d}\sigma = \mathrm{d}x\mathrm{d}y$,进而直角坐标系下的二重积分记为

$$\iint\limits_{D} f(x,y)\mathrm{d}x\mathrm{d}y.$$

二、二重积分的性质

二重积分具有与定积分类似的性质,证明方法也类似.

性质 1　常数因子可以从积分号里面提到外面.即

$$\iint\limits_{D} kf(x,y)\mathrm{d}\sigma = k\iint\limits_{D} f(x,y)\mathrm{d}\sigma, \quad k \text{ 为常数}.$$

性质 2　函数代数和的二重积分等于各个函数二重积分的代数和.即

$$\iint\limits_{D} [f(x,y) \pm g(x,y)]\mathrm{d}\sigma = \iint\limits_{D} f(x,y)\mathrm{d}\sigma \pm \iint\limits_{D} g(x,y)\mathrm{d}\sigma.$$

性质 3　二重积分关于积分区域具有有限可加性.即如果 D 被分成两个区域 D_1 和 D_2(图 9-4),则

$$\iint\limits_{D} f(x,y)\mathrm{d}\sigma = \iint\limits_{D_1} f(x,y)\mathrm{d}\sigma + \iint\limits_{D_2} f(x,y)\mathrm{d}\sigma.$$

性质 4(单调性)　如果在 D 上有 $f(x,y) \leqslant g(x,y)$,则

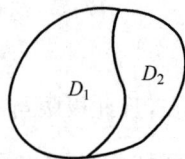

图　9-4

$$\iint\limits_{D} f(x,y)\mathrm{d}\sigma \leqslant \iint\limits_{D} g(x,y)\mathrm{d}\sigma.$$

性质 5　设区域 D 的面积为 σ，则

$$\sigma = \iint\limits_{D} 1\mathrm{d}\sigma = \iint\limits_{D} \mathrm{d}\sigma.$$

性质 6（介值性）　设 M,m 分别是 $f(x,y)$ 在 D 上的最大值和最小值，σ 是 D 的面积，则

$$m\sigma \leqslant \iint\limits_{D} f(x,y)\mathrm{d}\sigma \leqslant M\sigma.$$

性质 7（积分中值定理）　若 $f(x,y)$ 在面积为 σ 的区域 D 上连续，$g(x,y)$ 在 D 上可积而且在 D 上不变号，则至少存在一点 $(\xi,\eta)\in D$，使

$$\iint\limits_{D} f(x,y)g(x,y)\mathrm{d}\sigma = f(\xi,\eta)\iint\limits_{D} g(x,y)\mathrm{d}\sigma.$$

特别地，若取 $g(x,y)=1$，则得：

性质 8　设 $f(x,y)$ 在 D 上连续，D 的面积为 σ，则在 D 内至少存在一点 (ξ,η)，使

$$\iint\limits_{D} f(x,y)\mathrm{d}\sigma = f(\xi,\eta)\sigma.$$

性质 9　$\left| \iint\limits_{D} f(x,y)\mathrm{d}\sigma \right| \leqslant \iint\limits_{D} |f(x,y)|\mathrm{d}\sigma.$

下面只给出性质 7 的证明.

证　不妨设在 D 上恒有 $g(x,y)\geqslant 0$，m,M 分别是连续函数 $f(x,y)$ 在 D 上的最小值和最大值，则

$$mg(x,y) \leqslant f(x,y)g(x,y) \leqslant Mg(x,y),$$

利用性质 1、性质 4，可得

$$m\iint\limits_{D} g(x,y)\mathrm{d}\sigma \leqslant \iint\limits_{D} f(x,y)g(x,y)\mathrm{d}\sigma \leqslant M\iint\limits_{D} g(x,y)\mathrm{d}\sigma,$$

若 $\iint\limits_{D} g(x,y)\mathrm{d}\sigma = 0$，对任意点 $(\xi,\eta)\in D$，等式恒成立；若 $\iint\limits_{D} g(x,y)\mathrm{d}\sigma \neq 0$，则必有 $\iint\limits_{D} g(x,y)\mathrm{d}\sigma > 0$，从而

$$m \leqslant \frac{\iint\limits_{D} f(x,y)g(x,y)\mathrm{d}\sigma}{\iint\limits_{D} g(x,y)\mathrm{d}\sigma} \leqslant M,$$

由连续函数的介值定理可知，存在 $(\xi,\eta)\in D$，使

$$f(\xi,\eta) = \frac{\iint\limits_{D} f(x,y)g(x,y)\mathrm{d}\sigma}{\iint\limits_{D} g(x,y)\mathrm{d}\sigma},$$

即

$$\iint\limits_{D} f(x,y)g(x,y)\mathrm{d}\sigma = f(\xi,\eta)\iint\limits_{D} g(x,y)\mathrm{d}\sigma. \qquad \square$$

三、二重积分的计算

一般情况下,用二重积分的定义来计算二重积分是比较困难的,所以必须寻求计算二重积分的切实可行的方法.下面介绍如何把二重积分的计算转化为两次定积分的计算.

(一)在直角坐标系中计算二重积分

在直角坐标系下,

$$\iint\limits_{D} f(x,y)\mathrm{d}\sigma = \iint\limits_{D} f(x,y)\mathrm{d}x\,\mathrm{d}y.$$

设积分区域 D 可以表示成

$$D = \{(x,y) \mid a \leqslant x \leqslant b, \varphi(x) \leqslant y \leqslant \psi(x)\},$$

即 D 是由两条直线 $x=a$,$x=b$,两条曲线 $y=\varphi(x)$,$y=\psi(x)$ 所围成的区域(图 9-5),称这种类型的区域为 X 型区域.

假设 $f(x,y) \geqslant 0$,二重积分 $\iint\limits_{D} f(x,y)\mathrm{d}x\,\mathrm{d}y$ 在几何上表示以 $z=f(x,y)$ 为曲顶的直柱体体积.下面就借助几何直观,寻求计算二重积分 $\iint\limits_{D} f(x,y)\mathrm{d}x\,\mathrm{d}y$ 的方法.

用过点 $(x,0,0)$ 且平行于 yOz 面的平面去截曲顶柱体(图 9-6),截面是曲边梯形 $PQRS$,其面积为

$$A(x) = \int_{\varphi(x)}^{\psi(x)} f(x,y)\mathrm{d}y,$$

利用"平行截面面积为已知的立体体积"公式,可知曲顶柱体的体积为

$$\int_a^b A(x)\mathrm{d}x = \int_a^b \left[\int_{\varphi(x)}^{\psi(x)} f(x,y)\mathrm{d}y \right]\mathrm{d}x,$$

因此

$$\iint\limits_{D} f(x,y)\mathrm{d}x\,\mathrm{d}y = \int_a^b \left[\int_{\varphi(x)}^{\psi(x)} f(x,y)\mathrm{d}y \right]\mathrm{d}x. \qquad (1)$$

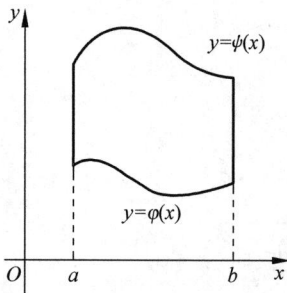

图 9-5

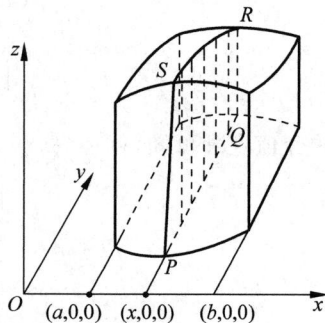

图 9-6

由此看出,计算二重积分可以化为计算两次定积分.称式(1)右端为二次积分或累次积分.

在计算第一次积分时,把 x 看作常数,即把 $f(x,y)$ 看作是 y 的函数,对变量 y 从 $\varphi(x)$ 到 $\psi(x)$ 求定积分.把积分的结果(实际上是 x 的函数 $A(x)$)再对变量 x 从 a 到 b 求定积分.习惯上把二次积分记为 $\int_a^b \mathrm{d}x \int_{\varphi(x)}^{\psi(x)} f(x,y)\mathrm{d}y$,即

$$\iint\limits_{D} f(x,y)\mathrm{d}x\mathrm{d}y = \int_a^b \mathrm{d}x \int_{\varphi(x)}^{\psi(x)} f(x,y)\mathrm{d}y. \qquad (2)$$

如果区域 D 可以表示为
$$D = \{(x,y) \mid c \leqslant y \leqslant d, \alpha(y) \leqslant x \leqslant \beta(y)\},$$
则称区域 D 为 Y 型区域(图 9-7).类似于式(2)有

$$\iint\limits_{D} f(x,y)\mathrm{d}x\mathrm{d}y = \int_c^d \left[\int_{\alpha(y)}^{\beta(y)} f(x,y)\mathrm{d}x\right]\mathrm{d}y,$$

即

$$\iint\limits_{D} f(x,y)\mathrm{d}x\mathrm{d}y = \int_c^d \mathrm{d}y \int_{\alpha(y)}^{\beta(y)} f(x,y)\mathrm{d}x. \qquad (3)$$

如果区域 D 既不是 X 型区域,也不是 Y 型区域,可以把区域分成若干个部分,使每一部分是 X 型区域或 Y 型区域.在每个子区域上用式(2)或式(3)计算,再利用积分区域的可加性(性质3),就得到整个区域上的二重积分.

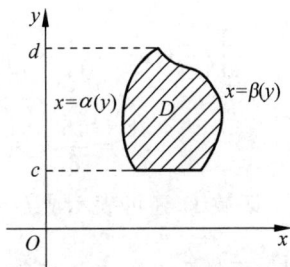

图 9-7

如果一个区域既可表示成
$$D = \{(x,y) \mid a \leqslant x \leqslant b, \varphi(x) \leqslant y \leqslant \psi(x)\},$$
又可表示成
$$D = \{(x,y) \mid c \leqslant y \leqslant d, \alpha(y) \leqslant x \leqslant \beta(y)\},$$
也就是说 D 既是 X 型区域,又是 Y 型区域,则
$$\int_a^b \mathrm{d}x \int_{\varphi(x)}^{\psi(x)} f(x,y)\mathrm{d}y = \int_c^d \mathrm{d}y \int_{\alpha(y)}^{\beta(y)} f(x,y)\mathrm{d}x,$$
称为二重积分可交换积分次序.具体计算时,两种顺序都可以考虑,但选择不同的计算顺序,计算的复杂程度可能会有所不同.

特别地,如果 D 是矩形区域 $\{(x,y) \mid a \leqslant x \leqslant b, c \leqslant y \leqslant d\}$,则
$$\iint\limits_{D} f(x,y)\mathrm{d}x\mathrm{d}y = \int_a^b \mathrm{d}x \int_c^d f(x,y)\mathrm{d}y = \int_c^d \mathrm{d}y \int_a^b f(x,y)\mathrm{d}x.$$

例1 计算二重积分 $\iint\limits_{D}(x^2+y)\mathrm{d}x\mathrm{d}y$,其中 D 是由 $y=x$, $x=3, y=1$ 围成的闭区域.

解 区域 D(图 9-8)可以表示成 $D = \{(x,y) \mid 1 \leqslant x \leqslant 3, 1 \leqslant y \leqslant x\}$,于是

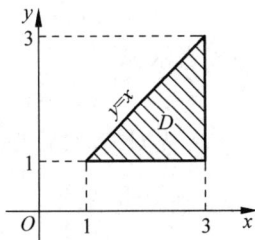

图 9-8

$$\iint\limits_{D}(x^2+y)\mathrm{d}x\mathrm{d}y = \int_1^3 \mathrm{d}x \int_1^x (x^2+y)\mathrm{d}y = \int_1^3 \left(x^2 y + \frac{1}{2}y^2\right)\Big|_1^x \mathrm{d}x$$

$$= \int_1^3 \left(x^3 - \frac{1}{2}x^2 - \frac{1}{2}\right)\mathrm{d}x = \frac{44}{3}.$$

区域 D 也可以表示成 $D=\{(x,y)\,|\,1\leqslant y\leqslant 3, y\leqslant x\leqslant 3\}$,所以

$$\iint\limits_{D}(x^2+y)\mathrm{d}x\mathrm{d}y=\int_1^3\mathrm{d}y\int_y^3(x^2+y)\mathrm{d}x=\int_1^3\left(9+3y-\frac{1}{3}y^3-y^2\right)\mathrm{d}y=\frac{44}{3}.$$

例2　计算 $\iint\limits_{D}xy\,\mathrm{d}x\mathrm{d}y$,其中 D 是直线 $y=2$, $y=x$ 和双曲线 $xy=1$ 所围成的有限闭区域.

解　区域 D(图 9-9)可表示成 $D=\Big\{(x,y)\,\Big|\,1\leqslant y\leqslant 2,$

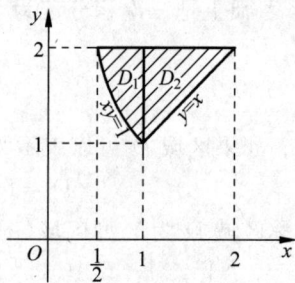
图　9-9

$\dfrac{1}{y}\leqslant x\leqslant y\Big\}$,所以

$$\iint\limits_{D}xy\,\mathrm{d}x\mathrm{d}y=\int_1^2\mathrm{d}y\int_{\frac{1}{y}}^{y}xy\,\mathrm{d}x=\int_1^2\left(\frac{1}{2}y^3-\frac{1}{2y}\right)\mathrm{d}y$$

$$=\frac{15}{8}-\frac{1}{2}\ln2.$$

区域 D 还可表示成 $D=D_1\bigcup D_2$,其中

$$D_1=\Big\{(x,y)\,\Big|\,\frac{1}{2}\leqslant x\leqslant 1,\frac{1}{x}\leqslant y\leqslant 2\Big\},\quad D_2=\{(x,y)\,|\,1\leqslant x\leqslant 2, x\leqslant y\leqslant 2\},$$

从而

$$\iint\limits_{D_1}xy\,\mathrm{d}x\mathrm{d}y=\int_{\frac{1}{2}}^1\mathrm{d}x\int_{\frac{1}{x}}^2xy\,\mathrm{d}y=\int_{\frac{1}{2}}^1\left(2x-\frac{1}{2x}\right)\mathrm{d}x=\frac{3}{4}-\frac{1}{2}\ln2,$$

$$\iint\limits_{D_2}xy\,\mathrm{d}x\mathrm{d}y=\int_1^2\mathrm{d}x\int_x^2xy\,\mathrm{d}y=\int_1^2\left(2x-\frac{1}{2}x^3\right)\mathrm{d}x=\frac{9}{8},$$

所以

$$\iint\limits_{D}xy\,\mathrm{d}x\mathrm{d}y=\iint\limits_{D_1}xy\,\mathrm{d}x\mathrm{d}y+\iint\limits_{D_2}xy\,\mathrm{d}x\mathrm{d}y=\frac{15}{8}-\frac{1}{2}\ln2.$$

例1、例2说明,二重积分按两种顺序计算时,结果都一样,应选择较简洁的一种来计算(如例2中第一种解法比第二种解法简洁得多).

例3　计算 $\iint\limits_{D}\dfrac{\sin y}{y}\mathrm{d}x\mathrm{d}y$,其中 D 是由直线 $y=x$ 和抛物线 $x=y^2$ 围成的闭区域(图 9-10).

解　D 可以表示为

$$D=\{(x,y)\,|\,0\leqslant x\leqslant 1, x\leqslant y\leqslant\sqrt{x}\},$$

也可以表示为

$$D=\{(x,y)\,|\,0\leqslant y\leqslant 1, y^2\leqslant x\leqslant y\}.$$

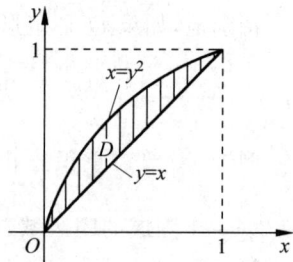
图　9-10

(1) 先对 y,然后对 x 积分,则

$$\iint\limits_{D}\frac{\sin y}{y}\mathrm{d}x\mathrm{d}y=\int_0^1\mathrm{d}x\int_x^{\sqrt{x}}\frac{\sin y}{y}\mathrm{d}y,$$

因为 $\dfrac{\sin y}{y}$ 的原函数不能用初等函数表示,故不能按此顺序计算.

（2）先对 x，然后对 y 积分，则

$$\iint\limits_{D} \frac{\sin y}{y} \mathrm{d}x\mathrm{d}y = \int_0^1 \mathrm{d}y \int_{y^2}^y \frac{\sin y}{y}\mathrm{d}x = \int_0^1 (\sin y - y\sin y)\mathrm{d}y = 1 - \sin 1.$$

由此可知，在计算重积分时，除了要注意 D 的特点，还要注意被积函数的特点，灵活选择积分顺序.

例 4　计算 $\iint\limits_{D} \sqrt{|y - x^2|}\,\mathrm{d}x\mathrm{d}y$，其中 $D = \{(x,y) | -1 \leqslant x \leqslant 1, 0 \leqslant y \leqslant 2\}$.

解　先画出 D 的图形（图 9-11）. 由绝对值的定义，知

$$|y - x^2| = \begin{cases} y - x^2, & y \geqslant x^2, \\ x^2 - y, & y \leqslant x^2, \end{cases}$$

积分区域被抛物线 $y = x^2$ 分成两部分：

$$D_1 = \{(x,y) | -1 \leqslant x \leqslant 1, x^2 \leqslant y \leqslant 2\},$$
$$D_2 = \{(x,y) | -1 \leqslant x \leqslant 1, 0 \leqslant y \leqslant x^2\},$$

则有

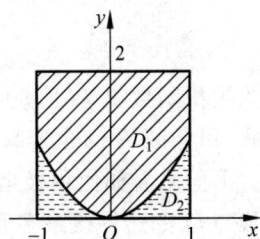

图　9-11

$$\iint\limits_{D} \sqrt{|y - x^2|}\,\mathrm{d}x\mathrm{d}y = \iint\limits_{D_1} \sqrt{y - x^2}\,\mathrm{d}x\mathrm{d}y + \iint\limits_{D_2} \sqrt{x^2 - y}\,\mathrm{d}x\mathrm{d}y,$$

其中

$$\iint\limits_{D_1} \sqrt{y - x^2}\,\mathrm{d}x\mathrm{d}y = \int_{-1}^1 \mathrm{d}x \int_{x^2}^2 \sqrt{y - x^2}\,\mathrm{d}y = \frac{2}{3}\int_{-1}^1 (2 - x^2)^{\frac{3}{2}}\mathrm{d}x = \frac{\pi}{2} + \frac{4}{3},$$

$$\iint\limits_{D_2} \sqrt{x^2 - y}\,\mathrm{d}x\mathrm{d}y = \int_{-1}^1 \mathrm{d}x \int_0^{x^2} \sqrt{x^2 - y}\,\mathrm{d}y = \frac{1}{3},$$

所以

$$\iint\limits_{D} \sqrt{|y - x^2|}\,\mathrm{d}x\mathrm{d}y = \frac{\pi}{2} + \frac{5}{3}.$$

例 5　设 $f(x,y)$ 为连续函数，改变二次积分 $\int_0^3 \mathrm{d}y \int_{\frac{y^2}{9}}^{\sqrt{10-y^2}} f(x,y)\mathrm{d}x$ 的积分顺序.

解　先画出积分区域

$$D = \left\{(x,y) \,\middle|\, 0 \leqslant y \leqslant 3, \frac{y^2}{9} \leqslant x \leqslant \sqrt{10 - y^2}\right\}$$

的图形，要改变积分顺序，需把 D 表示为

$$D = \{(x,y) | a \leqslant x \leqslant b, \varphi(x) \leqslant y \leqslant \psi(x)\}$$

的形式（图 9-12）. 由图形可知 $0 \leqslant x \leqslant \sqrt{10}$，但 D 的上缘边界曲线不能用一个统一的方程来表示. 用 $x = 1$ 把 D 分成两部分，则当 $0 \leqslant x \leqslant 1$ 时，$0 \leqslant y \leqslant 3\sqrt{x}$；当 $1 \leqslant x \leqslant \sqrt{10}$ 时，$0 \leqslant y \leqslant \sqrt{10 - x^2}$，从而

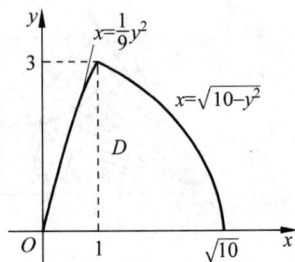

图　9-12

$$\int_0^3 \mathrm{d}y \int_{\frac{y^2}{9}}^{\sqrt{10-y^2}} f(x,y)\mathrm{d}x = \int_0^1 \mathrm{d}x \int_0^{3\sqrt{x}} f(x,y)\mathrm{d}y +$$

$$\int_1^{\sqrt{10}} \mathrm{d}x \int_1^{\sqrt{10-x^2}} f(x,y)\mathrm{d}y.$$

（二）在极坐标系中计算二重积分

计算定积分时常用的一种方法是换元法,同样,在二重积分计算中也有换元法.一般性的换元法在下一部分介绍,此处研究计算二重积分时常用的一种换元法——极坐标变换,即在极坐标系中计算二重积分.

在极坐标系中计算二重积分,积分区域、被积函数、面积元素都要用极坐标表示.由极坐标与直角坐标之间的关系,可得换元公式

$$\begin{cases} x = r\cos\theta, \\ y = r\sin\theta, \end{cases}$$

代入被积函数得 $f(x,y) = f(r\cos\theta, r\sin\theta)$,即被积函数化为极坐标形式了.同样,利用换元公式,积分区域 D 也容易用极坐标 (r,θ) 表示.

下面来看如何用极坐标表示面积元素 $d\sigma = dxdy$.设从极点出发穿过闭区域 D 内部的射线与 D 的边界线最多有两个交点.二重积分的值与 D 的分割方法无关,如下分割 D:用极点为圆心的一族同心圆(r=常数)和从极点出发的一族射线(θ=常数),把闭区域 D 分成 n 个小闭区域(图 9-13).除了含边界点的小闭区域外(可略去不计,因为随着分割越来越细密,这些小区域的面积之和趋于零.),其余小闭区域 σ_i 的面积 $\Delta\sigma_i$ 为

$$\Delta\sigma_i = \frac{1}{2}(r_i + \Delta r)^2\Delta\theta - \frac{1}{2}r_i^2\Delta\theta = r_i\Delta r\Delta\theta + \frac{1}{2}(\Delta r)^2\Delta\theta$$

$$\approx r_i\Delta r\Delta\theta (舍去高阶无穷小量),$$

如此可得,在极坐标系中面积元素为 $d\sigma = rdrd\theta$.

综上所述,采用极坐标变换后,二重积分的转化公式为

$$\iint\limits_D f(x,y)dxdy = \iint\limits_D f(r\cos\theta, r\sin\theta)rdrd\theta. \tag{4}$$

计算式(4)右端的二重积分时,一般也是根据积分区域 D 的特点将其化为二次积分来计算.我们平常遇到的 D 大多为 θ 型区域(图 9-14):区域 D 在两条射线 $\theta = \alpha$,$\theta = \beta$ 之间,射线与 D 的边界的交点把区域 D 的边界分为两部分 $r = r_1(\theta)$,$r = r_2(\theta)$,即区域 D 表示为

$$D = \{(r,\theta) \mid \alpha \leqslant \theta \leqslant \beta, r_1(\theta) \leqslant r \leqslant r_2(\theta)\},$$

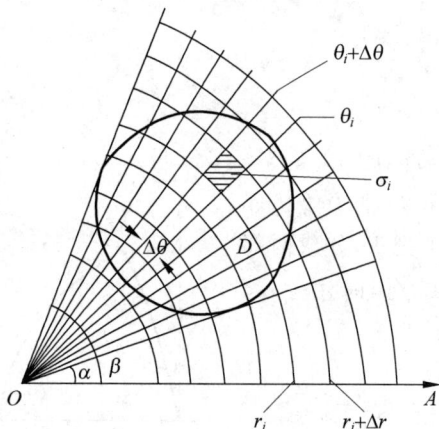

图　9-13

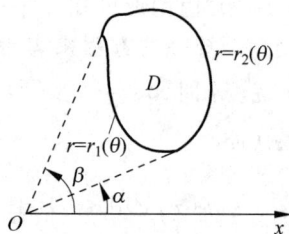

图　9-14

此时式(4)右端为

$$\iint f(r\cos\theta,r\sin\theta)r\,\mathrm{d}r\mathrm{d}\theta=\int_\alpha^\beta\mathrm{d}\theta\int_{r_1(\theta)}^{r_2(\theta)}f(r\cos\theta,r\sin\theta)r\,\mathrm{d}r. \tag{5}$$

特别地,若极点在 D 的边界上(图 9-15), D 可表示为

$$D=\{(r,\theta)\mid\alpha\leqslant\theta\leqslant\beta,0\leqslant r\leqslant r(\theta)\},$$

则

$$\iint_D f(r\cos\theta,r\sin\theta)r\,\mathrm{d}r\mathrm{d}\theta=\int_\alpha^\beta\mathrm{d}\theta\int_0^{r(\theta)}f(r\cos\theta,r\sin\theta)r\,\mathrm{d}r. \tag{6}$$

若极点在 D 的内部(图 9-16),设区域 D 的边界曲线方程为 $r=r(\theta)$,则 D 可以表示为

$$D=\{(r,\theta)\mid 0\leqslant\theta\leqslant 2\pi,0\leqslant r\leqslant r(\theta)\},$$

于是

$$\iint_D f(r\cos\theta,r\sin\theta)r\,\mathrm{d}r\mathrm{d}\theta=\int_0^{2\pi}\mathrm{d}\theta\int_0^{r(\theta)}f(r\cos\theta,r\sin\theta)r\,\mathrm{d}r. \tag{7}$$

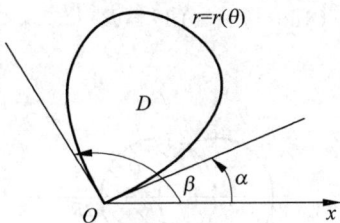
图　9-15

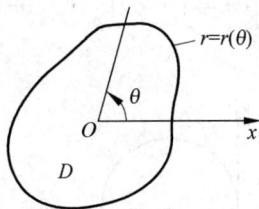
图　9-16

一般地,若积分区域 D 是圆域或其一部分, D 的边界曲线的极坐标表示比较简单,或被积函数表示式中含有 $x^2+y^2,\dfrac{y}{x}$ 等形式,采用极坐标计算二重积分较简便.

例 6　计算 $\iint_D e^{-(x^2+y^2)}\mathrm{d}x\,\mathrm{d}y$,其中 D 是由 $x^2+y^2=R^2$, $y=x$ 及 x 轴正半轴围成的闭区域(图 9-17).

解　如果采用直角坐标计算,因为 $\int e^{-x^2}\mathrm{d}x$ 无法用初等函数表示,因此不能计算.下面采用极坐标来计算.

令 $x=r\cos\theta$, $y=r\sin\theta$,则 $e^{-(x^2+y^2)}=e^{-r^2}$.方程 $x^2+y^2=R^2$ 化为 $r=R$,区域 D 可表示成

$$D=\left\{(r,\theta)\,\middle|\,0\leqslant\theta\leqslant\frac{\pi}{4},0\leqslant r\leqslant R\right\},$$

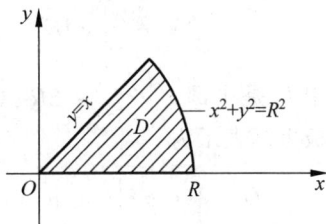
图　9-17

所以

$$\iint_D e^{-(x^2+y^2)}\mathrm{d}x\,\mathrm{d}y=\iint_D e^{-r^2}r\,\mathrm{d}r\mathrm{d}\theta=\int_0^{\frac{\pi}{4}}\mathrm{d}\theta\int_0^R e^{-r^2}r\,\mathrm{d}r=\frac{\pi}{8}(1-e^{-R^2}).$$

例 7　计算 $\iint_D\sqrt{x^2+y^2}\,\mathrm{d}\sigma$,其中 D 是圆 $x^2+y^2=2x$ 围成的闭区域.

解　区域 D（图 9-18）的边界曲线用极坐标表示为 $r=2\cos\theta$，所以

$$D=\left\{(r,\theta)\left|-\frac{\pi}{2}\leqslant\theta\leqslant\frac{\pi}{2},0\leqslant r\leqslant 2\cos\theta\right.\right\},$$

$$\iint\limits_{D}\sqrt{x^2+y^2}\,\mathrm{d}\sigma=\iint\limits_{D}r\cdot r\mathrm{d}r\mathrm{d}\theta=\int_{-\frac{\pi}{2}}^{\frac{\pi}{2}}\mathrm{d}\theta\int_0^{2\cos\theta}r^2\,\mathrm{d}r=\int_{-\frac{\pi}{2}}^{\frac{\pi}{2}}\frac{8}{3}\cos^3\theta\mathrm{d}\theta=\frac{32}{9}.$$

例 8　求介于曲线 $r=R$ 以外，$r=2R\cos\theta$ 以内的平面闭区域 D 的面积 S.

解　区域 D 如图 9-19 所示. 解方程组 $\begin{cases}r=R,\\r=2R\cos\theta\end{cases}$ 可得交点的极坐标为 $A\left(R,\dfrac{\pi}{3}\right)$，$B\left(R,-\dfrac{\pi}{3}\right)$，于是 D 可表示为

$$D=\left\{(r,\theta)\left|-\frac{\pi}{3}\leqslant\theta\leqslant\frac{\pi}{3},R\leqslant r\leqslant 2R\cos\theta\right.\right\},$$

所以

$$S=\iint\limits_{D}\mathrm{d}\sigma=\int_{-\frac{\pi}{3}}^{\frac{\pi}{3}}\mathrm{d}\theta\int_R^{2R\cos\theta}r\mathrm{d}r=\int_{-\frac{\pi}{3}}^{\frac{\pi}{3}}\frac{R^2}{2}(4\cos^2\theta-1)\mathrm{d}\theta=R^2\left(\frac{\sqrt{3}}{2}+\frac{\pi}{3}\right).$$

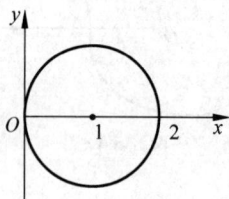

图　9-18

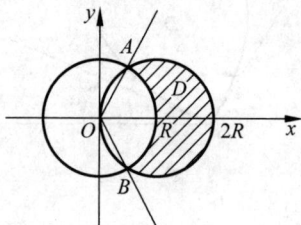

图　9-19

例 9　求球体 $x^2+y^2+z^2\leqslant 4R^2$ 被圆柱面 $x^2+y^2=2Rx$ 截下的那部分体积.

解　截下部分在 xOy 面上面的部分是曲顶柱体（图 9-20）；顶面是球面的一部分，底面是圆 $x^2+y^2=2Rx$ 所围成的闭区域. 由对称性得

$$V=4\iint\limits_{D}\sqrt{4R^2-(x^2+y^2)}\,\mathrm{d}\sigma,$$

其中 D 是半圆 $x^2+y^2=2Rx(y\geqslant 0)$ 与 x 轴围成的闭区域，用极坐标表示为

$$D=\left\{(r,\theta)\left|0\leqslant\theta\leqslant\frac{\pi}{2},0\leqslant r\leqslant 2R\cos\theta\right.\right\},$$

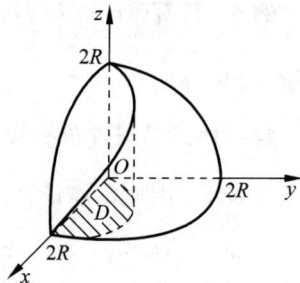

图　9-20

所以

$$V=4\iint\limits_{D}\sqrt{4R^2-(x^2+y^2)}\,\mathrm{d}\sigma=4\iint\limits_{D}\sqrt{4R^2-r^2}\,r\mathrm{d}r\mathrm{d}\theta=4\int_0^{\frac{\pi}{2}}\mathrm{d}\theta\int_0^{2R\cos\theta}\sqrt{4R^2-r^2}\,r\mathrm{d}r$$

$$=\frac{32}{3}R^3\int_0^{\frac{\pi}{2}}(1-\sin^3\theta)\mathrm{d}\theta=\frac{16}{3}R^3\left(\pi-\frac{4}{3}\right).$$

例 10 计算广义积分 $\displaystyle\int_0^{+\infty} \mathrm{e}^{-x^2}\,\mathrm{d}x$ 的值.

解 $\displaystyle\int \mathrm{e}^{-x^2}\,\mathrm{d}x$ 不是初等函数,不能直接求积分.下面利用二重积分来计算.

因为 $\displaystyle\int_0^{+\infty} \mathrm{e}^{-x^2}\,\mathrm{d}x = \lim_{R\to+\infty}\int_0^R \mathrm{e}^{-x^2}\,\mathrm{d}x$,因此先计算 $\displaystyle\int_0^R \mathrm{e}^{-x^2}\,\mathrm{d}x$.

$$\left[\int_0^R \mathrm{e}^{-x^2}\,\mathrm{d}x\right]^2 = \int_0^R \mathrm{e}^{-x^2}\,\mathrm{d}x \int_0^R \mathrm{e}^{-y^2}\,\mathrm{d}y = \iint\limits_{D} \mathrm{e}^{-(x^2+y^2)}\,\mathrm{d}x\,\mathrm{d}y,$$

其中 $D = \{(x,y) \mid 0 \leqslant x \leqslant R, 0 \leqslant y \leqslant R\}$.

作区域

$$D_1 = \{(x,y) \mid x^2 + y^2 \leqslant R^2, x \geqslant 0, y \geqslant 0\},$$

$$D_2 = \{(x,y) \mid x^2 + y^2 \leqslant 2R^2, x \geqslant 0, y \geqslant 0\},$$

则有 $D_1 \subset D \subset D_2$(图 9-21),因为 $\mathrm{e}^{-(x^2+y^2)} > 0$,由积分的性质可得

$$\iint\limits_{D_1} \mathrm{e}^{-(x^2+y^2)}\,\mathrm{d}x\,\mathrm{d}y < \iint\limits_{D} \mathrm{e}^{-(x^2+y^2)}\,\mathrm{d}x\,\mathrm{d}y < \iint\limits_{D_2} \mathrm{e}^{-(x^2+y^2)}\,\mathrm{d}x\,\mathrm{d}y,$$

又因为

$$\iint\limits_{D_1} \mathrm{e}^{-(x^2+y^2)}\,\mathrm{d}x\,\mathrm{d}y = \int_0^{\frac{\pi}{2}}\mathrm{d}\theta\int_0^R \mathrm{e}^{-r^2} r\,\mathrm{d}r = \frac{\pi}{4}(1-\mathrm{e}^{-R^2}),$$

$$\iint\limits_{D_2} \mathrm{e}^{-(x^2+y^2)}\,\mathrm{d}x\,\mathrm{d}y = \int_0^{\frac{\pi}{2}}\mathrm{d}\theta\int_0^{\sqrt{2}R} \mathrm{e}^{-r^2} r\,\mathrm{d}r = \frac{\pi}{4}(1-\mathrm{e}^{-2R^2}),$$

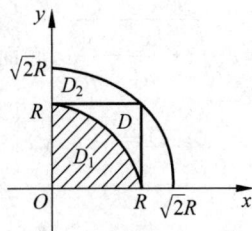

图 9-21

所以

$$\frac{\pi}{4}(1-\mathrm{e}^{-R^2}) < \left[\int_0^R \mathrm{e}^{-x^2}\,\mathrm{d}x\right]^2 < \frac{\pi}{4}(1-\mathrm{e}^{-2R^2}).$$

令 $R \to +\infty$,上式两端的极限值均为 $\dfrac{\pi}{4}$,可得

$$\int_0^{+\infty} \mathrm{e}^{-x^2}\,\mathrm{d}x = \frac{\sqrt{\pi}}{2}.$$

(三)二重积分的一般换元法

极坐标变换是二重积分的一种特殊换元法.为计算更广泛的二重积分,需研究二重积分的一般换元法.

设 $f(x,y)$ 在 D 上连续,用换元法计算二重积分 $\displaystyle\iint\limits_{D} f(x,y)\,\mathrm{d}x\,\mathrm{d}y$ 时,积分区域、被积函数、面积元素都需作相应改变.设选用的换元公式为 $\begin{cases} x = x(u,v), \\ y = y(u,v), \end{cases}$ 代入被积函数,即得 $f(x,y) = f[x(u,v), y(u,v)]$.在该变换下,设 xOy 面上的区域 D 与 $uO'v$ 平面上的区域 D' 相对应,$x(u,v), y(u,v)$ 在 D' 上有连续的偏导数,且雅可比(Jacobi)行列式

$$J = \frac{\partial(x,y)}{\partial(u,v)} = \begin{vmatrix} \dfrac{\partial x}{\partial u} & \dfrac{\partial x}{\partial v} \\ \dfrac{\partial y}{\partial u} & \dfrac{\partial y}{\partial v} \end{vmatrix} \neq 0,$$

由隐函数存在定理,通过上述换元公式可以唯一地解出 $u=u(x,y),v=v(x,y)$,这说明 xOy 面上的区域 D 与 $uO'v$ 平面上的区域 D' 是一一对应的.另外,可以证明(此处略),xOy 坐标下的面积元素 $\mathrm{d}x\mathrm{d}y$ 变换为 $uO'v$ 坐标下的面积元素$|J|\mathrm{d}u\mathrm{d}v$,于是二重积分的一般换元公式为

$$\iint\limits_{D}f(x,y)\mathrm{d}x\mathrm{d}y=\iint\limits_{D'}f[x(u,v),y(u,v)]\mid J\mid\mathrm{d}u\mathrm{d}v, \tag{8}$$

其中$|J|$是 Jacobi 行列式 J 的绝对值.

在计算式(8)右端的二重积分时,一般也是根据积分区域 D' 的特点将其化为二次积分来计算.容易验证,二重积分的极坐标变换适合式(8).

例 11 求椭球体的体积 V.

解 设椭球面方程为$\dfrac{x^2}{a^2}+\dfrac{y^2}{b^2}+\dfrac{z^2}{c^2}=1$.由对称性,只需求出第一卦限部分的体积,再乘以 8 即可.在第一卦限内部分可以看作曲顶柱体,其顶面方程为

$z=c\sqrt{1-\dfrac{x^2}{a^2}-\dfrac{y^2}{b^2}}$,底面 D(图 9-22)可表示为

$$D=\left\{(x,y)\ \Big|\ x\geqslant 0,y\geqslant 0,\dfrac{x^2}{a^2}+\dfrac{y^2}{b^2}\leqslant 1\right\},$$

所以

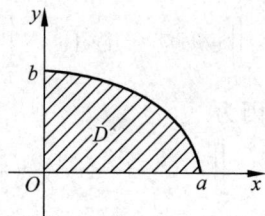

图 9-22

$$V=8\iint\limits_{D}c\sqrt{1-\dfrac{x^2}{a^2}-\dfrac{y^2}{b^2}}\,\mathrm{d}x\mathrm{d}y.$$

作广义极坐标变换

$$\begin{cases}x=ar\cos\theta,\\y=br\sin\theta,\end{cases}$$

则

$$J=\dfrac{\partial(x,y)}{\partial(r,\theta)}=\begin{vmatrix}a\cos\theta & -ar\sin\theta\\ b\sin\theta & br\cos\theta\end{vmatrix}=abr,$$

$$D'=\left\{(r,\theta)\ \Big|\ 0\leqslant\theta\leqslant\dfrac{\pi}{2},0\leqslant r\leqslant 1\right\},$$

所以

$$V=8c\iint\limits_{D}\sqrt{1-\dfrac{x^2}{a^2}-\dfrac{y^2}{b^2}}\,\mathrm{d}x\mathrm{d}y=8c\iint\limits_{D'}\sqrt{1-r^2}\cdot abr\,\mathrm{d}r\mathrm{d}\theta$$

$$=8abc\int_{0}^{\frac{\pi}{2}}\mathrm{d}\theta\int_{0}^{1}\sqrt{1-r^2}\cdot r\,\mathrm{d}r=\dfrac{4}{3}\pi abc.$$

特别地,取 $a=b=c=R$,则得到半径为 R 的球体体积为$\dfrac{4}{3}\pi R^3$.

例 12 计算$\iint\limits_{D}\mathrm{e}^{\frac{y-x}{y+x}}\mathrm{d}x\mathrm{d}y$,其中 D 是由 x 轴、y 轴和直线 $x+$ $y=1$ 围成的闭区域(图 9-23).

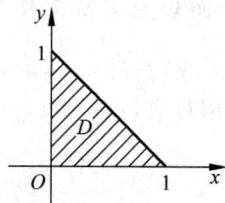

图   9-23

解 令 $y-x=u$，$y+x=v$，可得

$$x=\frac{1}{2}(v-u), \quad y=\frac{1}{2}(u+v).$$

作变换

$$\begin{cases} x=\dfrac{1}{2}(v-u), \\ y=\dfrac{1}{2}(u+v), \end{cases}$$

则

$$J=\frac{\partial(x,y)}{\partial(u,v)}=\begin{vmatrix} -\dfrac{1}{2} & \dfrac{1}{2} \\ \dfrac{1}{2} & \dfrac{1}{2} \end{vmatrix}=-\frac{1}{2}.$$

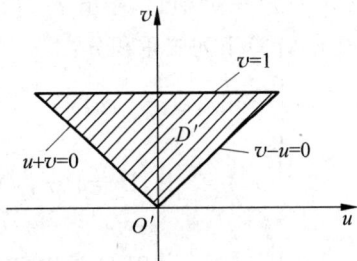

图 9-24

上述变换把 xOy 面上的直线 $x=0$，$y=0$，$x+y=1$ 分别变换为 $uO'v$ 面上的直线 $v-u=0$，$u+v=0$，$v=1$，从而把 D 变换为 $uO'v$ 平面上由直线 $v-u=0$，$u+v=0$ 及 $v=1$ 围成的闭区域 D'（图 9-24）. 故

$$\iint\limits_{D} e^{\frac{y-x}{y+x}}\,dx\,dy=\iint\limits_{D'} e^{\frac{u}{v}}\left|-\frac{1}{2}\right|\,du\,dv=\frac{1}{2}\int_{0}^{1}dv\int_{-v}^{v} e^{\frac{u}{v}}\,du=\frac{1}{4}(e-e^{-1}).$$

例 13 求抛物线 $y^2=x$，$y^2=4x$ 及 $y=x^2$，$4y=x^2$ 围成的闭区域 D 的面积 S（图 9-25）.

解 令 $u=\dfrac{y^2}{x}$，$v=\dfrac{x^2}{y}$，则得

$$\begin{cases} x=u^{\frac{1}{3}}v^{\frac{2}{3}}, \\ y=u^{\frac{2}{3}}v^{\frac{1}{3}}, \end{cases}$$

此变换把 D 变换为 $uO'v$ 平面中的 D'，把 xOy 平面上的抛物线 $y^2=x$，$y^2=4x$，$y=x^2$，$4y=x^2$ 分别变换为 $uO'v$ 平面上的直线 $u=1$，$u=4$，$v=1$，$v=4$，所以 D' 是由直线 $u=1$，$u=4$，$v=1$，$v=4$ 围成的闭区域（图 9-26）. 可得

$$J=\frac{\partial(x,y)}{\partial(u,v)}=-\frac{1}{3},$$

$$S=\iint\limits_{D} dx\,dy=\iint\limits_{D'} |J|\,du\,dv=\frac{1}{3}\int_{1}^{4}du\int_{1}^{4}dv=3.$$

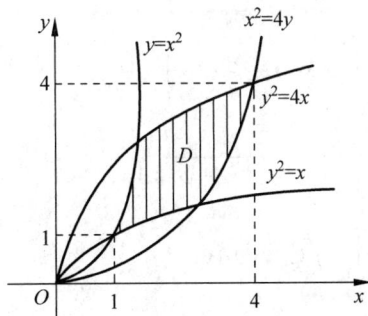

图 9-25

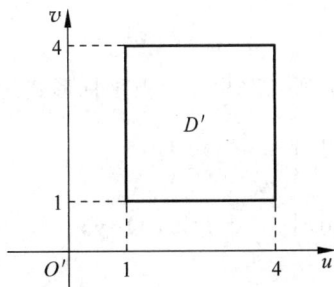

图 9-26

习题 9-1

1. 已知 $\iint\limits_{D}\sqrt{a^2-x^2-y^2}\,\mathrm{d}x\mathrm{d}y=\pi$，其中积分区域为 D：$x^2+y^2\leqslant a^2$，求出 a 的值.

2. 设 $I_1=\iint\limits_{D}\cos\sqrt{x^2+y^2}\,\mathrm{d}\sigma$，$I_2=\iint\limits_{D}\cos(x^2+y^2)\,\mathrm{d}\sigma$，$I_3=\iint\limits_{D}\cos(x^2+y^2)^2\,\mathrm{d}\sigma$，其中 $D=\{(x,y)\mid x^2+y^2\leqslant1\}$，指出 I_1,I_2,I_3 的大小关系.

3. 计算下列二重积分：

(1) $\iint\limits_{D}xy\,\mathrm{d}\sigma$，$D=\{(x,y)\mid 1\leqslant x\leqslant2,0\leqslant y\leqslant1\}$；

(2) $\iint\limits_{D}x^2y\mathrm{e}^{xy}\,\mathrm{d}\sigma$，$D=\{(x,y)\mid 0\leqslant x\leqslant1,0\leqslant y\leqslant3\}$；

(3) $\iint\limits_{D}xy^2\,\mathrm{d}\sigma$，其中 D 是由 $y^2=x,y=x$ 围成的闭区域；

(4) $\iint\limits_{D}(x^2+y)\,\mathrm{d}\sigma$，其中 D 是由 $y=x^2,y=2-x^2$ 围成的闭区域；

(5) $\iint\limits_{D}x\sqrt{y}\,\mathrm{d}\sigma$，其中 D 是由 $y=4,y=x,y=4x$ 围成的闭区域；

(6) $\iint\limits_{D}(x^2+y^2-x)\,\mathrm{d}\sigma$，其中 D 是由 $y=2,y=x,y=2x$ 围成的闭区域.

(7) $\iint\limits_{D}y\,\mathrm{d}\sigma$，其中 D 是由 $y^2=x,y=x-2$ 围成的闭区域；

(8) $\iint\limits_{D}\mathrm{e}^{x+y}\,\mathrm{d}\sigma$，其中 $D=\{(x,y)\mid |x|+|y|\leqslant1\}$；

(9) $\iint\limits_{D}6x^2y^2\,\mathrm{d}\sigma$，其中 D 是由 $y=x,y=-x$ 和 $y=2-x^2$ 所围成的 x 轴上方区域.

4. 改变下列二次积分的积分顺序：

(1) $\int_0^1\mathrm{d}y\int_y^{\sqrt{y}}f(x,y)\mathrm{d}x$；$\qquad$ (2) $\int_1^2\mathrm{d}x\int_x^{x^2}f(x,y)\mathrm{d}y$；

(3) $\int_1^e\mathrm{d}y\int_0^{\ln y}f(x,y)\mathrm{d}x$；$\qquad$ (4) $\int_0^{2a}\mathrm{d}x\int_{\sqrt{2ax-x^2}}^{\sqrt{2ax}}f(x,y)\mathrm{d}y,a>0$；

(5) $\int_0^2\mathrm{d}x\int_{-\sqrt{4-x}}^{x-2}f(x,y)\mathrm{d}y$；$\qquad$ (6) $\int_0^1\mathrm{d}x\int_0^x f(x,y)\mathrm{d}y+\int_1^{\frac{3}{2}}\mathrm{d}x\int_0^{3-2x}f(x,y)\mathrm{d}y$.

5. 化下列二次积分为极坐标形式的二次积分：

(1) $\int_0^1\mathrm{d}x\int_0^1 f(x,y)\mathrm{d}y$；$\qquad$ (2) $\int_0^2\mathrm{d}x\int_x^{\sqrt{3}x}f(\sqrt{x^2+y^2})\mathrm{d}y$；

(3) $\int_0^1\mathrm{d}x\int_{1-x}^{\sqrt{1-x^2}}f(x,y)\mathrm{d}y$；$\qquad$ (4) $\int_0^1\mathrm{d}x\int_0^{x^2}f(x,y)\mathrm{d}y$.

6. 用极坐标变换计算下列二重积分：

(1) $\iint\limits_{D} \sqrt{x^2 + y^2}\,\mathrm{d}x\mathrm{d}y$，$D = \{(x,y) \mid x^2 + y^2 \leqslant 4x\}$；

(2) $\iint\limits_{D} \arctan\dfrac{y}{x}\,\mathrm{d}x\mathrm{d}y$，其中 D 是由 $x^2 + y^2 = 4$，$x^2 + y^2 = 1$，$x = y$，$y = 0$ 在第一象限内围成的闭区域；

(3) $\iint\limits_{D} \sin\sqrt{x^2 + y^2}\,\mathrm{d}x\mathrm{d}y$，$D = \{(x,y) \mid \pi^2 \leqslant x^2 + y^2 \leqslant 4\pi^2\}$；

(4) $\iint\limits_{D} \ln(1 + x^2 + y^2)\,\mathrm{d}x\mathrm{d}y$，$D = \{(x,y) \mid x^2 + y^2 \leqslant 1, x \geqslant 0, y \geqslant 0\}$；

(5) $\iint\limits_{D} \mathrm{e}^{x^2+y^2}\,\mathrm{d}x\mathrm{d}y$，$D = \{(x,y) \mid x^2 + y^2 \leqslant 4\}$；

(6) $\iint\limits_{D} \sqrt{\dfrac{1 - x^2 - y^2}{1 + x^2 + y^2}}\,\mathrm{d}\sigma$，其中 D 是由圆周 $x^2 + y^2 = 1$ 及坐标轴所围成的在第一象限内的闭区域；

(7) $\iint\limits_{D}(x - y)\,\mathrm{d}x\mathrm{d}y$，$D = \{(x,y) \mid (x-1)^2 + (y-1)^2 \leqslant 2, y \geqslant x\}$.

7. 用适当的变换计算下列二重积分：

(1) $\iint\limits_{D} x^2\,\mathrm{d}x\mathrm{d}y$，$D = \{(x,y) \mid x^2 + y^2 - 2x \leqslant 3\}$；

(2) $\iint\limits_{D}\left(\dfrac{x^2}{a^2} + \dfrac{y^2}{b^2}\right)\mathrm{d}x\mathrm{d}y$，$D = \left\{(x,y) \,\middle|\, \dfrac{x^2}{a^2} + \dfrac{y^2}{b^2} \leqslant 1\right\}$；

(3) $\iint\limits_{D} x^2 y^2\,\mathrm{d}x\mathrm{d}y$，其中 D 是由 $xy = 1$，$xy = 2$，$y = x$，$y = 4x$ 在第一象限内围成的闭区域；

(4) $\iint\limits_{D}\cos\left(\dfrac{x - y}{x + y}\right)\mathrm{d}x\mathrm{d}y$，其中 D 是由 $x + y = 1$，$x = 0$，$y = 0$ 所围成的闭区域；

(5) $\iint\limits_{D}(x - y)^2\sin^2(x + y)\,\mathrm{d}x\mathrm{d}y$，其中 D 是平行四边形闭区域，其四个顶点分别为 $(\pi,0)$，$(2\pi,\pi)$，$(\pi,2\pi)$，$(0,\pi)$.

8. 求下列曲线所围成的区域面积：

(1) $y = 2x^2$，$y = x + 1$；　　　　(2) $y = \cos x$，$y = \sin x$，$0 \leqslant x \leqslant \dfrac{\pi}{4}$；

(3) $xy = a$，$xy = b$，$y = px$，$y = qx$，$0 < a < b$，$0 < p < q$；

(4) $r = a(1 + \cos\theta)$，$r = a\cos\theta$，$a > 0$.

9. 求下列曲面所围成的立体体积：

(1) $z = 1 + x + y$，$z = 0$，$x + y = 1$，$x = 0$，$y = 0$；

(2) $z = x^2 + y^2$，$y = 1$，$z = 0$，$y = x^2$.

10. 计算二重积分 $I = \iint\limits_{D} \mathrm{e}^{\max\{x^2,y^2\}}\,\mathrm{d}x\mathrm{d}y$，其中 $D = \{(x,y) \mid 0 \leqslant x \leqslant 1, 0 \leqslant y \leqslant 1\}$.

11. 设 $D=\{(x,y)\mid\mid x\mid+\mid y\mid\leqslant 1\}$,证明 $\displaystyle\iint\limits_{D}f(x+y)\mathrm{d}x\mathrm{d}y=\int_{-1}^{1}f(u)\mathrm{d}u$.

第二节 三重积分

一、三重积分的概念

引例 非均匀密度的空间物体的质量.

设有一质量分布不均匀的立体 Ω,其密度函数为 $\rho=\rho(x,y,z)$,求立体的质量 M.

分割 Ω 为 n 个小立体 $\Omega_1,\Omega_2,\cdots,\Omega_n$,体积分别为 $\Delta V_1,\Delta V_2,\cdots,\Delta V_n$. 在每个小立体 Ω_i 上任意取一点 (ξ_i,η_i,ζ_i),$i=1,2,\cdots,n$,以点 (ξ_i,η_i,ζ_i) 处的密度 $\rho(\xi_i,\eta_i,\zeta_i)$ 近似代替 Ω_i 上各点处的密度. Ω_i 的质量近似值为 $\rho(\xi_i,\eta_i,\zeta_i)\Delta V_i$,则整个立体的质量的近似值为 $\displaystyle\sum_{i=1}^{n}\rho(\xi_i,\eta_i,\zeta_i)\Delta V_i$. 用 λ_i 表示 Ω_i 的直径,$\lambda=\max\limits_{1\leqslant i\leqslant n}\{\lambda_i\}$,当分割越来越细密时,上述近似值趋于立体的质量 M,即

$$M=\lim_{\lambda\to 0}\sum_{i=1}^{n}\rho(\xi_i,\eta_i,\zeta_i)\Delta V_i.$$

类似这样的问题还有很多,对它们的共性加以概括与抽象,就得到下面的定义.

定义 设 $f(x,y,z)$ 是定义在空间有界闭区域 Ω 上的有界函数.将 Ω 任意分割成 n 个小闭子区域 $\Omega_1,\Omega_2,\cdots,\Omega_n$,这些子区域的体积设为 $\Delta V_1,\Delta V_2,\cdots,\Delta V_n$. 用 λ_i 表示 Ω_i 的直径,并记 $\lambda=\max\limits_{1\leqslant i\leqslant n}\{\lambda_i\}$. 在 Ω_i 中任意取一点 (ξ_i,η_i,ζ_i),作和

$$\sum_{i=1}^{n}f(\xi_i,\eta_i,\zeta_i)\Delta V_i,$$

如果 $\lambda\to 0$ 时,该和式的极限存在,且极限值与对 Ω 的分割方法及点 (ξ_i,η_i,ζ_i) 的取法无关,则称此极限值为函数 $f(x,y,z)$ 在区域 Ω 上的三重积分,记为 $\displaystyle\iiint\limits_{\Omega}f(x,y,z)\mathrm{d}V$,即

$$\iiint\limits_{\Omega}f(x,y,z)\mathrm{d}V=\lim_{\lambda\to 0}\sum_{i=1}^{n}f(\xi_i,\eta_i,\zeta_i)\Delta V_i.$$

称上式中的 $f(x,y,z)$ 为被积函数,Ω 为积分区域,$\mathrm{d}V$ 为体积元素,$f(x,y,z)\mathrm{d}V$ 为被积表达式.

有此定义后,引例中质量分布不均匀的立体 Ω 的质量为

$$M=\iiint\limits_{\Omega}\rho(x,y,z)\mathrm{d}V.$$

特别地,$\displaystyle\iiint\limits_{\Omega}\mathrm{d}V$ 的值等于积分区域 Ω 的体积.

如果 $\displaystyle\iiint\limits_{\Omega}f(x,y,z)\mathrm{d}V$ 存在,则称三元函数 $f(x,y,z)$ 在区域 Ω 上可积.连续函数是可积的,以后都假设被积函数在积分区域 Ω 上连续.

在空间直角坐标系中,用平行于坐标面的三组平面分割 Ω,除了靠近边界面的小区域有

不规则的形状以外(这些不规则小区域可略去不计,因为随着分割越来越细密,它们的总体积趋于零),其余的小区域都是长方体.设长方体 Ω_i 的边长分别为 $\Delta x_i,\Delta y_i,\Delta z_i$,则其体积为 $\Delta V_i=\Delta x_i\Delta y_i\Delta z_i$,即体积元素 $dV=dxdydz$.则有

$$\iiint\limits_{\Omega}f(x,y,z)dV=\iiint\limits_{\Omega}f(x,y,z)dxdydz,$$

$dxdydz$ 称为直角坐标系中的体积元素.

三重积分的性质完全类似于二重积分的性质(参见第一节),此处不再重述.

二、三重积分的计算

(一) 在直角坐标系中计算三重积分

计算三重积分的基本思路与二重积分一样,也是化为累次积分.

设 $f(x,y,z)$ 在 Ω 上连续,平行于 z 轴的直线穿过 Ω 内部时与 Ω 的边界面 S 至多有两个交点,即 Ω 可看作是由母线平行于 z 轴的柱面与曲面 $z=z_1(x,y)$ 和 $z=z_2(x,y)$ 围成的闭区域, $z_1(x,y)\leqslant z_2(x,y)$ (图 9-27). Ω 在 xOy 面上的投影区域记为 D. 且 $z_1(x,y)$, $z_2(x,y)$ 是 D 上的连续函数.

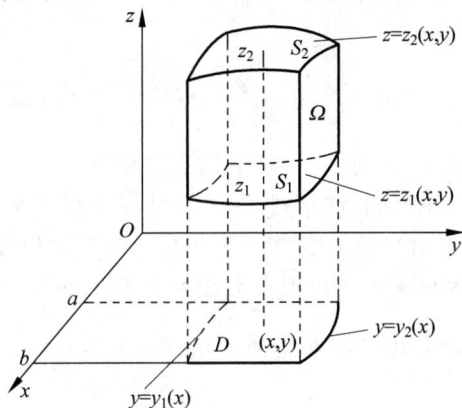

图　9-27

先把 x,y 看作常数,对变量 z 积分,即把 $f(x,y,z)$ 看作 z 的函数,在闭区间 $[z_1(x,y),z_2(x,y)]$ 上积分,积分结果是 x,y 的函数,记为 $F(x,y)$,即

$$F(x,y)=\int_{z_1(x,y)}^{z_2(x,y)}f(x,y,z)dz;$$

然后再求 $F(x,y)$ 在 D 上的二重积分便得三重积分,即

$$\iiint\limits_{\Omega}f(x,y,z)dV=\iint\limits_{D}F(x,y)d\sigma.$$

如果 D 是 X 型区域,且

$$D=\{(x,y)\mid a\leqslant x\leqslant b,y_1(x)\leqslant y\leqslant y_2(x)\},$$

则

$$\iiint\limits_{\Omega} f(x,y,z)\mathrm{d}V = \iint\limits_{D} F(x,y)\mathrm{d}\sigma = \int_a^b \mathrm{d}x \int_{y_1(x)}^{y_2(x)} F(x,y)\mathrm{d}y,$$

$$= \int_a^b \mathrm{d}x \int_{y_1(x)}^{y_2(x)} \left[\int_{z_1(x,y)}^{z_2(x,y)} f(x,y,z)\mathrm{d}z \right] \mathrm{d}y$$

$$= \int_a^b \left\{ \int_{y_1(x)}^{y_2(x)} \left[\int_{z_1(x,y)}^{z_2(x,y)} f(x,y,z)\mathrm{d}z \right] \mathrm{d}y \right\} \mathrm{d}x,$$

简记为

$$\iiint\limits_{\Omega} f(x,y,z)\mathrm{d}V = \int_a^b \mathrm{d}x \int_{y_1(x)}^{y_2(x)} \mathrm{d}y \int_{z_1(x,y)}^{z_2(x,y)} f(x,y,z)\mathrm{d}z. \tag{1}$$

如此把三重积分化为了先对 z、次对 y、后对 x 的三次积分.

如果 D 是 Y 型区域,且

$$D = \{(x,y) \mid c \leqslant y \leqslant d, x_1(y) \leqslant x \leqslant x_2(y)\},$$

则

$$\iiint\limits_{\Omega} f(x,y,z)\mathrm{d}V = \iint\limits_{D} F(x,y)\mathrm{d}\sigma = \int_c^d \mathrm{d}y \int_{x_1(y)}^{x_2(y)} F(x,y)\mathrm{d}x$$

$$= \int_c^d \mathrm{d}y \int_{x_1(y)}^{x_2(y)} \left[\int_{z_1(x,y)}^{z_2(x,y)} f(x,y,z)\mathrm{d}z \right] \mathrm{d}x$$

$$= \int_c^d \left\{ \int_{x_1(y)}^{x_2(y)} \left[\int_{z_1(x,y)}^{z_2(x,y)} f(x,y,z)\mathrm{d}z \right] \mathrm{d}x \right\} \mathrm{d}y,$$

简记为

$$\iiint\limits_{\Omega} f(x,y,z)\mathrm{d}V = \int_c^d \mathrm{d}y \int_{x_1(y)}^{x_2(y)} \mathrm{d}x \int_{z_1(x,y)}^{z_2(x,y)} f(x,y,z)\mathrm{d}z. \tag{2}$$

如此把三重积分化为了先对 z、次对 x、后对 y 的三次积分.

如果平行于 x 轴(或 y 轴)的直线穿过 Ω 内部时与 Ω 的边界面 S 至多有两个交点,则可以把 Ω 投影到 yOz 面(或 zOx 面)上,将三重积分化为三次积分来计算.

对于积分区域 Ω 较复杂的情形,可以把 Ω 分成若干部分,使每一部分具有上面讨论的特点.

例 1   计算 $\iiint\limits_{\Omega} y\,\mathrm{d}x\,\mathrm{d}y\,\mathrm{d}z$,其中 Ω 是平面 $x+y+z=1$,$y=\dfrac{1}{2}$ 及三个坐标面围成的闭区域(图 9-28).

解 Ω 在 xOy 面上的投影区域 D 可表示为

$$D = \left\{ (x,y) \,\middle|\, 0 \leqslant y \leqslant \frac{1}{2}, 0 \leqslant x \leqslant 1-y \right\},$$

Ω 的上方界面为 $z=1-x-y$,下方界面为 $z=0$,于是

$$\iiint\limits_{\Omega} y\,\mathrm{d}x\,\mathrm{d}y\,\mathrm{d}z = \iint\limits_{D} \left[\int_0^{1-x-y} y\,\mathrm{d}z \right] \mathrm{d}x\,\mathrm{d}y$$

$$= \int_0^{\frac{1}{2}} \mathrm{d}y \int_0^{1-y} \mathrm{d}x \int_0^{1-x-y} y\,\mathrm{d}z$$

$$= \int_0^{\frac{1}{2}} \mathrm{d}y \int_0^{1-y} y(1-x-y)\,\mathrm{d}x$$

$$= \int_0^{\frac{1}{2}} \frac{1}{2} y(1-y)^2 \,\mathrm{d}y = \frac{11}{384}.$$

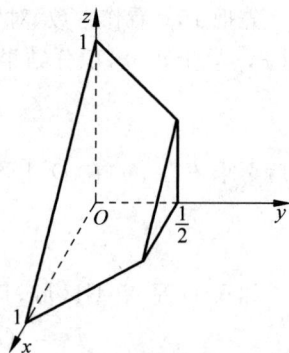

图 9-28

例 2 计算由抛物面 $x^2 + y^2 = 6 - z$ 与坐标面 yOz,zOx 以及平面 $y = 4z,x = 1,y = 1$ 围成的立体体积 V(图 9-29).

解 区域 Ω 在 xOy 面上的投影区域
$$D = \{(x,y) \mid 0 \leqslant x \leqslant 1, 0 \leqslant y \leqslant 1\},$$
Ω 的上方界面为 $z = 6 - x^2 - y^2$,下方界面为 $z = \dfrac{1}{4}y$,所以

$$
\begin{aligned}
V &= \iiint\limits_{\Omega} \mathrm{d}x\,\mathrm{d}y\,\mathrm{d}z = \iint\limits_{D} \left[\int_{\frac{1}{4}y}^{6-x^2-y^2} \mathrm{d}z \right] \mathrm{d}x\,\mathrm{d}y \\
&= \int_0^1 \mathrm{d}x \int_0^1 \mathrm{d}y \int_{\frac{1}{4}y}^{6-x^2-y^2} \mathrm{d}z \\
&= \int_0^1 \mathrm{d}x \int_0^1 \left(6 - x^2 - y^2 - \frac{1}{4}y \right) \mathrm{d}y \\
&= \frac{125}{24}.
\end{aligned}
$$

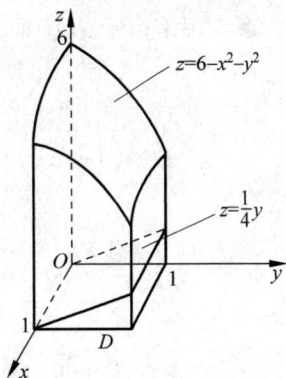

图 9-29

例 3 计算 $\displaystyle\iiint\limits_{\Omega} xyz^3 \,\mathrm{d}x\,\mathrm{d}y\,\mathrm{d}z$,其中

$$\Omega = \{(x,y,z) \mid z \leqslant \sqrt{2 - x^2 - y^2},\, x \geqslant 0,\, y \geqslant 0,\, z \geqslant 0\}.$$

解 Ω(图 9-30)在 xOy 面上的投影区域 D 为
$$D = \{(x,y) \mid x^2 + y^2 \leqslant 2,\, x \geqslant 0,\, y \geqslant 0\},$$
可以表示为
$$D = \{(x,y) \mid 0 \leqslant x \leqslant \sqrt{2},\, 0 \leqslant y \leqslant \sqrt{2 - x^2}\},$$
所以

$$
\begin{aligned}
\iiint\limits_{\Omega} xyz^3 \,\mathrm{d}x\,\mathrm{d}y\,\mathrm{d}z &= \iint\limits_{D} \left[\int_0^{\sqrt{2-x^2-y^2}} xyz^3 \,\mathrm{d}z \right] \mathrm{d}x\,\mathrm{d}y \\
&= \int_0^{\sqrt{2}} \mathrm{d}x \int_0^{\sqrt{2-x^2}} \mathrm{d}y \int_0^{\sqrt{2-x^2-y^2}} xyz^3 \,\mathrm{d}z \\
&= \int_0^{\sqrt{2}} x\,\mathrm{d}x \int_0^{\sqrt{2-x^2}} y\,\mathrm{d}y \int_0^{\sqrt{2-x^2-y^2}} z^3 \,\mathrm{d}z \\
&= \int_0^{\sqrt{2}} x\,\mathrm{d}x \int_0^{\sqrt{2-x^2}} \frac{1}{4} y (2 - x^2 - y^2)^2 \,\mathrm{d}y \\
&= \int_0^{\sqrt{2}} \frac{x}{24} (2 - x^2)^3 \,\mathrm{d}x = \frac{1}{12}.
\end{aligned}
$$

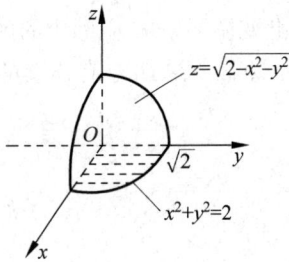

图 9-30

在计算三重积分时,有时也可以先计算一个二重积分,再计算一个定积分. 特别是当被积函数只与一个变量有关时,这样计算更简便.

设平行于 xOy 面的平面截 Ω 所得的截面在 xOy 面的投影域为 D_z,Ω 可表示为
$$\Omega = \{(x,y,z) \mid c_1 \leqslant z \leqslant c_2,\, (x,y) \in D_z\},$$
则

$$\iiint\limits_{\Omega} f(x,y,z)\,\mathrm{d}x\,\mathrm{d}y\,\mathrm{d}z = \int_{c_1}^{c_2} \left[\iint\limits_{D_z} f(x,y,z)\,\mathrm{d}x\,\mathrm{d}y \right] \mathrm{d}z = \int_{c_1}^{c_2} \mathrm{d}z \iint\limits_{D_z} f(x,y,z)\,\mathrm{d}x\,\mathrm{d}y. \quad (3)$$

例 4   计算 $\iiint\limits_{\Omega} z^2 \mathrm{d}x\,\mathrm{d}y\,\mathrm{d}z$，其中 Ω 是 $z = \dfrac{x^2}{a^2} + \dfrac{y^2}{b^2}$ 与 $z = 4$ 围成的闭区域(图 9-31).

解   用平行于 xOy 面的平面截 Ω，D_z 为椭圆面 $\dfrac{x^2}{za^2} + \dfrac{y^2}{zb^2} \leqslant$ 1，即

$$D_z = \left\{ (x,y) \,\middle|\, -a\sqrt{z} \leqslant x \leqslant a\sqrt{z}, \right.$$

$$\left. -b\sqrt{z - \frac{x^2}{a^2}} \leqslant y \leqslant b\sqrt{z - \frac{x^2}{a^2}} \right\},$$

则有

图 9-31

$$\iiint\limits_{\Omega} z^2 \mathrm{d}x\,\mathrm{d}y\,\mathrm{d}z = \int_0^4 \mathrm{d}z \iint\limits_{D_z} z^2 \mathrm{d}x\,\mathrm{d}y = \int_0^4 z^2 \mathrm{d}z \iint\limits_{D_z} \mathrm{d}x\,\mathrm{d}y.$$

因为 $\iint\limits_{D_z} \mathrm{d}x\,\mathrm{d}y = \pi zab\,(D_z$ 的面积)，所以

$$\iiint\limits_{\Omega} z^2 \mathrm{d}x\,\mathrm{d}y\,\mathrm{d}z = \int_0^4 z^2 \cdot \pi zab\,\mathrm{d}z = \pi ab \int_0^4 z^3 \mathrm{d}z = 64\pi ab.$$

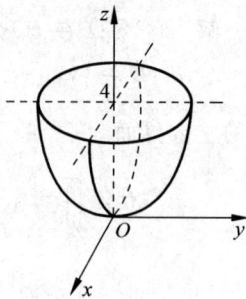

(二) 三重积分的换元方法

采用合适的变量替换，可以简化三重积分的计算.

设被积函数 $f(x,y,z)$ 在积分区域 Ω 上连续. 作变换

$$\begin{cases} x = x(u,v,w), \\ y = y(u,v,w), \\ z = z(u,v,w), \end{cases}$$

在此变换下，xyz 空间中的区域 Ω 与 uvw 空间中的区域 Ω' 相对应. 设 $x(u,v,w)$，$y(u,v,w)$，$z(u,v,w)$ 在 Ω' 上有连续的偏导数，且变换的 Jacobi 行列式 J 在 Ω' 上不等于零，即

$$J = \frac{\partial(x,y,z)}{\partial(u,v,w)} = \begin{vmatrix} \dfrac{\partial x}{\partial u} & \dfrac{\partial x}{\partial v} & \dfrac{\partial x}{\partial w} \\[2mm] \dfrac{\partial y}{\partial u} & \dfrac{\partial y}{\partial v} & \dfrac{\partial y}{\partial w} \\[2mm] \dfrac{\partial z}{\partial u} & \dfrac{\partial z}{\partial v} & \dfrac{\partial z}{\partial w} \end{vmatrix} \neq 0,$$

利用隐函数定理，由上述变换公式可唯一解出 $u = u(x,y,z)$，$v = v(x,y,z)$，$w = w(x,y,z)$，这说明 xyz 空间中的区域 Ω 与 uvw 空间中的区域 Ω' 是一一对应的. 另外，可以证明(此处略)，上述变换把 xyz 空间中的体积元素 $\mathrm{d}x\,\mathrm{d}y\,\mathrm{d}z$ 变换为 uvw 空间中的体积元素 $|J|\,\mathrm{d}u\,\mathrm{d}v\,\mathrm{d}w$. 于是三重积分的变量替换公式为

$$\iiint\limits_{\Omega} f(x,y,z)\mathrm{d}x\,\mathrm{d}y\,\mathrm{d}z = \iiint\limits_{\Omega'} f[x(u,v,w),y(u,v,w),z(u,v,w)]\,|J|\,\mathrm{d}u\,\mathrm{d}v\,\mathrm{d}w, \quad (4)$$

其中 $|J|$ 是 Jacobi 行列式 J 的绝对值.

计算三重积分时最常用的两个变换是柱面坐标变换和球面坐标变换，下面分别加以

介绍.

1. 柱面坐标变换

柱面坐标系是平面极坐标系与 z 轴结合使用的空间坐标系. 空间中一点 M 的柱面坐标记为 (r,θ,z), 其中 (r,θ) 是点 M 在 xOy 面上投影点 P 的极坐标, z 是点 M 在空间直角坐标系中的竖坐标 z (图 9-32).

柱面坐标的变化范围为: r 是点 M 到 z 轴的距离, $0\leqslant r<+\infty$; θ 是过 z 轴和点 M 且以 z 轴为边缘的半平面 Π 与平面 zOx 的夹角, $0\leqslant\theta\leqslant 2\pi$; z 是点 M 的竖坐标, $-\infty<z<+\infty$.

在原直角坐标系中看, 新的三组坐标面分别为:

$r=$ 常数——以 z 轴为中心轴、r 为半径的圆柱面;

$\theta=$ 常数——过 z 轴的半平面, 它与 zOx 面的夹角为 θ;

$z=$ 常数——平行于 xOy 面的平面.

显然点 M 的直角坐标 (x,y,z) 与柱面坐标 (r,θ,z) 有如下关系:

$$\begin{cases} x=r\cos\theta, \\ y=r\sin\theta, \\ z=z, \end{cases}$$

因为 $J=\dfrac{\partial(x,y,z)}{\partial(r,\theta,z)}=r$, 所以在柱面坐标系中体积元素为 $r\,\mathrm{d}r\,\mathrm{d}\theta\,\mathrm{d}z$ (也可如图 9-33 所示, 直接计算得到). 于是有三重积分的柱面坐标变换公式:

$$\iiint\limits_{\Omega} f(x,y,z)\mathrm{d}x\mathrm{d}y\mathrm{d}z=\iiint\limits_{\Omega'} f(r\cos\theta,r\sin\theta,z)r\,\mathrm{d}r\,\mathrm{d}\theta\,\mathrm{d}z, \tag{5}$$

其中, Ω' 是 Ω 的柱面坐标表示.

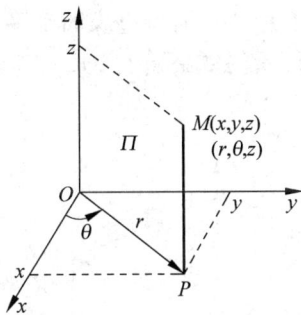

图　9-32

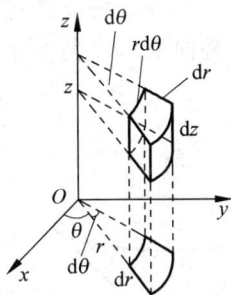

图　9-33

计算式 (5) 右端的三重积分时, 仍需化为三次积分.

例 5　求 $I=\iiint\limits_{\Omega}(x^2-2x+2y^2)\mathrm{d}x\mathrm{d}y\mathrm{d}z$, 其中 Ω 是由圆柱面 $x^2+y^2-2x=0$ 与平面 $z=0, z=2, y=0$ 在第一卦限中围成的闭区域 (图 9-34).

解　用柱面坐标计算. 圆柱面方程为 $r=2\cos\theta$, 可得

$$\Omega'=\left\{(r,\theta,z)\,\Big|\,0\leqslant\theta\leqslant\frac{\pi}{2}, 0\leqslant r\leqslant 2\cos\theta, 0\leqslant z\leqslant 2\right\},$$

所以

$$\iiint\limits_{\Omega} (x^2 - 2x + 2y^2)\,\mathrm{d}x\,\mathrm{d}y\,\mathrm{d}z$$

$$= \iiint\limits_{\Omega'} (r^2 - 2r\cos\theta + r^2\sin^2\theta) r\,\mathrm{d}r\,\mathrm{d}\theta\,\mathrm{d}z$$

$$= \int_0^{\frac{\pi}{2}} \mathrm{d}\theta \int_0^{2\cos\theta} \mathrm{d}r \int_0^2 (r^2 - 2r\cos\theta + r^2\sin^2\theta) r\,\mathrm{d}z$$

$$= 2\int_0^{\frac{\pi}{2}} \mathrm{d}\theta \int_0^{2\cos\theta} (r^3 - 2r^2\cos\theta + r^3\sin^2\theta)\,\mathrm{d}r$$

$$= 2\int_0^{\frac{\pi}{2}} \left(4\cos^4\theta\sin^2\theta - \frac{4}{3}\cos^4\theta\right) \mathrm{d}\theta$$

$$= -\frac{1}{4}\pi.$$

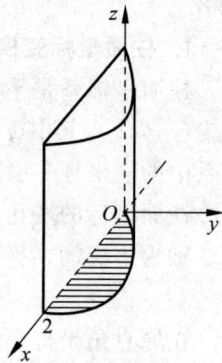

图 9-34

例 6   求 $\iiint\limits_{\Omega} \sqrt{x^2 + y^2}\,\mathrm{d}x\,\mathrm{d}y\,\mathrm{d}z$，其中 Ω 是由圆锥面 $x^2 + y^2 = z^2$ 和平面 $z = 2$ 围成的闭区域(图 9-35).

解   在柱面坐标系中，圆锥面表示成 $z = r$，有

$$\Omega' = \{(r, \theta, z) \mid 0 \leqslant \theta \leqslant 2\pi, 0 \leqslant r \leqslant 2, r \leqslant z \leqslant 2\},$$

于是

$$\iiint\limits_{\Omega} \sqrt{x^2 + y^2}\,\mathrm{d}x\,\mathrm{d}y\,\mathrm{d}z = \int_0^{2\pi} \mathrm{d}\theta \int_0^2 \mathrm{d}r \int_r^2 r^2\,\mathrm{d}z = \frac{8}{3}\pi.$$

2. 球面坐标变换

空间中直角坐标为 (x, y, z) 的点 M 也可以用数组 (r, θ, φ) 唯一表示，其中 r 是点 M 到原点 O 的距离，$0 \leqslant r < \infty$；θ 是过 z 轴和点 M 并以 z 轴为边缘的半平面与 zOx 面的夹角，$0 \leqslant \theta \leqslant 2\pi$；$\varphi$ 是向量 $\overrightarrow{OM}$ 与 z 轴正向的夹角，$0 \leqslant \varphi \leqslant \pi$. 称 (r, θ, φ) 为点 M 的球面坐标(图 9-36).

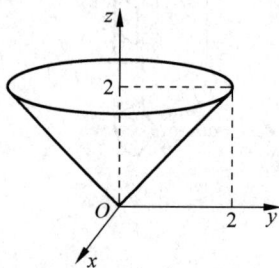

图 9-35

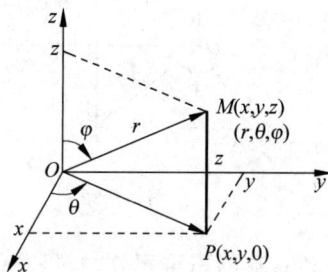

图 9-36

在原直角坐标系中看，新的三组坐标面分别为：

$r = $ 常数——以原点为球心的球面；

$\theta = $ 常数——以 z 轴为边缘的半平面；

$\varphi = $ 常数——以原点为顶点、z 轴为中心轴的圆锥面，半顶角为 φ.

如图 9-36 所示，从点 M 作 xOy 面的垂线，垂足为点 P，则 $OP = r\sin\varphi$，所以

$$\begin{cases} x = OP\cos\theta = r\sin\varphi\cos\theta, \\ y = OP\sin\theta = r\sin\varphi\sin\theta, \\ z = r\cos\varphi, \end{cases}$$

这是直角坐标与球面坐标的关系式.

$$J = \frac{\partial(x,y,z)}{\partial(r,\theta,\varphi)}$$

$$= \begin{vmatrix} \sin\varphi\cos\theta & -r\sin\varphi\sin\theta & r\cos\varphi\cos\theta \\ \sin\varphi\sin\theta & r\sin\varphi\cos\theta & r\cos\varphi\sin\theta \\ \cos\varphi & 0 & -r\sin\varphi \end{vmatrix} = -r^2\sin\varphi,$$

这说明由直角坐标变换到球面坐标时,体积元素由 $dxdydz$ 变换为 $r^2\sin\varphi dr d\theta d\varphi$(也可如图 9-37 所示,直接计算得到). 因此,三重积分的球面坐标变换公式为

$$\iiint\limits_{\Omega} f(x,y,z)dxdydz = \iiint\limits_{\Omega'} f(r\sin\varphi\cos\theta, r\sin\varphi\sin\theta, r\cos\varphi)r^2\sin\varphi dr d\theta d\varphi, \qquad (6)$$

其中,Ω' 是 Ω 的球面坐标表示.

计算式(6)右端的三重积分时,仍需化为三次积分.

例 7 用球面坐标计算 $\iiint\limits_{\Omega} z dxdydz$,其中 Ω 是球心在原点、半径为 R 的半球($z \geqslant 0$)(图 9-38).

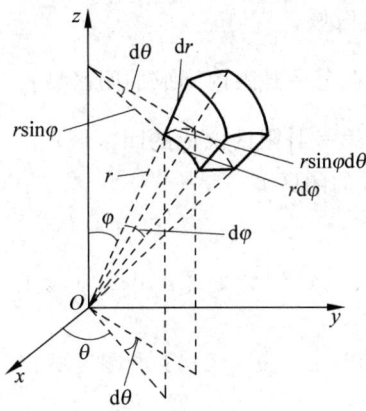
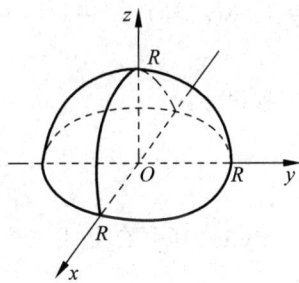

图 9-37　　　　　　　图 9-38

解 Ω 用球面坐标表示为

$$\Omega' = \left\{ (r,\theta,\varphi) \,\middle|\, 0 \leqslant \theta \leqslant 2\pi, 0 \leqslant \varphi \leqslant \frac{\pi}{2}, 0 \leqslant r \leqslant R \right\},$$

所以

$$\iiint\limits_{\Omega} z dxdydz = \iiint\limits_{\Omega'} r\cos\varphi \cdot r^2\sin\varphi dr d\theta d\varphi$$

$$= \int_0^{2\pi} d\theta \int_0^{\frac{\pi}{2}} d\varphi \int_0^R r^3 \sin\varphi\cos\varphi dr = \frac{1}{4}\pi R^4.$$

例 8 求 $x^2 + y^2 + (z-R)^2 = R^2$ 与圆锥面 $z = \sqrt{x^2 + y^2}$ 的内部围成的立体 Ω 的体积

(图 9-39).

解   圆锥面半顶角为 $\dfrac{\pi}{4}$. 在球面坐标系中,球面 x^2+y^2+

$(z-R)^2=R^2$ 可表示为 $r=2R\cos\varphi$,锥面 $z=\sqrt{x^2+y^2}$ 可表示为

$\varphi=\dfrac{\pi}{4}$,Ω 可表示为

$$\Omega'=\left\{(r,\theta,\varphi)\,\middle|\,0\leqslant\theta\leqslant 2\pi,0\leqslant\varphi\leqslant\frac{\pi}{4},0\leqslant r\leqslant 2R\cos\varphi\right\}.$$

设立体的体积为 V,则

图   9-39

$$V=\iiint\limits_{\Omega}\mathrm{d}x\,\mathrm{d}y\,\mathrm{d}z=\iiint\limits_{\Omega'}r^2\sin\varphi\,\mathrm{d}r\,\mathrm{d}\theta\,\mathrm{d}\varphi=\int_0^{2\pi}\mathrm{d}\theta\int_0^{\frac{\pi}{4}}\mathrm{d}\varphi\int_0^{2R\cos\varphi}r^2\sin\varphi\,\mathrm{d}r$$

$$=\int_0^{2\pi}\mathrm{d}\theta\int_0^{\frac{\pi}{4}}\frac{8}{3}R^3\cos^3\varphi\sin\varphi\,\mathrm{d}\varphi=\pi R^3.$$

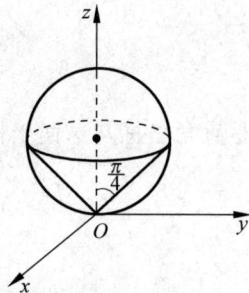

习题 9-2

1. 化三重积分 $\displaystyle\iiint\limits_{\Omega}f(x,y,z)\mathrm{d}x\,\mathrm{d}y\,\mathrm{d}z$ 为三次积分,其中 Ω 分别为:

(1) 由 $xy=z$,$x+y-1=0$,$z=0$ 围成的闭区域;

(2) 由 $x^2+y^2+z^2=1$,$x=0$,$y=0$,$z=\dfrac{1}{4}$ 在第一卦限内围成的闭区域;

(3) 由 $cz=xy(c>0)$,$x^2+y^2=1$,$z=0$ 在第一卦限内围成的闭区域;

(4) 由 $z=x^2+y^2$,$y=x^2$,$y=1$,$z=0$ 围成的闭区域.

2. 计算三重积分:

(1) $\displaystyle\iiint\limits_{\Omega}(x+y+z)\mathrm{d}x\,\mathrm{d}y\,\mathrm{d}z$,其中 $\Omega=\{(x,y,z)\mid 0\leqslant x\leqslant 1,0\leqslant y\leqslant 1,0\leqslant z\leqslant 1\}$;

(2) $\displaystyle\iiint\limits_{\Omega}x\,\mathrm{d}x\,\mathrm{d}y\,\mathrm{d}z$,其中 Ω 是由三个坐标平面与 $x+y+z=1$ 所围区域;

(3) $\displaystyle\iiint\limits_{\Omega}\frac{\mathrm{d}x\,\mathrm{d}y\,\mathrm{d}z}{(1+x+y+z)^3}$,其中 Ω 为 $x=0$,$y=0$,$z=0$ 和 $x+y+z=1$ 所围四面体;

(4) $\displaystyle\iiint\limits_{\Omega}y\sqrt{1-x^2}\,\mathrm{d}x\,\mathrm{d}y\,\mathrm{d}z$,其中 Ω 是由 $y=-\sqrt{1-x^2-z^2}$,$x^2+z^2=1$ 以及 $y=1$ 所围区域;

(5) $\displaystyle\iiint\limits_{\Omega}xy^2z^3\,\mathrm{d}x\,\mathrm{d}y\,\mathrm{d}z$,其中 Ω 是由 $z=xy$,$y=x$,$x=1$,$z=0$ 围成的闭区域;

(6) $\displaystyle\iiint\limits_{\Omega}z\,\mathrm{d}x\,\mathrm{d}y\,\mathrm{d}z$,其中 Ω 是由 $z=\dfrac{b}{a}\sqrt{x^2+y^2}$,$z=b$ 围成的闭区域,$a>0,b>0$;

(7) $\displaystyle\iiint\limits_{\Omega}z^2\,\mathrm{d}x\,\mathrm{d}y\,\mathrm{d}z$,其中 Ω 是由 $x^2+y^2+z^2\leqslant 1$ 所围区域;

(8) $\iiint\limits_{\Omega} z\,\mathrm{d}x\,\mathrm{d}y\,\mathrm{d}z$，其中 Ω 是由 $x^2+y^2\leqslant z^2,0\leqslant z\leqslant h$ 所围区域；

(9) $\iiint\limits_{\Omega} xz\,\mathrm{d}x\,\mathrm{d}y\,\mathrm{d}z$，其中 Ω 是由 $z=0,z=y,y=1,y=x^2$ 围成的闭区域；

(10) $\iiint\limits_{\Omega} xyz\,\mathrm{d}x\,\mathrm{d}y\,\mathrm{d}z$，其中 Ω 是球 $x^2+y^2+z^2\leqslant R^2$ 和 $x^2+y^2+z^2\leqslant 2Rz$ 的公共部分，$R>0$.

3. 用柱面坐标或球面坐标计算三重积分：

(1) $\iiint\limits_{\Omega} (x^2+y^2)\,\mathrm{d}V$，其中 Ω 是由 $x^2+y^2=4z,z=4$ 围成的闭区域；

(2) $\iiint\limits_{\Omega} xy\,\mathrm{d}V$，其中 Ω 是由 $x^2+y^2=2,z=2,z=0,x=0,y=0$ 在第一卦限内围成的闭区域；

(3) $\iiint\limits_{\Omega} z(x^2+y^2)\,\mathrm{d}V$，其中 Ω 是由 $x^2+y^2=z^2$ 与 $z=1$ 所围区域；

(4) $\iiint\limits_{\Omega} z\sqrt{x^2+y^2}\,\mathrm{d}V$，其中 Ω 是由 $x^2+y^2-2x=0$ 与 $z=0,z=a(a>0)$ 在第一卦限所围区域；

(5) $\iiint\limits_{\Omega} z^2\,\mathrm{d}x\,\mathrm{d}y\,\mathrm{d}z$，其中 Ω 是圆锥 $z^2\geqslant x^2+y^2$ 和球 $z\leqslant\sqrt{4-x^2-y^2}$ 的公共部分；

(6) $\iiint\limits_{\Omega} \sqrt{x^2+y^2+z^2}\,\mathrm{d}V$，其中 Ω 是球面 $x^2+y^2+z^2=2z$ 围成的闭区域；

(7) $\iiint\limits_{\Omega} (x^2+y^2)\,\mathrm{d}V$，其中 Ω 由不等式 $0<a\leqslant\sqrt{x^2+y^2+z^2}\leqslant A,z\geqslant 0$ 所确定；

(8) $\iiint\limits_{\Omega} \sqrt{x^2+y^2+z^2}\,\mathrm{d}V$，其中 Ω 是由 $x^2+y^2+(z-a)^2\leqslant a^2$ 与 $x^2+y^2\leqslant z^2$ 所围区域.

4. 选用适当的变换计算下列三重积分：

(1) $\iiint\limits_{\Omega} x^2z\,\mathrm{d}V$，其中 Ω 由 $\dfrac{x^2}{a^2}+\dfrac{y^2}{b^2}=1(a>0,b>0),z=0,z=2$ 所围；

(2) $\iiint\limits_{\Omega} \left(\dfrac{x^2}{a^2}+\dfrac{y^2}{b^2}+\dfrac{z^2}{c^2}\right)\mathrm{d}V$，其中 Ω 是椭球 $\dfrac{x^2}{a^2}+\dfrac{y^2}{b^2}+\dfrac{z^2}{c^2}\leqslant 1,a>0,b>0,c>0$.

5. 求下列立体 Ω 的体积：

(1) Ω 是由 $z=x^2+y^2+2,x=0,y=0,z=0,x=2,y=1$ 围成的闭区域；

(2) Ω 是由 $z=\sqrt{x^2+y^2},az=x^2+y^2(a>0)$ 围成的闭区域；

(3) Ω 是由 $z=x^2+y^2,x+y=4,x=0,y=0,z=0$ 围成的闭区域；

(4) Ω 是由 $z=\sqrt{a^2-x^2-y^2},z=\sqrt{b^2-x^2-y^2}(a>b>0),z=0$ 围成的闭区域.

第三节 重积分的应用

重积分来源于实际问题,是从具体实际问题中概括抽象出来的一个数学概念,将其数学思想与计算方法应用于实践,可解决大量的实际问题.下面简单介绍重积分在几何和物理方面的一些应用实例.

一、在几何方面的应用

1. 封闭曲面所围立体的体积
空间立体 Ω 的体积 V 可用公式

$$V = \iiint\limits_{\Omega} dV$$

计算.

特别地,曲顶柱体的体积可用公式

$$V = \iint\limits_{D_{xy}} f(x,y) d\sigma$$

计算,其中 $z = f(x,y)$ 为曲顶柱体的顶面方程,D_{xy} 为曲顶柱体的底面区域.

2. 曲面的面积
设曲面 S 的方程为 $z = f(x,y)$,它在 xOy 面上的投影区域为 D,且 $f(x,y)$ 在 D 上有连续的一阶偏导数 $f_x(x,y)$,$f_y(x,y)$.下面计算 S 的面积 A.

如图 9-40 所示,把 D 任意分割成 n 个小闭区域.考虑其中任一块小区域 $d\sigma$(微元),其面积也记为 $d\sigma$.以 $d\sigma$ 的边界曲线为准线,作母线平行于 z 轴的柱面,柱面把曲面 S 截出相应的一小块 dS(其面积也记为 dS).在 $d\sigma$ 上任取一点 $P(x,y)$,对应地有曲面上一点 $M(x,y,f(x,y))$.曲面 S 在点 M 处的切平面也被小柱面截出一小片 dA(其面积也记为 dA).当 $d\sigma$ 的直径趋于零时,dS 可用 dA 近似代替.设点 M 处的切平面与 xOy 面的夹角为 γ,则 $d\sigma = dA \cdot \cos\gamma$.因为曲面 S 在点 M 处的切平面的法向量(指向曲面上侧)为 $(-f_x(x,y), -f_y(x,y), 1)$,所以

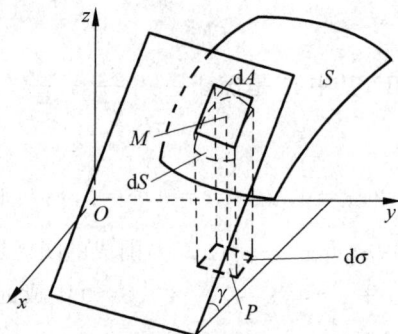

图 9-40

$$\cos\gamma = \frac{1}{\sqrt{1 + f_x^2(x,y) + f_y^2(x,y)}},$$

$$dA = \sqrt{1 + f_x^2(x,y) + f_y^2(x,y)}\, d\sigma,$$

当 $d\sigma$ 的直径趋于零时,曲面面积元素即为

$$dS = \sqrt{1 + f_x^2(x,y) + f_y^2(x,y)}\, d\sigma. \tag{1}$$

以式(1)为被积表达式,在闭区域 D 上积分,得曲面面积的计算公式

$$A = \iint_D \sqrt{1 + f_x^2(x,y) + f_y^2(x,y)}\, d\sigma$$

$$= \iint_D \sqrt{1 + f_x^2(x,y) + f_y^2(x,y)}\, dx\, dy. \tag{2}$$

例 1　求半径为 R 的球面面积 A.

解　设球面方程为 $x^2 + y^2 + z^2 = R^2$. 由对称性,只要求出上半球面的面积即可. 上半球面的方程为 $z = \sqrt{R^2 - x^2 - y^2}$,它在 xOy 面的投影区域是圆域 $D = \{(x,y) \mid x^2 + y^2 \leqslant R^2\}$. 容易求出

$$\sqrt{1 + z_x^2 + z_y^2} = \frac{R}{\sqrt{R^2 - x^2 - y^2}}.$$

由于这个函数在圆周 $x^2 + y^2 = R^2$ 上无界,所以不能直接利用公式

$$A = 2\iint_D \frac{R}{\sqrt{R^2 - x^2 - y^2}}\, dx\, dy$$

计算.

取区域 $D_1 = \{(x,y) \mid x^2 + y^2 \leqslant R_1^2 < R^2\}$ 为积分区域,先计算出投影区域为 D_1 的部分上半球面的面积 A_1(图 9-41),然后再令 $R_1 \to R$,取 A_1 的极限,即得到 A 的值.

$$A_1 = \iint_{D_1} \frac{R}{\sqrt{R^2 - x^2 - y^2}}\, dx\, dy = \int_0^{2\pi} d\theta \int_0^{R_1} \frac{R}{\sqrt{R^2 - r^2}} \cdot r\, dr$$

$$= 2\pi R(R - \sqrt{R^2 - R_1^2}).$$

$$A = \lim_{R_1 \to R} 2A_1 = 4\pi R \lim_{R_1 \to R}(R - \sqrt{R^2 - R_1^2}) = 4\pi R^2.$$

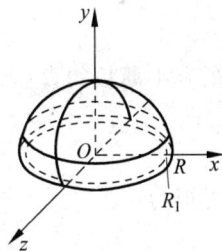

图　9-41

二、在物理方面的应用

1. 质量

若物体是平面薄板,已知面密度 $\rho(x,y)$ 和分布区域 D,则该物体的质量为

$$M = \iint_D \rho(x,y)\, d\sigma.$$

若物体是空间立体,所占区域为 Ω,点 (x,y,z) 处的密度为 $\rho(x,y,z)$,则该物体的质量为

$$M = \iiint\limits_{\Omega} \rho(x,y,z)\mathrm{d}V.$$

2. 质心

先考虑平面薄板的情形.

设 xOy 面上有 n 个质点,坐标分别为$(x_1,y_1),(x_2,y_2),\cdots,(x_n,y_n)$,质量分别为 $m_1,m_2,\cdots,m_n$. 由力学知识可知,这 n 个质点所组成的质点系的质心坐标$(\bar{x},\bar{y})$为

$$\bar{x} = \frac{\sum\limits_{i=1}^{n} x_i m_i}{\sum\limits_{i=1}^{n} m_i} = \frac{M_y}{m}, \quad \bar{y} = \frac{\sum\limits_{i=1}^{n} y_i m_i}{\sum\limits_{i=1}^{n} m_i} = \frac{M_x}{m},$$

其中 $M_y = \sum\limits_{i=1}^{n} x_i m_i$,$M_x = \sum\limits_{i=1}^{n} y_i m_i$ 分别称为该质点系对 y 轴和 x 轴的静力矩,$m = \sum\limits_{i=1}^{n} m_i$ 为质点系的总质量.

设薄板分布在 xOy 面上,面密度为 $\rho(x,y)$. 把薄板任意分割成 n 个小薄板 $\sigma_1,\sigma_2,\cdots,\sigma_n$,相应面积记为 $\Delta\sigma_1,\Delta\sigma_2,\cdots,\Delta\sigma_n$. 在小薄板 σ_i 上任取一点(x_i,y_i),当分割很细密时,σ_i 可近似看作质点,质量近似用 $\rho(x_i,y_i)\Delta\sigma_i$ 代替. 把整个薄板近似看作由 n 个质点组成的质点系,则

$$m \approx \sum_{i=1}^{n} \rho(x_i,y_i)\Delta\sigma_i,$$

$$M_y \approx \sum_{i=1}^{n} x_i \rho(x_i,y_i)\Delta\sigma_i,$$

$$M_x \approx \sum_{i=1}^{n} y_i \rho(x_i,y_i)\Delta\sigma_i,$$

令所有小薄板的直径趋于零,即得到平面薄板的质量为

$$m = \iint\limits_{D} \rho(x,y)\mathrm{d}\sigma,$$

静力矩为

$$M_y = \iint\limits_{D} x\rho(x,y)\mathrm{d}\sigma, \quad M_x = \iint\limits_{D} y\rho(x,y)\mathrm{d}\sigma,$$

其中 D 为薄板的分布区域. 因此平面薄板的质心坐标为

$$\begin{cases} \bar{x} = \dfrac{M_y}{m} = \dfrac{\iint\limits_{D} x\rho(x,y)\mathrm{d}\sigma}{\iint\limits_{D} \rho(x,y)\mathrm{d}\sigma}, \\[4mm] \bar{y} = \dfrac{M_x}{m} = \dfrac{\iint\limits_{D} y\rho(x,y)\mathrm{d}\sigma}{\iint\limits_{D} \rho(x,y)\mathrm{d}\sigma}. \end{cases} \tag{3}$$

特别地,若平面薄板是质量分布均匀的($\rho(x,y)$为常数),且薄板的面积为 A,则

$$\begin{cases} \bar{x} = \dfrac{1}{A}\iint\limits_{D} x\,\mathrm{d}\sigma, \\[2mm] \bar{y} = \dfrac{1}{A}\iint\limits_{D} y\,\mathrm{d}\sigma. \end{cases}$$

设空间物体的分布区域为 Ω,密度函数为 $\rho(x,y,z)$. 类似于上面的讨论,可推导出该物体的质心坐标 $(\bar{x},\bar{y},\bar{z})$ 为

$$\begin{cases} \bar{x} = \dfrac{1}{m}\iiint\limits_{\Omega} x\rho(x,y,z)\,\mathrm{d}V, \\[3mm] \bar{y} = \dfrac{1}{m}\iiint\limits_{\Omega} y\rho(x,y,z)\,\mathrm{d}V, \\[3mm] \bar{z} = \dfrac{1}{m}\iiint\limits_{\Omega} z\rho(x,y,z)\,\mathrm{d}V, \end{cases} \tag{4}$$

其中

$$m = \iiint\limits_{\Omega} \rho(x,y,z)\,\mathrm{d}V.$$

例 2　求均匀半球体的质心.

解　设半球面方程为 $x^2+y^2+z^2=R^2, z\geqslant 0$,则半球体 Ω 可表示为
$$\Omega = \{(x,y,z) \mid x^2+y^2+z^2 \leqslant R^2, z\geqslant 0\}.$$
由对称性可知

$$\bar{x}=\bar{y}=0, \quad \bar{z}=\frac{1}{m}\iiint\limits_{\Omega} z\rho\,\mathrm{d}V = \frac{1}{V}\iiint\limits_{\Omega} z\,\mathrm{d}V,$$

其中 V 为半球体 Ω 的体积,其值为 $\dfrac{2}{3}\pi R^3$.

$$\iiint\limits_{\Omega} z\,\mathrm{d}V = \int_0^{2\pi}\mathrm{d}\theta\int_0^{\frac{\pi}{2}}\mathrm{d}\varphi\int_0^R r\cos\varphi\cdot r^2\sin\varphi\,\mathrm{d}r$$

$$= \int_0^{2\pi}\mathrm{d}\theta\int_0^{\frac{\pi}{2}}\sin\varphi\cos\varphi\,\mathrm{d}\varphi\int_0^R r^3\,\mathrm{d}r = \frac{1}{4}\pi R^4,$$

所以

$$\bar{z} = \frac{1}{V}\,\frac{1}{4}\pi R^4 = \frac{3}{8}R,$$

即半球体的质心坐标为 $\left(0,0,\dfrac{3}{8}R\right)$.

3. 转动惯量

根据力学中的定义,质点对一个轴的转动惯量等于该质点的质量与质点到轴的距离平方的乘积.

先考虑平面薄板对坐标轴、坐标原点的转动惯量. 采用的方法仍然是:分割,局部求近似,作和,取极限.

设薄板位于 xOy 平面上的区域为 D,密度函数为 $\rho(x,y)$,把薄板分成 n 个小块,每一

小块近似看作质点,则薄板对 x 轴的转动惯量可近似表示为

$$\sum_{i=1}^{n} y_i^2 \rho(x_i, y_i) \Delta\sigma_i,$$

令所有小薄板的直径趋于零,取极限就得到薄板对 x 轴的转动惯量

$$I_x = \iint\limits_{D} y^2 \rho(x, y) d\sigma, \tag{5}$$

同样,薄板对 y 轴的转动惯量为

$$I_y = \iint\limits_{D} x^2 \rho(x, y) d\sigma, \tag{6}$$

薄板对原点的转动惯量为

$$I_O = \iint\limits_{D} (x^2 + y^2) \rho(x, y) d\sigma. \tag{7}$$

显然,

$$I_O = I_x + I_y.$$

设空间物体所占区域为 Ω,密度函数为 $\rho(x, y, z)$,类似地,可得到它对坐标轴、坐标原点的转动惯量,以及对坐标面的惯性积. 比如:

对 x 轴的转动惯量为

$$I_x = \iiint\limits_{\Omega} (y^2 + z^2) \rho(x, y, z) dV; \tag{8}$$

对原点的转动惯量为

$$I_O = \iiint\limits_{\Omega} (x^2 + y^2 + z^2) \rho(x, y, z) dV; \tag{9}$$

对坐标面 xOy 的惯性积为

$$I_{xy} = \iiint\limits_{\Omega} z^2 \rho(x, y, z) dV. \tag{10}$$

例 3   求密度为 1 的均匀球体 $\Omega = \{(x, y, z) \mid x^2 + y^2 + z^2 \leqslant 1\}$ 对坐标轴的转动惯量和对坐标面的惯性积.

解   由式(10)得

$$I_{xy} = \iiint\limits_{\Omega} z^2 dV, \quad I_{yz} = \iiint\limits_{\Omega} x^2 dV, \quad I_{zx} = \iiint\limits_{\Omega} y^2 dV,$$

由对称性可知 $I_{xy} = I_{yz} = I_{zx}$,所以

$$I_O \equiv \iiint\limits_{\Omega} (x^2 + y^2 + z^2) dV = 3 I_{xy}.$$

因为

$$I_O \equiv \iiint\limits_{\Omega} (x^2 + y^2 + z^2) dV = \int_0^{2\pi} d\theta \int_0^{\pi} d\varphi \int_0^1 r^2 \cdot r^2 \sin\varphi\, dr = \frac{12}{15}\pi,$$

所以

$$I_{xy} = I_{yz} = I_{zx} = \frac{1}{3} I_O = \frac{4}{15}\pi,$$

$$I_z = \iiint\limits_{\Omega}(x^2+y^2)\mathrm{d}V = I_{yz} + I_{zx} = \frac{8}{15}\pi,$$

由对称性即得

$$I_x = I_y = I_z = \frac{8}{15}\pi.$$

例4 某均匀物体 Ω 的分布区域是椭球 $\dfrac{x^2}{a^2}+\dfrac{y^2}{b^2}+\dfrac{z^2}{c^2}\leqslant 1(a>0,b>0,c>0)$ 在第一卦限内的部分,求 Ω 对坐标面 xOy 的惯性积.

解 $I_{xy} = \rho\iiint\limits_{\Omega}z^2\mathrm{d}V,\rho$ 为 Ω 的密度. 作坐标变换

$$\begin{cases} x = ar\sin\varphi\cos\theta, \\ y = br\sin\varphi\sin\theta, \\ z = cr\cos\varphi, \end{cases}$$

上述变换把 Ω 变换到 $r\theta\varphi$ 空间中的区域 Ω':

$$\Omega' = \left\{(r,\theta,\varphi)\ \middle|\ 0\leqslant\theta\leqslant\frac{\pi}{2},0\leqslant\varphi\leqslant\frac{\pi}{2},0\leqslant r\leqslant 1\right\},$$

$$J = \frac{\partial(x,y,z)}{\partial(r,\theta,\varphi)} = -abcr^2\sin\varphi,$$

所以

$$I_{xy} = \rho\iiint\limits_{\Omega}z^2\mathrm{d}V = \rho\iiint\limits_{\Omega'}c^2r^2\cos^2\varphi \cdot abcr^2\sin\varphi\,\mathrm{d}r\,\mathrm{d}\theta\,\mathrm{d}\varphi$$

$$= \rho abc^3\int_0^{\frac{\pi}{2}}\mathrm{d}\theta\int_0^{\frac{\pi}{2}}\mathrm{d}\varphi\int_0^1 r^4\cos^2\varphi\sin\varphi\,\mathrm{d}r = \frac{1}{30}\pi\rho abc^3.$$

习题 9-3

1. 求下列曲面的面积:

(1) $z=xy$ 含在柱面 $x^2+y^2=1$ 内部分的面积;

(2) 锥面 $z=\sqrt{x^2+y^2}$ 被柱面 $z^2=2x$ 截下部分的面积;

(3) $x^2+y^2=4z(0\leqslant z\leqslant 1)$ 的面积;

(4) $x+y+z=2$ 在第一卦限内部分的面积.

2. 设平面薄片所占的闭区域 D 由抛物线 $y=x^2$ 及直线 $y=x$ 所围成,它在点 (x,y) 处的面密度 $\mu(x,y)=x^2y$,求该薄片的质心.

3. 求曲线 $x=a(t-\sin t),y=a(1-\cos t),y=0(a>0,0\leqslant t\leqslant 2\pi)$ 所围的均匀薄板的质心坐标.

4. 求抛物面 $z=x^2+y^2$ 和平面 $z=1$ 所围的均匀物体的质心.

5. 半球 $x^2+y^2+z^2\leqslant a^2,z\geqslant 0$ 上任一点的密度与该点到原点的距离成正比,求半球的质心坐标.

6. 求抛物线 $y=x^2$ 及直线 $y=1$ 所围成的均匀薄片(面密度为常数 1)对于直线 $y=-1$

的转动惯量.

7. 一均匀圆柱体(密度为 ρ)高为 H、半径为 R. 求：

(1) 圆柱体对过质心而平行于母线的轴的转动惯量；

(2) 圆柱体对过质心而垂直于母线的轴的转动惯量.

8. 求曲面 $z=\sqrt{x^2+y^2}$,平面 $z=a(a>0)$所围均匀物体对三个坐标平面的惯性积(物体密度设为 ρ).

第四节　工程应用举例

例 1（湖水体积与平均水深的估算）　椭圆正弦曲面是许多湖泊的湖床形状的近似. 假定湖泊的边界为椭圆 $\dfrac{x^2}{a^2}+\dfrac{y^2}{b^2}=1$,若湖泊的最大水深为 h_{max},则椭圆正弦曲面由函数

$$f(x,y)=-h_{max}\cos\left(\frac{\pi}{2}\sqrt{\frac{x^2}{a^2}+\frac{y^2}{b^2}}\right)$$

给出,其中 $\dfrac{x^2}{a^2}+\dfrac{y^2}{b^2}\leqslant1$. 现求湖水的总体积及平均水深.

解　设 $D:\dfrac{x^2}{a^2}+\dfrac{y^2}{b^2}\leqslant1$ 是湖面的椭圆区域,湖水的总体积为

$$V=\iint\limits_D |f(x,y)|\,\mathrm{d}x\mathrm{d}y=\iint\limits_D h_{max}\cos\left(\frac{\pi}{2}\sqrt{\frac{x^2}{a^2}+\frac{y^2}{b^2}}\right)\mathrm{d}x\mathrm{d}y,$$

根据被积函数和区域 D 的特征,选用广义极坐标变换来计算,令

$$\begin{cases}x=ar\cos\theta,\\y=br\sin\theta,\end{cases}$$

其中 $0\leqslant r\leqslant1,0\leqslant\theta\leqslant2\pi$,则

$$V=\int_0^{2\pi}\mathrm{d}\theta\int_0^1 h_{max}\cos\left(\frac{\pi}{2}r\right)abr\,\mathrm{d}r$$

$$=2\pi abh_{max}\int_0^1\cos\left(\frac{\pi}{2}r\right)r\,\mathrm{d}r=4abh_{max}\int_0^1 r\,\mathrm{d}\sin\left(\frac{\pi}{2}r\right)$$

$$=4abh_{max}\left[r\sin\left(\frac{\pi}{2}r\right)\Big|_0^1-\int_0^1\sin\left(\frac{\pi}{2}r\right)\mathrm{d}r\right]$$

$$=4abh_{max}\left[1+\frac{2}{\pi}\cos\left(\frac{\pi}{2}r\right)\Big|_0^1\right]=4abh_{max}\left(1-\frac{2}{\pi}\right)\approx1.453abh_{max}.$$

根据上述公式,可通过测量 a,b,h_{max} 来估计湖水的总体积(即水量),平均湖水深度为

$$\bar{h}=\frac{\iint\limits_D |f(x,y)|\,\mathrm{d}x\mathrm{d}y}{A}=\frac{\iint\limits_D |f(x,y)|\,\mathrm{d}x\mathrm{d}y}{\pi ab}$$

$$=\frac{1.453abh_{max}}{\pi ab}=\frac{1.453h_{max}}{\pi}\approx0.463h_{max},$$

即 $\dfrac{\bar{h}}{h_{\max}} \approx 0.463$.

实际上,人们对全世界 107 个湖泊的研究结果表明,$\bar{h}/h_{\max}$ 的平均值为 0.463.

例2（小岛涨潮与落潮时的面积）　设在海湾中,海潮的高潮与低潮之间的差是 2m. 一个小岛的陆地高度 $z = 30\left(1 - \dfrac{x^2 + y^2}{10^6}\right)$（单位：m）. 并设水平面 $z = 0$ 对应于低潮的位置. 求高潮与低潮时小岛露出水面的面积之比.

解　本题是求曲面的面积问题. 由题设知曲面的方程为 $z = 30\left(1 - \dfrac{x^2 + y^2}{10^6}\right)$,根据曲面的面积公式

$$S = \iint\limits_{D_{xy}} \sqrt{1 + (z_x)^2 + (z_y)^2}\, \mathrm{d}x\,\mathrm{d}y$$

可知,关键是找出高潮与低潮时的 D_{xy}.

由于低潮时 $z = 0$,即

$$0 = 30\left(1 - \frac{x^2 + y^2}{10^6}\right),$$

故

$$D_{xy(\text{低})}: \quad x^2 + y^2 \leqslant 10^6.$$

高潮时 $z = 2$,即

$$2 = 30\left(1 - \frac{x^2 + y^2}{10^6}\right),$$

故

$$D_{xy(\text{高})}: \quad x^2 + y^2 \leqslant 10^6\left(1 - \frac{1}{15}\right) = 10^6 \times \frac{14}{15}.$$

又

$$\sqrt{1 + (z_x)^2 + (z_y)^2} = \sqrt{1 + \frac{36(x^2 + y^2)}{10^{10}}},$$

用极坐标计算曲面面积：

低潮时小岛面积

$$S_{\text{低}} = \iint\limits_{D_{xy(\text{低})}} \sqrt{1 + \frac{36(x^2 + y^2)}{10^{10}}}\, \mathrm{d}x\,\mathrm{d}y = \int_0^{2\pi} \mathrm{d}\theta \int_0^{10^3} \sqrt{1 + \frac{36r^2}{10^{10}}}\, r\,\mathrm{d}r$$

$$= 2\pi \times \frac{10^{10}}{72} \int_0^{10^3} \sqrt{1 + \frac{36r^2}{10^{10}}}\, \mathrm{d}\left(1 + \frac{36r^2}{10^{10}}\right) = \frac{10^{10}\pi}{36} \cdot \frac{2}{3} \times \left.\left(1 + \frac{36r^2}{10^{10}}\right)^{\frac{3}{2}}\right|_0^{10^3}$$

$$\approx \frac{10^4\pi}{54} \times 5\,404.857.$$

高潮时小岛面积

$$S_{\text{高}} = \int_0^{2\pi} \mathrm{d}\theta \int_0^{10^3\sqrt{\frac{14}{15}}} \sqrt{1 + \frac{36r^2}{10^{10}}}\, r\,\mathrm{d}r = \frac{10^{10}\pi}{54}\left.\left(1 + \frac{36r^2}{10^{10}}\right)^{\frac{3}{2}}\right|_0^{10^3\sqrt{\frac{14}{15}}} \approx \frac{10^4\pi}{54} \times 5\,044.231\,3.$$

高潮与低潮时小岛露出水面的面积之比 $S_{高}/S_{低}=0.933\,3$.

例 3（航天器密封舱在海面上的溅落问题）　航天器的回收可以选择陆地降落、海面溅落或在空中由飞机直接钩取这三种方式.当采取海面溅落时,密封舱乘主伞下降时需调整其悬挂姿态,使其必须以稳定的"竖立状态"降落,并使底面的锐边首先着水,利用海水的缓冲作用减少密封舱着水冲击的过载,以达到安全降落的目的.那么设计人员在设计此类航天器时,航天器密封舱的底半径与顶部圆锥的高应设计为怎样的比例? 设计好底半径后是否可以确定密封舱的质量上限?

问题分析　航天器密封舱在溅落于海面上后,要求密封舱必须以稳定的"竖立状态"上浮着,即要求它只是有部分球面浸没于水中.假定密封舱内的仪器设备都是均匀地安排在空间各个位置的,确定该密封舱所对应立体的质心即可.密封舱质量的上限为一临界状态,质心恰好在海水面上,即密封舱的重力恰好等于此时的浮力.

数学问题　一个航天器密封舱质量为 M（单位：kg）,其底部是一个半径为 R（单位：m）的半球,顶部是一个高为 H（单位：m）的圆锥,在溅落于海面上后,要求密封舱必须以稳定的"竖立状态"上浮着,即要求它只是有部分球面浸没于水中,假定密封舱内的仪器设备都是均匀地安排在空间各位置的.

（1）试求 H 与 R 的比例关系；

（2）当 $R=2\mathrm{m}$ 时,求密封舱质量 M 的上限.

解　为简化问题,假定密封舱内的设备是均匀排列的,从而体密度可以理解为常量,利用球体质心计算公式即可确定质心.

（1）根据题意,可认为密封舱是一个密度为常数的立体 Ω,建立空间直角坐标系后,根据对称性可知,其形心为 $G=(0,0,\bar{z})$,我们的目标是希望 $\bar{z}<0$.

先求 Ω 关于 xOy 坐标面的一阶矩,即

$$\iiint\limits_{\Omega}z\mathrm{d}V=\int_{-R}^{H}z\mathrm{d}z\iint\limits_{D_z}\mathrm{d}\sigma=\int_{-R}^{0}\pi(R^2-z^2)z\mathrm{d}z+\int_{0}^{H}\pi\left[\frac{R}{H}(H-z)\right]^2z\mathrm{d}z$$

$$=\frac{\pi R^2}{12}(H^2-3R^2).$$

要使 $\bar{z}<0$,只要一阶矩小于零就可以了,因此必须有 $\dfrac{H}{R}<\sqrt{3}$.

（2）密封舱质量的上限也就是在各种极端状态下密封舱质量的临界值 M_0,这个极端状态就是：

① 密封舱不会翻倒,即刚好有 $\bar{z}=0$,也就是 $H=\sqrt{3}R$.

② 刚好仅有半球面部分全部浸没于水中,密封舱的重力恰好为此时的浮力,即

$$\left(\frac{2}{3}\pi R^3\right)\rho g=M_0g,$$

所以

$$M_0=\frac{2}{3}\pi\rho R^3\approx16\,755\mathrm{kg},$$

也就是说密封舱的质量不能超过 16 755kg.

数学思想(三)——集合思想

集合思想就是建构集合论的指导思想.

集合论实际上是关于"无穷"理论的数学.历史上,在探索无穷性概念时,通常有两种截然不同的观点:一种称为"潜无穷",另一种称为"实无穷".在19世纪之前,人们只认识潜无穷,承认像自然数集一样的集合包含了无穷多个元素,但无法列出所有的元素,因而人们认为无穷只不过是"潜在的",而不是一个实在存在的数.

康托尔用大量的事实论证了:包括微积分在内的数学若要获得进展,必须肯定实无穷.他推广了有限序数和有穷基数的概念,建立了无穷序数和无穷基数(超穷数)的概念,并定义了相应的算术运算.他先后发表了关于点集论、超穷集合论的多部著作,为集合论的研究奠定了坚实基础.康托尔的集合论通常称为古典集合论或朴素集合论.

19世纪和20世纪之交,人们发现了一系列集合论悖论,表明集合论是不协调的,这使得人们对数学推理的正确性和结论的真理性产生了怀疑,触发了第三次数学危机.为了克服悖论所带来的困难,人们开始对集合论进行改造,这就是集合论的公理化.ZFC公理系统是公理化集合论系统的典型代表,它能避免已知的集合论悖论,并为数学基础研究提供了一种方便的语言和工具.在ZFC中,几乎所有的数学概念都能用集合论语言表达,数学定理也大都可以在ZFC内得到形式证明.

公理集合论所体现的集合思想的主要特征有:

(1)在公理化体系中采用外延法则,通过比较两个集合中的元素来定义集的相等和包含关系,保证了集合的确定性和"大小"次序;

(2)在基本集合内采用概括法则,将满足一定性质的"元素"概括成一个整体,即"集合";

(3)规定集合的再造性和运算性法则,从一个集可以按某种法则产生新的集,集之间有并、交、乘积等运算;

(4)认定实无穷的存在性与超穷算术的合理性;

(5)广泛运用一一对应法则,特别是在基数的定义与推广中一一对应发挥了重要作用.

集合论已成为现代数学的基础,数学的各个现代化分支,如数理逻辑、抽象代数、实变函数、泛函分析、概率统计、拓扑学等都建立在集合论的基础上,它们把基本的数学对象作为集合来处理,采用集合论的思想方法来认识问题、分析问题和解决问题.目前,随着数学应用的推广,集合思想已广泛地渗透到自然科学的许多领域.

第十章

曲线积分与曲面积分

第九章讨论的重积分是定积分的推广,积分范围由数轴上的一个区间推广到了平面或空间内的一个闭区域;本章继续对定积分进行推广,将积分范围推广为一段曲线弧与一片曲面,这样的积分称为曲线积分与曲面积分.

第一节 第一类曲线积分

一、第一类曲线积分的概念与性质

引例 曲线形构件的质量

有一曲线形构件 L,假设在使用时它各部分受力情况不一样,那么在设计时为了合理使用材料可以使其各部分粗细程度不完全相同,即构件的线密度不均匀. 设它的线密度函数为 $\rho=\rho(x,y),(x,y)\in L$,求构件 L 的质量 m.

在 L 中任意插入 $n-1$ 个分点 $M_1,M_2,\cdots,M_{n-1}$,从而将 L 分成了 n 个小弧段(图 10-1),用 Δs_i 表示第 i 小段 $\overset{\frown}{M_{i-1}M_i}$ 的弧长. 任取 $(\xi_i,\eta_i)\in\overset{\frown}{M_{i-1}M_i}$,因每个小弧段足够小,故可近似看成是密度均匀的,如此,第 i 个小弧段的质量的近似值为 $m_i\approx\rho(\xi_i,\eta_i)\Delta s_i$,从而整个构件的质量的近似值为

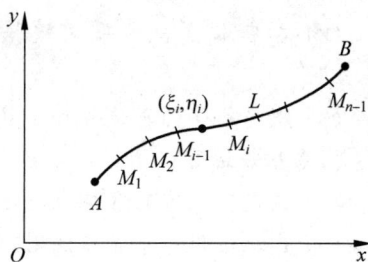

图　10-1

$$m=\sum_{i=1}^n m_i\approx\sum_{i=1}^n\rho(\xi_i,\eta_i)\Delta s_i,$$

设 $\lambda=\max_{1\leqslant i\leqslant n}\{\Delta s_i\}$,则构件 L 的质量为

$$m=\lim_{\lambda\to0}\sum_{i=1}^n\rho(\xi_i,\eta_i)\Delta s_i.$$

这种和式极限在其他类似问题中也会遇到,归纳这类问题的共性,加以抽象,就得到如下第一类曲线积分的定义.

定义 设 L 为 xOy 面内一条长度有限的光滑曲线,函数 $z=f(x,y)$ 在 L 上有界. 在 L 上任意插入 $n-1$ 个分点 $M_1,M_2,\cdots,M_{n-1}$,把 L 分成 n 个小弧段. 记 $M_0=A,M_n=B$,第 i 个小段 $\overset{\frown}{M_{i-1}M_i}$ 的长度为 $\Delta s_i,i=1,2,\cdots,n$. 任取 $(\xi_i,\eta_i)\in\overset{\frown}{M_{i-1}M_i}$,作和 $\sum_{i=1}^n f(\xi_i,\eta_i)\Delta s_i$,

记 $\lambda = \max\limits_{1 \leqslant i \leqslant n} \{\Delta s_i\}$. 若极限 $\lim\limits_{\lambda \to 0} \sum\limits_{i=1}^{n} f(\xi_i, \eta_i) \Delta s_i$ 存在,且其值与 L 的分法及 (ξ_i, η_i) 的取法无关,则称此极限值为函数 $f(x,y)$ 在曲线 L 上的第一类曲线积分或对弧长的曲线积分,记为 $\int_L f(x,y)\mathrm{d}s$. 即

$$\int_L f(x,y)\mathrm{d}s = \lim\limits_{\lambda \to 0} \sum\limits_{i=1}^{n} f(\xi_i, \eta_i)\Delta s_i,$$

其中 $f(x,y)$ 叫作被积函数,L 叫作积分弧段.

由上面的定义,曲线形构件的质量 $m = \int_L \rho(x,y)\mathrm{d}s$.

当 L 是封闭曲线时,函数 $f(x,y)$ 在曲线 L 上的第一类曲线积分记为

$$\oint_L f(x,y)\mathrm{d}s.$$

类似地,第一类曲线积分的定义可以推广到积分范围为空间曲线弧段 Γ 的情形,即

$$\int_\Gamma f(x,y,z)\mathrm{d}s = \lim\limits_{\lambda \to 0} \sum\limits_{i=1}^{n} f(\xi_i, \eta_i, \zeta_i)\Delta s_i,$$

其中 $f(x,y,z)$ 是定义在空间光滑弧段 Γ 上的有界三元函数.

第一类曲线积分有如下性质:

(1) $\int_L [f(x,y) \pm g(x,y)]\mathrm{d}s = \int_L f(x,y)\mathrm{d}s \pm \int_L g(x,y)\mathrm{d}s.$

(2) $\int_L kf(x,y)\mathrm{d}s = k\int_L f(x,y)\mathrm{d}s, k$ 为常数.

(3) $\int_L f(x,y)\mathrm{d}s = \int_{L_1} f(x,y)\mathrm{d}s + \int_{L_2} f(x,y)\mathrm{d}s, L = L_1 + L_2.$

(4) $\int_{\overparen{AB}} f(x,y)\mathrm{d}s = \int_{\overparen{BA}} f(x,y)\mathrm{d}s.$

(5) $\int_L \mathrm{d}s = s_L, s_L$ 为 L 的长度.

二、第一类曲线积分的计算

定理　设 $f(x,y)$ 在曲线弧 L 上有定义且连续,L 的参数方程为 $x = \varphi(t), y = \psi(t)$, $\alpha \leqslant t \leqslant \beta$,其中 $\varphi(t), \psi(t)$ 在 $[\alpha, \beta]$ 上具有一阶连续导数且 $\varphi'^2(t) + \psi'^2(t) \neq 0$,则 $\int_L f(x,y)\mathrm{d}s$ 存在,且

$$\int_L f(x,y)\mathrm{d}s = \int_\alpha^\beta f[\varphi(t), \psi(t)]\sqrt{\varphi'^2(t) + \psi'^2(t)}\,\mathrm{d}t, \quad \alpha < \beta. \tag{1}$$

证　假定当参数 t 由 α 变至 β 时,L 上的动点 $P(x,y)$ 从点 A 至点 B 描出曲线 L.在 L 上取一列点

$$A = M_0, M_1, \cdots, M_{n-1}, M_n = B,$$

它们对应于一列单调增加的参数值

$$\alpha = t_0 < t_1 < t_2 < \cdots < t_{n-1} < t_n = \beta.$$

在第一类曲线积分定义中,令 $\xi_i = \varphi(\tau_i)$,$\eta_i = \psi(\tau_i)$,$\tau_i \in [t_{i-1}, t_i]$,而

$$\Delta s_i = \int_{t_{i-1}}^{t_i} \sqrt{\varphi'^2(t) + \psi'^2(t)} \, dt = \sqrt{\varphi'^2(\tau_i') + \psi'^2(\tau_i')} \Delta t_i,$$

上式第二个等号是应用了定积分中值定理,其中

$$\Delta t_i = t_i - t_{i-1}, \quad \tau_i' \in [t_{i-1}, t_i], \quad i = 1, 2, \cdots, n,$$

从而

$$\int_L f(x, y) \, ds = \lim_{\lambda \to 0} \sum_{i=1}^n f(\xi_i, \eta_i) \Delta s_i$$

$$= \lim_{\lambda \to 0} \sum_{i=1}^n f[\varphi(\tau_i), \psi(\tau_i)] \sqrt{\varphi'^2(\tau_i') + \psi'^2(\tau_i')} \Delta t_i.$$

因为 $\sqrt{\varphi'^2(t) + \psi'^2(t)}$ 在闭区间 $[\alpha, \beta]$ 上连续,从而一致连续,当 $\lambda \to 0$ 时可将 τ_i' 换成 τ_i. 再根据函数 $f[\varphi(t), \psi(t)] \sqrt{\varphi'^2(t) + \psi'^2(t)}$ 在 $[\alpha, \beta]$ 上连续知,它在 $[\alpha, \beta]$ 上的定积分存在. 最后得

$$\int_L f(x, y) \, ds = \lim_{\lambda \to 0} \sum_{i=1}^n f[\varphi(\tau_i), \psi(\tau_i)] \sqrt{\varphi'^2(\tau_i') + \psi'^2(\tau_i')} \Delta t_i$$

$$= \lim_{\lambda \to 0} \sum_{i=1}^n f[\varphi(\tau_i), \psi(\tau_i)] \sqrt{\varphi'^2(\tau_i) + \psi'^2(\tau_i)} \Delta t_i$$

$$= \int_\alpha^\beta f[\varphi(t), \psi(t)] \sqrt{\varphi'^2(t) + \psi'^2(t)} \, dt. \qquad \square$$

值得注意的是,上面的证明过程中,$\Delta s_i > 0$,从而 $\Delta t_i > 0$,所以 $\alpha < \beta$.

下面给出其他一些情形下第一类曲线积分的计算公式.

(1) 若 L 由方程 $y = \varphi(x)(a \leqslant x \leqslant b)$ 给出,则取 x 为参数,有

$$\int_L f(x, y) \, ds = \int_a^b f[x, \varphi(x)] \sqrt{1 + \varphi'^2(x)} \, dx.$$

(2) 若 L 由方程 $x = \psi(y)(c \leqslant y \leqslant d)$ 给出,则取 y 为参数,有

$$\int_L f(x, y) \, ds = \int_c^d f[\psi(y), y] \sqrt{1 + \psi'^2(y)} \, dy.$$

(3) 若空间曲线弧段 Γ 由方程 $x = \varphi(t), y = \psi(t), z = \omega(t)(\alpha \leqslant t \leqslant \beta)$ 给出,则有

$$\int_\Gamma f(x, y, z) \, ds = \int_\alpha^\beta f[\varphi(t), \psi(t), \omega(t)] \sqrt{\varphi'^2(t) + \psi'^2(t) + \omega'^2(t)} \, dt.$$

例 1 计算 $\int_L y^3 \, ds$,其中 L 为半圆周 $x = a\cos t$,$y = a\sin t$,$0 \leqslant t \leqslant \pi$.

解 $\int_L y^3 \, ds = \int_0^\pi (a\sin t)^3 \sqrt{(-a\sin t)^2 + (a\cos t)^2} \, dt = a^4 \int_0^\pi \sin^3 t \, dt$

$$= -a^4 \int_0^\pi (1 - \cos^2 t) \, d\cos t = a^4 \left(\frac{1}{3} \cos^3 t - \cos t \right) \Big|_0^\pi = \frac{4}{3} a^4.$$

例 2 计算 $\oint_L x \, ds$,其中 L 为由直线 $y = x$ 及抛物线 $y = x^2$ 所围成的区域的整个边界(图 10-2).

解 由题意知 $L = L_1 + L_2$,其中 L_1 由 $y = x(0 \leqslant x \leqslant 1)$ 给出,而 L_2 由 $y = x^2(0 \leqslant x \leqslant 1)$ 给出.因此

$$\oint_L x\,\mathrm{d}s = \int_{L_1} x\,\mathrm{d}s + \int_{L_2} x\,\mathrm{d}s$$

$$= \int_0^1 x\sqrt{1+1^2}\,\mathrm{d}x + \int_0^1 x\sqrt{1+(2x)^2}\,\mathrm{d}x$$

$$= \frac{\sqrt{2}}{2}x^2\Big|_0^1 + \frac{1}{12}(1+4x^2)^{\frac{3}{2}}\Big|_0^1$$

$$= \frac{\sqrt{2}}{2} + \frac{1}{12}(5\sqrt{5}-1).$$

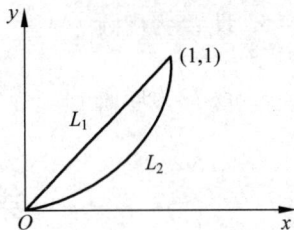

图 10-2

例 3 计算 $\int_\Gamma (x^2+y^2+z^2)\mathrm{d}s$，其中 Γ 为一段螺旋线 $x=a\cos t, y=a\sin t, z=bt, 0\leqslant t\leqslant 2\pi$.

解

$$\int_\Gamma (x^2+y^2+z^2)\mathrm{d}s = \int_0^{2\pi}\left[(a\cos t)^2+(a\sin t)^2+(bt)^2\right]\sqrt{a^2+b^2}\,\mathrm{d}t$$

$$= \sqrt{a^2+b^2}\left(a^2 t + \frac{1}{3}b^2 t^3\right)\Big|_0^{2\pi} = \frac{2}{3}\pi\sqrt{a^2+b^2}(3a^2+4\pi^2 b^2).$$

习题 10-1

1. 计算下列第一类曲线积分：

(1) $\oint_L (x^2+y^2)^{\frac{n}{2}}\mathrm{d}s$，其中 L 为圆周 $x^2+y^2=a^2, a>0$；

(2) $\int_L (x^2+y^2)\mathrm{d}s$，其中 L 为下半圆周 $y=-\sqrt{1-x^2}$；

(3) $\int_L \sqrt{y}\,\mathrm{d}s$，其中 L 是抛物线 $y=x^2$ 上点 $O(0,0)$ 与点 $A(1,1)$ 之间的一段弧；

(4) $\int_L (x+y)\mathrm{d}s$，其中 L 为连接 $(1,0)$ 及 $(0,1)$ 两点的直线段；

(5) $\oint_L \mathrm{e}^{\sqrt{x^2+y^2}}\mathrm{d}s$，其中 L 为圆周 $x^2+y^2=a^2$，直线 $y=x$ 及 x 轴在第一象限内所围扇形的整个边界；

(6) $\int_\Gamma \frac{1}{x^2+y^2+z^2}\mathrm{d}s$，其中 Γ 为曲线段 $x=\mathrm{e}^t\cos t, y=\mathrm{e}^t\sin t, z=\mathrm{e}^t, 0\leqslant t\leqslant 2$；

(7) $\int_\Gamma x^2 yz\,\mathrm{d}s$，其中 Γ 为折线 $ABCD$，已知 $A(0,0,0), B(0,0,2), C(1,0,2), D(1,3,2)$.

2. 设在 xOy 面内有一条质量分布均匀的曲线弧 L，在点 (x,y) 处它的线密度为 $\rho(x,y)$. 用第一类曲线积分分别表达：

(1) 此曲线弧对两个坐标轴的转动惯量；　(2) 此曲线弧的质心坐标.

3. 求半径为 R、中心角为 2α 的均匀圆弧（线密度 $\rho=1$）对它的对称轴的转动惯量及此圆弧的质心.

4. 设螺旋形弹簧一圈的方程为 $x=a\cos t, y=a\sin t, z=bt, 0\leqslant t\leqslant 2\pi$，它的线密度为 $\rho(x,y,z)=x^2+y^2+z^2$，求它的质心坐标及它对 z 轴的转动惯量 I_z.

5. 设 L 为椭圆 $\dfrac{x^2}{4}+\dfrac{y^2}{3}=1$,其周长记为 a,求 $\displaystyle\oint_L (2xy+3x^2+4y^2)\mathrm{d}s$.

6. 设 L 为球面 $x^2+y^2+z^2=1$ 与平面 $x+y+z=0$ 的交线,求 $\displaystyle\oint_L xy\mathrm{d}s$.

第二节　第二类曲线积分

一、第二类曲线积分的概念与性质

引例　变力沿曲线做功

一个质点在 xOy 面内在变力

$$\boldsymbol{F}(x,y)=P(x,y)\boldsymbol{i}+Q(x,y)\boldsymbol{j}$$

的作用下沿光滑曲线弧 L 从点 A 移动到点 B(图 10-3),其中函数 $P(x,y),Q(x,y)$ 在 L 上连续. 求变力 $\boldsymbol{F}(x,y)$ 所做的功 W.

先分割 L 成 n 个足够小的弧段,在第 i 个小弧段 $\overparen{M_{i-1}M_i}$ 上任取一点 (ξ_i,η_i),变力沿此弧段移动质点做的功可近似认为是常力 $\boldsymbol{F}(\xi_i,\eta_i)=P(\xi_i,\eta_i)\boldsymbol{i}+Q(\xi_i,\eta_i)\boldsymbol{j}$ 沿有向直线段 $\overrightarrow{M_{i-1}M_i}=(\Delta x_i)\boldsymbol{i}+(\Delta y_i)\boldsymbol{j}$ 移动质点做的功,即

$$
\begin{aligned}
W_i &\approx \boldsymbol{F}(\xi_i,\eta_i)\cdot\overrightarrow{M_{i-1}M_i}\\
&=P(\xi_i,\eta_i)\Delta x_i+Q(\xi_i,\eta_i)\Delta y_i,
\end{aligned}
$$

从而

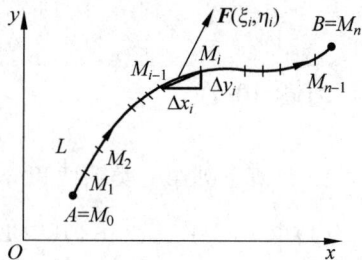

图　10-3

$$W=\sum_{i=1}^{n}W_i\approx\sum_{i=1}^{n}[P(\xi_i,\eta_i)\Delta x_i+Q(\xi_i,\eta_i)\Delta y_i].$$

对 L 分得越细密,上式的近似程度就越高. 设 $\lambda=\max\limits_{1\leqslant i\leqslant n}\{\Delta s_i\}$,$\Delta s_i$ 是小弧段 $\overparen{M_{i-1}M_i}$ 的长度,则

$$W=\lim_{\lambda\to 0}\sum_{i=1}^{n}[P(\xi_i,\eta_i)\Delta x_i+Q(\xi_i,\eta_i)\Delta y_i].$$

归纳其他类似问题的和式极限,加以抽象,就形成了以下第二类曲线积分的定义.

定义　设 L 为 xOy 面内从点 A 到点 B 的一条有向光滑曲线弧,函数 $P(x,y),Q(x,y)$ 在 L 上有界. 在 L 上沿其方向任意插入点 $M_1(x_1,y_1),M_2(x_2,y_2),\cdots,M_{n-1}(x_{n-1},y_{n-1})$,将 L 分成 n 个有向小弧段 $\overparen{M_{i-1}M_i}$ $(i=1,2,\cdots,n;\ M_0=A,M_n=B)$,记 $\Delta x_i=x_i-x_{i-1}$,$\Delta y_i=y_i-y_{i-1}$. 在 $\overparen{M_{i-1}M_i}$ 上任取一点 (ξ_i,η_i),作和 $\displaystyle\sum_{i=1}^{n}[P(\xi_i,\eta_i)\Delta x_i+Q(\xi_i,\eta_i)\Delta y_i]$,记 $\overparen{M_{i-1}M_i}$ 的长度为 Δs_i,并令 $\lambda=\max\limits_{1\leqslant i\leqslant n}\{\Delta s_i\}$. 若极限 $\displaystyle\lim_{\lambda\to 0}\sum_{i=1}^{n}[P(\xi_i,\eta_i)\Delta x_i+Q(\xi_i,\eta_i)\Delta y_i]$ 存在,且极限值与 L 的分法以及点 (ξ_i,η_i) 的取法无关,则称此极限值为函数 $P(x,y)$,$Q(x,y)$ 在有向弧段 L 上的第二类曲线积分或对坐标的曲线积分,记为 $\displaystyle\int_L P(x,y)\mathrm{d}x+$

$Q(x,y)\mathrm{d}y$,简写为$\int_L P\,\mathrm{d}x+Q\,\mathrm{d}y$,即

$$\int_L P\,\mathrm{d}x+Q\,\mathrm{d}y=\lim_{\lambda\to 0}\sum_{i=1}^{n}[P(\xi_i,\eta_i)\Delta x_i+Q(\xi_i,\eta_i)\Delta y_i],$$

其中$P(x,y),Q(x,y)$叫作被积函数,L叫作积分弧段.

当L为封闭有向曲线时,第二类曲线积分常记为

$$\oint_L P\,\mathrm{d}x+Q\,\mathrm{d}y.$$

若记$\boldsymbol{F}(x,y)=(P(x,y),Q(x,y))=P(x,y)\boldsymbol{i}+Q(x,y)\boldsymbol{j},\mathrm{d}\boldsymbol{s}=(\mathrm{d}x,\mathrm{d}y)=\mathrm{d}x\boldsymbol{i}+\mathrm{d}y\boldsymbol{j}$,则第二类曲线积分就可以写为向量形式:

$$\int_L \boldsymbol{F}(x,y)\cdot\mathrm{d}\boldsymbol{s},$$

此时也称此积分为向量函数$\boldsymbol{F}(x,y)$在有向弧段L上的第二类曲线积分.

根据上述定义,变力沿曲线所做的功可表达为

$$W=\int_L \boldsymbol{F}(x,y)\cdot\mathrm{d}\boldsymbol{s}=\int_L P(x,y)\mathrm{d}x+Q(x,y)\mathrm{d}y.$$

第二类曲线积分的定义可推广到空间有向弧段Γ的情形:

$$\int_\Gamma P\,\mathrm{d}x+Q\,\mathrm{d}y+R\,\mathrm{d}z=\int_\Gamma P(x,y,z)\mathrm{d}x+Q(x,y,z)\mathrm{d}y+R(x,y,z)\mathrm{d}z$$
$$=\lim_{\lambda\to 0}\sum_{i=1}^{n}[P(\xi_i,\eta_i,\zeta_i)\Delta x_i+Q(\xi_i,\eta_i,\zeta_i)\Delta y_i+R(\xi_i,\eta_i,\zeta_i)\Delta z_i].$$

不难证明,第二类曲线积分具有如下性质:

(1) 设α,β为常数,则

$$\int_L[\alpha\boldsymbol{F}_1(x,y)+\beta\boldsymbol{F}_2(x,y)]\cdot\mathrm{d}\boldsymbol{s}=\alpha\int_L\boldsymbol{F}_1(x,y)\cdot\mathrm{d}\boldsymbol{s}+\beta\int_L\boldsymbol{F}_2(x,y)\cdot\mathrm{d}\boldsymbol{s}.$$

(2) 若有向曲线弧L可分成两段光滑的有向曲线弧L_1和L_2,则

$$\int_L\boldsymbol{F}(x,y)\cdot\mathrm{d}\boldsymbol{s}=\int_{L_1}\boldsymbol{F}(x,y)\cdot\mathrm{d}\boldsymbol{s}+\int_{L_2}\boldsymbol{F}(x,y)\cdot\mathrm{d}\boldsymbol{s}.$$

(3) 设L为有向光滑曲线弧段,$-L$是L的反向曲线弧,则有

$$\int_{-L}\boldsymbol{F}(x,y)\cdot\mathrm{d}\boldsymbol{s}=-\int_L\boldsymbol{F}(x,y)\cdot\mathrm{d}\boldsymbol{s}.$$

二、第二类曲线积分的计算

定理 设$P(x,y),Q(x,y)$在有向曲线弧L上有定义且连续,L的参数方程为$x=\varphi(t),y=\psi(t)$.设L的始点对应的参数为α,终点对应的参数为$\beta,\varphi(t),\psi(t)$在以α,β为端点的闭区间上具有一阶连续导数,且$\varphi'^2(t)+\psi'^2(t)\neq 0$,则曲线积分$\int_L P(x,y)\mathrm{d}x+Q(x,y)\mathrm{d}y$存在,且有

$$\int_L P(x,y)\mathrm{d}x+Q(x,y)\mathrm{d}y=\int_\alpha^\beta\{P[\varphi(t),\psi(t)]\varphi'(t)+Q[\varphi(t),\psi(t)]\psi'(t)\}\mathrm{d}t. \quad (1)$$

证　在 L 上取一列点

$$A = M_0, M_1, \cdots, M_{n-1}, M_n = B,$$

它们对应于一列单调变化的参数值

$$\alpha = t_0, t_1, t_2, \cdots, t_{n-1}, t_n = \beta.$$

由第二类曲线积分的定义有

$$\int_L P(x,y)\mathrm{d}x + Q(x,y)\mathrm{d}y = \lim_{\lambda \to 0} \sum_{i=1}^n [P(\xi_i, \eta_i)\Delta x_i + Q(\xi_i, \eta_i)\Delta y_i],$$

设点 (ξ_i, η_i) 对应参数 τ_i，即 $\xi_i = \varphi(\tau_i)$，$\eta_i = \psi(\tau_i)$，其中 τ_i 在 t_{i-1} 与 t_i 之间. 由于

$$\Delta x_i = x_i - x_{i-1} = \varphi(t_i) - \varphi(t_{i-1}), \quad \Delta y_i = y_i - y_{i-1} = \psi(t_i) - \psi(t_{i-1}),$$

应用微分中值定理，有

$$\Delta x_i = \varphi'(\tau_i')\Delta t_i, \quad \Delta y_i = \psi'(\tau_i'')\Delta t_i,$$

其中 $\Delta t_i = t_i - t_{i-1}$，$\tau_i'$，$\tau_i''$ 在 t_{i-1} 与 t_i 之间. 于是

$$\int_L P(x,y)\mathrm{d}x + Q(x,y)\mathrm{d}y = \lim_{\lambda \to 0} \sum_{i=1}^n \{P[\varphi(\tau_i), \psi(\tau_i)]\varphi'(\tau_i') + Q[\varphi(\tau_i), \psi(\tau_i)]\psi'(\tau_i'')\}\Delta t_i.$$

因为 $\varphi'(t)$，$\psi'(t)$ 在闭区间 $[\alpha, \beta]$（或 $[\beta, \alpha]$）上连续，从而一致连续，当 $\lambda \to 0$ 时可将 τ_i'，τ_i'' 换成 τ_i. 从而

$$\int_L P(x,y)\mathrm{d}x + Q(x,y)\mathrm{d}y = \lim_{\lambda \to 0} \sum_{i=1}^n \{P[\varphi(\tau_i), \psi(\tau_i)]\varphi'(\tau_i) + Q[\varphi(\tau_i), \psi(\tau_i)]\psi'(\tau_i)\}\Delta t_i.$$

由于 $P[\varphi(t), \psi(t)]\varphi'(t)$ 与 $Q[\varphi(t), \psi(t)]\psi'(t)$ 都连续，故定积分存在，即为上式右端，从而 $\int_L P(x,y)\mathrm{d}x + Q(x,y)\mathrm{d}y$ 存在，且

$$\int_L P(x,y)\mathrm{d}x + Q(x,y)\mathrm{d}y = \int_\alpha^\beta \{P[\varphi(t), \psi(t)]\varphi'(t) + Q[\varphi(t), \psi(t)]\psi'(t)\}\mathrm{d}t. \qquad \square$$

需要注意的是，L 的始点对应的参数为 α，终点对应的参数为 β，α 不一定小于 β.

与第一类曲线积分类似，当 L 由方程 $y = \varphi(x)$（或 $x = \psi(y)$）给出时，可取 x（或 y）作参数.

式 (1) 可推广到空间曲线情形. 设空间有向弧段 Γ 的参数方程为 $x = \varphi(t)$，$y = \psi(t)$，$z = \omega(t)$，Γ 的始点对应的参数为 α，终点对应的参数为 β，则

$$\int_\Gamma P(x,y,z)\mathrm{d}x + Q(x,y,z)\mathrm{d}y + R(x,y,z)\mathrm{d}z$$

$$= \int_\alpha^\beta \{P[\varphi(t), \psi(t), \omega(t)]\varphi'(t) + Q[\varphi(t), \psi(t), \omega(t)]\psi'(t) + R[\varphi(t), \psi(t), \omega(t)]\omega'(t)\}\mathrm{d}t. \qquad (2)$$

例 1　计算曲线积分 $\oint_L y\,\mathrm{d}x - x\,\mathrm{d}y$，其中 L 为椭圆 $\dfrac{x^2}{a^2} + \dfrac{y^2}{b^2} = 1$ 取顺时针方向.

解　将 L 写成参数方程形式：

$$x = a\cos t, \quad y = b\sin t, \quad t: 2\pi \to 0,$$

$$\oint_L y\,\mathrm{d}x - x\,\mathrm{d}y = \int_{2\pi}^0 [(b\sin t)(-a\sin t) - (a\cos t)(b\cos t)]\mathrm{d}t = ab\int_0^{2\pi} 1\,\mathrm{d}t = 2\pi ab.$$

例2　计算 $\int_L xy\,\mathrm{d}x$，其中 L 为抛物线 $y^2 = x$ 从点 $A(1,-1)$ 到点 $B(1,1)$ 的一段弧（图 10-4）.

解法1　将 L 分成 AO 与 OB 两段，分别记为 L_1 与 L_2，取 x 作参数，有

$$L_1\begin{cases} x = x, \\ y = -\sqrt{x}, \end{cases} x:1\to 0; \quad L_2\begin{cases} x = x, \\ y = \sqrt{x}, \end{cases} x:0\to 1,$$

$$\int_L xy\,\mathrm{d}x = \int_{L_1} xy\,\mathrm{d}x + \int_{L_2} xy\,\mathrm{d}x$$

$$= \int_1^0 x(-\sqrt{x})\,\mathrm{d}x + \int_0^1 x\sqrt{x}\,\mathrm{d}x = 2\int_0^1 x\sqrt{x}\,\mathrm{d}x = \frac{4}{5}.$$

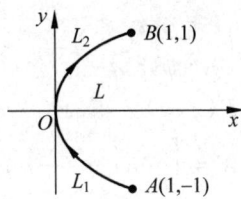

图　10-4

解法2　取 y 作参数，有

$$L\begin{cases} x = y^2, \\ y = y, \end{cases} y:-1\to 1,$$

$$\int_L xy\,\mathrm{d}x = \int_{-1}^1 y^2 \cdot y \cdot 2y\,\mathrm{d}y = 4\int_0^1 y^4\,\mathrm{d}y = \frac{4}{5}.$$

例3　计算 $\int_L 3x^2 y\,\mathrm{d}x + x^3\,\mathrm{d}y$，其中 L 为（图 10-5）：

(1) $y = x$ 上从 O 到 A 的一段直线；

(2) $y = x^2$ 上从 O 到 A 的一段弧；

(3) $y = x^3$ 上从 O 到 A 的一段弧.

解　(1) $L\begin{cases} x = x, \\ y = x, \end{cases} x:0\to 1,$

$$\int_L 3x^2 y\,\mathrm{d}x + x^3\,\mathrm{d}y = \int_0^1 (3x^2 \cdot x + x^3)\,\mathrm{d}x = 4\int_0^1 x^3\,\mathrm{d}x = 1.$$

图　10-5

(2) $L\begin{cases} x = x, \\ y = x^2, \end{cases} x:0\to 1,$

$$\int_L 3x^2 y\,\mathrm{d}x + x^3\,\mathrm{d}y = \int_0^1 (3x^2 \cdot x^2 + x^3 \cdot 2x)\,\mathrm{d}x = 5\int_0^1 x^4\,\mathrm{d}x = 1.$$

(3) $L\begin{cases} x = x, \\ y = x^3, \end{cases} x:0\to 1,$

$$\int_L 3x^2 y\,\mathrm{d}x + x^3\,\mathrm{d}y = \int_0^1 (3x^2 \cdot x^3 + x^3 \cdot 3x^2)\,\mathrm{d}x = 6\int_0^1 x^5\,\mathrm{d}x = 1.$$

本例中的积分值与所取路径无关. 这不是偶然的，在第三节中将系统阐述.

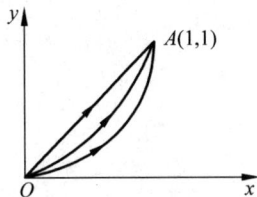

例4　计算 $\int_\Gamma x^3\,\mathrm{d}x + 3zy^2\,\mathrm{d}y - x^2 y\,\mathrm{d}z$，其中 Γ 为从点 $A(3,2,1)$ 到点 $O(0,0,0)$ 的直线段 AO.

解　Γ 的参数方程为 $x = 3t, y = 2t, z = t\,(t:1\to 0)$，所以

$$\int_\Gamma x^3\,\mathrm{d}x + 3zy^2\,\mathrm{d}y - x^2 y\,\mathrm{d}z = \int_1^0 [(3t)^3 \times 3 + 3t(2t)^2 \times 2 - (3t)^2 \cdot 2t]\,\mathrm{d}t$$

$$= 87\int_1^0 t^3\,\mathrm{d}t = -\frac{87}{4}.$$

例 5　设有一质量为 m 的质点受重力作用在铅直平面上沿某一光滑曲线弧 L 从点 A 移动到点 B,求重力所做的功.

解　建立坐标系如图 10-6 所示.设 L 的参数方程为

$$\begin{cases} x=\varphi(t), \\ y=\psi(t), \end{cases} t:\alpha \to \beta;\ y:y_1 \to y_2,$$

$$\boldsymbol{F}(x,y)=0\boldsymbol{i}+(-mg)\boldsymbol{j},$$

$$W=\int_L 0\mathrm{d}x+(-mg)\mathrm{d}y=-mg\int_\alpha^\beta \psi'(t)\mathrm{d}t$$

$$=-mg\int_\alpha^\beta 1\mathrm{d}[\psi(t)]=-mg\int_{y_1}^{y_2}1\mathrm{d}y=mg(y_1-y_2).$$

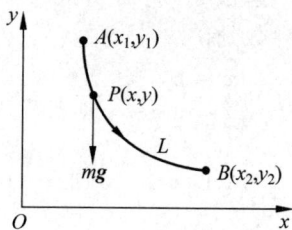

图　10-6

例 5 的结果表明,重力所做的功与路径无关,仅取决于质点下降的铅直距离.

三、两类曲线积分的关系

设有向曲线弧 L 的参数方程为 $x=\varphi(t),y=\psi(t),t:t_1 \to t_2$,函数 $\varphi(t)$ 与 $\psi(t)$ 具有一阶连续导数,且 $\varphi'^2(t)+\psi'^2(t)\neq 0$.又函数 $P(x,y)$ 与 $Q(x,y)$ 在 L 上有定义且连续.

当 $t_1<t_2$ 时,曲线切向量

$$\boldsymbol{T}=(\varphi'(t),\psi'(t)),$$

$$\cos\alpha(x,y)=\frac{\varphi'(t)}{\sqrt{\varphi'^2(t)+\psi'^2(t)}},$$

$$\cos\beta(x,y)=\frac{\psi'(t)}{\sqrt{\varphi'^2(t)+\psi'^2(t)}},$$

由两类曲线积分的计算方法可得

$$\int_L P(x,y)\mathrm{d}x+Q(x,y)\mathrm{d}y=\int_{t_1}^{t_2}\{P[\varphi(t),\psi(t)]\varphi'(t)+Q[\varphi(t),\psi(t)]\psi'(t)\}\mathrm{d}t$$

$$=\int_{t_1}^{t_2}\left\{P[\varphi(t),\psi(t)]\frac{\varphi'(t)}{\sqrt{\varphi'^2(t)+\psi'^2(t)}}+\right.$$

$$\left.Q[\varphi(t),\psi(t)]\frac{\psi'(t)}{\sqrt{\varphi'^2(t)+\psi'^2(t)}}\right\}\sqrt{\varphi'^2(t)+\psi'^2(t)}\,\mathrm{d}t$$

$$=\int_L[P(x,y)\cos\alpha(x,y)+Q(x,y)\cos\beta(x,y)]\mathrm{d}s.$$

当 $t_1>t_2$ 时,易证上式仍成立.

从而两类曲线积分之间有如下关系:

$$\int_L P\mathrm{d}x+Q\mathrm{d}y=\int_L(P\cos\alpha+Q\cos\beta)\mathrm{d}s, \tag{3}$$

其中 α 与 β 是有向曲线弧 L 上点 (x,y) 处切向量的方向角.

类似可知,空间有向曲线弧 Γ 上两类曲线积分之间有如下关系:

$$\int_\Gamma P(x,y,z)\mathrm{d}x+Q(x,y,z)\mathrm{d}y+R(x,y,z)\mathrm{d}z=\int_\Gamma(P\cos\alpha+Q\cos\beta+R\cos\gamma)\mathrm{d}s, \tag{4}$$

其中 α,β,γ 为有向曲线弧 Γ 上点 (x,y,z) 处切向量的方向角.

式(3)的向量形式为

$$\int_L \boldsymbol{F} \cdot \mathrm{d}\boldsymbol{s} = \int_L \boldsymbol{F} \cdot \boldsymbol{t} \, \mathrm{d}s , \tag{3'}$$

其中 $\boldsymbol{F}=(P,Q),\mathrm{d}\boldsymbol{s}=(\mathrm{d}x,\mathrm{d}y),\boldsymbol{t}=(\cos\alpha,\cos\beta)$ 为有向曲线弧 L 在点 (x,y) 处的单位切向量.

式(4)的向量形式为

$$\int_\Gamma \boldsymbol{A} \cdot \mathrm{d}\boldsymbol{s} = \int_\Gamma \boldsymbol{A} \cdot \boldsymbol{t} \, \mathrm{d}s , \tag{4'}$$

其中 $\boldsymbol{A}=(P,Q,R),\mathrm{d}\boldsymbol{s}=(\mathrm{d}x,\mathrm{d}y,\mathrm{d}z),\boldsymbol{t}=(\cos\alpha,\cos\beta,\cos\gamma)$ 为有向曲线弧 Γ 在点 (x,y,z) 处的单位切向量.

习题 10-2

1. 计算下列第二类曲线积分:

(1) $\displaystyle\int_L y^2 \mathrm{d}x$,其中 L 为按顺时针方向绕行的上半圆周 $y=\sqrt{R^2-x^2}$;

(2) $\displaystyle\oint_L xy \, \mathrm{d}y$,其中 L 为圆周 $x^2+y^2=2Ry$ 取逆时针方向;

(3) $\displaystyle\int_L y^2 \mathrm{d}x - x^2 \mathrm{d}y$,其中 L 是 $y=x^2$ 上从点 $(1,1)$ 到点 $(-1,1)$ 的一段弧;

(4) $\displaystyle\oint_L \frac{-(x+y)\mathrm{d}x+(x-y)\mathrm{d}y}{x^2+y^2}$,其中 L 为圆周 $x^2+y^2=a^2$ 取顺时针方向;

(5) $\displaystyle\int_\Gamma x^2 \mathrm{d}x + z \mathrm{d}y - y \mathrm{d}z$,其中 Γ 为曲线 $x=b\theta,y=a\cos\theta,z=a\sin\theta$ 上对应 θ 从 0 到 π 的一段弧;

(6) $\displaystyle\oint_\Gamma xyz \, \mathrm{d}z$,其中 Γ 为 $x=\cos t,y=\dfrac{\sqrt{2}}{2}\sin t,z=\dfrac{\sqrt{2}}{2}\sin t,t:0\to 2\pi$;

(7) $\displaystyle\int_\Gamma x \mathrm{d}x + y \mathrm{d}y + (x+y-1)\mathrm{d}z$,其中 Γ 为从点 $(1,1,1)$ 到点 $(2,3,4)$ 的一段直线;

(8) $\displaystyle\oint_\Gamma \mathrm{d}x - \mathrm{d}y + y \mathrm{d}z$,其中 Γ 为有向闭折线 $ABCA$,这里的 A,B,C 依次为点 $(1,0,0)$,$(0,1,0)$,$(0,0,1)$.

2. 计算 $\displaystyle\int_L 2xy \, \mathrm{d}x + x^2 \mathrm{d}y$,其中 L 分别为:

(1) 从点 $(1,1)$ 到点 $(4,2)$ 的直线段;

(2) 从点 $(1,1)$ 到点 $(4,2)$ 的抛物线 $y^2=x$ 上的弧段;

(3) 先沿直线从点 $(1,1)$ 到点 $(1,2)$,再沿直线到点 $(4,2)$ 的折线.

3. 设一质点在 $P(x,y)$ 处受变力 $\boldsymbol{F}$ 的作用,$\boldsymbol{F}$ 的大小与 $|OP|$ 成正比(比例系数为 k),方向恒指向原点 O. 此质点由点 $A(a,0)$ 沿椭圆 $\dfrac{x^2}{a^2}+\dfrac{y^2}{b^2}=1$ 按逆时针方向移动到点 $B(0,b)$,求变力 $\boldsymbol{F}$ 所做的功 W.

4. 设 L 为柱面 $x^2+y^2=1$ 与平面 $y+z=0$ 的交线,从 z 轴正向看去取逆时针方向,求曲线积分 $\oint_L z\,\mathrm{d}x+y\,\mathrm{d}z$.

5. 已知曲线 L 的方程为 $\begin{cases} z=\sqrt{2-x^2-y^2}, \\ z=x, \end{cases}$ 起点为 $(0,\sqrt{2},0)$,终点为 $(0,-\sqrt{2},0)$,计算曲线积分

$$I=\int_L (y+z)\,\mathrm{d}x+(z^2-x^2+y)\,\mathrm{d}y+(x^2+y^2)\,\mathrm{d}z.$$

6. 在变力 $\boldsymbol{F}=(yz,zx,xy)$ 作用下,质点从原点出发沿直线运动到椭球面 $\dfrac{x^2}{a^2}+\dfrac{y^2}{b^2}+\dfrac{z^2}{c^2}=1$ 上第一卦限的点 $M(X,Y,Z)$,问:X,Y,Z 取何值时,力 $\boldsymbol{F}$ 做的功 W 最大?并求出 W 的最大值.

7. 将第二类曲线积分 $\int_L P(x,y)\,\mathrm{d}x+Q(x,y)\,\mathrm{d}y$ 化成第一类曲线积分,其中 L 为从点 $(0,0)$ 到点 $(1,1)$ 的一段曲(直)线,分别沿着:

(1) 直线 $y=x$;　　　(2) 抛物线 $y=x^2$;　　　(3) 上半圆周 $y=\sqrt{2x-x^2}$.

8. 把第二类曲线积分 $\int_\Gamma P\,\mathrm{d}x+Q\,\mathrm{d}y+R\,\mathrm{d}z$ 化成第一类曲线积分,其中 Γ 的参数方程为 $x=t,y=t^2,z=t^3,t:0\to1$.

第三节　格林公式及其应用

一、格林公式

格林(Green)公式给出了平面封闭曲线 L 上的曲线积分与由该曲线所围成平面区域 D 上的某个二重积分的联系.在给出格林公式之前,先介绍平面区域 D 的单(复)连通性与它的边界曲线 L 的正向.

若平面区域 D 内任一闭曲线所围部分都含在 D 内,则称 D 为平面单连通区域,否则称为复连通区域.通俗地说,单连通区域不含"洞",复连通区域含有"洞".

对平面区域 D 的边界曲线 L,规定其正向如下:当你站在 L 上沿 L 的这个方向行走时,D 内与你邻近部分总在你的左边.

如图 10-7 所示,D 是一个含有两个"洞"的复连通区域,其边界曲线 L 由外边界曲线 L_1 与两条内边界曲线 L_2 和 L_3 组成,即 $L=L_1+L_2+L_3$,而 L_1 的正向为逆时针方向,L_2 与 L_3 的正向都是顺时针方向.

定理 1(Green 公式)　设平面闭区域 D 由分段光滑的曲线 L 围成,函数 $P(x,y)$ 及 $Q(x,y)$ 在 D 上具有一阶连续偏导数,则有

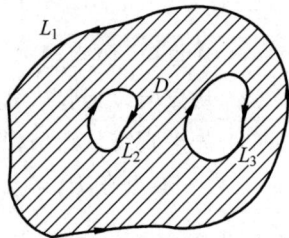
图　10-7

$$\oint_L P(x,y)\mathrm{d}x + Q(x,y)\mathrm{d}y = \iint\limits_D \left(\frac{\partial Q}{\partial x} - \frac{\partial P}{\partial y}\right)\mathrm{d}x\,\mathrm{d}y, \tag{1}$$

其中左边曲线积分中的 L 取正向.

证　我们称既是 X 型区域又是 Y 型区域的 D 为理想区域(图 10-8),即

$$D = \{(x,y) \mid a \leqslant x \leqslant b, \varphi_1(x) \leqslant y \leqslant \varphi_2(x)\}$$
$$= \{(x,y) \mid c \leqslant y \leqslant d, \psi_1(y) \leqslant x \leqslant \psi_2(y)\}.$$

因一般平面区域总能通过引进辅助曲线的方法分成有限个理想区域,而曲线积分与二重积分均具有有限可加性,故我们仅就理想区域情形给出格林公式的证明即可.

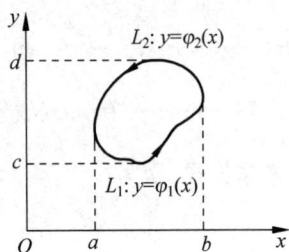

图 10-8

因 D 是 X 型区域,所以

$$\iint\limits_D \frac{\partial P}{\partial y}\mathrm{d}x\,\mathrm{d}y = \int_a^b \mathrm{d}x \int_{\varphi_1(x)}^{\varphi_2(x)} \frac{\partial P(x,y)}{\partial y}\mathrm{d}y = \int_a^b \{P[x,\varphi_2(x)] - P[x,\varphi_1(x)]\}\mathrm{d}x.$$

另一方面,

$$\oint_L P(x,y)\mathrm{d}x = \int_{L_1} P\mathrm{d}x + \int_{L_2} P\mathrm{d}x = \int_a^b P[x,\varphi_1(x)]\mathrm{d}x + \int_b^a P[x,\varphi_2(x)]\mathrm{d}x$$
$$= \int_a^b \{P[x,\varphi_1(x)] - P[x,\varphi_2(x)]\}\mathrm{d}x,$$

从而

$$-\iint\limits_D \frac{\partial P}{\partial y}\mathrm{d}x\,\mathrm{d}y = \oint_L P(x,y)\mathrm{d}x. \tag{2}$$

又因 D 也是 Y 型区域,类似地可证

$$\iint\limits_D \frac{\partial Q}{\partial x}\mathrm{d}x\,\mathrm{d}y = \oint_L Q(x,y)\mathrm{d}y. \tag{3}$$

合并式(2)与式(3)即得式(1).　　　　　　　　　　　　□

在式(1)中,取 $P = -y, Q = x$,可推得一个用曲线积分求平面区域面积的公式:

$$S_D = \iint\limits_D 1\mathrm{d}\sigma = \frac{1}{2}\oint_L x\mathrm{d}y - y\mathrm{d}x. \tag{4}$$

例 1　求椭圆 $\dfrac{x^2}{a^2} + \dfrac{y^2}{b^2} \leqslant 1$ 的面积 A.

解　由式(4),得

$$A = \frac{1}{2}\oint_L x\mathrm{d}y - y\mathrm{d}x = \frac{1}{2}\int_0^{2\pi}(ab\cos^2\theta + ab\sin^2\theta)\mathrm{d}\theta = \pi ab.$$

例 2　设 L 是任意一条分段光滑的闭曲线,证明 $\oint_L 3x^2 y\mathrm{d}x + x^3\mathrm{d}y = 0$.

证　令 $P = 3x^2 y, Q = x^3$,则

$$\frac{\partial Q}{\partial x} = 3x^2 = \frac{\partial P}{\partial y},$$

故由式(1)得

$$\oint_L 3x^2 y \, dx + x^3 \, dy = \iint_D 0 \, d\sigma = 0.$$

例 3　计算 $\int_L (e^x \sin y + x^2 y) dx + (e^x \cos y - xy^2) dy$，其中 L 为上半圆周 $y = \sqrt{R^2 - x^2}$，$x : R \to -R$（图 10-9）.

解　先补一有向直线段 l：$\begin{cases} x = x, \\ y = 0, \end{cases}$ $x : -R \to R$，再应用格林公式. 因为

$$\int_l (e^x \sin y + x^2 y) dx + (e^x \cos y - xy^2) dy = 0,$$

所以

$$\int_L (e^x \sin y + x^2 y) dx + (e^x \cos y - xy^2) dy$$

$$= \oint_{L+l} (e^x \sin y + x^2 y) dx + (e^x \cos y - xy^2) dy$$

$$= \iint_D [(e^x \cos y - y^2) - (e^x \cos y + x^2)] d\sigma$$

$$= -\iint_D (x^2 + y^2) d\sigma = -\frac{\pi}{4} R^4.$$

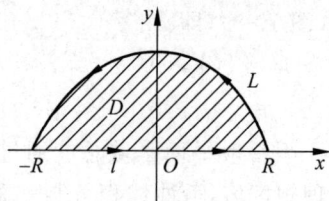

图　10-9

例 4　计算 $\oint_L \dfrac{x \, dy - y \, dx}{x^2 + y^2}$，其中 L 为一条无重点、分段光滑且不经过原点的连续封闭曲线，其方向取逆时针方向.

解　记 L 所围的闭区域为 D，令 $P = \dfrac{-y}{x^2 + y^2}$，$Q = \dfrac{x}{x^2 + y^2}$，则

$$\frac{\partial Q}{\partial x} = \frac{y^2 - x^2}{(x^2 + y^2)^2} = \frac{\partial P}{\partial y}, \quad x^2 + y^2 \neq 0.$$

(1) 当点 $(0,0) \notin D$ 时，由格林公式得

$$\oint_L \frac{x \, dy - y \, dx}{x^2 + y^2} = \iint_D 0 \, d\sigma = 0.$$

(2) 当点 $(0,0) \in D$ 时，因 P 与 Q 在点 $(0,0)$ 处无定义，不能直接应用格林公式. 为此，在 D 内补作一个半径 r 足够小的圆周 l：$x^2 + y^2 = r^2$，取 l 的顺时针方向. 记 L 和 l 所围闭区域为 D_1（图 10-10），则 D_1 为复连通区域，在 D_1 内应用格林公式，有

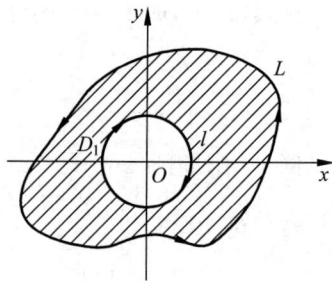

图　10-10

$$\oint_{L+l} \frac{x \, dy - y \, dx}{x^2 + y^2} = \iint_{D_1} 0 \, d\sigma = 0.$$

$$\oint_L \frac{x \, dy - y \, dx}{x^2 + y^2} = -\oint_l \frac{x \, dy - y \, dx}{x^2 + y^2} = -\int_{2\pi}^0 \frac{r^2 \cos^2 \theta + r^2 \sin^2 \theta}{r^2} d\theta = 2\pi.$$

二、格林公式的应用——四个等价命题

第二节例 3 中,曲线积分与所选取的路径无关,只与起点和终点有关.下面我们应用格林公式阐明四个等价命题,从而给出平面上曲线积分与路径无关的条件及二元函数的全微分求积公式(已知一个二元函数的全微分,求这个函数).

定理 2 设 G 为平面单连通区域,$P(x,y)$ 与 $Q(x,y)$ 在 G 内具有一阶连续偏导数,则下面四个命题等价:

① 对 G 内任意一点 (x,y),恒有

$$\frac{\partial P}{\partial y} = \frac{\partial Q}{\partial x};$$

② 对 G 内任意一条分段光滑的有向闭曲线 L,有

$$\oint_L P(x,y)\mathrm{d}x + Q(x,y)\mathrm{d}y = 0;$$

③ 对 G 内任意一条有向曲线弧 L(起点为 A,终点为 B),曲线积分 $\int_L P\mathrm{d}x + Q\mathrm{d}y$ 的值与路径无关,仅与点 A,B 有关;

④ 在 G 内存在函数 $u(x,y)$,使得

$$\mathrm{d}u(x,y) = P(x,y)\mathrm{d}x + Q(x,y)\mathrm{d}y,$$

即 $P\mathrm{d}x + Q\mathrm{d}y$ 是某个二元函数 $u(x,y)$ 的全微分.

证 采用循环推证法,即按顺序①⇒②⇒③⇒④⇒①来证明.

(1) ①⇒②

由格林公式得

$$\oint_L P\mathrm{d}x + Q\mathrm{d}y = \pm \iint_D 0\mathrm{d}\sigma = 0.$$

(2) ②⇒③

如图 10-11 所示,任意选取两条从 A 到 B 的积分路径 L_1 与 L_2,则有

$$\oint_{L_1 + (-L_2)} P\mathrm{d}x + Q\mathrm{d}y = 0,$$

从而

$$\int_{L_1} P\mathrm{d}x + Q\mathrm{d}y + \int_{-L_2} P\mathrm{d}x + Q\mathrm{d}y = 0,$$

因此

$$\int_{L_1} P\mathrm{d}x + Q\mathrm{d}y = \int_{L_2} P\mathrm{d}x + Q\mathrm{d}y.$$

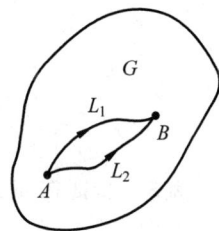

图 10-11

(3) ③⇒④

既然积分与路径无关,那么我们可以用曲线积分定义一个二元函数 $u(x,y)$,只注明起点与终点坐标,路径任取.

$$u(x,y) = \int_{(x_0,y_0)}^{(x,y)} P(s,t)\mathrm{d}s + Q(s,t)\mathrm{d}t.$$

下面证明$\dfrac{\partial u}{\partial x}=P(x,y)$. 按图 10-12 所示来选取积分路径,其中 MM_1 为直线段 $s=s$, $t=y$, $s:x\to x+\Delta x$.

$$
\begin{aligned}
u(x+\Delta x,y) &= \int_{(x_0,y_0)}^{(x+\Delta x,y)} P\,\mathrm{d}s+Q\,\mathrm{d}t \\
&= \int_{(x_0,y_0)}^{(x,y)} P\,\mathrm{d}s+Q\,\mathrm{d}t+\int_{(x,y)}^{(x+\Delta x,y)} P\,\mathrm{d}s+Q\,\mathrm{d}t \\
&= u(x,y)+\int_{x}^{x+\Delta x} P(s,y)\,\mathrm{d}s \\
&= u(x,y)+P(x+\theta\Delta x,y)\Delta x,\ 0\leqslant\theta\leqslant 1.
\end{aligned}
$$

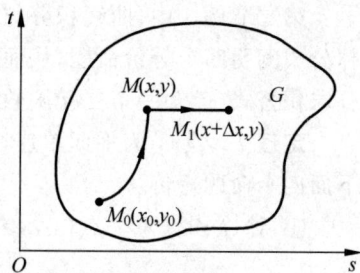

图 10-12

这里最后一步等式对变量 s 用了定积分中值定理, 因此

$$
\frac{\partial u}{\partial x}=\lim_{\Delta x\to 0}\frac{u(x+\Delta x,y)-u(x,y)}{\Delta x}=\lim_{\Delta x\to 0}P(x+\theta\Delta x,y)=P(x,y).
$$

同理可证

$$
\frac{\partial u}{\partial y}=Q(x,y).
$$

(4) ④⇒①

$$
\frac{\partial P}{\partial y}=\frac{\partial}{\partial y}\left(\frac{\partial u}{\partial x}\right)=\frac{\partial^2 u}{\partial x\partial y},\quad \frac{\partial Q}{\partial x}=\frac{\partial}{\partial x}\left(\frac{\partial u}{\partial y}\right)=\frac{\partial^2 u}{\partial y\partial x}.
$$

由题设偏导数连续可得

$$
\frac{\partial P}{\partial y}=\frac{\partial Q}{\partial x}.
$$

□

具体计算 $u(x,y)$ 时,先取定一点 (x_0,y_0). 为简便起见,从点 (x_0,y_0) 到点 (x,y) 可取平行于坐标轴的直线段组成的折线 M_0AM 或 M_0BM (图 10-13),则分别有

$$
u(x,y)=\int_{x_0}^{x} P(s,y_0)\,\mathrm{d}s+\int_{y_0}^{y} Q(x,t)\,\mathrm{d}t,
$$

或

$$
u(x,y)=\int_{y_0}^{y} Q(x_0,t)\,\mathrm{d}t+\int_{x_0}^{x} P(s,y)\,\mathrm{d}s.
$$

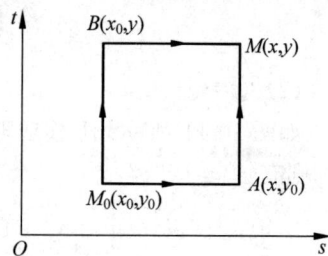

图 10-13

例 5 验证在 xOy 面内,$(3x^2+6xy^2)\,\mathrm{d}x+(6x^2y+4y^3)\,\mathrm{d}y$ 是某个函数 $u(x,y)$ 的全微分,并求这样一个函数.

解 $P(x,y)=3x^2+6xy^2$,$Q(x,y)=6x^2y+4y^3$,

$$
\frac{\partial P}{\partial y}=12xy=\frac{\partial Q}{\partial x}.
$$

$$
\begin{aligned}
u(x,y) &= \int_{(0,0)}^{(x,y)} (3s^2+6st^2)\,\mathrm{d}s+(6s^2t+4t^3)\,\mathrm{d}t \\
&= \int_0^x 3s^2\,\mathrm{d}s+\int_0^y (6x^2t+4t^3)\,\mathrm{d}t \\
&= x^3+3x^2y^2+y^4.
\end{aligned}
$$

例 6　在例 4 中已知,当 $x>0$ 时,被积表达式 $\dfrac{x\,\mathrm{d}y-y\,\mathrm{d}x}{x^2+y^2}$ 是某个函数的全微分,求这样一个函数.

解　$u(x,y)=\displaystyle\int_{(1,0)}^{(x,y)}\frac{s\,\mathrm{d}t-t\,\mathrm{d}s}{s^2+t^2}=\int_1^x 0\,\mathrm{d}s+\int_0^y\frac{x}{x^2+t^2}\,\mathrm{d}t=\arctan\frac{y}{x}.$

这里注意,(x_0,y_0) 的选取不同,求出的 $u(x,y)$ 至多相差一个常数.

习题 10-3

1. 应用曲线积分,求下列闭曲线所围成区域的面积:

(1) $x=a\cos^3 t,\,y=b\sin^3 t,\,t:0\to2\pi$;

(2) $x=a(2\cos t-\cos 2t),\,y=a(2\sin t-\sin 2t),\,t:0\to2\pi$.

2. 利用格林公式计算下列曲线积分:

(1) $\displaystyle\oint_L\sqrt{x^2+y^2}\,\mathrm{d}x+[2x+y\ln(x+\sqrt{x^2+y^2})]\mathrm{d}y$,其中 L 为按逆时针方向绕行的圆周 $(x-3)^2+(y-2)^2=9$;

(2) $\displaystyle\oint_L\ln\left(\frac{2+y}{1+x^2}\right)\mathrm{d}x+\frac{x(1+y)}{2+y}\mathrm{d}y$,其中 L 为四条直线 $x=\pm1,y=\pm1$ 所围成正方形的边界取顺时针方向;

(3) $\displaystyle\int_L(\mathrm{e}^x-x^2y)\mathrm{d}x+(2x+xy^2+\sin^2 y)\mathrm{d}y$,其中 L 为圆周 $x^2+y^2=1$ 的上半部分并取逆时针方向;

(4) $\displaystyle\int_L(2xy^3-y^2\cos x)\mathrm{d}x+(1-2y\sin x+3x^2y^2)\mathrm{d}y$,其中 L 为抛物线 $2x=\pi y^2$ 上从点 $(0,0)$ 到点 $\left(\dfrac{\pi}{2},1\right)$ 的一段弧.

3. 已知 L 是第一象限中从点 $(0,0)$ 沿圆周 $x^2+y^2=2x$ 到点 $(2,0)$,再沿圆周 $x^2+y^2=4$ 到点 $(0,2)$ 的曲线段,计算曲线积分 $I=\displaystyle\int_L 3x^2y\,\mathrm{d}x+(x^3+x-2y)\mathrm{d}y$.

4. 求 $I=\displaystyle\int_L(\mathrm{e}^x\sin y-3x-3y)\mathrm{d}x+(\mathrm{e}^x\cos y-2x)\mathrm{d}y$,其中 L 为从点 $A(4,0)$ 沿曲线 $y=\sqrt{4x-x^2}$ 到点 $O(0,0)$ 的弧.

5. 计算曲线积分 $\displaystyle\oint_L\frac{y\,\mathrm{d}x-x\,\mathrm{d}y}{2(x^2+y^2)}$,其中 L 为取逆时针方向的圆周 $(x-1)^2+y^2=2$.

6. 计算曲线积分 $I=\displaystyle\int_L\frac{4x-y}{4x^2+y^2}\mathrm{d}x+\frac{x+y}{4x^2+y^2}\mathrm{d}y$,其中 L 为曲线 $x^2+y^2=2$,取逆时针方向.

7. 证明下列曲线积分在 xOy 面内与路径无关,并计算积分值:

(1) $\displaystyle\int_{(1,1)}^{(2,3)}(x+y)\mathrm{d}x+(x-y)\mathrm{d}y$;　　(2) $\displaystyle\int_{(1,2)}^{(3,4)}(6xy^2-y^3)\mathrm{d}x+(6x^2y-3xy^2)\mathrm{d}y$;

(3) $\displaystyle\int_{(1,0)}^{(2,1)}(2xy-y^4+3)\mathrm{d}x+(x^2-4xy^3)\mathrm{d}y$.

8. 验证下列 $P(x,y)\mathrm{d}x+Q(x,y)\mathrm{d}y$ 在 xOy 面内是某个二元函数 $u(x,y)$ 的全微分，并求出这样一个二元函数 $u(x,y)$：

(1) $(x+2y)\mathrm{d}x+(2x+y)\mathrm{d}y$；　　(2) $4\sin x\sin 3y\cos x\,\mathrm{d}x-3\cos 3y\cos 2x\,\mathrm{d}y$；

(3) $2xy\mathrm{d}x+x^2\mathrm{d}y$；　　(4) $(3x^2y+8xy^2)\mathrm{d}x+(x^3+8x^2y+12y\mathrm{e}^y)\mathrm{d}y$；

(5) $(2x\cos y+y^2\cos x)\mathrm{d}x+(2y\sin x-x^2\sin y)\mathrm{d}y$.

9. 设在半平面 $x>0$ 中有一变力 $\boldsymbol{F}=-\dfrac{k}{r^3}(x\boldsymbol{i}+y\boldsymbol{j})$，其中 k 为常数，$r=\sqrt{x^2+y^2}$. 证明此变力所做的功与运动路径无关.

10. 设函数 $f(x,y)$ 满足 $\dfrac{\partial f(x,y)}{\partial x}=(2x+1)\mathrm{e}^{2x-y}$，且 $f(0,y)=y+1$，L_t 是从点 $(0,0)$ 到点 $(1,t)$ 的光滑曲线，计算曲线积分 $I(t)=\displaystyle\int_{L_t}\dfrac{\partial f(x,y)}{\partial x}\mathrm{d}x+\dfrac{\partial f(x,y)}{\partial y}\mathrm{d}y$，并求 $I(t)$ 的最小值.

第四节　第一类曲面积分

本节所讨论的曲面，总假定是光滑的(曲面上各点处都具有切平面，且当点在曲面上连续移动时，切平面也连续转动)，其边界曲线是分段光滑的闭曲线，且曲面有界. 曲面的直径定义为曲面上任意两点间距离的最大者.

一、第一类曲面积分的概念与性质

引例　曲面形构件的质量

在本章第一节的曲线形构件质量问题中，若将曲线改为曲面，把线密度 $\rho(x,y)$ 改为面密度 $\rho(x,y,z)$，弧长元素 Δs_i 改为曲面面积元素 ΔS_i，再在相应的小曲面片上任取一点 (ξ_i,η_i,ζ_i)，则在三元函数 $\rho(x,y,z)$ 连续的前提下，所求曲面形构件的质量 m 可相应地写成

$$m=\lim_{\lambda\to 0}\sum_{i=1}^{n}\rho(\xi_i,\eta_i,\zeta_i)\Delta S_i,\quad \lambda=\max_{1\leqslant i\leqslant n}\{d_i\},$$

其中 d_i 为小曲面片 ΔS_i 的直径.

归纳其他类似问题的和式极限，就得出数学上关于三元函数的第一类曲面积分的概念.

定义　设 Σ 是有界光滑曲面，函数 $f(x,y,z)$ 在 Σ 上有界. 将 Σ 用空间曲线任意分成 n 小块 ΔS_i（ΔS_i 同时也代表第 i 小块曲面的面积，d_i 表示 ΔS_i 的直径），在 ΔS_i 上任意取定一点 (ξ_i,η_i,ζ_i)，$i=1,2,\cdots,n$，作和 $\displaystyle\sum_{i=1}^{n}f(\xi_i,\eta_i,\zeta_i)\Delta S_i$. 设 $\lambda=\max_{1\leqslant i\leqslant n}\{d_i\}$，若极限 $\displaystyle\lim_{\lambda\to 0}\sum_{i=1}^{n}f(\xi_i,\eta_i,\zeta_i)\Delta S_i$ 存在，且极限值与 Σ 的分法以及点 (ξ_i,η_i,ζ_i) 的取法无关，则称此极限值为函数 $f(x,y,z)$ 在曲面 Σ 上的第一类曲面积分或对面积的曲面积分，记作

$\iint\limits_{\Sigma}f(x,y,z)\mathrm{d}S$，即

$$\iint\limits_{\Sigma}f(x,y,z)\mathrm{d}S=\lim_{\lambda\to 0}\sum_{i=1}^{n}f(\xi_i,\eta_i,\zeta_i)\Delta S_i,$$

其中 $f(x,y,z)$ 叫作被积函数，Σ 叫作积分曲面，$\mathrm{d}S$ 叫作曲面的面积元素. 当 $f(x,y,z)$ 在光滑曲面 Σ 上连续时，第一类曲面积分 $\iint\limits_{\Sigma}f(x,y,z)\mathrm{d}S$ 是存在的，今后总假定 $f(x,y,z)$ 在 Σ 上连续. 另外，若 Σ 为封闭曲面，则采用记号 $\oiint\limits_{\Sigma}f(x,y,z)\mathrm{d}S$.

由上述定义，曲面形构件的质量可写成

$$m=\iint\limits_{\Sigma}\rho(x,y,z)\mathrm{d}S.$$

第一类曲面积分与第一类曲线积分具有类似的性质. 比如有限可加性，当 Σ 是由有限个光滑曲面组成的分片光滑曲面，即 $\Sigma=\Sigma_1+\Sigma_2+\cdots+\Sigma_n$ 时，有

$$\iint\limits_{\Sigma}f(x,y,z)\mathrm{d}S=\sum_{i=1}^{n}\iint\limits_{\Sigma_i}f(x,y,z)\mathrm{d}S.$$

二、第一类曲面积分的计算

第一类曲面积分计算公式的证明与第一类曲线积分计算公式的证明方法类似，只需将证明过程进行相应修改即可，故这里略去证明过程，仅介绍计算公式.

设积分曲面 Σ 由方程 $z=z(x,y)$ 给出，Σ 在 xOy 面上的投影区域为 D_{xy}，函数 $z=z(x,y)$ 在 D_{xy} 上具有连续偏导数，被积函数 $f(x,y,z)$ 在 Σ 上连续，则有计算公式：

$$\iint\limits_{\Sigma}f(x,y,z)\mathrm{d}S=\iint\limits_{D_{xy}}f[x,y,z(x,y)]\sqrt{1+z_x^2(x,y)+z_y^2(x,y)}\,\mathrm{d}x\mathrm{d}y. \tag{1}$$

式 (1) 将第一类曲面积分化成了二重积分，被积函数中的 z 换成了 $z(x,y)$，曲面面积元素 $\mathrm{d}S$ 就是 $\sqrt{1+z_x^2+z_y^2}\,\mathrm{d}x\mathrm{d}y$，其中 $z_x=\dfrac{\partial z}{\partial x}$，$z_y=\dfrac{\partial z}{\partial y}$.

如果积分曲面 Σ 由方程 $x=x(y,z)$ 或 $y=y(x,z)$ 给出，Σ 在 yOz 面或 xOz 面上的投影区域分别为 D_{yz} 或 D_{xz}，则计算公式分别为

$$\iint\limits_{\Sigma}f(x,y,z)\mathrm{d}S=\iint\limits_{D_{yz}}f[x(y,z),y,z]\sqrt{1+x_y^2+x_z^2}\,\mathrm{d}y\mathrm{d}z, \tag{2}$$

和

$$\iint\limits_{\Sigma}f(x,y,z)\mathrm{d}S=\iint\limits_{D_{xz}}f[x,y(x,z),z]\sqrt{1+y_x^2+y_z^2}\,\mathrm{d}x\mathrm{d}z. \tag{3}$$

例 1　计算 $\oiint\limits_{\Sigma}(x^2+y^2)\mathrm{d}S$，其中 Σ 是由 $z=\sqrt{x^2+y^2}$ 与 $z=1$ 所围成立体的整个边界曲面.

解 Σ 为分片光滑曲面,即 $\Sigma = \Sigma_1 + \Sigma_2$ (图 10-14),而 Σ_1 与 Σ_2 在 xOy 面上的投影均为 $D_{xy}: x^2 + y^2 \leqslant 1$. 则有

$$\oiint_{\Sigma} (x^2 + y^2) \mathrm{d}S = \iint_{\Sigma_1} (x^2 + y^2) \mathrm{d}S + \iint_{\Sigma_2} (x^2 + y^2) \mathrm{d}S$$

$$= \iint_{D_{xy}} (x^2 + y^2) \sqrt{1 + 0^2 + 0^2} \, \mathrm{d}x \mathrm{d}y +$$

$$\iint_{D_{xy}} (x^2 + y^2) \sqrt{1 + \frac{x^2}{x^2 + y^2} + \frac{y^2}{x^2 + y^2}} \, \mathrm{d}x \mathrm{d}y$$

$$= (\sqrt{2} + 1) \iint_{D_{xy}} (x^2 + y^2) \mathrm{d}x \mathrm{d}y = (\sqrt{2} + 1) \int_0^{2\pi} \mathrm{d}\theta \int_0^1 r^2 \cdot r \mathrm{d}r$$

$$= \frac{\sqrt{2} + 1}{2} \pi.$$

例 2 计算 $\displaystyle\iint_{\Sigma} \frac{1}{x^2 + y^2 + z^2} \mathrm{d}S$,其中 Σ 是圆柱面 $x^2 + y^2 = 1$ 被 $z = 0$ 与 $z = 2$ 所截的部分(图 10-15).

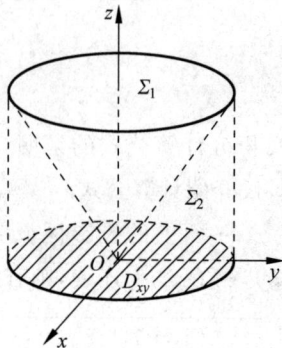

图 10-14

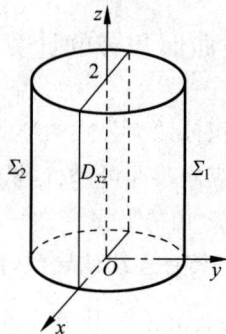

图 10-15

解 Σ 分成表达式不同的两部分,即 $\Sigma = \Sigma_1 + \Sigma_2$,其中 Σ_1 为 $y = \sqrt{1 - x^2}$,Σ_2 为 $y = -\sqrt{1 - x^2}$,它们在 xOz 面上的投影都是矩形域 $D_{xz} = \{(x,z) \mid |x| \leqslant 1, 0 \leqslant z \leqslant 2\}$,则有

$$\iint_{\Sigma} \frac{1}{x^2 + y^2 + z^2} \mathrm{d}S = \iint_{\Sigma_1} \frac{1}{x^2 + y^2 + z^2} \mathrm{d}S + \iint_{\Sigma_2} \frac{1}{x^2 + y^2 + z^2} \mathrm{d}S$$

$$= \iint_{D_{xz}} \frac{1}{1 + z^2} \sqrt{1 + \frac{x^2}{1 - x^2}} \, \mathrm{d}x \mathrm{d}z + \iint_{D_{xz}} \frac{1}{1 + z^2} \sqrt{1 + \frac{x^2}{1 - x^2}} \, \mathrm{d}x \mathrm{d}z$$

$$= 2 \iint_{D_{xz}} \frac{1}{\sqrt{1 - x^2}} \frac{1}{1 + z^2} \mathrm{d}x \mathrm{d}z = 2 \int_{-1}^1 \mathrm{d}x \int_0^2 \frac{1}{\sqrt{1 - x^2}} \frac{1}{1 + z^2} \mathrm{d}z$$

$$= 2\pi \arctan 2.$$

习题 10-4

1. 说明二重积分是第一类曲面积分的一种特殊情况.

2. 计算下列第一类曲面积分:

(1) $\iint\limits_{\Sigma} z\,\mathrm{d}S$,其中 Σ 为 $z=\dfrac{1}{2}(x^2+y^2)$ 被 $z=1$ 所截得的部分;

(2) $\iint\limits_{\Sigma} \dfrac{1}{(1+x+y)^2}\,\mathrm{d}S$,其中 Σ 是平面 $x+y+z=1$ 在第一卦限的部分;

(3) $\iint\limits_{\Sigma} \dfrac{1}{z}\,\mathrm{d}S$,其中 Σ 为球面 $x^2+y^2+z^2=R^2$ 被平面 $z=h(0<h<R)$ 截出的上部;

(4) $\oiint\limits_{\Sigma} xyz\,\mathrm{d}S$,其中 Σ 是由平面 $x=0,y=0,z=0$ 及 $x+y+z=1$ 所围成的四面体的整个边界.

3. 计算曲面积分 $\iint\limits_{\Sigma} f(x,y,z)\,\mathrm{d}S$,其中 Σ 为抛物面 $z=2-(x^2+y^2)$ 在 xOy 面上方的部分,$f(x,y,z)$ 分别如下:

(1) $f(x,y,z)=1$;　(2) $f(x,y,z)=x^2+y^2$;　(3) $f(x,y,z)=3z$.

4. 计算 $\iint\limits_{\Sigma}(x^2+y^2)\,\mathrm{d}S$,其中 Σ 分别为:

(1) 抛物面 $z=x^2+y^2$ 及平面 $z=1$ 所围成的空间区域的边界曲面;

(2) 圆锥面 $z^2=3(x^2+y^2)$ 被平面 $z=0$ 与 $z=3$ 所截得的部分.

5. 设薄片形件 S 是圆锥面 $z=\sqrt{x^2+y^2}$ 被柱面 $z^2=2x$ 割下的有限部分,其上任一点的密度为 $\mu=9\sqrt{x^2+y^2+z^2}$.求 S 的质量.

6. 设有一曲面形构件 Σ,其面密度为 $\rho(x,y,z)$.用第一类曲面积分表示它关于三个坐标轴的转动惯量.

7. 求面密度为 1 的均匀半球壳 $x=\sqrt{R^2-y^2-z^2}$ 关于 x 轴的转动惯量.

8. 设曲面 Σ: $|x|+|y|+|z|=1$,计算 $I=\oiint\limits_{\Sigma}(x+|y|)\,\mathrm{d}S$.

第五节　第二类曲面积分

一、有向曲面及其在坐标面上的投影

在曲面 Σ 上任一点 M 处的法向量有两个可能方向,取定其中一个方向,当点 M 及其取定的法向量沿 Σ 上任一条连续闭曲线 Γ 不越过 Σ 边界运动一周再回到点 M 处时,若法向量指向不变,则称曲面 Σ 为双侧的;否则称 Σ 为单侧的.

单侧曲面的典型代表是麦比乌斯带,可以看作是将一长方形纸条扭转一次再对接两边所得到的.而通常所遇到的曲面大多是双侧曲面.

对双侧曲面而言,用法向量的指向来规定它的侧.例如:对球面,法向量指向外的一侧称为外侧,法向量指向内的一侧称为内侧;对于曲面 $z=z(x,y)$,法向量指向朝上的一侧称为它的上侧,法向量指向朝下的一侧称为它的下侧;类似地还可定义曲面 $x=x(y,z)$ 的前侧与后侧、曲面 $y=y(x,z)$ 的左侧与右侧等.这种取定了法向量便选定了侧的曲面就称为有向曲面.对双侧有向曲面来说,如果指定一侧为正侧,则另一侧就为负侧了.

有向曲面在坐标面上的投影.设曲面 $\Sigma:z=z(x,y)$ 是有向曲面,在 Σ 上取一小块曲面 ΔS,将 ΔS 投影到 xOy 面上,设投影区域的面积为 $(\Delta\sigma)_{xy}$.假设 ΔS 在点 $P(x,y,z)$ 处的法向量与 z 轴的夹角为 γ,当 $\cos\gamma$ 的符号不随点 $P(x,y,z)$ 的变化而改变时(皆为正或皆为负),则规定 ΔS 在 xOy 面上的投影 $(\Delta S)_{xy}$ 为

$$(\Delta S)_{xy}=\begin{cases}(\Delta\sigma)_{xy}, & \cos\gamma>0,\\ -(\Delta\sigma)_{xy}, & \cos\gamma<0,\\ 0, & \cos\gamma=0;\end{cases}$$

当 $\cos\gamma$ 的符号有正有负时,若要讨论 ΔS 在 xOy 面上的投影,只需将 ΔS 分片即可.

类似地,可定义有向曲面 ΔS 在 yOz,zOx 坐标面上的投影 $(\Delta S)_{yz},(\Delta S)_{zx}$.

二、第二类曲面积分的概念与性质

引例 流体流向曲面一侧的流量

设稳定流动(流速与时间 t 无关)的不可压缩流体(假定密度为 1)的速度场为
$$\boldsymbol{v}(x,y,z)=P(x,y,z)\boldsymbol{i}+Q(x,y,z)\boldsymbol{j}+R(x,y,z)\boldsymbol{k},$$
Σ 是速度场中一片有向曲面,函数 $P(x,y,z),Q(x,y,z),R(x,y,z)$ 都在 Σ 上连续,求在单位时间内流向 Σ 指定侧的流体的质量,即流量 Φ.

先考察特殊情形:Σ 为面积为 A 的平面,流体流速为常向量 $\boldsymbol{v}$.设该平面的单位法向量为 $\boldsymbol{n}$,$\boldsymbol{n}$ 与 $\boldsymbol{v}$ 的夹角为 θ,则 $\boldsymbol{v}$ 在 $\boldsymbol{n}$ 的方向上的分量(即 $\boldsymbol{v}$ 在 $\boldsymbol{n}$ 的方向上的投影)为 $|\boldsymbol{v}|\cos\theta$,单位时间内流向平面区域一侧的流体构成一个底面积为 A、高为 $|\boldsymbol{v}|\cos\theta$ 的斜柱体,从而流量为 $A|\boldsymbol{v}|\cos\theta=A\boldsymbol{v}\cdot\boldsymbol{n}$.当 θ 为直角时,流量显然为零;当 θ 为钝角时,$\boldsymbol{n}$ 与 $\boldsymbol{v}$ 的方向不一致,可理解为流向 $-\boldsymbol{n}$ 所指一侧的流量为 $-A\boldsymbol{v}\cdot\boldsymbol{n}$.

现在考虑 Σ 是一片曲面、流体流速不是常向量的情形.将 Σ 分成 n 小块 ΔS_i(ΔS_i 同时也代表第 i 小块曲面的面积),$i=1,2,\cdots,n$,在 Σ 是光滑的且 $\boldsymbol{v}$ 是连续的前提下,只要 ΔS_i 足够小,就可以把 ΔS_i 近似看作平面,用 ΔS_i 上任一点 (ξ_i,η_i,ζ_i) 处的流速
$$\boldsymbol{v}_i=\boldsymbol{v}(\xi_i,\eta_i,\zeta_i)=P(\xi_i,\eta_i,\zeta_i)\boldsymbol{i}+Q(\xi_i,\eta_i,\zeta_i)\boldsymbol{j}+R(\xi_i,\eta_i,\zeta_i)\boldsymbol{k}$$
代替 ΔS_i 上其他各点处的流速,以点 (ξ_i,η_i,ζ_i) 处曲面 Σ 的单位法向量
$$\boldsymbol{n}_i=\cos\alpha_i\boldsymbol{i}+\cos\beta_i\boldsymbol{j}+\cos\gamma_i\boldsymbol{k}$$
代替 ΔS_i 上其他各点处的单位法向量.从而得到通过 ΔS_i 流向指定侧的流量的近似值为 $(\boldsymbol{v}_i\cdot\boldsymbol{n}_i)\Delta S_i$,$i=1,2,\cdots,n$.于是,通过 Σ 流向指定侧的流量

$$\Phi \approx \sum_{i=1}^{n} (\boldsymbol{v}_i \cdot \boldsymbol{n}_i) \Delta S_i$$

$$= \sum_{i=1}^{n} [P(\xi_i, \eta_i, \zeta_i)\cos\alpha_i + Q(\xi_i, \eta_i, \zeta_i)\cos\beta_i + R(\xi_i, \eta_i, \zeta_i)\cos\gamma_i]\Delta S_i$$

$$= \sum_{i=1}^{n} [P(\xi_i, \eta_i, \zeta_i)(\Delta S_i)_{yz} + Q(\xi_i, \eta_i, \zeta_i)(\Delta S_i)_{zx} + R(\xi_i, \eta_i, \zeta_i)(\Delta S_i)_{xy}].$$

将 Σ 分得越细,近似程度越高,设 $\lambda = \max\limits_{1 \leqslant i \leqslant n}\{d_i\}$, d_i 为 ΔS_i 的直径,$i=1,2,\cdots,n$,则 Φ 的精确值为

$$\Phi = \lim_{\lambda \to 0} \sum_{i=1}^{n} [P(\xi_i, \eta_i, \zeta_i)(\Delta S_i)_{yz} + Q(\xi_i, \eta_i, \zeta_i)(\Delta S_i)_{zx} + R(\xi_i, \eta_i, \zeta_i)(\Delta S_i)_{xy}].$$

这样的和式极限在其他实际问题中还会遇到,归纳后得出下面第二类曲面积分的定义.

定义　设 Σ 为有界光滑有向曲面,函数 $P(x,y,z)$, $Q(x,y,z)$, $R(x,y,z)$ 在 Σ 上有界. 将 Σ 任意分成 n 块小曲面 ΔS_i(ΔS_i 同时表示第 i 小块曲面的面积),$(\Delta S_i)_{yz}$, $(\Delta S_i)_{zx}$, $(\Delta S_i)_{xy}$ 分别是 ΔS_i 在三个坐标面上的投影,在 ΔS_i 上任取一点 (ξ_i, η_i, ζ_i),$i=1$, $2,\cdots,n$,作和 $\sum_{i=1}^{n}[P(\xi_i, \eta_i, \zeta_i)(\Delta S_i)_{yz} + Q(\xi_i, \eta_i, \zeta_i)(\Delta S_i)_{zx} + R(\xi_i, \eta_i, \zeta_i)(\Delta S_i)_{xy}]$. 设 $\lambda = \max\limits_{1 \leqslant i \leqslant n}\{d_i\}$, d_i 为 ΔS_i 的直径,$i=1,2,\cdots,n$,若极限 $\lim\limits_{\lambda \to 0}\sum_{i=1}^{n}[P(\xi_i, \eta_i, \zeta_i)(\Delta S_i)_{yz} + Q(\xi_i, \eta_i, \zeta_i)(\Delta S_i)_{zx} + R(\xi_i, \eta_i, \zeta_i)(\Delta S_i)_{xy}]$ 存在,且极限值与 Σ 的分法以及点 (ξ_i, η_i, ζ_i) 的取法无关,则称此极限为函数 $P(x,y,z)$, $Q(x,y,z)$, $R(x,y,z)$ 在有向曲面 Σ 上的第二类曲面积分或对坐标的曲面积分,记作 $\iint\limits_{\Sigma} P(x,y,z)\mathrm{d}y\mathrm{d}z + Q(x,y,z)\mathrm{d}z\mathrm{d}x + R(x,y,z)\mathrm{d}x\mathrm{d}y$, 简写为 $\iint\limits_{\Sigma} P\mathrm{d}y\mathrm{d}z + Q\mathrm{d}z\mathrm{d}x + R\mathrm{d}x\mathrm{d}y$,即

$$\iint\limits_{\Sigma} P\mathrm{d}y\mathrm{d}z + Q\mathrm{d}z\mathrm{d}x + R\mathrm{d}x\mathrm{d}y = \lim_{\lambda \to 0} \sum_{i=1}^{n} [P(\xi_i, \eta_i, \zeta_i)(\Delta S_i)_{yz} + Q(\xi_i, \eta_i, \zeta_i)(\Delta S_i)_{zx} +$$
$$R(\xi_i, \eta_i, \zeta_i)(\Delta S_i)_{xy}],$$

其中 $P(x,y,z)$, $Q(x,y,z)$, $R(x,y,z)$ 叫作被积函数,Σ 叫作积分曲面.

当被积函数 $P(x,y,z)$, $Q(x,y,z)$, $R(x,y,z)$ 连续时,第二类曲面积分是存在的,以后总假定 $P(x,y,z)$, $Q(x,y,z)$, $R(x,y,z)$ 在 Σ 上连续.

当 Σ 为封闭有向曲面时,第二类曲面积分常记为

$$\oiint\limits_{\Sigma} P\mathrm{d}y\mathrm{d}z + Q\mathrm{d}z\mathrm{d}x + R\mathrm{d}x\mathrm{d}y.$$

若记

$$\boldsymbol{A}(x,y,z) = (P(x,y,z), Q(x,y,z), R(x,y,z))$$
$$= P(x,y,z)\boldsymbol{i} + Q(x,y,z)\boldsymbol{j} + R(x,y,z)\boldsymbol{k},$$
$$\mathrm{d}\boldsymbol{S} = (\mathrm{d}y\mathrm{d}z, \mathrm{d}z\mathrm{d}x, \mathrm{d}x\mathrm{d}y) = \mathrm{d}y\mathrm{d}z\boldsymbol{i} + \mathrm{d}z\mathrm{d}x\boldsymbol{j} + \mathrm{d}x\mathrm{d}y\boldsymbol{k},$$

则第二类曲面积分就可以写为向量形式:

$$\iint\limits_{\Sigma} \boldsymbol{A}(x,y,z) \cdot \mathrm{d}\boldsymbol{S},$$

此时也称此积分为向量函数 $\boldsymbol{A}(x,y,z)$ 在有向曲面 Σ 上的第二类曲面积分.

根据以上定义,流体流向曲面一侧的流量 Φ 可写成

$$\Phi = \iint\limits_{\Sigma} \boldsymbol{A}(x,y,z) \cdot \mathrm{d}\boldsymbol{S} = \iint\limits_{\Sigma} P(x,y,z)\mathrm{d}y\mathrm{d}z + Q(x,y,z)\mathrm{d}z\mathrm{d}x + R(x,y,z)\mathrm{d}x\mathrm{d}y.$$

第二类曲面积分具有类似于第二类曲线积分的性质,即除具有线性性质与对分片光滑曲面的有限可加性外,还具有如下性质:

$$\iint\limits_{-\Sigma} P\mathrm{d}y\mathrm{d}z + Q\mathrm{d}z\mathrm{d}x + R\mathrm{d}x\mathrm{d}y = -\iint\limits_{\Sigma} P\mathrm{d}y\mathrm{d}z + Q\mathrm{d}z\mathrm{d}x + R\mathrm{d}x\mathrm{d}y,$$

其中 Σ 是有向曲面,$-\Sigma$ 是 Σ 的相反侧.

三、第二类曲面积分的计算

先计算 $\iint\limits_{\Sigma} R(x,y,z)\mathrm{d}x\mathrm{d}y$. 设曲面 Σ 的方程为 $z = z(x,y)$,它在 xOy 面上的投影区域为 D_{xy},$z = z(x,y)$ 在 D_{xy} 上具有一阶连续偏导数,$R(x,y,z)$ 在 Σ 上连续.

当 Σ 取上侧时,则

$$\iint\limits_{\Sigma} R(x,y,z)\mathrm{d}x\mathrm{d}y = \lim_{\lambda \to 0} \sum_{i=1}^{n} R(\xi_i, \eta_i, \zeta_i)(\Delta S_i)_{xy},$$

此时 $\cos\gamma > 0$,$(\Delta S_i)_{xy} = (\Delta\sigma)_{xy}$,从而

$$\iint\limits_{\Sigma} R(x,y,z)\mathrm{d}x\mathrm{d}y = \lim_{\lambda \to 0} \sum_{i=1}^{n} R[\xi_i, \eta_i, z(\xi_i, \eta_i)](\Delta\sigma)_{xy}$$

$$= \iint\limits_{D_{xy}} R[x,y,z(x,y)]\mathrm{d}x\mathrm{d}y;$$

当 Σ 取下侧时,则 $\cos\gamma < 0$,$(\Delta S_i)_{xy} = -(\Delta\sigma)_{xy}$,从而

$$\iint\limits_{\Sigma} R(x,y,z)\mathrm{d}x\mathrm{d}y = -\lim_{\lambda \to 0} \sum_{i=1}^{n} R[\xi_i, \eta_i, z(\xi_i, \eta_i)](\Delta\sigma)_{xy}$$

$$= -\iint\limits_{D_{xy}} R[x,y,z(x,y)]\mathrm{d}x\mathrm{d}y.$$

总之,曲面 Σ 的方程为 $z = z(x,y)$,它在 xOy 面上的投影区域为 D_{xy},则有

$$\iint\limits_{\Sigma} R(x,y,z)\mathrm{d}x\mathrm{d}y = \pm \iint\limits_{D_{xy}} R[x,y,z(x,y)]\mathrm{d}x\mathrm{d}y, \tag{1}$$

其中,若有向曲面 Σ 给定的是上侧,则取正号;若 Σ 给定的是下侧,则取负号.

值得注意的是,倘若 Σ 的表达式中不显含 z,那么有向曲面 Σ 在 xOy 面上的投影为零(即 $\cos\gamma = 0$),从而曲面积分的值为零.

类似地,若有向曲面 Σ 由方程 $x = x(y,z)$ 确定,它在 yOz 面上的投影区域为 D_{yz},则有

$$\iint\limits_{\Sigma} P(x,y,z)\mathrm{d}y\mathrm{d}z = \pm \iint\limits_{D_{yz}} P[x(y,z),y,z]\mathrm{d}y\mathrm{d}z, \tag{2}$$

其中,若有向曲面 Σ 给定的是前侧,则取正号;若 Σ 给定的是后侧,则取负号.

同样,若有向曲面 Σ 由方程 $y=y(x,z)$ 给出,它在 xOz 面上的投影区域为 D_{zx},则有

$$\iint\limits_{\Sigma} Q(x,y,z)\mathrm{d}z\mathrm{d}x = \pm \iint\limits_{D_{zx}} Q[x,y(x,z),z]\mathrm{d}z\mathrm{d}x, \tag{3}$$

其中,若有向曲面 Σ 给定的是右侧,则取正号;若 Σ 给定的是左侧,则取负号.

例 1　计算 $\iint\limits_{\Sigma} xyz\,\mathrm{d}x\,\mathrm{d}y$,其中 Σ 是球面 $x^2+y^2+z^2=1$ 外侧在第 Ⅰ、Ⅴ 卦限的部分
(图 10-16).

解　由题意知,Σ 可分成 Σ_1 与 Σ_2,其中 Σ_1:$z=\sqrt{1-x^2-y^2}$ 取上侧,Σ_2:$z=$ $-\sqrt{1-x^2-y^2}$ 取下侧.Σ_1 与 Σ_2 在 xOy 面上的投影域均为 D_{xy}:$x^2+y^2\leqslant 1,x\geqslant 0,y\geqslant 0$,因此

$$\iint\limits_{\Sigma} xyz\,\mathrm{d}x\,\mathrm{d}y = \iint\limits_{\Sigma_1} xyz\,\mathrm{d}x\,\mathrm{d}y + \iint\limits_{\Sigma_2} xyz\,\mathrm{d}x\,\mathrm{d}y$$

$$= \iint\limits_{D_{xy}} xy\sqrt{1-x^2-y^2}\,\mathrm{d}x\,\mathrm{d}y -$$

$$\iint\limits_{D_{xy}} xy(-\sqrt{1-x^2-y^2})\,\mathrm{d}x\,\mathrm{d}y$$

$$= 2\iint\limits_{D_{xy}} xy\sqrt{1-x^2-y^2}\,\mathrm{d}x\,\mathrm{d}y$$

$$= 2\int_0^{\frac{\pi}{2}}\mathrm{d}\theta\int_0^1 r^2\sin\theta\cos\theta\sqrt{1-r^2}\,r\,\mathrm{d}r$$

$$= \left[\int_0^{\frac{\pi}{2}}(\sin 2\theta)\mathrm{d}\theta\right]\left[\int_0^1 r^3\sqrt{1-r^2}\,\mathrm{d}r\right] = \frac{2}{15}.$$

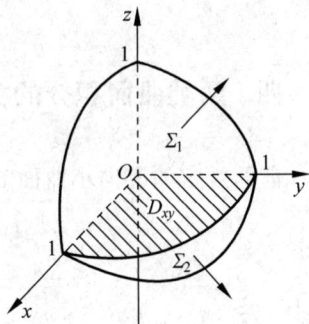

图　10-16

例 2　设一流体流速与时间 t 无关,速度场为

$$\boldsymbol{v}(x,y,z)=(x^3-yz)\boldsymbol{i}-2x^2y\boldsymbol{j}+z\boldsymbol{k},$$

Σ 为正方体 $\Omega=\{(x,y,z)\mid 0\leqslant x\leqslant a,0\leqslant y\leqslant a,0\leqslant z\leqslant a\}$ 的整个边界面取外侧.求此流体沿外侧方向流经 Σ 的流量 Φ.

解　将有向封闭曲面 Σ 分成六片:

$$\Sigma_1:z=a \quad (0\leqslant x\leqslant a,0\leqslant y\leqslant a) \text{上侧};$$
$$\Sigma_2:z=0 \quad (0\leqslant x\leqslant a,0\leqslant y\leqslant a) \text{下侧};$$
$$\Sigma_3:x=a \quad (0\leqslant y\leqslant a,0\leqslant z\leqslant a) \text{前侧};$$
$$\Sigma_4:x=0 \quad (0\leqslant y\leqslant a,0\leqslant z\leqslant a) \text{后侧};$$
$$\Sigma_5:y=a \quad (0\leqslant x\leqslant a,0\leqslant z\leqslant a) \text{右侧};$$
$$\Sigma_6:y=0 \quad (0\leqslant x\leqslant a,0\leqslant z\leqslant a) \text{左侧}.$$

因 $\Sigma_1,\Sigma_2,\Sigma_5,\Sigma_6$ 在 yOz 面上的投影为零,故有

$$\oiint\limits_{\Sigma} (x^3-yz)\mathrm{d}y\mathrm{d}z = \iint\limits_{\Sigma_3} (x^3-yz)\mathrm{d}y\mathrm{d}z + \iint\limits_{\Sigma_4} (x^3-yz)\mathrm{d}y\mathrm{d}z$$

$$= \iint\limits_{D_{yz}} (a^3-yz)\mathrm{d}y\mathrm{d}z - \iint\limits_{D_{yz}} (0^3-yz)\mathrm{d}y\mathrm{d}z = a^3\iint\limits_{D_{yz}} 1\mathrm{d}y\mathrm{d}z = a^5.$$

同理,有

$$\oiint_{\Sigma}(-2x^2y)\,dz\,dx = \iint_{\Sigma_5}(-2x^2y)\,dz\,dx + \iint_{\Sigma_6}(-2x^2y)\,dz\,dx$$

$$= \iint_{D_{xz}}(-2x^2a)\,dz\,dx - \iint_{D_{xz}}(-2x^2\times0)\,dz\,dx$$

$$= -2a\iint_{D_{xz}}x^2\,dz\,dx = -\frac{2}{3}a^5,$$

$$\oiint_{\Sigma}z\,dx\,dy = \iint_{\Sigma_1}z\,dx\,dy + \iint_{\Sigma_2}z\,dx\,dy = \iint_{D_{xy}}a\,dx\,dy - \iint_{D_{xy}}0\,dx\,dy = a\iint_{D_{xy}}1\,dx\,dy = a^3,$$

因此,所求流量

$$\Phi = \oiint_{\Sigma}(x^3-yz)\,dy\,dz - 2x^2y\,dz\,dx + z\,dx\,dy = a^5 - \frac{2}{3}a^5 + a^3 = \frac{1}{3}a^5 + a^3.$$

四、两类曲面积分的关系

前面规定的有向小曲面 ΔS_i(也表示该小曲面的面积)的投影,在极限意义下可近似为

$$(\Delta S_i)_{yz} \approx \Delta S_i\cos\alpha(\xi_i,\eta_i,\zeta_i), \quad (\Delta S_i)_{zx} \approx \Delta S_i\cos\beta(\xi_i,\eta_i,\zeta_i),$$
$$(\Delta S_i)_{xy} \approx \Delta S_i\cos\gamma(\xi_i,\eta_i,\zeta_i),$$

其中 $\alpha(\xi_i,\eta_i,\zeta_i),\beta(\xi_i,\eta_i,\zeta_i),\gamma(\xi_i,\eta_i,\zeta_i)$ 是 ΔS_i 在点 (ξ_i,η_i,ζ_i) 处的法向量的方向角,从而

$$\iint_{\Sigma}P(x,y,z)\,dy\,dz + Q(x,y,z)\,dz\,dx + R(x,y,z)\,dx\,dy$$

$$= \lim_{\lambda\to0}\sum_{i=1}^{n}[P(\xi_i,\eta_i,\zeta_i)(\Delta S_i)_{yz} + Q(\xi_i,\eta_i,\zeta_i)(\Delta S_i)_{zx} + R(\xi_i,\eta_i,\zeta_i)(\Delta S_i)_{xy}]$$

$$= \lim_{\lambda\to0}\sum_{i=1}^{n}[P(\xi_i,\eta_i,\zeta_i)\cos\alpha(\xi_i,\eta_i,\zeta_i) + Q(\xi_i,\eta_i,\zeta_i)_i\cos\beta(\xi_i,\eta_i,\zeta_i) +$$
$$R(\xi_i,\eta_i,\zeta_i)\cos\gamma(\xi_i,\eta_i,\zeta_i)]\Delta S_i$$

$$= \iint_{\Sigma}[P(x,y,z)\cos\alpha + Q(x,y,z)\cos\beta + R(x,y,z)\cos\gamma]\,dS,$$

也即两类曲面积分的关系为

$$\iint_{\Sigma}P\,dy\,dz + Q\,dz\,dx + R\,dx\,dy = \iint_{\Sigma}[P\cos\alpha + Q\cos\beta + R\cos\gamma]\,dS, \tag{4}$$

其中 α,β,γ 是有向曲面 Σ 在点 (x,y,z) 处的法向量的方向角.

例 3 计算 $\iint_{\Sigma}(z^2+x)\,dy\,dz + (xz^2-y^2)\,dx\,dy$,其中 Σ 是旋转抛物面 $z=\frac{1}{2}(x^2+y^2)$ 介于 $z=0$ 与 $z=2$ 之间部分的下侧.

解 Σ 的法向量为 $\boldsymbol{n}=\pm(x,y,-1)$，因 Σ 取下侧，故有

$$\cos\alpha=\frac{x}{\sqrt{1+x^2+y^2}},\quad \cos\gamma=-\frac{1}{\sqrt{1+x^2+y^2}},$$

由式(4)可得

$$\iint_{\Sigma}(z^2+x)\mathrm{d}y\mathrm{d}z+(xz^2-y^2)\mathrm{d}x\mathrm{d}y=\iint_{\Sigma}[(z^2+x)\cos\alpha+(xz^2-y^2)\cos\gamma]\mathrm{d}S$$

$$=\iint_{\Sigma}[(z^2+x)(-x)\cos\gamma+(xz^2-y^2)\cos\gamma]\mathrm{d}S$$

$$=-\iint_{\Sigma}(x^2+y^2)\cos\gamma\mathrm{d}S=-\iint_{\Sigma}(x^2+y^2)\mathrm{d}x\mathrm{d}y$$

$$=\iint_{D_{xy}}(x^2+y^2)\mathrm{d}x\mathrm{d}y=\int_0^{2\pi}\mathrm{d}\theta\int_0^2 r^2\cdot r\mathrm{d}r=8\pi.$$

习题 10-5

1. 当 Σ 为 xOy 面内的一个闭区域，且 $\boldsymbol{k}$ 为其法向量时，曲面积分 $\iint_{\Sigma}f(x,y,z)\mathrm{d}x\mathrm{d}y$ 与二重积分有什么关系？

2. 计算下列第二类曲面积分：

(1) $\iint_{\Sigma}\sqrt{4-x^2-4z^2}\mathrm{d}x\mathrm{d}y$，其中 Σ 为曲面 $x^2+y^2+4z^2=4(z\geqslant 0)$ 的上侧；

(2) $\iint_{\Sigma}x^2y^2z\mathrm{d}x\mathrm{d}y$，其中 Σ 为球面 $x^2+y^2+z^2=1$ 的下半部分的下侧；

(3) $\iint_{\Sigma}x(y-z)\mathrm{d}y\mathrm{d}z+(x^2+y^2)z\mathrm{d}x\mathrm{d}y$，其中 Σ 为曲面 $x^2+y^2=1$ 被 $z=0$ 与 $z=2$ 所截部分的外侧；

(4) $\iint_{\Sigma}y^2\mathrm{d}z\mathrm{d}x+z\mathrm{d}x\mathrm{d}y$，其中 Σ 为曲面 $z=\sqrt{1-x^2-y^2}$ 的上侧；

(5) $\oiint_{\Sigma}xz\mathrm{d}x\mathrm{d}y+xy\mathrm{d}y\mathrm{d}z+yz\mathrm{d}z\mathrm{d}x$，其中 Σ 为平面 $x+y+z=1$ 与三个坐标面所围成四面体的整个边界的外侧.

3. 将 $\mathrm{d}\boldsymbol{S}=(\mathrm{d}y\mathrm{d}z,\mathrm{d}z\mathrm{d}x,\mathrm{d}x\mathrm{d}y)$ 称为有向曲面元，试用向量形式表达两类曲面积分的关系.

4. 将第二类曲面积分 $\iint_{\Sigma}P(x,y,z)\mathrm{d}y\mathrm{d}z+Q(x,y,z)\mathrm{d}z\mathrm{d}x+R(x,y,z)\mathrm{d}x\mathrm{d}y$ 化成第一类曲面积分，其中：

(1) Σ 为平面 $3x+2y+2\sqrt{3}z=6$ 在第一卦限部分的上侧；

(2) Σ 为抛物面 $z=1-x^2-\frac{1}{2}y^2$ 在 xOy 面以上部分的上侧.

5. 计算 $\iint\limits_{\Sigma}[f(x,y,z)+x]\mathrm{d}y\mathrm{d}z+[2f(x,y,z)+y]\mathrm{d}z\mathrm{d}x+[f(x,y,z)+z]\mathrm{d}x\mathrm{d}y$，其中 $f(x,y,z)$ 为连续函数，Σ 为平面 $x-y+z=1$ 在第四卦限部分的下侧.

6. 设 Σ 为曲面 $z=\sqrt{x^2+y^2}$（$1\leqslant z\leqslant2$）的下侧，$f(x)$ 为连续函数，计算

$$I=\iint\limits_{\Sigma}[xf(xy)+2x-y]\mathrm{d}y\mathrm{d}z+[yf(xy)+2y+x]\mathrm{d}z\mathrm{d}x+[zf(xy)+z]\mathrm{d}x\mathrm{d}y.$$

第六节　高斯公式　通量与散度

一、高斯公式

格林公式表达了平面闭区域上的二重积分与其边界曲线上的曲线积分之间的关系，而高斯(Gauss)公式表达了空间闭区域上的三重积分与其边界曲面上的曲面积分之间的关系.

定理1 设空间有界闭区域 Ω 由分片光滑的封闭曲面 Σ 所围成，函数 $P(x,y,z)$，$Q(x,y,z)$，$R(x,y,z)$ 在 Ω 内具有一阶连续偏导数，则有

$$\iiint\limits_{\Omega}\left(\frac{\partial P}{\partial x}+\frac{\partial Q}{\partial y}+\frac{\partial R}{\partial z}\right)\mathrm{d}V=\oiint\limits_{\Sigma}P\mathrm{d}y\mathrm{d}z+Q\mathrm{d}z\mathrm{d}x+R\mathrm{d}x\mathrm{d}y, \tag{1}$$

其中 Σ 为 Ω 的整个边界曲面的外侧.

证 假定所考虑的空间闭区域 Ω 为理想区域，即穿过 Ω 内部且平行于坐标轴的直线与 Ω 的边界曲面的交点恰好是两个.

对于一般性区域，可以引进几个辅助曲面把它分成有限个理想区域，只要证明在每个理想区域上式(1)成立，则根据积分的有限可加性，在一般性区域上式(1)也成立.

如图 10-17 所示，对理想区域 Ω，它在 xOy 面上的投影区域为 D_{xy}. Ω 的取外侧的边界曲面 Σ 除 Σ_1 与 Σ_2 外，其余部分在 xOy 面上的投影均为零，故由第二类曲面积分计算法得

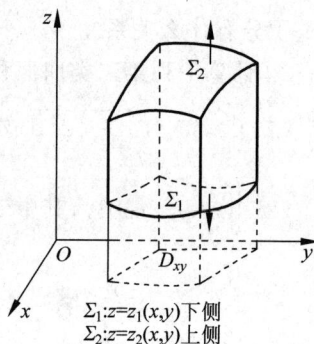

$\Sigma_1:z=z_1(x,y)$下侧
$\Sigma_2:z=z_2(x,y)$上侧

图　10-17

$$\oiint\limits_{\Sigma}R(x,y,z)\mathrm{d}x\mathrm{d}y=\iint\limits_{\Sigma_1}R\mathrm{d}x\mathrm{d}y+\iint\limits_{\Sigma_2}R\mathrm{d}x\mathrm{d}y$$

$$=-\iint\limits_{D_{xy}}R[x,y,z_1(x,y)]\mathrm{d}x\mathrm{d}y+\iint\limits_{D_{xy}}R[x,y,z_2(x,y)]\mathrm{d}x\mathrm{d}y$$

$$=\iint\limits_{D_{xy}}\{R[x,y,z_2(x,y)]-R[x,y,z_1(x,y)]\}\mathrm{d}x\mathrm{d}y. \tag{2}$$

再根据三重积分的计算法得

$$\iiint\limits_{\Omega}\frac{\partial R}{\partial z}\mathrm{d}V=\iint\limits_{D_{xy}}\left[\int_{z_1(x,y)}^{z_2(x,y)}\frac{\partial R}{\partial z}\mathrm{d}z\right]\mathrm{d}x\mathrm{d}y$$

$$=\iint\limits_{D_{xy}}\{R[x,y,z_2(x,y)]-R[x,y,z_1(x,y)]\}\mathrm{d}x\mathrm{d}y. \tag{3}$$

比较式(2),式(3),有

$$\iiint\limits_{\Omega}\frac{\partial R}{\partial z}\mathrm{d}V=\oiint\limits_{\Sigma}R(x,y,z)\mathrm{d}x\,\mathrm{d}y.$$

类似地可证明

$$\iiint\limits_{\Omega}\frac{\partial P}{\partial x}\mathrm{d}V=\oiint\limits_{\Sigma}P(x,y,z)\mathrm{d}y\,\mathrm{d}z,$$

$$\iiint\limits_{\Omega}\frac{\partial Q}{\partial y}\mathrm{d}V=\oiint\limits_{\Sigma}Q(x,y,z)\mathrm{d}z\,\mathrm{d}x,$$

将上面三个式子相加即得式(1).　　　　　　　　　　　　　　　□

在高斯公式中,取 $P=x,Q=y,R=z$,则

$$\oiint\limits_{\Sigma}x\mathrm{d}y\mathrm{d}z+y\mathrm{d}z\mathrm{d}x+z\mathrm{d}x\mathrm{d}y=\iiint\limits_{\Omega}3\mathrm{d}V=3V_{\Omega}(\Omega\text{ 的体积}).$$

例 1　计算 $\oiint\limits_{\Sigma}(z+x^2)\mathrm{d}x\mathrm{d}y+(x+y^2)\mathrm{d}y\mathrm{d}z+(y+z^2)\mathrm{d}z\mathrm{d}x$,其中 Σ 为 $z=1-x^2-y^2$ 与 $z=-\sqrt{1-x^2-y^2}$ 所围空间闭区域整个边界曲面的内侧.

解　应用高斯公式,得

$$\oiint\limits_{\Sigma}(z+x^2)\mathrm{d}x\mathrm{d}y+(x+y^2)\mathrm{d}y\mathrm{d}z+(y+z^2)\mathrm{d}z\mathrm{d}x$$

$$=-\iiint\limits_{\Omega}(1+1+1)\mathrm{d}V=-3\iiint\limits_{\Omega}1\mathrm{d}V=-3\int_{-1}^{0}\pi(1-z^2)\mathrm{d}z-3\int_{0}^{1}\pi(1-z)\mathrm{d}z$$

$$=-\frac{7}{2}\pi.$$

例 2　计算 $\iint\limits_{\Sigma}(x+y)z\mathrm{d}x\mathrm{d}y+(y+z)x\mathrm{d}y\mathrm{d}z+(z+x)y\mathrm{d}z\mathrm{d}x$,其中 Σ 为圆柱面 $x^2+y^2=1$ 夹在 $z=0$ 与 $z=1$ 之间部分的外侧.

解　为了应用高斯公式,先补上两片平面 Σ_1 与 Σ_2,其中 Σ_1 是 $z=1$ 取上侧,Σ_2 是 $z=0$ 取下侧.不难计算

$$\iint\limits_{\Sigma_1+\Sigma_2}(x+y)z\mathrm{d}x\mathrm{d}y+(y+z)x\mathrm{d}y\mathrm{d}z+(z+x)y\mathrm{d}z\mathrm{d}x=0,$$

从而

$$\iint\limits_{\Sigma}(x+y)z\mathrm{d}x\mathrm{d}y+(y+z)x\mathrm{d}y\mathrm{d}z+(z+x)y\mathrm{d}z\mathrm{d}x$$

$$=\oiint\limits_{\Sigma+\Sigma_1+\Sigma_2}(x+y)z\mathrm{d}x\mathrm{d}y+(y+z)x\mathrm{d}y\mathrm{d}z+(z+x)y\mathrm{d}z\mathrm{d}x$$

$$=\iiint\limits_{\Omega}2(x+y+z)\mathrm{d}V=2\iint\limits_{D_{xy}}\left[\int_{0}^{1}(x+y+z)\mathrm{d}z\right]\mathrm{d}x\mathrm{d}y$$

$$=2\iint\limits_{D_{xy}}\left(x+y+\frac{1}{2}\right)\mathrm{d}x\mathrm{d}y=\pi.$$

二、通量与散度

由第五节知,流体流过曲面一侧的流量可以用第二类曲面积分表示,流量也可称为通量.

定义 1 设向量场 $A(x,y,z)=P(x,y,z)i+Q(x,y,z)j+R(x,y,z)k$,$\Sigma$ 是一有向曲面,P,Q,R 在 Σ 上连续,则称 $\iint\limits_{\Sigma}A(x,y,z)\cdot\mathrm{d}S=\iint\limits_{\Sigma}P(x,y,z)\mathrm{d}y\mathrm{d}z+Q(x,y,z)\mathrm{d}z\mathrm{d}x+R(x,y,z)\mathrm{d}x\mathrm{d}y$ 为向量场 $A(x,y,z)$ 通过有向曲面 Σ 的通量(或流量).

下面说明高斯公式

$$\iiint\limits_{\Omega}\left(\frac{\partial P}{\partial x}+\frac{\partial Q}{\partial y}+\frac{\partial R}{\partial z}\right)\mathrm{d}V=\oiint\limits_{\Sigma}P\,\mathrm{d}y\mathrm{d}z+Q\,\mathrm{d}z\mathrm{d}x+R\,\mathrm{d}x\mathrm{d}y$$

的物理意义.

高斯公式的右端可解释为单位时间内流速为 $A(x,y,z)$ 的流体经 Ω 的边界曲面 Σ 离开 Ω 的流量. 由于所考虑的流体是稳定而不可压缩的,在流体离开 Ω 的同时,Ω 内部必须有一"源头"散发出同样多的流体来进行补充,所以高斯公式左端可解释为分布在 Ω 内的源头在单位时间内所产生的流体总量. 左端被积函数代表着源头的强度,称为 $A(x,y,z)$ 的散度.

定义 2 设向量场 $A(x,y,z)=P(x,y,z)i+Q(x,y,z)j+R(x,y,z)k$,称 $\frac{\partial P}{\partial x}+\frac{\partial Q}{\partial y}+\frac{\partial R}{\partial z}$ 为向量场 $A(x,y,z)$ 的散度,记作 $\mathrm{div}A$,即

$$\mathrm{div}A=\frac{\partial P}{\partial x}+\frac{\partial Q}{\partial y}+\frac{\partial R}{\partial z}.$$

这样,高斯公式可写成如下形式:

$$\iiint\limits_{\Omega}\mathrm{div}A\,\mathrm{d}V=\oiint\limits_{\Sigma}A\cdot\mathrm{d}S.$$

散度的物理解释:设稳定流动的不可压缩流体的密度为 1,流速为 $A=Pi+Qj+Rk$,Σ 是有向闭曲面,所围立体是 Ω,其体积为 V. 高斯公式的左端运用积分中值定理得

$$\mathrm{div}A\mid_{(\xi,\eta,\zeta)}V=\oiint\limits_{\Sigma}A\cdot\mathrm{d}S,$$

从而

$$\mathrm{div}A\mid_{(\xi,\eta,\zeta)}=\frac{\oiint\limits_{\Sigma}A\cdot\mathrm{d}S}{V}.$$

令 Ω 收缩向一点 $M(x,y,z)$,对上式取极限得

$$\lim_{\Omega\to M}\mathrm{div}A\mid_{(\xi,\eta,\zeta)}=\lim_{\Omega\to M}\frac{\oiint\limits_{\Sigma}A\cdot\mathrm{d}S}{V},$$

即

$$\operatorname{div}\boldsymbol{A}(M) = \lim_{\Omega \to M} \frac{\oiint\limits_{\Sigma} \boldsymbol{A} \cdot \mathrm{d}\boldsymbol{S}}{V},$$

这说明一点的散度就是这一点的流量密度. 如此, 高斯公式便有直观的物理解释: 流量等于流量密度的积分.

三、沿任意闭曲面的曲面积分为零的条件

在第三节中, 应用格林公式给出了沿任意平面闭曲线的曲线积分为零的条件. 同样地, 应用高斯公式可给出沿任意闭曲面的曲面积分为零的条件$\Big($也即曲面积分 $\iint\limits_{\Sigma} P\,\mathrm{d}y\,\mathrm{d}z +$

$Q\,\mathrm{d}z\,\mathrm{d}x + R\,\mathrm{d}x\,\mathrm{d}y$ 与曲面 Σ 无关, 而只取决于 Σ 的边界曲线$\Big)$.

先介绍空间二维单连通区域及一维单连通区域的概念. 对空间区域 G, 如果 G 内任一闭曲面所围成的区域全属于 G, 则称 G 为空间二维单连通区域; 如果 G 内任一闭曲线总可以张成一片完全属于 G 的曲面, 则称 G 为空间一维单连通区域. 例如, 球面所围成的区域既是空间二维单连通的, 又是空间一维单连通的; 环面所围成的区域是空间二维单连通的, 但不是空间一维单连通的; 两个同心球面之间的区域是空间一维单连通的, 但非空间二维单连通的.

下面叙述并证明沿任意闭曲面的曲面积分为零的充要条件.

定理 2　设 G 是空间二维单连通区域, $P(x,y,z), Q(x,y,z), R(x,y,z)$ 在 G 内具有一阶连续偏导数, 则曲面积分 $\iint\limits_{\Sigma} P\,\mathrm{d}y\,\mathrm{d}z + Q\,\mathrm{d}z\,\mathrm{d}x + R\,\mathrm{d}x\,\mathrm{d}y$ 在 G 内与所取曲面 Σ 无关而只取决于 Σ 的边界曲线 (或沿 G 内任一闭曲面的曲面积分为零) 的充要条件是等式

$$\frac{\partial P}{\partial x} + \frac{\partial Q}{\partial y} + \frac{\partial R}{\partial z} = 0 \tag{4}$$

在 G 内恒成立.

证　显然, 直接应用高斯公式可证充分性. 下面用反证法来证明必要性. 倘若式(4)在 G 内不恒成立, 不妨设存在点 $M_0 \in G$, 使得

$$\left(\frac{\partial P}{\partial x} + \frac{\partial Q}{\partial y} + \frac{\partial R}{\partial z}\right)_{M_0} > 0,$$

根据已知条件, 在 G 内必存在以 M_0 为球心的小球面 Σ_0, 它所围的区域为 Ω_0, 有

$$\frac{\partial P}{\partial x} + \frac{\partial Q}{\partial y} + \frac{\partial R}{\partial z} > 0, \quad (x,y,z) \in \Omega_0 \subset G,$$

取 Σ_0 的外侧, 对 Σ_0 及 Ω_0 应用高斯公式, 得

$$\oiint\limits_{\Sigma_0} P\,\mathrm{d}y\,\mathrm{d}z + Q\,\mathrm{d}z\,\mathrm{d}x + R\,\mathrm{d}x\,\mathrm{d}y = \iiint\limits_{\Omega_0} \left(\frac{\partial P}{\partial x} + \frac{\partial Q}{\partial y} + \frac{\partial R}{\partial z}\right)\mathrm{d}V > 0,$$

这与定理假设矛盾, 故式(4)是必要的.　　　　　　　　　　　　　　　　□

习题 10-6

1. 利用高斯公式计算下列曲面积分：

(1) $\oiint\limits_{\Sigma} x\,\mathrm{d}y\mathrm{d}z + y\,\mathrm{d}z\mathrm{d}x + z\,\mathrm{d}x\mathrm{d}y$，其中 Σ 为 $x^2 + y^2 + z^2 = R^2$ 的内侧；

(2) $\oiint\limits_{\Sigma} x\,\mathrm{d}y\mathrm{d}z + y\,\mathrm{d}z\mathrm{d}x + z\,\mathrm{d}x\mathrm{d}y$，其中 Σ 为圆柱体 $x^2 + y^2 \leqslant 9 (0 \leqslant z \leqslant 3)$ 的整个表面的外侧；

(3) $\oiint\limits_{\Sigma} (x^3 - yz)\mathrm{d}y\mathrm{d}z - 2x^2 y\,\mathrm{d}z\mathrm{d}x + z\,\mathrm{d}x\mathrm{d}y$，其中 Σ 为正方体 $0 \leqslant x \leqslant a$，$0 \leqslant y \leqslant a$，$0 \leqslant z \leqslant a$ 的整个表面外侧；

(4) $\oiint\limits_{\Sigma} xz^2\,\mathrm{d}y\mathrm{d}z + (x^2 y - z^3)\mathrm{d}z\mathrm{d}x + (2xy + y^2 z)\mathrm{d}x\mathrm{d}y$，其中 Σ 为上半球体 $0 \leqslant z \leqslant \sqrt{a^2 - x^2 - y^2}$ 的全表面外侧；

(5) $\oiint\limits_{\Sigma} (x - y)\mathrm{d}x\mathrm{d}y + x(y - z)\mathrm{d}y\mathrm{d}z$，其中 Σ 是由 $x^2 + y^2 = 1$ 及 $z = 0$ 与 $z = 3$ 所围闭区域的整个边界外侧；

(6) $\iint\limits_{\Sigma} x\,\mathrm{d}y\mathrm{d}z + y\,\mathrm{d}z\mathrm{d}x + z\,\mathrm{d}x\mathrm{d}y$，其中 Σ 是 $x + y + z = 1$ 第一卦限部分的上侧；

(7) $\iint\limits_{\Sigma} x\,\mathrm{d}y\mathrm{d}z + 2y\,\mathrm{d}z\mathrm{d}x + 3(z - 1)\mathrm{d}x\mathrm{d}y$，其中 Σ 是锥面 $z = \sqrt{x^2 + y^2}\ (0 \leqslant z \leqslant 1)$ 的下侧；

(8) $\iint\limits_{\Sigma} \mathrm{d}y\mathrm{d}z + x\,\mathrm{d}z\mathrm{d}x + (z + 1)\mathrm{d}x\mathrm{d}y$，其中 Σ 为 $z = \sqrt{1 - x^2 - y^2}$ 的上侧；

(9) $\iint\limits_{\Sigma} (x - 1)^3\,\mathrm{d}y\mathrm{d}z + (y - 1)^3\,\mathrm{d}z\mathrm{d}x + (z - 1)\mathrm{d}x\mathrm{d}y$，其中 Σ 为曲面 $z = x^2 + y^2\ (z \leqslant 1)$ 的上侧；

(10) $\iint\limits_{\Sigma} (x^2 \cos\alpha + y^2 \cos\beta + z^2 \cos\gamma)\mathrm{d}S$，其中 Σ 为圆锥面 $z^2 = x^2 + y^2$ 夹在 $z = 0$ 与 $z = h\ (h > 0)$ 之间部分的下侧，$\cos\alpha$，$\cos\beta$，$\cos\gamma$ 为 Σ 在点 (x, y, z) 处法向量的方向余弦.

2. 计算曲面积分 $I = \oiint\limits_{\Sigma} \dfrac{x\,\mathrm{d}y\mathrm{d}z + y\,\mathrm{d}z\mathrm{d}x + z\,\mathrm{d}x\mathrm{d}y}{(x^2 + y^2 + z^2)^{\frac{3}{2}}}$，其中 Σ 是曲面 $2x^2 + 2y^2 + z^2 = 4$ 的外侧.

3. 求下列向量场 $\mathbf{A}(x, y, z)$ 穿过曲面 Σ 流向外侧的通量：

(1) $\mathbf{A} = yz\mathbf{i} + xz\mathbf{j} + xy\mathbf{k}$，$\Sigma$ 为圆柱 $x^2 + y^2 \leqslant a^2\ (0 \leqslant z \leqslant h)$ 的全表面；

(2) $\mathbf{A} = (2x - z)\mathbf{i} + x^2 y\mathbf{j} + (-xz^2)\mathbf{k}$，$\Sigma$ 为正方体 $0 \leqslant x \leqslant a$，$0 \leqslant y \leqslant a$，$0 \leqslant z \leqslant a$ 的全表面；

(3) $\mathbf{A} = (2x + 3z)\mathbf{i} - (xz + y)\mathbf{j} + (y^2 + 2z)\mathbf{k}$，$\Sigma$ 为球面 $x^2 + y^2 + z^2 = 2(x + y)$.

4. 求下列向量场 $\boldsymbol{A}(x,y,z)$ 的散度:

(1) $\boldsymbol{A} = x^3\boldsymbol{i} + y^3\boldsymbol{j} + z^3\boldsymbol{k}$;

(2) $\boldsymbol{A} = x^2yz\boldsymbol{i} + xy^2z\boldsymbol{j} + xyz^2\boldsymbol{k}$;

(3) $\boldsymbol{A} = (x - 3y^2)\boldsymbol{i} - (2y - xz^2)\boldsymbol{j} + (3z - yx^2)\boldsymbol{k}$.

5. 设 $r = \sqrt{x^2 + y^2 + z^2}$,计算 $\mathrm{div}(\mathrm{grad}\, r)|_{(1,-2,2)}$.

6. 利用高斯公式推证阿基米德原理:浸没在液体中的物体所受液体的压力的合力(即浮力)的方向铅直向上,其大小等于该物体所排开的液体的重力.

第七节 斯托克斯公式 环流量与旋度

一、斯托克斯公式

斯托克斯(Stokes)公式是格林公式的推广.格林公式表达了平面闭区域上二重积分与其边界曲线上的曲线积分之间的关系,而斯托克斯公式则把曲面 Σ 上的曲面积分与沿着 Σ 的边界曲线 Γ 上的曲线积分联系起来.

在给出公式之前,先用右手规则规定 Σ 与 Γ 的方向的一致性.即右手除拇指外的四指依 Γ 的绕行方向时,拇指所指的方向与 Σ 上选定侧的法向量指向相同.称 Γ 为有向曲面 Σ 的正向边界曲线,并称 Γ 与 Σ 符合右手规则.

定理 1 设 Γ 为分段光滑的空间有向闭曲线,Σ 是以 Γ 为边界的分片光滑的有向曲面. Γ 的方向与 Σ 的侧符合右手规则.函数 $P(x,y,z)$,$Q(x,y,z)$,$R(x,y,z)$ 在包含曲面 Σ 的一个空间区域内具有一阶连续偏导数,则有

$$\iint\limits_{\Sigma}\left(\frac{\partial R}{\partial y} - \frac{\partial Q}{\partial z}\right)\mathrm{d}y\mathrm{d}z + \left(\frac{\partial P}{\partial z} - \frac{\partial R}{\partial x}\right)\mathrm{d}z\mathrm{d}x + \left(\frac{\partial Q}{\partial x} - \frac{\partial P}{\partial y}\right)\mathrm{d}x\mathrm{d}y$$

$$= \oint_{\Gamma} P\mathrm{d}x + Q\mathrm{d}y + R\mathrm{d}z. \tag{1}$$

证 先假定 Σ 与平行于 z 轴的直线相交不多于一点,并设 Σ 为曲面 $z = z(x,y)$ 的上侧,Σ 的正向边界曲线 Γ 在 xOy 面上的投影为平面有向曲线 L,L 所围的闭区域为 D_{xy}(图 10-18).下面的推导过程中分别用到了两类曲面积分的关系、复合函数微分法 $\frac{\partial}{\partial y}P[x,y,z(x,y)] =$

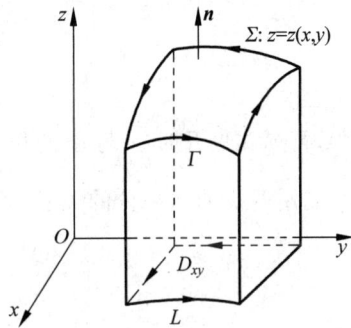

图 10-18

$\frac{\partial P}{\partial y} + \frac{\partial P}{\partial z}z_y$ 及格林公式.

$$\iint\limits_{\Sigma}\frac{\partial P}{\partial z}\mathrm{d}z\mathrm{d}x - \frac{\partial P}{\partial y}\mathrm{d}x\mathrm{d}y = \iint\limits_{\Sigma}\left(\frac{\partial P}{\partial z}\cos\beta - \frac{\partial P}{\partial y}\cos\gamma\right)\mathrm{d}S$$

$$= \iint\limits_{\Sigma}\left[\frac{\partial P}{\partial z}\left(-\frac{z_y}{\sqrt{1 + z_x^2 + z_y^2}}\right) - \frac{\partial P}{\partial y}\frac{1}{\sqrt{1 + z_x^2 + z_y^2}}\right]\mathrm{d}S$$

$$= -\iint\limits_{\Sigma}\left(\frac{\partial P}{\partial z}z_y + \frac{\partial P}{\partial y}\right)\frac{1}{\sqrt{1 + z_x^2 + z_y^2}}\mathrm{d}S$$

$$= -\iint\limits_{D_{xy}} \frac{\partial}{\partial y} P[x,y,z(x,y)]\mathrm{d}x\,\mathrm{d}y$$

$$= \oint_L P[x,y,z(x,y)]\mathrm{d}x.$$

因为 $P[x,y,z(x,y)]$ 在 L 上点 (x,y) 处的值与 $P(x,y,z)$ 在 Γ 上对应点 (x,y,z) 处的值相等,且 L 与 Γ 对应小弧段在 x 轴上的投影也一样,故根据第二类曲线积分的定义有

$$\iint\limits_{\Sigma} \frac{\partial P}{\partial z}\mathrm{d}z\,\mathrm{d}x - \frac{\partial P}{\partial y}\mathrm{d}x\,\mathrm{d}y = \oint_L P[x,y,z(x,y)]\mathrm{d}x = \oint_\Gamma P(x,y,z)\mathrm{d}x. \tag{2}$$

若 Σ 取下侧,Γ 也相应地改成相反方向,上式仍成立.

其次,如果曲面与平行于 z 轴的直线交点多于一个,则可作辅助曲线将曲面分成有限片,使每片曲面与平行于 z 轴的直线的交点不多于一个. 又根据积分的有限可加性,式(2)也成立.

同样可证

$$\iint\limits_{\Sigma} \frac{\partial Q}{\partial x}\mathrm{d}x\,\mathrm{d}y - \frac{\partial Q}{\partial z}\mathrm{d}y\,\mathrm{d}z = \oint_\Gamma Q\mathrm{d}y, \tag{3}$$

$$\iint\limits_{\Sigma} \frac{\partial R}{\partial y}\mathrm{d}y\,\mathrm{d}z - \frac{\partial R}{\partial x}\mathrm{d}z\,\mathrm{d}x = \oint_\Gamma R\mathrm{d}z. \tag{4}$$

合并(2),(3),(4)三个式子即得式(1).　　　　　　□

为记忆方便,式(1)左端常用行列式表示,即斯托克斯公式为

$$\iint\limits_{\Sigma} \begin{vmatrix} \mathrm{d}y\,\mathrm{d}z & \mathrm{d}z\,\mathrm{d}x & \mathrm{d}x\,\mathrm{d}y \\ \dfrac{\partial}{\partial x} & \dfrac{\partial}{\partial y} & \dfrac{\partial}{\partial z} \\ P & Q & R \end{vmatrix} = \oint_\Gamma P\mathrm{d}x + Q\mathrm{d}y + R\mathrm{d}z, \tag{5}$$

其中,行列式展开时 $\dfrac{\partial}{\partial y}$ 与 R 的积理解为 $\dfrac{\partial R}{\partial y}$,$\dfrac{\partial}{\partial z}$ 与 Q 的积理解为 $\dfrac{\partial Q}{\partial z}$,等等.

利用两类曲面积分的关系,可得斯托克斯公式的另一种形式:

$$\iint\limits_{\Sigma} \begin{vmatrix} \cos\alpha & \cos\beta & \cos\gamma \\ \dfrac{\partial}{\partial x} & \dfrac{\partial}{\partial y} & \dfrac{\partial}{\partial z} \\ P & Q & R \end{vmatrix} \mathrm{d}S = \oint_\Gamma P\mathrm{d}x + Q\mathrm{d}y + R\mathrm{d}z, \tag{6}$$

其中 $\boldsymbol{n} = (\cos\alpha,\cos\beta,\cos\gamma)$ 为有向曲面 Σ 在点 (x,y,z) 处的单位法向量.

如果取 Σ 为 xOy 面上一平面闭区域,斯托克斯公式就变成了格林公式.

例1　计算 $\oint_\Gamma yz^2\mathrm{d}x - xz\mathrm{d}y + x^3y\mathrm{d}z$,其中 Γ 为圆周 $x^2 + y^2 = 2z, z = 2$,从 z 轴正向看取顺时针方向.

解　按照右手规则,Σ 的方向取下侧(图 10-19). 由斯托克斯公式有

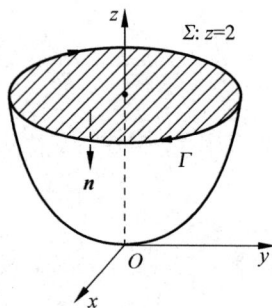

图　10-19

$$\oint_{\Gamma} yz^2 \, \mathrm{d}x - xz \, \mathrm{d}y + x^3 y \, \mathrm{d}z$$

$$= \iint_{\Sigma} (x^3 + x) \, \mathrm{d}y \, \mathrm{d}z + (2yz - 3x^2 y) \, \mathrm{d}z \, \mathrm{d}x + (-z - z^2) \, \mathrm{d}x \, \mathrm{d}y$$

$$= -\iint_{D_{xy}} (-2 - 4) \, \mathrm{d}x \, \mathrm{d}y = 6 \iint_{D_{xy}} 1 \, \mathrm{d}x \, \mathrm{d}y = 24\pi.$$

例 2　计算 $\oint_{\Gamma}(y^2 - z^2)\mathrm{d}x + (z^2 - x^2)\mathrm{d}y + (x^2 - y^2)\mathrm{d}z$，其中 Γ 是用平面 $x + y +$

$z = \dfrac{3}{2}$ 截正方体 $\Omega = \{(x,y,z) \mid 0 \leqslant x \leqslant 1, 0 \leqslant y \leqslant 1, 0 \leqslant z \leqslant 1\}$ 的表面所得截痕，从 x 轴正向

看取逆时针方向.

解　按照右手规则，Σ 取上侧(图 10-20)，故 Σ 的单位法向量为

$$\boldsymbol{n} = (\cos\alpha, \cos\beta, \cos\gamma) = \left(\frac{1}{\sqrt{3}}, \frac{1}{\sqrt{3}}, \frac{1}{\sqrt{3}}\right),$$

由式(6)并将行列式展开得

$$\oint_{\Gamma}(y^2 - z^2)\mathrm{d}x + (z^2 - x^2)\mathrm{d}y + (x^2 - y^2)\mathrm{d}z$$

$$= -2\iint_{\Sigma}[(y + z)\cos\alpha + (z + x)\cos\beta + (x + y)\cos\gamma]\mathrm{d}S$$

$$= -\frac{4\sqrt{3}}{3}\iint_{\Sigma}(x + y + z)\mathrm{d}S = -2\sqrt{3}\iint_{\Sigma}1\,\mathrm{d}S$$

$$= -2\sqrt{3} \times 6 \times \frac{\sqrt{3}}{4} \times \left(\frac{\sqrt{2}}{2}\right)^2 = -\frac{9}{2}.$$

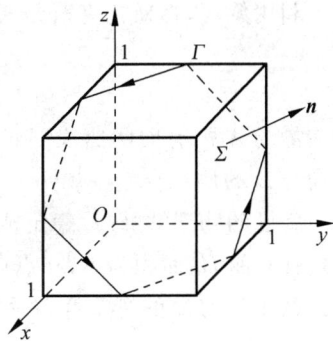

图　10-20

二、环流量与旋度

类似于流体流过曲面一侧的流量可以用第二类曲面积分表示，流体沿有向环线的流量
(环流量)可以用第二类曲线积分表示.

定义 1　设向量场 $\boldsymbol{A}(x,y,z) = P(x,y,z)\boldsymbol{i} + Q(x,y,z)\boldsymbol{j} + R(x,y,z)\boldsymbol{k}$，$\Gamma$ 是一有向
闭曲线，P, Q, R 在 Γ 上连续，则称 $\oint_{\Gamma}\boldsymbol{A} \cdot \mathrm{d}\boldsymbol{s} = \oint_{\Gamma}P\,\mathrm{d}x + Q\,\mathrm{d}y + R\,\mathrm{d}z$ 为向量场 $\boldsymbol{A}(x,y,z)$ 沿
有向闭曲线 Γ 的环流量.

斯托克斯公式

$$\iint_{\Sigma}\left(\frac{\partial R}{\partial y} - \frac{\partial Q}{\partial z}\right)\mathrm{d}y\,\mathrm{d}z + \left(\frac{\partial P}{\partial z} - \frac{\partial R}{\partial x}\right)\mathrm{d}z\,\mathrm{d}x + \left(\frac{\partial Q}{\partial x} - \frac{\partial P}{\partial y}\right)\mathrm{d}x\,\mathrm{d}y = \oint_{\Gamma}P\,\mathrm{d}x + Q\,\mathrm{d}y + R\,\mathrm{d}z$$

的右端是流速为 $\boldsymbol{A}(x,y,z)$ 的流体沿 Σ 的边界曲线 Γ 的环流量，左端是向量场 $\left(\dfrac{\partial R}{\partial y} - \dfrac{\partial Q}{\partial z}\right)\boldsymbol{i} +$

$\left(\dfrac{\partial P}{\partial z} - \dfrac{\partial R}{\partial x}\right)\boldsymbol{j} + \left(\dfrac{\partial Q}{\partial x} - \dfrac{\partial P}{\partial y}\right)\boldsymbol{k}$ 流经曲面 Σ 的流量，类似于水中"旋涡"，此时流体可看作是旋转

的,则$\left(\dfrac{\partial R}{\partial y}-\dfrac{\partial Q}{\partial z}\right)i+\left(\dfrac{\partial P}{\partial z}-\dfrac{\partial R}{\partial x}\right)j+\left(\dfrac{\partial Q}{\partial x}-\dfrac{\partial P}{\partial y}\right)k$ 在直观上可表示流体的旋转强度,称为旋度.

定义 2　设向量场 $A(x,y,z)=P(x,y,z)i+Q(x,y,z)j+R(x,y,z)k$,称 $\left(\dfrac{\partial R}{\partial y}-\dfrac{\partial Q}{\partial z}\right)i+\left(\dfrac{\partial P}{\partial z}-\dfrac{\partial R}{\partial x}\right)j+\left(\dfrac{\partial Q}{\partial x}-\dfrac{\partial P}{\partial y}\right)k$ 为向量场$A(x,y,z)$的旋度,记作 $\mathrm{rot}A$,即

$$\mathrm{rot}A=\left(\frac{\partial R}{\partial y}-\frac{\partial Q}{\partial z}\right)i+\left(\frac{\partial P}{\partial z}-\frac{\partial R}{\partial x}\right)j+\left(\frac{\partial Q}{\partial x}-\frac{\partial P}{\partial y}\right)k.$$

引入哈密顿(Hamilton)算子$\nabla=\dfrac{\partial}{\partial x}i+\dfrac{\partial}{\partial y}j+\dfrac{\partial}{\partial z}k$(读作 Nabla),旋度可表示为

$$\mathrm{rot}A=\nabla\times A=\begin{vmatrix} i & j & k \\ \dfrac{\partial}{\partial x} & \dfrac{\partial}{\partial y} & \dfrac{\partial}{\partial z} \\ P & Q & R \end{vmatrix}. \tag{7}$$

利用旋度,将斯托克斯公式表示为

$$\iint_{\Sigma}\mathrm{rot}A\cdot\mathrm{d}S=\oint_{\Gamma}A\cdot\mathrm{d}s, \tag{8}$$

即向量场 A 沿有向闭曲线 Γ 的环流量等于向量场 A 的旋度通过曲面Σ 的通量,其中 Γ 的正向与 Σ 的侧符合右手规则.

旋度的物理解释.设稳定流动的不可压缩流体的密度为1,流速为 $A=Pi+Qj+Rk$,Σ 是有向曲面,面积为 S,在点(x,y,z)处的单位法向量为 n.设 Σ 的边界线是有向闭曲线 Γ,Γ 的正向与 Σ 的侧符合右手规则.由式(8)得

$$\oint_{\Gamma}A\cdot\mathrm{d}s=\iint_{\Sigma}\mathrm{rot}A\cdot n\,\mathrm{d}S, \tag{9}$$

右端用第一类曲面积分的中值定理得

$$\oint_{\Gamma}A\cdot\mathrm{d}s=\mathrm{rot}A\cdot n\mid_{(\xi,\eta,\zeta)}S,$$

即

$$\mathrm{rot}A\cdot n\mid_{(\xi,\eta,\zeta)}=\frac{\oint_{\Gamma}A\cdot\mathrm{d}s}{S}.$$

令 Σ 收缩向一点 $M(x,y,z)$,对上式取极限得

$$\lim_{\Sigma\to M}\mathrm{rot}A\cdot n\mid_{(\xi,\eta,\zeta)}=\lim_{\Sigma\to M}\frac{\oint_{\Gamma}A\cdot\mathrm{d}s}{S},$$

即

$$\mathrm{rot}A\cdot n(M)=\lim_{S\to 0}\frac{\oint_{\Gamma}A\cdot\mathrm{d}s}{S}.$$

这说明一点的旋度在该点法向量上的投影就是这一点的环流量面密度.如此,对照式(9),斯托克斯公式便有直观的物理解释:环流量等于环流量面密度的积分.

三、空间曲线积分与路径无关的条件

与第三节中关于平面曲线积分与路径无关的条件的四个等价命题类似,下面利用斯托克斯公式给出关于空间曲线积分与路径无关的条件的四个等价命题.

定理 2　设 Ω 为空间一维单连通区域,函数 $P(x,y,z),Q(x,y,z),R(x,y,z)$ 在 Ω 内具有一阶连续偏导数,则下述四个命题等价:

(1) 对 Ω 内任一点 (x,y,z),恒有

$$\frac{\partial P}{\partial y}=\frac{\partial Q}{\partial x},\quad \frac{\partial R}{\partial x}=\frac{\partial P}{\partial z},\quad \frac{\partial Q}{\partial z}=\frac{\partial R}{\partial y};$$

(2) 对 Ω 内任一分段光滑有向闭曲线 Γ,有

$$\oint_{\Gamma}P\,\mathrm{d}x+Q\,\mathrm{d}y+R\,\mathrm{d}z=0;$$

(3) 对 Ω 内任一条空间有向曲线段 L(起点为 A,终点为 B),曲线积分 $\int_{L}P\,\mathrm{d}x+Q\,\mathrm{d}y+R\,\mathrm{d}z$ 的值与路径无关,仅与点 A,B 有关;

(4) 在 Ω 内存在函数 $u(x,y,z)$,使得

$$\mathrm{d}u=P\,\mathrm{d}x+Q\,\mathrm{d}y+R\,\mathrm{d}z,$$

即 $P\,\mathrm{d}x+Q\,\mathrm{d}y+R\,\mathrm{d}z$ 是某个函数 $u(x,y,z)$ 的全微分.

以上四个等价命题也可采用循环推证法来证明,请读者自己完成.

关于三元函数全微分求积问题,可按以下顺序取三直线段组成的折线,即

$$M_0(x_0,y_0,z_0)\to M_1(x,y_0,z_0)\to M_2(x,y,z_0)\to M(x,y,z).$$

类似地有公式

$$u(x,y,z)=\int_{(x_0,y_0,z_0)}^{(x,y,z)}P(s,r,t)\mathrm{d}s+Q(s,r,t)\mathrm{d}r+R(s,r,t)\mathrm{d}t$$

$$=\int_{x_0}^{x}P(s,y_0,z_0)\mathrm{d}s+\int_{y_0}^{y}Q(x,r,z_0)\mathrm{d}r+\int_{z_0}^{z}R(x,y,t)\mathrm{d}t.$$

习题 10-7

1. 利用斯托克斯公式计算下列曲线积分:

(1) $\oint_{\Gamma}z^2\,\mathrm{d}x+x^2\,\mathrm{d}y+y^2\,\mathrm{d}z$,其中 Γ 为 $x+y+z=1$ 被三个坐标面所截成三角形的整个边界,从 x 轴正向看去取逆时针方向;

(2) $\oint_{\Gamma}y\,\mathrm{d}x+z\,\mathrm{d}y+x\,\mathrm{d}z$,其中 Γ 是圆周 $x^2+y^2+z^2=R^2,x+y+z=0$,从 x 轴正向看去取顺时针方向;

(3) $\oint_{\Gamma}(y-z)\mathrm{d}x+(z-x)\mathrm{d}y+(x-y)\mathrm{d}z$,其中 Γ 为椭圆周 $x^2+y^2=a^2,\dfrac{x}{a}+\dfrac{z}{b}=1,a>0,b>0$,从 x 轴正向看去取逆时针方向;

(4) $\oint_{\Gamma}2y\,\mathrm{d}x+3x\,\mathrm{d}y-z^2\,\mathrm{d}z$,其中 Γ 为圆周 $x^2+y^2+z^2=9,z=0$,从 z 轴正向看去

取顺时针方向.

2. 已知 Σ 为曲面 $4x^2+y^2+z^2=1(x\geqslant0,y\geqslant0,z\geqslant0)$ 的上侧,L 为 Σ 的边界曲线,其正向与 Σ 的正法向量满足右手法则,计算曲线积分

$$I=\oint_L(yz^2-\cos z)\mathrm{d}x+2xz^2\mathrm{d}y+(2xyz+x\sin z)\mathrm{d}z.$$

3. 求下列向量场 $\boldsymbol{A}(x,y,z)$ 的旋度:

(1) $\boldsymbol{A}=(z-2y)\boldsymbol{i}+(x-3z)\boldsymbol{j}+(y-4x)\boldsymbol{k}$;

(2) $\boldsymbol{A}=x^2\boldsymbol{i}+y^2\boldsymbol{j}+z^2\boldsymbol{k}$;

(3) $\boldsymbol{A}=(z+\sin y)\boldsymbol{i}-(z-x\cos y)\boldsymbol{j}$.

4. 求下列向量场 $\boldsymbol{A}(x,y,z)$ 沿闭曲线 Γ(从 z 轴正向看 Γ 取逆时针方向)的环流量:

(1) $\boldsymbol{A}=-y\boldsymbol{i}+x\boldsymbol{j}+c\boldsymbol{k}$($c$ 为常数),其中 Γ 为圆周 $x^2+y^2=1,z=0$;

(2) $\boldsymbol{A}=(x-z)\boldsymbol{i}+(x^3+yz)\boldsymbol{j}-3xy^2\boldsymbol{k}$,其中 Γ 为圆周 $z=2-\sqrt{x^2+y^2}$,$z=0$.

5. 设 $u(x,y,z)$ 具有二阶连续偏导数,证明:

$$\mathrm{rot}(\mathrm{grad}u)=\boldsymbol{0}.$$

6. 设有向量场

$$\boldsymbol{A}(x,y,z)=P(x,y,z)\boldsymbol{i}+Q(x,y,z)\boldsymbol{j}+R(x,y,z)\boldsymbol{k},$$

其中 P,Q,R 均具有二阶连续偏导数,证明:

$$\mathrm{div}(\mathrm{rot}\boldsymbol{A})=0.$$

第八节　工程应用举例

例 1(摆线的等时性)　一个半径为 a 的轮子沿一条水平的直线向前滚动(没有滑动). 轮子边缘一点 P 的运动轨迹是一曲线 $\begin{cases}x=a(\varphi-\sin\varphi),\\y=a(1-\cos\varphi),\end{cases}$ 这条曲线就叫作旋轮线或摆线.

1696 年约翰·伯努利(John Bernoulli)公开提出一个问题:确定一条从 A 点到 B 点的曲线(B 点在 A 点下方,但不在 A 点的正下方),使得一颗珠子在重力作用下沿着这条曲线从 A 点滑到 B 点所需时间最短,这就是有名的最速下降线问题,它是对变分学发展有巨大影响的三大问题之一. 这个问题在 1697 年就得到了解决,牛顿(Newton),莱布尼茨(Leibniz),洛必达(L'Hospital),约翰·伯努利和雅各布·伯努利(Jakob Bernoulli)都独立得到了正确的结论:它不是连接 A,B 的直线,而是唯一的一条连接 A,B 的上凹的摆线. 在此之后,1764 年欧拉(Euler)证明了沿着摆线弧摆动的摆锤,不论其振幅大小,作一次完全摆动所需的时间是完全相同的,因此摆线又叫等时线. 请证明 Euler 的结论.

问题分析　我们对摆线的等时问题作如下讨论. 如图 10-21 所示建立坐标系,设摆线的一支为

$$L:\begin{cases}x=a(\varphi-\sin\varphi),\\y=a(1-\cos\varphi),\end{cases}\quad\varphi\in[0,2\pi],$$

并设 C 点是曲线的谷底,对应于 $\varphi=\pi$ 的位置,需要证明:一颗珠子无论从曲线上 O,A 或 B 点,或其他任一点由静

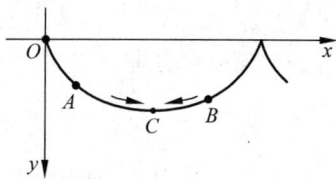

图　10-21

止开始沿曲线下滑到 C 点所用的时间是相同的.

    解 设 A 点的坐标为 (x_0, y_0),对应于 $\varphi = \varphi_0$,珠子的质量为 m,初速为 $v_0 = 0$,下面求它从 A 点沿曲线下滑到 C 点所用的时间 T.

    设在 A 与 C 点之间的某个点 (x, y) 处珠子的速度为 v.由能量守恒定律有

$$mg(y - y_0) = \frac{1}{2}mv^2 - \frac{1}{2}mv_0^2 = \frac{1}{2}mv^2,$$

即

$$v = \sqrt{2g(y - y_0)}.$$

    另一方面,珠子沿曲线下滑,所以 $v = \dfrac{\mathrm{d}s}{\mathrm{d}t}$,故

$$\frac{\mathrm{d}s}{\mathrm{d}t} = \sqrt{2g(y - y_0)},$$

即

$$\mathrm{d}t = \frac{\mathrm{d}s}{\sqrt{2g(y - y_0)}}.$$

    珠子沿摆线 L 从 A 点滑到 C 点所需时间为曲线积分

$$T = \int_{L_{AC}} \frac{\mathrm{d}s}{\sqrt{2g(y - y_0)}},$$

由 L 的参数方程可知

$$T = \int_{L(A)}^{L(C)} \frac{\sqrt{(x'_\varphi)^2 + (y'_\varphi)^2}}{\sqrt{2g(y - y_0)}} \mathrm{d}\varphi = \int_{\varphi_0}^{\pi} \frac{\sqrt{[a(1 - \cos\varphi)]^2 + (a\sin\varphi)^2}}{\sqrt{2g(a\cos\varphi_0 - a\cos\varphi)}} \mathrm{d}\varphi$$

$$= \sqrt{\frac{a}{g}} \int_{\varphi_0}^{\pi} \frac{\sqrt{2 - 2\cos\varphi}}{\sqrt{2(\cos\varphi_0 - \cos\varphi)}} \mathrm{d}\varphi = \sqrt{\frac{a}{g}} \int_{\varphi_0}^{\pi} \frac{\sin\dfrac{\varphi}{2}}{\sqrt{\cos^2\dfrac{\varphi_0}{2} - \cos^2\dfrac{\varphi}{2}}} \mathrm{d}\varphi$$

$$= -2\sqrt{\frac{a}{g}} \arcsin\left(\frac{\cos\dfrac{\varphi}{2}}{\cos\dfrac{\varphi_0}{2}} \right) \Bigg|_{\varphi_0}^{\pi} = \pi\sqrt{\frac{a}{g}},$$

即 T 为常数,与起点的位置 φ_0 无关.

    例 2(面积测量仪的数学原理) 在测量边界函数未知的平面图形(湖、海、地等)的面积时,工程技术人员常手持面积测量仪沿该图形的边界线行走,边走边采集一些边界点的经纬度数值,这样行走一圈后,面积测量仪就可计算出该不规则图形的面积.请分析面积测量仪的数学原理.

    解 设需要测量面积的不规则图形是 D,在 D 的边界线上取 n 个点: $A_1, A_2, \cdots, A_{n-1}, A_n$,设 A_i 的坐标为 (x_i, y_i), $i = 1, 2, \cdots, n$, (x_i, y_i) 可取 A_i 点的经纬度,如图 10-22 所示,用折线 $\overline{A_1A_2}$, $\overline{A_2A_3}, \cdots, \overline{A_{n-1}A_n}, \overline{A_nA_1}$ 所围图形 D' 的面积近似代替 D 的面积.设

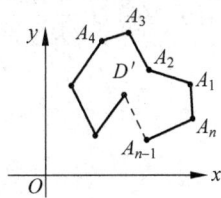

图 10-22

$$L = A_1 A_2 + A_2 A_3 + \cdots + A_{n-1} A_n + A_n A_1 = \sum_{i=1}^{n} A_i A_{i+1}, \quad A_{n+1} = A_1,$$

则

$$S_D \approx S_{D'} = \frac{1}{2} \oint_L x \, \mathrm{d}y - y \, \mathrm{d}x = \frac{1}{2} \sum_{i=1}^{n} \int_{A_i A_{i+1}} x \, \mathrm{d}y - y \, \mathrm{d}x,$$

又 A_i 的坐标为 (x_i, y_i)，A_{i+1} 的坐标为 (x_{i+1}, y_{i+1})，故 $A_i A_{i+1}$ 的直角坐标方程为

$$\frac{x - x_i}{x_{i+1} - x_i} = \frac{y - y_i}{y_{i+1} - y_i}, \quad \text{即} \quad \frac{x - x_i}{\Delta x_i} = \frac{y - y_i}{\Delta y_i},$$

参数方程为

$$\begin{cases} x = x_i + \Delta x_i t, \\ y = y_i + \Delta y_i t, \end{cases} \quad 0 \leqslant t \leqslant 1,$$

从而

$$S_D \approx S_{D'} = \frac{1}{2} \oint_L x \, \mathrm{d}y - y \, \mathrm{d}x = \frac{1}{2} \sum_{i=1}^{n} \int_{A_i A_{i+1}} x \, \mathrm{d}y - y \, \mathrm{d}x$$

$$= \frac{1}{2} \sum_{i=1}^{n} \int_0^1 (x_i + \Delta x_i t) \mathrm{d}(y_i + \Delta y_i t) - (y_i + \Delta y_i t) \mathrm{d}(x_i + \Delta x_i t)$$

$$= \frac{1}{2} \sum_{i=1}^{n} \int_0^1 [(x_i + \Delta x_i t) \Delta y_i - (y_i + \Delta y_i t) \Delta x_i] \mathrm{d}t$$

$$= \frac{1}{2} \sum_{i=1}^{n} \int_0^1 (x_i \Delta y_i - y_i \Delta x_i) \mathrm{d}t = \frac{1}{2} \sum_{i=1}^{n} (x_i \Delta y_i - y_i \Delta x_i)$$

$$= \frac{1}{2} \sum_{i=1}^{n} [x_i (y_{i+1} - y_i) - y_i (x_{i+1} - x_i)]$$

$$= \frac{1}{2} \sum_{i=1}^{n} (x_i y_{i+1} - x_{i+1} y_i).$$

可见，只要多采集一些边界点的坐标，设置好这些坐标的简单运算，面积测量仪就可计算出平面图形的面积.

例 3（卫星覆盖面积） 人造地球卫星携带有广角高分辨率摄像机，可以对地球表面的景象进行拍摄与传输. 现有一卫星在通过地球两极上空的近似圆形轨道上运行，要使卫星在一天的时间内将地面上各处的情况都拍摄下来，试测算卫星距地面的高度以及卫星覆盖地球的面积.

解 设 h 为卫星距地面的高度，M 为地球质量，m 为卫星质量，ω 为卫星运行的角速率，G 为万有引力常数，$R = 6\,400\,\mathrm{km}$ 为地球半径，$g = 9.8\,\mathrm{m/s}$ 为重力加速度，则卫星所受的万有引力为 $G \dfrac{Mm}{(R+h)^2}$，所受的向心力为 $m\omega^2(R+h)$. 由牛顿定律有

$$G \frac{Mm}{(R+h)^2} = m\omega^2(R+h),$$

故

$$(R+h)^3 = \frac{GM}{\omega^2} = \frac{GM}{R^2} \frac{R^2}{\omega^2} = g \frac{R^2}{\omega^2}.$$

将 $g = 9.8\text{m/s}, R = 6\,400\,000\text{m}, \omega = \dfrac{2\pi}{24 \times 3\,600}$ 代入上式，整理得

$$h = \sqrt[3]{g\dfrac{R^2}{\omega^2}} - R \approx 36\,000\,000\text{m} = 36\,000\text{km}.$$

再求卫星覆盖面积. 如图 10-23 所示，建立坐标系. 卫星覆盖的面积为

$$A = \iint\limits_{\Sigma} \mathrm{d}S,$$

其中 Σ 是卫星覆盖球面部分. 地球的方程为 $x^2 + y^2 + z^2 = R^2$，故

$$A = \iint\limits_{\Sigma} \mathrm{d}S = \iint\limits_{D_{xy}} \sqrt{1 + \left(\dfrac{\partial z}{\partial x}\right)^2 + \left(\dfrac{\partial z}{\partial y}\right)^2}\, \mathrm{d}x\,\mathrm{d}y$$

$$= \iint\limits_{D_{xy}} \dfrac{R}{\sqrt{R^2 - x^2 - y^2}}\, \mathrm{d}x\,\mathrm{d}y,$$

图 10-23

其中 $D_{xy}: x^2 + y^2 \leqslant R^2 \sin^2\beta$. 由极坐标变换可得

$$A = \int_0^{2\pi} \mathrm{d}\theta \int_0^{R\sin\beta} \dfrac{R}{\sqrt{R^2 - r^2}} r\,\mathrm{d}r = 2\pi R \int_0^{R\sin\beta} \dfrac{r}{\sqrt{R^2 - r^2}}\, \mathrm{d}r$$

$$= 2\pi R\left(-\sqrt{R^2 - r^2}\right)\Bigg|_0^{R\sin\beta} = 2\pi R^2 (1 - \cos\beta),$$

又 $\cos\beta = \sin\alpha = \dfrac{R}{R+h}, R = 6\,400\,000\text{m}, h = 36\,000\,000\text{m}$，代入上式得

$$A = 2\pi R^2 \left(1 - \dfrac{R}{R+h}\right) = 2\pi R^2 \dfrac{h}{R+h} \approx 2.18 \times 10^{14}\,\text{m}^2 = 2.18 \times 10^8\,\text{km}^2.$$

由上述可知，卫星覆盖面积与地球表面积之比为 $\dfrac{A}{4\pi R^2} = \dfrac{h}{2(R+h)} \approx 42.5\%$，故使用三颗通信卫星就可以覆盖地球全表面.

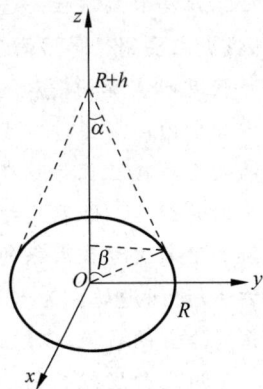

数学思想（四）——化归思想

化归思想也称为转换思想，是一种把待解决或未解决的问题通过某种转化过程归结到一类已经能解决或比较容易解决的问题中去，最终求得原问题解答的数学思想.

化归包括三个基本要素：化归对象、化归目标和化归策略. 化归是为了解决问题，待解决的问题就是化归对象；将化归对象转化为"已经解决过的问题"或转化为"有现成解决方案的问题"，也就是把一般问题转化为规范问题，这个规范问题就是化归目标；要把化归对象转化到化归目标上，需要一定的数学方法和手段，这些方法和手段就是化归策略.

化归具有形式多样性. 当数学问题从一种数学模式转换到另一种模式时，这两种模式之间可以分处于不同的范围，也可以有交叉甚至有包含关系，既可以转化成更特殊的，也可以转化为更一般的范围. 对问题进行转换时，既可变换已知条件，也可变换问题的结论；既

可实行等价变换,也可实行非等价变换.只要通过变换所得的新问题比原问题容易处理并最终使原问题获得解决,这样的变换就是可取的.比如利用割补法求平面图形的面积即属于变更问题的条件;欲求某函数的值域,转而求其反函数的定义域便属于变更问题的结论;反证法属于从整体上改变问题的结构,寻找问题的解决途径.

化归具有层次性.表现在:①实际问题与数学问题的相互转换.实际问题经过分析、化简、找出主要因素等步骤可以转化成数学模型,然后用数学的工具求一般解,再经确定参数等步骤返回实际问题检验、修改模型,可得出实际问题的解.②数学分支之间的转换.一个数学分支的问题通过一定的途径转到另一个已形成或正在形成的分支中去,这两种分支之间的相互转换往往导致新分支的诞生.例如,代数问题与几何问题之间的互相转化导致了解析几何的诞生;伽罗瓦把高次方程求根问题转化成置换群的研究,导致了群论的建立并同时解决了高次方程求根的问题.③数学问题间的转换.在解决数学问题时,可通过某种技巧或方法,使问题转化为人们较熟悉的、较简单的或已经解决的形式.可以说,能否对问题进行一系列恰当的转换,以绕过直接解题时的障碍,是解决数学问题的一个关键.

运用化归思想时,化归策略多种多样.比如,在数学论证时常用换元法、坐标法、参数法、等价变换法、关系映射反演法、特殊化与一般化、分析综合法等进行问题转换;在数学定理发现过程时,常用到归纳、类比、联想等化归策略;在数学应用中,常用构造法、模型法等进行问题转换.

尽管化归策略多样,但在应用化归思想时一般要遵循"四化"原则:

(1) 陌生问题熟悉化.把陌生问题转化成熟悉的问题,或把未知问题转化成已知问题,这是解决数学问题时最常用的一个思想原则.

(2) 复杂问题简单化.在解决数学问题时,常把复杂的问题分解成若干个比较简单的子问题,可以达到化整为零、各个击破的目的;或者通过简单问题的解决,为复杂问题的解决提供启发或依据.例如,解方程时常采用化高次(阶)方程为低次(阶)方程、化多元方程问题为一元方程问题;几何中常用化高维问题为低维问题(如化立体问题为平面问题)等.

(3) 抽象问题直观化.借助直观形象和具体事例,往往能使一时难以理解的概括性很强的概念或模式得到较好的理解和认识,使一些抽象问题中所涉及的各个量之间的关系显得简单明了.例如,采用分类法、特殊化、典型化、数形结合法等,往往可以达到直观化的目的.

(4) 欠调问题和谐化.化杂乱为规则、化无序为有序,通过适当地转换问题的条件或结论的形式,使其成为更符合数学本身固有的和谐统一的特点的表现形式.例如,在解三角形或者证明某些与三角形有关的恒等式时,常常先把已知关系式化成只含有边的代数式,或者先化成只含有角的三角函数的式子,使得我们容易找到化简与解题的思路.

化归不仅是一种重要的解题思想,也是一种最基本的思维策略,更是一种有效的数学思维方式.

第 十 一 章

无穷级数

无穷级数主要用于研究无限个常数或无限个函数如何相加的问题,它以极限理论作为基础,是表示函数、研究函数的性质以及进行数值计算的一种有力工具.本章主要介绍无穷级数的基本内容,包括无穷级数的相关概念、性质、敛散性的判定、和(和函数)的求法、函数展开成幂级数与三角级数等.

第一节　常数项级数的概念与性质

一、常数项级数的概念

人们在认识事物的数量特征时,往往会遇到无穷多个数相加的问题,例如《庄子·天下篇》中"一尺之棰,日取其半,万世不竭",将每天截下部分的长度加起来为

$$\frac{1}{2}+\frac{1}{2^2}+\frac{1}{2^3}+\cdots+\frac{1}{2^n}+\cdots.$$

但无限个数相加不能直接利用有限个数相加的规则,例如下列无限个数相加的表达式

$$1+(-1)+1+(-1)+\cdots,$$

若看作

$$[1+(-1)]+[1+(-1)]+\cdots=0+0+\cdots,$$

其结果为 0;若看作

$$1+[(-1)+1]+[(-1)+1]+\cdots=1+0+0+\cdots,$$

其结果为 1.这就引起了矛盾.因而需要探讨无限个数能不能相加以及怎样相加的问题,即为无穷级数问题.

定义 1　设有数列 $\{u_n\}$,称表示式

$$u_1+u_2+\cdots+u_n+\cdots$$

为(常数项)无穷级数,简称(常数项)级数,记为 $\sum\limits_{n=1}^{\infty}u_n$,其中 u_n 叫作级数的一般项.

作级数 $\sum\limits_{n=1}^{\infty}u_n$ 的前 n 项和:

$$S_n=u_1+u_2+\cdots+u_n,$$

称数列 $\{S_n\}$ 为此级数的部分和数列.

无穷个数能否相加可由这些数构成的级数的部分和数列是否有极限来界定.

定义 2 设级数 $\sum\limits_{n=1}^{\infty} u_n$ 的部分和数列为 $\{S_n\}$,

(1) 若 $\{S_n\}$ 有极限,则称级数 $\sum\limits_{n=1}^{\infty} u_n$ 收敛,并称极限值 S 为级数的和,记为 $\sum\limits_{n=1}^{\infty} u_n = S$;

(2) 若 $\{S_n\}$ 发散,则称级数 $\sum\limits_{n=1}^{\infty} u_n$ 发散.

当级数 $\sum\limits_{n=1}^{\infty} u_n$ 收敛时,其和 S 与其部分和 S_n 之差

$$r_n = S - S_n = u_{n+1} + u_{n+2} + \cdots$$

也是一个级数,称为级数 $\sum\limits_{n=1}^{\infty} u_n$ 的余和(项). 此时显然有 $\lim\limits_{n \to \infty} r_n = 0$,而 $S = S_n + r_n$,即 $S \approx S_n$,误差为 r_n.

例 1 判断下列级数的收敛性:

(1) $\sum\limits_{n=1}^{\infty} \dfrac{1}{n(n+1)}$;　　　　(2) $\sum\limits_{n=2}^{\infty} \ln\left(1 - \dfrac{1}{n}\right)$.

解 (1) 由于

$$\frac{1}{n(n+1)} = \frac{1}{n} - \frac{1}{n+1},$$

所以

$$\begin{aligned}
S_n &= \frac{1}{1 \times 2} + \frac{1}{2 \times 3} + \frac{1}{3 \times 4} + \cdots + \frac{1}{n(n+1)} \\
&= \left(1 - \frac{1}{2}\right) + \left(\frac{1}{2} - \frac{1}{3}\right) + \left(\frac{1}{3} - \frac{1}{4}\right) + \cdots + \left(\frac{1}{n} - \frac{1}{n+1}\right) \\
&= 1 - \frac{1}{n+1},
\end{aligned}$$

从而 $\lim\limits_{n \to \infty} S_n = 1$,级数 $\sum\limits_{n=1}^{\infty} \dfrac{1}{n(n+1)}$ 收敛.

(2) 由于

$$\ln\left(1 - \frac{1}{n}\right) = \ln \frac{n-1}{n} = \ln(n-1) - \ln n,$$

所以

$$\begin{aligned}
S_{n-1} &= \ln\left(1 - \frac{1}{2}\right) + \ln\left(1 - \frac{1}{3}\right) + \cdots + \ln\left(1 - \frac{1}{n}\right) \\
&= (\ln 1 - \ln 2) + (\ln 2 - \ln 3) + \cdots + [\ln(n-1) - \ln n] \\
&= -\ln n,
\end{aligned}$$

而 $\{S_{n-1}\} = \{-\ln n\}$ 发散,所以级数 $\sum\limits_{n=2}^{\infty} \ln\left(1 - \dfrac{1}{n}\right)$ 发散.

例 2 讨论等比级数 $\sum\limits_{n=0}^{\infty} aq^n (a \neq 0)$ 的收敛性.

解 当 $q=1$ 时，
$$S_n = a + a + a + \cdots + a = na \to \infty, \text{发散}.$$

当 $q = -1$ 时，
$$S_n = a - a + \cdots + (-1)^n a = \begin{cases} a, & n \text{ 为奇数}, \\ 0, & n \text{ 为偶数}, \end{cases}$$

显然 $\{S_n\}$ 发散.

当 $|q| \neq 1$ 时，
$$S_n = a + aq + \cdots + aq^{n-1} = \frac{a(1-q^n)}{1-q},$$

由于
$$\lim_{n \to \infty} q^n = \begin{cases} 0, & |q| < 1, \\ \infty, & |q| > 1, \end{cases}$$

所以，当 $|q| < 1$ 时，$\lim\limits_{n \to \infty} S_n = \dfrac{a}{1-q}$，$\{S_n\}$ 收敛；当 $|q| > 1$ 时，$\lim\limits_{n \to \infty} S_n = \infty$，$\{S_n\}$ 发散.

综上所述，当 $|q| < 1$ 时，级数 $\sum\limits_{n=0}^{\infty} aq^n$ 收敛，其和为 $\dfrac{a}{1-q}$；当 $|q| \geqslant 1$ 时，级数 $\sum\limits_{n=0}^{\infty} aq^n$ 发散.

例 3 证明调和级数 $\sum\limits_{n=1}^{\infty} \dfrac{1}{n}$ 发散.

证 （反证法）

设 $\sum\limits_{n=1}^{\infty} \dfrac{1}{n}$ 收敛，记 $S_n = 1 + \dfrac{1}{2} + \cdots + \dfrac{1}{n}$，则 $\lim\limits_{n \to \infty} S_n = S$，必有 $\lim\limits_{n \to \infty} S_{2n} = S$，所以
$$\lim_{n \to \infty} (S_{2n} - S_n) = 0,$$

而实际上
$$S_{2n} - S_n = \frac{1}{n+1} + \frac{1}{n+2} + \cdots + \frac{1}{2n} > \frac{1}{2n} + \frac{1}{2n} + \cdots + \frac{1}{2n} = \frac{1}{2},$$

从而 $\lim\limits_{n \to \infty} (S_{2n} - S_n) \neq 0$，矛盾. 所以 $\sum\limits_{n=1}^{\infty} \dfrac{1}{n}$ 发散.

二、收敛级数的基本性质

性质 1 设 k 为常数，若 $\sum\limits_{n=1}^{\infty} u_n$ 收敛，其和为 S，则级数 $\sum\limits_{n=1}^{\infty} ku_n$ 收敛，且其和为 kS.

证 设 $\sum\limits_{n=1}^{\infty} u_n$ 与 $\sum\limits_{n=1}^{\infty} ku_n$ 的部分和分别为 S_n 与 δ_n，必有
$$\delta_n = ku_1 + ku_2 + \cdots + ku_n = k(u_1 + u_2 + \cdots + u_n) = kS_n,$$

从而
$$\lim_{n \to \infty} \delta_n = \lim_{n \to \infty} kS_n = kS,$$

即 $\sum\limits_{n=1}^{\infty} ku_n$ 收敛且其和为 kS. □

从此证明过程容易看出,若 $k \neq 0$ 且 $\sum\limits_{n=1}^{\infty} u_n$ 发散,则必有 $\sum\limits_{n=1}^{\infty} k u_n$ 发散. 综合以上,有如下

结论:当 $k \neq 0$ 时,级数 $\sum\limits_{n=1}^{\infty} u_n$ 与级数 $\sum\limits_{n=1}^{\infty} k u_n$ 的收敛性是相同的.

性质 2 若级数 $\sum\limits_{n=1}^{\infty} u_n$ 与 $\sum\limits_{n=1}^{\infty} v_n$ 分别收敛于 S 与 δ,则级数 $\sum\limits_{n=1}^{\infty} (u_n \pm v_n)$ 收敛且其和为 $S \pm \delta$.

证 设 $\sum\limits_{n=1}^{\infty} u_n$ 与 $\sum\limits_{n=1}^{\infty} v_n$ 的部分和分别为 S_n 与 δ_n,级数 $\sum\limits_{n=1}^{\infty} (u_n \pm v_n)$ 的部分和为 τ_n,则

$$
\begin{aligned}
\tau_n &= (u_1 \pm v_1) + (u_2 \pm v_2) + \cdots + (u_n \pm v_n) \\
&= (u_1 + u_2 + \cdots + u_n) \pm (v_1 + v_2 + \cdots + v_n) \\
&= S_n \pm \delta_n,
\end{aligned}
$$

从而

$$
\lim_{n \to \infty} \tau_n = \lim_{n \to \infty} (S_n \pm \delta_n) = S \pm \delta,
$$

即级数 $\sum\limits_{n=1}^{\infty} (u_n \pm v_n)$ 收敛且其和为 $S \pm \delta$. □

应用此性质时注意以下两点:

注 1 若 $\sum\limits_{n=1}^{\infty} u_n$ 收敛, $\sum\limits_{n=1}^{\infty} v_n$ 发散,则 $\sum\limits_{n=1}^{\infty} (u_n \pm v_n)$ 必发散.

注 2 由 $\sum\limits_{n=1}^{\infty} u_n$ 与 $\sum\limits_{n=1}^{\infty} v_n$ 都发散不能推出级数 $\sum\limits_{n=1}^{\infty} (u_n \pm v_n)$ 发散.

性质 3 在级数 $\sum\limits_{n=1}^{\infty} u_n$ 中去掉、增加或改变有限项,级数的敛散性不变.

证 先考虑只改变 $\sum\limits_{n=1}^{\infty} u_n$ 中的有限项的情况,这有限项必含于 $u_1, u_2, \cdots, u_k$ 中(k 为某确定的自然数),而变化后的级数可表示为

$$
v_1 + v_2 + \cdots + v_k + u_{k+1} + \cdots + u_n + \cdots,
$$

记 $v_1 + v_2 + \cdots + v_k = a$(常数),则改变后的级数的部分和 $\delta_n = S_n - S_k + a$(S_k 也为常数),所以当 $n \to \infty$ 时, S_n 与 δ_n 同时具有极限或同时没有极限,从而新级数与原级数敛散性相同.

另两种情况可作为特例证出. □

性质 4 如果级数 $\sum\limits_{n=1}^{\infty} u_n$ 收敛,则对其中的项任意加括号后所成的级数也收敛,且其和不变.

证 设 $\sum\limits_{n=1}^{\infty} u_n$ 的部分和为 S_n,对 $\sum\limits_{n=1}^{\infty} u_n$ 的项加括号后所成的级数为

$$
(u_1 + \cdots + u_{n_1}) + (u_{n_1+1} + \cdots + u_{n_2}) + \cdots + (u_{n_{k-1}+1} + \cdots + u_{n_k}) + \cdots, \quad (*)
$$

将式($*$)的级数记为 $v_1 + v_2 \cdots + v_k + \cdots$,其部分和为

$$
\delta_k = v_1 + v_2 \cdots + v_k = (u_1 + \cdots + u_{n_1}) + \cdots + (u_{n_{k-1}+1} + \cdots + u_{n_k}) = S_{n_k},
$$

即 $\{\delta_k\}$ 是 $\{S_n\}$ 的子数列. 由于 $\{S_n\}$ 收敛,所以 $\{\delta_k\}$ 必收敛,且

$$\lim_{k \to \infty} \delta_k = \lim_{n \to \infty} S_n,$$

即收敛级数加括号所成级数必收敛,且其和不变. □

应用此性质时应注意以下两点:

注 1 加括号后的级数收敛时,原级数不一定收敛. 例如,级数 $(1-1)+(1-1)+\cdots$ 收敛,但去掉括号后的级数 $1-1+1-1+\cdots$ 是发散的.

注 2 若加括号后所成的级数发散,则原级数也发散.

性质 5(级数收敛的必要条件) 若级数 $\sum\limits_{n=1}^{\infty} u_n$ 收敛,则 $\lim\limits_{n \to \infty} u_n = 0$.

证 记 $S_n = u_1 + u_2 + \cdots + u_n$,由于 $\sum\limits_{n=1}^{\infty} u_n$ 收敛,所以 $\lim\limits_{n \to \infty} S_n = S$. 而 $u_n = S_n - S_{n-1}$,所以

$$\lim_{n \to \infty} u_n = \lim_{n \to \infty} (S_n - S_{n-1}) = S - S = 0.$$ □

注 1 由 $\lim\limits_{n \to \infty} u_n = 0$ 不能推出 $\sum\limits_{n=1}^{\infty} u_n$ 收敛,例如 $\sum\limits_{n=1}^{\infty} \dfrac{1}{n}$.

注 2 若 $\lim\limits_{n \to \infty} u_n \neq 0$,则 $\sum\limits_{n=1}^{\infty} u_n$ 必发散.

习题 11-1

1. 求下列级数的和:

(1) $\sum\limits_{n=1}^{\infty} \dfrac{1}{(2n-1)(2n+1)}$;

(2) $\sum\limits_{n=1}^{\infty} \dfrac{n-1}{n!}$;

(3) $\sum\limits_{n=1}^{\infty} (\sqrt{n+2} - 2\sqrt{n+1} + \sqrt{n})$;

(4) $\sum\limits_{n=1}^{\infty} \left(-\dfrac{4}{5}\right)^n$;

(5) $\dfrac{2}{5} + \dfrac{3}{5^2} + \dfrac{2}{5^3} + \dfrac{3}{5^4} + \cdots + \dfrac{2}{5^{2n-1}} + \dfrac{3}{5^{2n}} + \cdots$.

2. 判断下列级数的敛散性:

(1) $-\dfrac{5}{6} + \left(\dfrac{5}{6}\right)^2 - \left(\dfrac{5}{6}\right)^3 + \cdots + (-1)^n \left(\dfrac{5}{6}\right)^n + \cdots$;

(2) $\dfrac{1}{3} + \dfrac{1}{6} + \dfrac{1}{9} + \cdots + \dfrac{1}{3n} + \cdots$;

(3) $\cos 1 + \cos \dfrac{1}{2^2} + \cos \dfrac{1}{3^2} + \cdots + \cos \dfrac{1}{n^2} + \cdots$;

(4) $1 + \dfrac{1}{\sqrt{2}} + \dfrac{1}{\sqrt[3]{3}} + \cdots + \dfrac{1}{\sqrt[n]{n}} + \cdots$;

(5) $\left(\dfrac{1}{3} + \dfrac{1}{5}\right) + \left(\dfrac{1}{3^2} + \dfrac{1}{5^2}\right) + \cdots + \left(\dfrac{1}{3^n} + \dfrac{1}{5^n}\right) + \cdots$;

(6) $\sum\limits_{n=1}^{\infty} \dfrac{1}{\sqrt{n+1} + \sqrt{n}}$;

(7) $1 + \dfrac{1}{2} + \dfrac{1}{2} + \dfrac{1}{2^2} + \dfrac{1}{3} + \dfrac{1}{2^3} + \cdots + \dfrac{1}{n} + \dfrac{1}{2^n} + \cdots$;

(8) $1 + 2 + 3 + \cdots + 100 + \dfrac{1}{2} + \dfrac{1}{2^2} + \cdots + \dfrac{1}{2^n} + \cdots$.

3. 已知 $\sum\limits_{n=1}^{\infty} \dfrac{1}{n^2} = \dfrac{\pi^2}{6}$, 求 $\sum\limits_{n=1}^{\infty} \dfrac{1}{(2n-1)^2}$.

第二节　常数项级数的审敛法

一、正项级数及其审敛法

定义 1　若级数 $\sum\limits_{n=1}^{\infty} u_n$ 的各项都是非负数, 即 $u_n \geqslant 0, n=1,2,\cdots$, 则称该级数为正项级数.

正项级数具有下述重要性质.

定理 1(正项级数基本定理)　正项级数 $\sum\limits_{n=1}^{\infty} u_n$ 收敛的充要条件是: 它的部分和数列 $\{S_n\}$ 有界.

证　由于 $S_{n+1} - S_n = u_{n+1} \geqslant 0$, 故
$$S_n \leqslant S_{n+1}, \quad n=1,2,\cdots,$$
即部分和数列 $\{S_n\}$ 单增.

若 $\sum\limits_{n=1}^{\infty} u_n$ 收敛, 则 $\lim\limits_{n\to\infty} S_n$ 存在, 必有 $\{S_n\}$ 有界.

若 $\{S_n\}$ 有界, 由 $\{S_n\}$ 单增知 $\lim\limits_{n\to\infty} S_n$ 存在, 所以 $\sum\limits_{n=1}^{\infty} u_n$ 收敛.　□

在定理 1 的基础上, 可以建立正项级数的比较判别法.

定理 2(比较判别法)　设 $\sum\limits_{n=1}^{\infty} u_n$ 与 $\sum\limits_{n=1}^{\infty} v_n$ 都是正项级数, 且 $u_n \leqslant v_n (n=1,2,\cdots)$, 那么

(1) 若 $\sum\limits_{n=1}^{\infty} v_n$ 收敛, 则 $\sum\limits_{n=1}^{\infty} u_n$ 收敛;

(2) 若 $\sum\limits_{n=1}^{\infty} u_n$ 发散, 则 $\sum\limits_{n=1}^{\infty} v_n$ 发散.

证　记
$$S_n = u_1 + u_2 + \cdots + u_n, \quad \delta_n = v_1 + v_2 + \cdots + v_n.$$
由于 $u_n \leqslant v_n$, 所以 $S_n \leqslant \delta_n$.

(1) 若 $\sum\limits_{n=1}^{\infty} v_n$ 收敛, 则 $\{\delta_n\}$ 有界, 所以 $\{S_n\}$ 有界, 从而 $\sum\limits_{n=1}^{\infty} u_n$ 收敛.

(2) 若 $\sum\limits_{n=1}^{\infty} u_n$ 发散, 则 $\{S_n\}$ 无界, 所以 $\{\delta_n\}$ 无界, 从而 $\sum\limits_{n=1}^{\infty} v_n$ 发散.　□

注意到级数的每一项同乘一个不为零的常数 k 以及去掉级数前面的有限项不影响级数的敛散性, 可以将定理 2 中的条件 "$u_n \leqslant v_n (n=1,2,\cdots)$" 换为 "存在正整数 N, 当 $n \geqslant N$ 时有 $u_n \leqslant kv_n (k>0)$", 则定理结论 (1)、(2) 仍成立.

例 1　讨论 p-级数 $\sum\limits_{n=1}^{\infty} \dfrac{1}{n^p}$ 的敛散性 $(p>0)$.

解　当 $p=1$ 时，$\sum\limits_{n=1}^{\infty} \dfrac{1}{n}$ 发散.

当 $p<1$ 时，由于 $\dfrac{1}{n^p}>\dfrac{1}{n}$，根据比较判别法知 $\sum\limits_{n=1}^{\infty} \dfrac{1}{n^p}$ 发散.

当 $p>1$ 时，因为当 $n-1<x\leqslant n$ 时，有 $\dfrac{1}{n^p}\leqslant\dfrac{1}{x^p}$，所以

$$\frac{1}{n^p}=\int_{n-1}^{n}\frac{1}{n^p}\mathrm{d}x\leqslant\int_{n-1}^{n}\frac{1}{x^p}\mathrm{d}x=\frac{1}{p-1}\left[\frac{1}{(n-1)^{p-1}}-\frac{1}{n^{p-1}}\right],\quad n=2,3,\cdots,$$

而

$$S_n=1+\frac{1}{2^p}+\frac{1}{3^p}+\cdots+\frac{1}{n^p}$$

$$\leqslant 1+\frac{1}{p-1}\left\{\left(1-\frac{1}{2^{p-1}}\right)+\left(\frac{1}{2^{p-1}}-\frac{1}{3^{p-1}}\right)+\cdots+\left[\frac{1}{(n-1)^{p-1}}-\frac{1}{n^{p-1}}\right]\right\}$$

$$=1+\frac{1}{p-1}\left(1-\frac{1}{n^{p-1}}\right)\leqslant 1+\frac{1}{p-1}=\frac{p}{p-1},$$

即 $\{S_n\}$ 有界，所以 $\sum\limits_{n=1}^{\infty} \dfrac{1}{n^p}$ 收敛.

总之，p-级数：当 $p>1$ 时，收敛；当 $p\leqslant 1$ 时，发散.

例 2　判断下列级数的敛散性：

(1) $\sum\limits_{n=1}^{\infty} \dfrac{1}{n^2+n+2}$;　　(2) $\sum\limits_{n=1}^{\infty} \dfrac{1}{\ln(n+1)}$;　　(3) $\sum\limits_{n=1}^{\infty} \dfrac{4^n}{5^n-3^n}$.

解　(1) 由于 $\dfrac{1}{n^2+n+2}<\dfrac{1}{n^2}$，而 $\sum\limits_{n=1}^{\infty} \dfrac{1}{n^2}$ 收敛，所以 $\sum\limits_{n=1}^{\infty} \dfrac{1}{n^2+n+2}$ 收敛.

(2) 由于 $x>0$ 时，$x>\ln(1+x)$，所以

$$\frac{1}{\ln(1+n)}>\frac{1}{n},$$

而 $\sum\limits_{n=1}^{\infty} \dfrac{1}{n}$ 发散，从而 $\sum\limits_{n=1}^{\infty} \dfrac{1}{\ln(n+1)}$ 发散.

(3) 由于

$$\frac{4^n}{5^n-3^n}=\frac{4^n}{5^n\left(1-\dfrac{3^n}{5^n}\right)}\leqslant\frac{4^n}{5^n\left(1-\dfrac{3}{5}\right)}=\frac{5}{2}\left(\frac{4}{5}\right)^n,\quad n=1,2,\cdots,$$

而等比级数 $\sum\limits_{n=1}^{\infty} \dfrac{5}{2}\left(\dfrac{4}{5}\right)^n$ 收敛，所以 $\sum\limits_{n=1}^{\infty} \dfrac{4^n}{5^n-3^n}$ 收敛.

使用比较判别法时，必须选择一个已知敛散性的级数作为比较的"标准". 用于比较的级数通常是等比级数 $\sum\limits_{n=0}^{\infty} aq^n$ 或 p-级数 $\sum\limits_{n=1}^{\infty} \dfrac{1}{n^p}$. 但有些时候直接比较级数对应项的大小不太容易或不太方便. 为获得应用上的便利，下面介绍比较判别法的另一种形式.

定理 3（比较判别法的极限形式） 设 $\sum\limits_{n=1}^{\infty} u_n$ 与 $\sum\limits_{n=1}^{\infty} v_n$ 都是正项级数，且 $\lim\limits_{n\to\infty}\dfrac{u_n}{v_n}=l$，那么：

(1) 若 $0<l<+\infty$，则 $\sum\limits_{n=1}^{\infty} u_n$ 与 $\sum\limits_{n=1}^{\infty} v_n$ 敛散性相同；

(2) 若 $l=0$ 且 $\sum\limits_{n=1}^{\infty} v_n$ 收敛，则 $\sum\limits_{n=1}^{\infty} u_n$ 收敛；

(3) 若 $l=+\infty$ 且 $\sum\limits_{n=1}^{\infty} v_n$ 发散，则 $\sum\limits_{n=1}^{\infty} u_n$ 发散.

证 (1) 由于 $\lim\limits_{n\to\infty}\dfrac{u_n}{v_n}=l$，且 $0<l<+\infty$，所以存在自然数 N，当 $n>N$ 时，

$$\left|\frac{u_n}{v_n}-l\right|<\frac{l}{2}$$

成立，即

$$\frac{l}{2}v_n<u_n<\frac{3}{2}lv_n.$$

若 $\sum\limits_{n=1}^{\infty} v_n$ 收敛，由 $u_n<\dfrac{3}{2}lv_n$ 知 $\sum\limits_{n=1}^{\infty} u_n$ 收敛；若 $\sum\limits_{n=1}^{\infty} v_n$ 发散，由 $u_n>\dfrac{l}{2}v_n$ 知 $\sum\limits_{n=1}^{\infty} u_n$ 发散.

(2) 若 $l=0$，即 $\lim\limits_{n\to\infty}\dfrac{u_n}{v_n}=0<1$，则存在自然数 N，当 $n>N$ 时，$\dfrac{u_n}{v_n}<1$ 成立，即

$$u_n<v_n,$$

由于 $\sum\limits_{n=1}^{\infty} v_n$ 收敛，所以 $\sum\limits_{n=1}^{\infty} u_n$ 收敛.

(3) 若 $l=+\infty$，即 $\lim\limits_{n\to\infty}\dfrac{u_n}{v_n}>1$，则存在自然数 N，当 $n>N$ 时，$\dfrac{u_n}{v_n}>1$ 成立，即

$$u_n>v_n,$$

由于 $\sum\limits_{n=1}^{\infty} v_n$ 发散，所以 $\sum\limits_{n=1}^{\infty} u_n$ 发散. □

例 3 判断下列级数的敛散性：

(1) $\sum\limits_{n=1}^{\infty}\dfrac{2n+3}{n^2-2n+2}$；   (2) $\sum\limits_{n=1}^{\infty}\dfrac{1}{2^n-n}$；

(3) $\sum\limits_{n=2}^{\infty}\ln\left(1-\dfrac{1}{n^2}\right)$；   (4) $\sum\limits_{n=1}^{\infty}\sin\dfrac{1}{n}$.

解 (1) 与 $\sum\limits_{n=1}^{\infty}\dfrac{1}{n}$ 比较. 由于

$$\lim_{n\to\infty}\frac{\dfrac{2n+3}{n^2-2n+2}}{\dfrac{1}{n}}=2,$$

而 $\sum\limits_{n=1}^{\infty}\dfrac{1}{n}$ 发散,所以 $\sum\limits_{n=1}^{\infty}\dfrac{2n+3}{n^2-2n+2}$ 发散.

(2) 与 $\sum\limits_{n=1}^{\infty}\dfrac{1}{2^n}$ 比较. 由于

$$\lim_{n\to\infty}\dfrac{\dfrac{1}{2^n-n}}{\dfrac{1}{2^n}}=\lim_{n\to\infty}\dfrac{1}{1-\dfrac{n}{2^n}}=1,$$

而 $\sum\limits_{n=1}^{\infty}\dfrac{1}{2^n}$ 收敛,所以 $\sum\limits_{n=1}^{\infty}\dfrac{1}{2^n-n}$ 收敛.

(3) 与 $\sum\limits_{n=1}^{\infty}\dfrac{1}{n^2}$ 比较. 由于

$$\lim_{n\to\infty}\dfrac{-\ln\left(1-\dfrac{1}{n^2}\right)}{\dfrac{1}{n^2}}=-\lim_{n\to\infty}\ln\left(1-\dfrac{1}{n^2}\right)^{n^2}=-\ln\lim_{n\to\infty}\left[\left(1+\dfrac{-1}{n^2}\right)^{-n^2}\right]^{-1}=-\ln e^{-1}=1,$$

而 $\sum\limits_{n=1}^{\infty}\dfrac{1}{n^2}$ 收敛,所以 $\sum\limits_{n=2}^{\infty}-\ln\left(1-\dfrac{1}{n^2}\right)$ 收敛,因而 $\sum\limits_{n=2}^{\infty}\ln\left(1-\dfrac{1}{n^2}\right)$ 收敛.

(4) 与 $\sum\limits_{n=1}^{\infty}\dfrac{1}{n}$ 比较. 由于

$$\lim_{n\to\infty}\dfrac{\sin\dfrac{1}{n}}{\dfrac{1}{n}}=1,$$

而 $\sum\limits_{n=1}^{\infty}\dfrac{1}{n}$ 发散,所以 $\sum\limits_{n=1}^{\infty}\sin\dfrac{1}{n}$ 发散.

使用比较判别法的难点在于选取一个新的级数作为比较对象,能否通过所给级数的自身特点进行敛散性的判定呢?下面介绍应用上更加方便的审敛法——比值法与根值法.

定理 4(比值判别法) 设正项级数 $\sum\limits_{n=1}^{\infty}u_n$ 满足 $\lim\limits_{n\to\infty}\dfrac{u_{n+1}}{u_n}=\rho$,那么:

(1) 若 $\rho<1$,则 $\sum\limits_{n=1}^{\infty}u_n$ 收敛;

(2) 若 $\rho>1$,则 $\sum\limits_{n=1}^{\infty}u_n$ 发散.

证 (1) 由于 $\rho<1$,所以必存在一个正数 q,使 $\rho<q<1$,即

$$\lim_{n\to\infty}\dfrac{u_{n+1}}{u_n}=\rho<q,$$

因此,存在自然数 N,当 $n>N$ 时,$\dfrac{u_{n+1}}{u_n}<q$ 成立,即 $u_{n+1}<qu_n$. 所以

$$u_n<qu_{n-1}<q^2u_{n-2}<\cdots<q^{n-N-1}u_{N+1},$$

即

$$u_n < (u_{N+1} q^{-N-1}) q^n,$$

而级数 $\sum_{n=1}^{\infty} (u_{N+1} q^{-N-1}) q^n$ 收敛,所以 $\sum_{n=1}^{\infty} u_n$ 收敛.

（2）由于 $\lim_{n\to\infty} \dfrac{u_{n+1}}{u_n} = \rho > 1$,所以存在自然数 N,当 $n > N$ 时,$\dfrac{u_{n+1}}{u_n} > 1$ 成立,即 $u_{n+1} > u_n$. 所以

$$u_n > u_{n-1} > u_{n-2} > \cdots > u_{N+1} > 0,$$

故

$$\lim_{n\to\infty} u_n \neq 0,$$

所以 $\sum_{n=1}^{\infty} u_n$ 发散. □

注 1　当 $\lim_{n\to\infty} \dfrac{u_{n+1}}{u_n} = 1$ 时,比值法失效. 如级数 $\sum_{n=1}^{\infty} \dfrac{1}{n}$ 与 $\sum_{n=1}^{\infty} \dfrac{1}{n^2}$ 都满足 $\lim_{n\to\infty} \dfrac{u_{n+1}}{u_n} = 1$,但 $\sum_{n=1}^{\infty} \dfrac{1}{n}$ 发散,而 $\sum_{n=1}^{\infty} \dfrac{1}{n^2}$ 收敛.

注 2　若 $\lim_{n\to\infty} \dfrac{u_{n+1}}{u_n} = \infty$,则 $\sum_{n=1}^{\infty} u_n$ 发散.

例 4　判断下列级数的敛散性:

（1）$\sum_{n=1}^{\infty} \dfrac{n}{2^n}$;　　　　　　（2）$\sum_{n=1}^{\infty} \dfrac{n^n}{2^n \cdot n!}$.

解　（1）由于

$$\lim_{n\to\infty} \frac{u_{n+1}}{u_n} = \lim_{n\to\infty} \frac{n+1}{2n} = \frac{1}{2} < 1,$$

所以 $\sum_{n=1}^{\infty} \dfrac{n}{2^n}$ 收敛.

（2）由于

$$\lim_{n\to\infty} \frac{u_{n+1}}{u_n} = \lim_{n\to\infty} \frac{(n+1)^n}{2n^n} = \frac{1}{2} \lim_{n\to\infty} \left(1 + \frac{1}{n}\right)^n = \frac{e}{2} > 1,$$

所以 $\sum_{n=1}^{\infty} \dfrac{n^n}{2^n \cdot n!}$ 发散.

定理 5（根值判别法）　设 $\sum_{n=1}^{\infty} u_n$ 为正项级数,且 $\lim_{n\to\infty} \sqrt[n]{u_n} = \rho$,那么:

（1）当 $\rho < 1$ 时,则 $\sum_{n=1}^{\infty} u_n$ 收敛;

（2）当 $\rho > 1$ 时,则 $\sum_{n=1}^{\infty} u_n$ 发散.

证　（1）由于 $\rho < 1$,所以必存在正数 q,使 $\rho < q < 1$,即

$$\lim_{n \to \infty} \sqrt[n]{u_n} = \rho < q,$$

所以存在 N，当 $n > N$ 时，$\sqrt[n]{u_n} < q$ 成立，即

$$u_n < q^n,$$

由于等比数列 $\displaystyle\sum_{n=1}^{\infty} q^n$ 收敛，所以 $\displaystyle\sum_{n=1}^{\infty} u_n$ 收敛.

(2) 由于 $\rho > 1$，即

$$\lim_{n \to \infty} \sqrt[n]{u_n} = \rho > 1,$$

所以存在 N，当 $n > N$ 时，$\sqrt[n]{u_n} > 1$ 成立，即

$$u_n > 1,$$

所以 $\displaystyle\lim_{n \to \infty} u_n \neq 0$，即 $\displaystyle\sum_{n=1}^{\infty} u_n$ 发散. □

注　当 $\displaystyle\lim_{n \to \infty} \sqrt[n]{u_n} = 1$ 时，根值法失效.

例 5　判断下列级数的敛散性：

(1) $\displaystyle\sum_{n=1}^{\infty} \left(\frac{2n+1}{3n+1}\right)^n$；　　　(2) $\displaystyle\sum_{n=2}^{\infty} \frac{2^n}{3^{\ln n}}$；　　　(3) $\displaystyle\sum_{n=1}^{\infty} \frac{2 + (-1)^n}{2^n}$.

解　(1) $\displaystyle\lim_{n \to \infty} \sqrt[n]{\left(\frac{2n+1}{3n+1}\right)^n} = \lim_{n \to \infty} \frac{2n+1}{3n+1} = \frac{2}{3} < 1$，所以 $\displaystyle\sum_{n=1}^{\infty} \left(\frac{2n+1}{3n+1}\right)^n$ 收敛.

(2) $\displaystyle\lim_{n \to \infty} \sqrt[n]{\frac{2^n}{3^{\ln n}}} = \lim_{n \to \infty} \frac{2}{3^{\frac{\ln n}{n}}} = 2 > 1$，所以 $\displaystyle\sum_{n=2}^{\infty} \frac{2^n}{3^{\ln n}}$ 发散.

(3) $\displaystyle\lim_{n \to \infty} \sqrt[n]{\frac{2 + (-1)^n}{2^n}} = \frac{1}{2} < 1$，所以 $\displaystyle\sum_{n=1}^{\infty} \frac{2 + (-1)^n}{2^n}$ 收敛.

二、交错级数及其审敛法

所谓交错级数是指各项是正负交错的级数，形式为

$$u_1 - u_2 + u_3 - u_4 + \cdots = \sum_{n=1}^{\infty} (-1)^{n-1} u_n,$$

或

$$-u_1 + u_2 - u_3 + \cdots = \sum_{n=1}^{\infty} (-1)^n u_n,$$

其中 $u_1, u_2, \cdots, u_n, \cdots$ 都是正数.

下面给出交错级数的一种审敛法.

定理 6（莱布尼茨判别法）　如果交错级数 $\displaystyle\sum_{n=1}^{\infty} (-1)^{n-1} u_n$ 满足条件

(1) $u_n \geqslant u_{n+1}$，$n = 1, 2, \cdots$，

(2) $\displaystyle\lim_{n \to \infty} u_n = 0$，

则该交错级数收敛,且其和 $S \leqslant u_1$,其余项 r_n 的绝对值 $|r_n| \leqslant u_{n+1}$.

证 因为

$$S_{2n} = (u_1 - u_2) + (u_3 - u_4) + \cdots + (u_{2n-1} - u_{2n}),$$

$$S_{2n+2} = S_{2n} + (u_{2n+1} - u_{2n+2}) \geqslant S_{2n} (由于 u_{2n+2} \leqslant u_{2n+1}),$$

所以 $\{S_{2n}\}$ 单增. 又因为

$$S_{2n} = u_1 - (u_2 - u_3) - \cdots - (u_{2n-2} - u_{2n-1}) - u_{2n} \leqslant u_1,$$

因此 $\{S_{2n}\}$ 有界. 可见,$\{S_{2n}\}$ 有极限,记为 $\lim\limits_{n \to \infty} S_{2n} = S$.

又 $S_{2n-1} = S_{2n} - u_{2n}$,所以

$$\lim_{n \to \infty} S_{2n-1} = \lim_{n \to \infty} (S_{2n} - u_{2n}) = \lim_{n \to \infty} S_{2n} - \lim_{n \to \infty} u_{2n} = S.$$

综上所述,$\lim\limits_{n \to \infty} S_n = S$,且 $S \leqslant u_1$,即级数 $\sum\limits_{n=1}^{\infty} (-1)^{n-1} u_n$ 收敛,其和 $S \leqslant u_1$.

最后,交错级数余项 r_n 的绝对值

$$|r_n| = |(-1)^n u_{n+1} + (-1)^{n+1} u_{n+2} + \cdots| = u_{n+1} - u_{n+2} + u_{n+3} - \cdots,$$

右端也是交错级数,它满足定理 6 的两个条件,由上述证明知其和不超过首项,即

$$|r_n| \leqslant u_{n+1}.$$

例 6 判断下列级数的敛散性:

(1) $\sum\limits_{n=1}^{\infty} \dfrac{(-1)^n}{n}$;   (2) $\sum\limits_{n=3}^{\infty} \dfrac{(-1)^n \ln n}{n}$.

解 (1) 由于

$$u_n = \frac{1}{n} > \frac{1}{n+1} = u_{n+1},$$

以及

$$\lim_{n \to \infty} u_n = \lim_{n \to \infty} \frac{1}{n} = 0,$$

所以 $\sum\limits_{n=1}^{\infty} \dfrac{(-1)^n}{n}$ 收敛.

(2) 记 $f(x) = \dfrac{\ln x}{x}$,由于

$$f'(x) = \frac{1 - \ln x}{x^2} < 0, \quad x \geqslant 3,$$

所以当 $x \geqslant 3$ 时,$f(x)$ 单调减少,因此

$$u_n = \frac{\ln n}{n} > \frac{\ln(n+1)}{n+1} = u_{n+1}, \quad n \geqslant 3,$$

而

$$\lim_{n \to \infty} \frac{\ln n}{n} = 0,$$

所以 $\sum\limits_{n=3}^{\infty} \dfrac{(-1)^n \ln n}{n}$ 收敛.

三、绝对收敛与条件收敛

下面讨论一般项级数 $u_1 + u_2 + \cdots + u_n + \cdots$. 对这种级数,先讨论将其各项取绝对值后形成的级数 $\sum\limits_{n=1}^{\infty} |u_n|$.

定理 7 若级数 $\sum\limits_{n=1}^{\infty} |u_n|$ 收敛,则级数 $\sum\limits_{n=1}^{\infty} u_n$ 必收敛.

证 由于

$$\sum_{n=1}^{\infty} u_n = \sum_{n=1}^{\infty} \left(\frac{|u_n| + u_n}{2} - \frac{|u_n| - u_n}{2} \right),$$

且

$$0 \leqslant \frac{|u_n| + u_n}{2} \leqslant |u_n|, \quad 0 \leqslant \frac{|u_n| - u_n}{2} \leqslant |u_n|,$$

而 $\sum\limits_{n=1}^{\infty} |u_n|$ 收敛,所以 $\sum\limits_{n=1}^{\infty} \left(\frac{|u_n| + u_n}{2} \right)$ 与 $\sum\limits_{n=1}^{\infty} \left(\frac{|u_n| - u_n}{2} \right)$ 都收敛,因而 $\sum\limits_{n=1}^{\infty} u_n$ 收敛. $\square$

注 1 $\sum\limits_{n=1}^{\infty} |u_n|$ 发散不能推出 $\sum\limits_{n=1}^{\infty} u_n$ 发散.

注 2 若由比值法或根值法判断断定 $\sum\limits_{n=1}^{\infty} |u_n|$ 发散,那么可以判定 $\sum\limits_{n=1}^{\infty} u_n$ 是发散的.

注 2 可由比值法和根值法的证明过程中看出,当 $\lim\limits_{n \to \infty} \frac{|u_{n+1}|}{|u_n|} = \rho > 1$ 或 $\lim\limits_{n \to \infty} \sqrt[n]{|u_n|} = \rho > 1$ 时,可推出 $\lim\limits_{n \to \infty} |u_n| \neq 0$,必有 $\lim\limits_{n \to \infty} u_n \neq 0$,从而 $\sum\limits_{n=1}^{\infty} u_n$ 发散.

定义 2 若级数 $\sum\limits_{n=1}^{\infty} |u_n|$ 收敛,则称级数 $\sum\limits_{n=1}^{\infty} u_n$ 绝对收敛;若级数 $\sum\limits_{n=1}^{\infty} |u_n|$ 发散而 $\sum\limits_{n=1}^{\infty} u_n$ 收敛,则称级数 $\sum\limits_{n=1}^{\infty} u_n$ 条件收敛.

例如,级数 $\sum\limits_{n=1}^{\infty} \frac{(-1)^n}{n^2}$ 绝对收敛,级数 $\sum\limits_{n=1}^{\infty} \frac{(-1)^n}{n}$ 条件收敛.

例 7 下列级数是否收敛? 若收敛,是条件收敛还是绝对收敛?

(1) $\sum\limits_{n=1}^{\infty} (-1)^n \sin \frac{1}{n}$;   (2) $\sum\limits_{n=1}^{\infty} (-1)^n \frac{n^2}{2^n}$;   (3) $\sum\limits_{n=1}^{\infty} (-1)^n \frac{1}{2^n} \left(1 + \frac{1}{n} \right)^{n^2}$.

解 (1) 由于

$$\lim_{n \to \infty} \frac{\sin \frac{1}{n}}{\frac{1}{n}} = 1,$$

而 $\sum\limits_{n=1}^{\infty} \frac{1}{n}$ 发散,所以 $\sum\limits_{n=1}^{\infty} \sin \frac{1}{n}$ 发散. 又

$$\sin\frac{1}{n}\geqslant\sin\frac{1}{n+1},\quad \lim_{n\to\infty}\sin\frac{1}{n}=0,$$

所以 $\sum_{n=1}^{\infty}(-1)^n\sin\frac{1}{n}$ 收敛,且为条件收敛.

(2) 由于

$$\lim_{n\to\infty}\frac{\frac{(n+1)^2}{2^{n+1}}}{\frac{n^2}{2^n}}=\lim_{n\to\infty}\frac{1}{2}\frac{(n+1)^2}{n^2}=\frac{1}{2}<1,$$

所以 $\sum_{n=1}^{\infty}\frac{n^2}{2^n}$ 收敛,从而 $\sum_{n=1}^{\infty}(-1)^n\frac{n^2}{2^n}$ 绝对收敛.

(3) 由于

$$\lim_{n\to\infty}\sqrt[n]{\frac{1}{2^n}\left(1+\frac{1}{n}\right)^{n^2}}=\lim_{n\to\infty}\frac{1}{2}\left(1+\frac{1}{n}\right)^n=\frac{\mathrm{e}}{2}>1,$$

所以 $\sum_{n=1}^{\infty}\frac{1}{2^n}\left(1+\frac{1}{n}\right)^{n^2}$ 发散,而这是由根值法判定的,因此必有 $\sum_{n=1}^{\infty}(-1)^n\frac{1}{2^n}\left(1+\frac{1}{n}\right)^{n^2}$ 发散.

习题 11-2

1. 用比较判别法(或其极限形式)判断下列级数的敛散性:

(1) $\sum_{n=1}^{\infty}\frac{1}{(n+1)(n+4)}$;

(2) $\sum_{n=1}^{\infty}\frac{n}{\sqrt{n^5+1}}$;

(3) $\sum_{n=2}^{\infty}\frac{1}{\ln n}$;

(4) $\sum_{n=1}^{\infty}\frac{1}{1+a^n},a>0$;

(5) $\sum_{n=1}^{\infty}\frac{1}{n\cdot\sqrt[n]{n}}$;

(6) $\sum_{n=1}^{\infty}\left(1-\cos\frac{\pi}{n}\right)$.

2. 已知 $\sum_{n=1}^{\infty}a_n^2$ 与 $\sum_{n=1}^{\infty}b_n^2$ 都收敛,证明 $\sum_{n=1}^{\infty}|a_nb_n|$,$\sum_{n=1}^{\infty}(a_n+b_n)^2$ 及 $\sum_{n=1}^{\infty}\frac{|a_n|}{n}$ 都收敛.

3. 用比值法判别下列级数的敛散性:

(1) $\sum_{n=1}^{\infty}\frac{n\cdot 2^n}{3^n}$;

(2) $\sum_{n=1}^{\infty}\frac{n^2\cdot 3^n}{n!}$;

(3) $\sum_{n=1}^{\infty}n\tan\frac{\pi}{2^{n+1}}$;

(4) $\sum_{n=1}^{\infty}\frac{1\times5\times9\times\cdots\times(4n-3)}{2\times5\times8\times\cdots\times(3n-1)}$;

(5) $\sum_{n=1}^{\infty}\frac{n!}{n^n}a^n,a>0$;

(6) $\sum_{n=1}^{\infty}\frac{2^n}{3^{\ln(n+1)}}$.

4. 用根值法判断下列级数的敛散性:

(1) $\sum_{n=1}^{\infty}\left(\frac{4n+2}{3n+1}\right)^n$;

(2) $\sum_{n=1}^{\infty}\frac{2^n}{n^{\frac{n}{2}}}$;

(3) $\displaystyle\sum_{n=2}^{\infty}\left(\frac{n-1}{n+1}\right)^{n^2}$;

(4) $\displaystyle\sum_{n=1}^{\infty}\left(\frac{n^3-1}{n^2+2}\right)^{2n}$.

5. 判断下列级数的敛散性：

(1) $\displaystyle\sum_{n=1}^{\infty}\frac{(2n)!}{(n!)^2}$;

(2) $\displaystyle\sum_{n=1}^{\infty}\left(\frac{n}{2n+1}\right)^{3n+1}$;

(3) $\displaystyle\sum_{n=1}^{\infty}\frac{3n-1}{\sqrt{n^3-2n+2}}$;

(4) $\displaystyle\sum_{n=1}^{\infty}n\sin\frac{\pi}{2^n}$;

(5) $\displaystyle\sum_{n=1}^{\infty}\frac{4^n+(-3)^n}{5^n}$;

(6) $\displaystyle\sum_{n=1}^{\infty}\frac{(-1)^n(n+2)}{n\sqrt{n+1}}$;

(7) $\displaystyle\sum_{n=1}^{\infty}\frac{1-(-1)^n\sqrt{n}}{n^2}$;

(8) $\displaystyle\sum_{n=1}^{\infty}\left[1+\frac{(-1)^n}{n}\right]^n$;

(9) $\displaystyle\sum_{n=1}^{\infty}n^2a^n, a>0$;

(10) $\displaystyle\sum_{n=1}^{\infty}\left(\frac{b}{a_n}\right)^n$,其中 $a_n\to a(n\to\infty)$, a_n, b, a 均为正数.

6. 下列级数是否收敛? 若收敛,是绝对收敛还是条件收敛?

(1) $\displaystyle\sum_{n=1}^{\infty}(-1)^n\frac{n^3}{3^n}$;

(2) $\displaystyle\sum_{n=1}^{\infty}\frac{(-1)^n}{\ln(2n+1)}$;

(3) $\displaystyle\sum_{n=1}^{\infty}(-1)^n\frac{n+2}{n+1}\frac{1}{\sqrt{n}}$;

(4) $\displaystyle\sum_{n=1}^{\infty}\frac{\sin nx}{n^2}$;

(5) $\displaystyle\sum_{n=1}^{\infty}\frac{(-1)^n(n+1)}{\sqrt{n}(n+2)}$;

(6) $\displaystyle\sum_{n=1}^{\infty}(-1)^n\ln\left(1-\frac{1}{n^2}\right)$.

7. 证明级数 $\displaystyle\sum_{n=2}^{\infty}\frac{(-1)^n}{n+(-1)^n}$ 条件收敛.

第三节 幂 级 数

一、函数项级数的概念

如果给定一个定义在区间 I 上的函数列
$$u_1(x),u_2(x),\cdots,u_n(x),\cdots,$$
则称表示式
$$u_1(x)+u_2(x)+\cdots+u_n(x)+\cdots$$
为区间 I 上的函数项级数,简记为 $\displaystyle\sum_{n=1}^{\infty}u_n(x)$.

对于每一个确定的 $x_0\in I$,可对应于常数项级数
$$u_1(x_0)+u_2(x_0)+\cdots+u_n(x_0)+\cdots,$$
即
$$\sum_{n=1}^{\infty}u_n(x_0).$$

若级数 $\sum\limits_{n=1}^{\infty}u_n(x_0)$ 收敛,则称点 x_0 为函数项级数 $\sum\limits_{n=1}^{\infty}u_n(x)$ 的收敛点;若级数 $\sum\limits_{n=1}^{\infty}u_n(x_0)$ 发散,则称点 x_0 为函数项级数 $\sum\limits_{n=1}^{\infty}u_n(x)$ 的发散点.

函数项级数 $\sum\limits_{n=1}^{\infty}u_n(x)$ 的收敛点的全体称为它的收敛域,发散点的全体称为它的发散域.

对于函数项级数 $\sum\limits_{n=1}^{\infty}u_n(x)$ 的收敛域中的任一个 x,x 相对确定后,此级数就成为一个常数项级数,因而有一个确定的和 S,而这个和是 x 的函数,我们称之为此函数项级数的和函数,记为 $S(x)$.

这样,在函数项级数 $\sum\limits_{n=1}^{\infty}u_n(x)$ 的收敛域中必有

$$S(x)=u_1(x)+u_2(x)+\cdots+u_n(x)+\cdots.$$

若将 $\sum\limits_{n=1}^{\infty}u_n(x)$ 的前 n 项部分和记为 $S_n(x)$,则在收敛域内必有

$$\lim_{n\to\infty}S_n(x)=S(x).$$

我们把 $r_n(x)=S(x)-S_n(x)$ 叫作函数项级数的余项.由于和函数 $S(x)$ 只在收敛域上有意义,因此余项 $r_n(x)$ 也只在收敛域上有意义.显然

$$\lim_{n\to\infty}r_n(x)=0.$$

例1   求等比级数 $\sum\limits_{n=0}^{\infty}x^n=1+x+x^2+\cdots+x^n+\cdots$ 的收敛域与和函数.

解 $S_n(x)=1+x+x^2+\cdots+x^{n-1}=\dfrac{1-x^n}{1-x}$, $x\neq\pm1$,

当 $|x|<1$ 时,$\lim\limits_{n\to\infty}S_n(x)=\dfrac{1}{1-x}$,该级数收敛,且和函数为 $S(x)=\dfrac{1}{1-x}$;当 $|x|>1$ 时,$\lim\limits_{n\to\infty}S_n(x)$ 不存在,该级数发散.

当 $x=1$ 时,$\lim\limits_{n\to\infty}S_n(x)=\lim\limits_{n\to\infty}n$ 不存在,该级数发散.

当 $x=-1$ 时,$\lim\limits_{n\to\infty}S_n(x)=\lim\limits_{n\to\infty}[1-1+1-1+\cdots+(-1)^{n-1}]$ 不存在,该级数发散.

综上所述,该级数的收敛域为 $(-1,1)$,此时和函数 $S(x)=\dfrac{1}{1-x}$,即

$$\sum_{n=0}^{\infty}x^n=1+x+x^2+\cdots+x^n+\cdots=\frac{1}{1-x},   -1<x<1;$$

该级数的发散域为 $(-\infty,-1]\cup[1,+\infty)$.

二、幂级数及其收敛性

在函数项级数中,形式简单、实际应用广泛的一类就是各项都是幂函数的级数,称之为

幂级数,其一般形式为

$$a_0 + a_1(x - x_0) + a_2(x - x_0)^2 + \cdots + a_n(x - x_0)^n + \cdots. \tag{1}$$

在上式中取 $x_0 = 0$,得标准形式:

$$a_0 + a_1 x + a_2 x^2 + \cdots + a_n x^n + \cdots, \tag{2}$$

其中 $a_0, a_1, \cdots, a_n, \cdots$ 叫作幂级数的系数,它们都是与 x 无关的常数.

在幂级数(1)中,只要令 $t = x - x_0$,就可化为幂级数(2)的形式,因此下面重点研究幂级数(2).

显然,对幂级数 $\sum\limits_{n=0}^{\infty} a_n x^n$ 而言,$x = 0$ 是它的一个收敛点. 在其他点处,收敛性如何呢?

定理 1(阿贝尔定理) 如果幂级数 $\sum\limits_{n=0}^{\infty} a_n x^n$ 在 $x = x_0 (x_0 \neq 0)$ 时收敛,则对适合不等式 $|x| < |x_0|$ 的一切 x,该幂级数都绝对收敛;如果幂级数 $\sum\limits_{n=0}^{\infty} a_n x^n$ 在 $x = x_0$ 时发散,则对适合不等式 $|x| > |x_0|$ 的一切 x,该幂级数都发散.

证 先设 $x = x_0$ 时幂级数 $\sum\limits_{n=0}^{\infty} a_n x^n$ 收敛,则

$$\lim_{n \to \infty} a_n x_0^n = 0,$$

于是存在常数 $M > 0$,使

$$|a_n x_0^n| \leqslant M, \quad n = 0, 1, 2, \cdots,$$

因而

$$|a_n x^n| = \left| a_n x_0^n \cdot \frac{x^n}{x_0^n} \right| = |a_n x_0^n| \cdot \left| \frac{x}{x_0} \right|^n \leqslant M \left| \frac{x}{x_0} \right|^n.$$

当 $|x| < |x_0|$ 时,$\sum\limits_{n=0}^{\infty} M \left| \dfrac{x}{x_0} \right|^n$ 是等比级数$\left(\text{公比} \left| \dfrac{x}{x_0} \right| < 1\right)$,必收敛. 所以 $\sum\limits_{n=0}^{\infty} |a_n x^n|$ 收敛,即 $\sum\limits_{n=0}^{\infty} a_n x^n$ 绝对收敛.

再设 $x = x_0$ 时幂级数发散. 设有一个 x_1,$|x_1| > |x_0|$ 且 $\sum\limits_{n=0}^{\infty} a_n x^n$ 在 $x = x_1$ 时收敛,则由以上所述必有 $\sum\limits_{n=0}^{\infty} a_n x^n$ 在 $x = x_0$ 时收敛. 矛盾. 故对适合 $|x| > |x_0|$ 的 x,$\sum\limits_{n=0}^{\infty} a_n x^n$ 必发散. □

定理 1 告诉我们,如果 $\sum\limits_{n=0}^{\infty} a_n x^n$ 在点 x_0 收敛,则它在 $(-|x_0|, |x_0|)$ 内收敛;如果 $\sum\limits_{n=0}^{\infty} a_n x^n$ 在点 x_0 发散,则它在 $[-|x_0|, |x_0|]$ 之外必发散. 即若 $\sum\limits_{n=0}^{\infty} a_n x^n$ 有除 $x = 0$ 点之外的收敛点,那么它的所有收敛点必位于以 $x = 0$ 为中心的某个区间内. 由此我们可得出如下结论:

推论 若幂级数 $\sum\limits_{n=0}^{\infty} a_n x^n$ 不是仅在 $x = 0$ 一点收敛,也不是在整个数轴上收敛,则必存

在一个完全确定的正数 R，使得当 $|x| < R$ 时，$\sum\limits_{n=0}^{\infty} a_n x^n$ 绝对收敛；当 $|x| > R$ 时，$\sum\limits_{n=0}^{\infty} a_n x^n$ 发散；当 $x = R$ 与 $x = -R$ 时，$\sum\limits_{n=0}^{\infty} a_n x^n$ 可能收敛也可能发散.

上述的正数 R 叫作幂级数 $\sum\limits_{n=0}^{\infty} a_n x^n$ 的收敛半径，开区间 $(-R, R)$ 叫作幂级数 $\sum\limits_{n=0}^{\infty} a_n x^n$ 的收敛区间. 当收敛半径 R 确定后，再判断出它在 $x = \pm R$ 处的收敛性，就可得到 $\sum\limits_{n=0}^{\infty} a_n x^n$ 的收敛域是 $(-R, R)$，$[-R, R)$，$(-R, R]$，$[-R, R]$ 中的一个.

为了方便，规定：若 $\sum\limits_{n=0}^{\infty} a_n x^n$ 只在 $x = 0$ 处收敛，则收敛半径 $R = 0$；若 $\sum\limits_{n=0}^{\infty} a_n x^n$ 在 $(-\infty, +\infty)$ 上收敛，则收敛半径 $R = +\infty$.

关于幂级数 $\sum\limits_{n=0}^{\infty} a_n x^n$ 收敛半径的求法，有下面的定理.

定理 2   如果 $\lim\limits_{n \to \infty} \left| \dfrac{a_{n+1}}{a_n} \right| = \rho$，则幂级数 $\sum\limits_{n=0}^{\infty} a_n x^n$ 的收敛半径

$$R = \begin{cases} \dfrac{1}{\rho}, & \rho \neq 0, \\ +\infty, & \rho = 0, \\ 0, & \rho = +\infty. \end{cases}$$

证   考虑级数 $\sum\limits_{n=0}^{\infty} |a_n x^n|$. 有

$$\lim_{n \to \infty} \left| \frac{a_{n+1} x^{n+1}}{a_n x^n} \right| = |x| \lim_{n \to \infty} \left| \frac{a_{n+1}}{a_n} \right| = \rho |x|.$$

（1）若 $\rho \neq 0$，由比值法知：当 $\rho|x| < 1$，即 $|x| < \dfrac{1}{\rho}$ 时，$\sum\limits_{n=0}^{\infty} |a_n x^n|$ 收敛；当 $\rho|x| > 1$，即 $|x| > \dfrac{1}{\rho}$ 时，$\sum\limits_{n=0}^{\infty} |a_n x^n|$ 发散，由于这是由比值法判定 $\sum\limits_{n=0}^{\infty} |a_n x^n|$ 发散的，因此必有 $\sum\limits_{n=0}^{\infty} a_n x^n$ 发散. 从而收敛半径 $R = \dfrac{1}{\rho}$.

（2）若 $\rho = 0$，则

$$\lim_{n \to \infty} \left| \frac{a_{n+1} x^{n+1}}{a_n x^n} \right| = \rho |x| = 0 < 1,$$

所以对一切 x 必有 $\sum\limits_{n=0}^{\infty} |a_n x^n|$ 收敛，从而收敛半径 $R = +\infty$.

（3）若 $\rho = +\infty$，则对于 $x \neq 0$，必有

$$\lim_{n \to \infty} \left| \frac{a_{n+1} x^{n+1}}{a_n x^n} \right| = +\infty > 1,$$

$\sum\limits_{n=0}^{\infty} |a_n x^n|$ 发散，进而 $\sum\limits_{n=0}^{\infty} a_n x^n$ 发散. 从而 $\sum\limits_{n=0}^{\infty} a_n x^n$ 只在 $x = 0$ 时收敛，所以 $R = 0$.   □

例 2 求下列幂级数的收敛半径与收敛域：

(1) $\displaystyle\sum_{n=1}^{\infty} \frac{x^n}{n}$；

(2) $\displaystyle\sum_{n=1}^{\infty} \frac{x^n}{1 \times 3 \times 5 \times \cdots \times (2n-1)}$.

解 (1) 由于

$$\lim_{n \to \infty} \left| \frac{a_{n+1}}{a_n} \right| = \lim_{n \to \infty} \frac{\dfrac{1}{n+1}}{\dfrac{1}{n}} = \lim_{n \to \infty} \frac{n}{n+1} = 1,$$

所以收敛半径 $R=1$. 当 $x=1$ 时，原级数 $\displaystyle\sum_{n=1}^{\infty} \frac{1}{n}$ 发散；当 $x=-1$ 时，原级数 $\displaystyle\sum_{n=1}^{\infty} \frac{(-1)^n}{n}$ 收

敛. 所以 $\displaystyle\sum_{n=1}^{\infty} \frac{x^n}{n}$ 的收敛域为 $[-1,1)$.

(2) 由于

$$\lim_{n \to \infty} \left| \frac{a_{n+1}}{a_n} \right| = \lim_{n \to \infty} \frac{\dfrac{1}{1 \times 3 \times \cdots \times (2n+1)}}{\dfrac{1}{1 \times 3 \times \cdots \times (2n-1)}} = \lim_{n \to \infty} \frac{1}{2n+1} = 0,$$

所以幂级数的收敛半径 $R=+\infty$，收敛域为 $(-\infty, +\infty)$.

例 3 求下列幂级数的收敛半径与收敛域：

(1) $\displaystyle\sum_{n=0}^{\infty} \frac{2^n (3x-1)^n}{n+1}$；

(2) $\displaystyle\sum_{n=0}^{\infty} \frac{x^{2n+1}}{3^n}$.

解 (1) 设 $t=3x-1$，原级数化为 $\displaystyle\sum_{n=0}^{\infty} \frac{2^n t^n}{n+1}$. 由于

$$\lim_{n \to \infty} \left| \frac{a_{n+1}}{a_n} \right| = \lim_{n \to \infty} \frac{\dfrac{2^{n+1}}{n+2}}{\dfrac{2^n}{n+1}} = \lim_{n \to \infty} \frac{2(n+1)}{n+2} = 2,$$

所以收敛半径 $R=\dfrac{1}{2}$. 由于 $t=\dfrac{1}{2}$ 时 $\displaystyle\sum_{n=0}^{\infty} \frac{2^n t^n}{n+1}$ 化为 $\displaystyle\sum_{n=0}^{\infty} \frac{1}{n+1}$，发散；$t=-\dfrac{1}{2}$ 时 $\displaystyle\sum_{n=0}^{\infty} \frac{2^n t^n}{n+1}$ 化

为 $\displaystyle\sum_{n=0}^{\infty} \frac{(-1)^n}{n+1}$，收敛. 所以 $\displaystyle\sum_{n=0}^{\infty} \frac{2^n t^n}{n+1}$ 的收敛域为 $\left[-\dfrac{1}{2}, \dfrac{1}{2}\right)$. 由 $t=3x-1$ 可知

$$-\frac{1}{2} \leqslant 3x-1 < \frac{1}{2},$$

即

$$\frac{1}{6} \leqslant x < \frac{1}{2},$$

所以原级数的收敛域为 $\left[\dfrac{1}{6}, \dfrac{1}{2}\right)$.

(2) 由于级数缺少偶次幂项，因而不能直接套用定理 2. 对此我们用比值法来判定.

由于

$$\lim_{n \to \infty} \left| \frac{\dfrac{x^{2n+3}}{3^{n+1}}}{\dfrac{x^{2n+1}}{3^n}} \right| = \frac{1}{3}x^2,$$

所以当 $\dfrac{1}{3}x^2 < 1$, 即 $|x| < \sqrt{3}$ 时, 级数 $\sum\limits_{n=0}^{\infty} \dfrac{x^{2n+1}}{3^n}$ 收敛; 当 $\dfrac{1}{3}x^2 > 1$, 即 $|x| > \sqrt{3}$ 时, 级数 $\sum\limits_{n=0}^{\infty} \dfrac{x^{2n+1}}{3^n}$ 发散; 当 $|x| = \pm\sqrt{3}$ 时, $\sum\limits_{n=0}^{\infty} \dfrac{x^{2n+1}}{3^n} = \sum\limits_{n=0}^{\infty} (\pm\sqrt{3})$, 发散. 所以此级数的收敛半径 $R = \sqrt{3}$, 收敛域为 $(-\sqrt{3}, \sqrt{3})$.

三、幂级数的运算

1. 幂级数的四则运算

设有幂级数 $\sum\limits_{n=0}^{\infty} a_n x^n$ 与 $\sum\limits_{n=0}^{\infty} b_n x^n$, 其收敛半径分别为 R_1, R_2, 记 $R = \min\{R_1, R_2\}$.

（1）加法与减法:

$$\sum_{n=0}^{\infty} a_n x^n \pm \sum_{n=0}^{\infty} b_n x^n = \sum_{n=0}^{\infty} (a_n \pm b_n) x^n,$$

且此级数的收敛半径为 R.

（2）乘法:

$$(a_0 + a_1 x + \cdots + a_n x^n + \cdots) \cdot (b_0 + b_1 x + \cdots + b_n x^n + \cdots)$$
$$= a_0 b_0 + (a_0 b_1 + a_1 b_0) x + (a_0 b_2 + a_1 b_1 + a_2 b_0) x^2 + \cdots +$$
$$(a_0 b_n + a_1 b_{n-1} + \cdots + a_n b_0) x^n + \cdots,$$

这是两个级数的柯西乘积, 可简记为

$$\left(\sum_{n=0}^{\infty} a_n x^n \right) \cdot \left(\sum_{n=0}^{\infty} b_n x^n \right) = \sum_{n=0}^{\infty} \left(\sum_{k=0}^{\infty} a_k b_{n-k} \right) x^n,$$

此级数的收敛半径为 R.

（3）除法:

$$\frac{a_0 + a_1 x + a_2 x^2 + \cdots + a_n x^n + \cdots}{b_0 + b_1 x + b_2 x^2 + \cdots + b_n x^n + \cdots} = c_0 + c_1 x + c_2 x^2 + \cdots + c_n x^n + \cdots,$$

这里假设 $b_0 \neq 0$. 为了确定系数 $c_0, c_1, c_2, \cdots, c_n, \cdots$, 可以将级数 $\sum\limits_{n=0}^{\infty} b_n x^n$ 与 $\sum\limits_{n=0}^{\infty} c_n x^n$ 相乘,

并令乘积中各项的系数分别等于级数 $\sum\limits_{n=0}^{\infty} a_n x^n$ 中同次幂的系数, 即得

$$a_0 = b_0 c_0,$$
$$a_1 = b_1 c_0 + b_0 c_1,$$
$$a_2 = b_2 c_0 + b_1 c_1 + b_0 c_2,$$
$$\vdots$$

由这些方程可以求出 $c_0, c_1, c_2, \cdots, c_n, \cdots$.

注 相除后所得幂级数 $\sum\limits_{n=0}^{\infty} c_n x^n$ 的收敛区间一般比原来两级数的收敛区间小得多.

2. 幂级数的微积分运算以及和函数的性质

幂级数还可以进行逐项求导运算和逐项积分运算,运算法则与和函数的性质如下:

定理 3 设幂级数 $\sum\limits_{n=0}^{\infty} a_n x^n$ 的收敛半径为 $R(R > 0)$,其和函数为 $S(x)$,则

(1) $S(x)$ 在 $(-R, R)$ 内连续. 如果幂级数在 $x = R$(或 $x = -R$)处也收敛,则 $S(x)$ 在 $x = R$(或 $x = -R$)处左连续(或右连续).

(2) $S(x)$ 在 $(-R, R)$ 内可导,并有求导公式:

$$S'(x) = \left(\sum_{n=0}^{\infty} a_n x^n \right)' = \sum_{n=0}^{\infty} (a_n x^n)' = \sum_{n=1}^{\infty} n a_n x^{n-1},$$

且逐项求导后所得到的幂级数和原级数的收敛半径相同.

(3) $S(x)$ 在 $(-R, R)$ 内有逐项积分公式:

$$\int_0^x S(x) \mathrm{d}x = \int_0^x \left[\sum_{n=0}^{\infty} a_n x^n \right] \mathrm{d}x = \sum_{n=0}^{\infty} \int_0^x a_n x^n \mathrm{d}x = \sum_{n=0}^{\infty} \frac{a_n}{n+1} x^{n+1},$$

且逐项积分后所得到的幂级数和原级数的收敛半径相同.

注 幂级数经逐项求导或逐项积分后所得的幂级数与原级数收敛半径相同,但在收敛区间的端点处,级数的敛散性可能发生变化,应在具体问题中进行具体讨论. 当逐项求导或逐项积分后的幂级数在收敛区间的某端点处收敛时,在该端点处逐项求导与逐项积分公式也是成立的.

可利用幂级数的运算以及已知的幂级数的和函数来求某些幂级数的和函数. 经常运用的已知幂级数的和函数为

$$\sum_{n=0}^{\infty} x^n = 1 + x + x^2 + \cdots + x^n + \cdots = \frac{1}{1-x}, \quad x \in (-1, 1).$$

一般将幂级数逐项求导或积分运算化为上述级数,求出和函数,再进行积分或求导运算求出原幂级数的和函数.

例 4 求幂级数的和函数:

(1) $\sum\limits_{n=1}^{\infty} \dfrac{x^n}{n}$;   (2) $\sum\limits_{n=1}^{\infty} n x^n$.

解 (1) $\sum\limits_{n=1}^{\infty} \dfrac{x^n}{n}$ 的收敛半径为 1,收敛域为 $[-1, 1)$. 设 $S(x) = \sum\limits_{n=1}^{\infty} \dfrac{x^n}{n}$,则

$$S'(x) = \left(\sum_{n=1}^{\infty} \frac{x^n}{n} \right)' = \sum_{n=1}^{\infty} x^{n-1} = 1 + x + x^2 + \cdots + x^n + \cdots = \frac{1}{1-x}, \quad -1 < x < 1,$$

所以

$$\int_0^x S'(x) \mathrm{d}x = \int_0^x \frac{1}{1-x} \mathrm{d}x,$$

即

$$S(x) = -\ln(1-x), \quad x \in [-1, 1).$$

（2）$\displaystyle\sum_{n=1}^{\infty} nx^n$ 的收敛域为 $(-1,1)$，设

$$S(x) = \sum_{n=1}^{\infty} nx^n = x\sum_{n=1}^{\infty} nx^{n-1},$$

记

$$B(x) = \sum_{n=1}^{\infty} nx^{n-1}, \quad x \in (-1,1),$$

逐项积分，得

$$\int_0^x B(x)\mathrm{d}x = \int_0^x \sum_{n=1}^{\infty} nx^{n-1}\mathrm{d}x = \sum_{n=1}^{\infty} \int_0^x nx^{n-1}\mathrm{d}x = \sum_{n=1}^{\infty} x^n = x + x^2 + \cdots + x^n + \cdots$$

$$= \frac{1}{1-x} - 1 = \frac{x}{1-x}, \quad x \in (-1,1),$$

求导，得

$$B(x) = \left(\frac{x}{1-x}\right)' = \frac{1}{(1-x)^2},$$

所以

$$\sum_{n=1}^{\infty} nx^n = xB(x) = \frac{x}{(1-x)^2}, \quad x \in (-1,1).$$

例 5　求幂级数 $\displaystyle\sum_{n=1}^{\infty} \frac{x^n}{n(n+1)}$ 的和函数.

解　幂级数 $\displaystyle\sum_{n=1}^{\infty} \frac{x^n}{n(n+1)}$ 的收敛域为 $[-1,1]$. 记

$$S(x) = \sum_{n=1}^{\infty} \frac{x^{n+1}}{n(n+1)},$$

逐项求导，得

$$S'(x) = \sum_{n=1}^{\infty} \left(\frac{x^{n+1}}{n(n+1)}\right)' = \sum_{n=1}^{\infty} \frac{x^n}{n},$$

再逐项求导，得

$$S''(x) = \sum_{n=1}^{\infty} \left(\frac{x^n}{n}\right)' = \sum_{n=1}^{\infty} x^{n-1} = 1 + x + x^2 + \cdots + x^n + \cdots = \frac{1}{1-x},$$

连续积分，并注意到 $S(0)=0, S'(0)=0$，得

$$S'(x) = \int_0^x S''(x)\mathrm{d}x = \int_0^x \frac{1}{1-x}\mathrm{d}x = -\ln(1-x),$$

$$S(x) = \int_0^x S'(x)\mathrm{d}x = -\int_0^x \ln(1-x)\mathrm{d}x = (1-x)\ln(1-x) + x,$$

所以 $\displaystyle\sum_{n=1}^{\infty} \frac{x^n}{n(n+1)}$ 的和函数为

$$B(x) = \begin{cases} \dfrac{(1-x)}{x}\ln(1-x) + 1, & x \neq 0 \text{ 且 } -1 \leqslant x < 1, \\ 0, & x = 0; \end{cases}$$

$x=1$ 时，和为 1.

习题 11-3

1. 已知幂级数 $\sum\limits_{n=0}^{\infty} a_n x^n$ 的收敛半径为 $R=2$，对 $x \in \left\{2, -2, 1, -1, 0, \mathrm{e}, \dfrac{1}{\mathrm{e}}\right\}$，幂级数

$\sum\limits_{n=0}^{\infty} a_n (x-3)^n$ 的收敛点是 _____，绝对收敛点是 _____，发散点是 _____，不能确定敛散性的点是 _____.

2. 求幂级数的收敛域：

(1) $\sum\limits_{n=1}^{\infty} 10^n x^n$；　　(2) $\sum\limits_{n=1}^{\infty} n! \, x^n$；　　(3) $\sum\limits_{n=1}^{\infty} \dfrac{2^n}{n+1} x^n$；

(4) $\sum\limits_{n=1}^{\infty} \dfrac{(-1)^n (3x)^n}{n^2}$；　　(5) $\sum\limits_{n=1}^{\infty} \dfrac{(n!)^2}{(2n)!} x^n$；　　(6) $\sum\limits_{n=1}^{\infty} \dfrac{3^n - (-2)^n}{n} x^n$；

(7) $\sum\limits_{n=1}^{\infty} \dfrac{(x-3)^n}{\sqrt{n}}$；　　(8) $\sum\limits_{n=1}^{\infty} \dfrac{2^n (x+3)^n}{n}$；　　(9) $\sum\limits_{n=1}^{\infty} \dfrac{x^{2n-1}}{(2n-1)(2n-1)!}$；

(10) $\sum\limits_{n=1}^{\infty} \dfrac{2n-1}{2^n} x^{2n-2}$；　　(11) $\sum\limits_{n=1}^{\infty} |x|^n \tan \dfrac{|x|}{2^n}$；　　(12) $\sum\limits_{n=1}^{\infty} \dfrac{x^{n^2}}{2^n}$.

3. 求幂级数的和函数：

(1) $\sum\limits_{n=0}^{\infty} \dfrac{x^n}{2^n}$；　　(2) $\sum\limits_{n=0}^{\infty} \dfrac{x^{2n+1}}{2n+1}$；　　(3) $\sum\limits_{n=1}^{\infty} \dfrac{n(n+1)}{2} x^{n-1}$；

(4) $\sum\limits_{n=1}^{\infty} \dfrac{2n-1}{2^n} x^{2n-2}$，并求 $\sum\limits_{n=1}^{\infty} \dfrac{2n-1}{2^n}$ 之和.

第四节　函数展开成幂级数

一、泰勒级数

上一节后半部分讨论了给定幂级数如何求其和函数的问题，而在许多实际应用中，需要求的却是相反的问题，即给定函数 $f(x)$，能否找到一个幂级数，使得该幂级数在某区间内的和函数恰好就是 $f(x)$. 如果能找到这样的幂级数，就称函数 $f(x)$ 在该区间内能够展开成幂级数.

下面先分析，如果函数 $f(x)$ 能展开成幂级数，如何求这个幂级数.

设函数 $f(x)$ 在点 x_0 的某邻域 $U(x_0)$ 内能展开成幂级数，即有

$$f(x) = a_0 + a_1(x-x_0) + a_2(x-x_0)^2 + \cdots + a_n(x-x_0)^n + \cdots, \quad x \in U(x_0), \quad (1)$$

则根据幂级数和函数的性质，可知 $f(x)$ 在 $U(x_0)$ 内具有任意阶导数，且

$$f(x_0) = a_0, \quad f'(x_0) = a_1, \quad f''(x_0) = 2! \, a_2, \quad \cdots, \quad f^{(n)}(x_0) = n! \, a_n, \quad \cdots,$$

于是

$$a_0 = f(x_0), \quad a_1 = f'(x_0), \quad a_2 = \frac{f''(x_0)}{2!}, \quad \cdots, \quad a_n = \frac{f^{(n)}(x_0)}{n!}, \quad \cdots,$$

所求幂级数为

$$f(x_0) + f'(x_0)(x - x_0) + \frac{f''(x_0)}{2!}(x - x_0)^2 + \cdots + \frac{f^{(n)}(x_0)}{n!}(x - x_0)^n + \cdots, \quad (2)$$

此时,函数 $f(x)$ 的幂级数展开式为

$$f(x) = \sum_{n=0}^{\infty} \frac{f^{(n)}(x_0)}{n!}(x - x_0)^n, \quad x \in U(x_0). \tag{3}$$

幂级数(2)叫作函数 $f(x)$ 在点 x_0 处的泰勒级数,展开式(3)称为函数 $f(x)$ 在点 x_0 处的泰勒展开式.

当取 $x_0 = 0$ 时,式(2)、式(3)分别化为

$$f(0) + f'(0)x + \frac{f''(0)}{2!}x^2 + \cdots + \frac{f^{(n)}(0)}{n!}x^n + \cdots, \tag{4}$$

$$f(x) = \sum_{n=0}^{\infty} \frac{f^{(n)}(0)}{n!}x^n, \quad x \in (-R, R), \tag{5}$$

幂级数(4)叫作函数 $f(x)$ 的麦克劳林级数,展开式(5)称为函数 $f(x)$ 的麦克劳林展开式(R 为收敛半径).

下面进一步讨论函数 $f(x)$ 能展开幂级数,即具有幂级数展开式(3)的条件.

定理 设函数 $f(x)$ 在点 x_0 的某邻域 $U(x_0)$ 内有任意阶导数,则在该邻域内 $f(x)$ 能展开成泰勒级数的充要条件是

$$\lim_{n \to \infty} R_n(x) = 0,$$

其中 $R_n(x)$ 是 $f(x)$ 的泰勒公式的余项.

注 $f(x)$ 的泰勒公式(第三章第三节)为

$$f(x) = \sum_{k=0}^{n} \frac{f^{(k)}(x_0)}{k!}(x - x_0)^k + R_n(x),$$

其中,拉格朗日余项 $R_n(x) = \frac{f^{(n+1)}(\xi)}{(n+1)!}(x - x_0)^{n+1}$,$\xi$ 介于 x_0 与 x 之间.

证 记 $f(x)$ 的泰勒级数的前 $n+1$ 项之和为 $S_{n+1}(x)$,则由 $f(x)$ 的泰勒公式知

$$f(x) = S_{n+1}(x) + R_n(x),$$

则 $f(x)$ 能展开成泰勒级数 $\Leftrightarrow \lim_{n \to \infty} S_{n+1}(x) = f(x), x \in U(x_0)$

$$\Leftrightarrow \lim_{n \to \infty} [f(x) - S_{n+1}(x)] = 0, x \in U(x_0)$$

$$\Leftrightarrow \lim_{n \to \infty} R_n(x) = 0, x \in U(x_0). \qquad \square$$

二、函数展开成幂级数的方法

下面主要介绍函数的麦克劳林展开式的求法. 如果需要求函数的泰勒展开式,后面通过例题说明,只需将函数进行变形或做个变量替换,就可化为求函数的麦克劳林展开式.

要求函数的麦克劳林展开式,即把函数展开成 x 的幂级数,可按下列步骤进行:

(1) 求出 $f(x)$ 的各阶导数 $f'(x), f''(x), \cdots, f^{(n)}(x), \cdots$;

(2) 计算 $f(0), f'(0), f''(0), \cdots, f^{(n)}(0), \cdots$;

(3) 写出麦克劳林级数

$$f(0) + f'(0)x + \frac{f''(0)}{2!}x^2 + \cdots + \frac{f^{(n)}(0)}{n!}x^n + \cdots,$$

并求出收敛半径 R;

(4) 在 $(-R, R)$ 内考虑 $\lim\limits_{n \to \infty} R_n(x)$ 是不是零. 若为零, 则在 $(-R, R)$ 内可得 $f(x)$ 的麦克劳林展开式

$$f(x) = f(0) + f'(0)x + \frac{f''(0)}{2!}x^2 + \cdots + \frac{f^{(n)}(0)}{n!}x^n + \cdots.$$

例 1 将函数 $f(x) = e^x$ 展开成 x 的幂级数.

解 由于

$$f^{(n)}(x) = e^x, \quad n = 1, 2, \cdots,$$

因此

$$f(0) = f'(0) = f''(0) = \cdots = f^{(n)}(0) = 1,$$

于是

$$e^x \sim 1 + x + \frac{x^2}{2!} + \cdots + \frac{x^n}{n!} + \cdots,$$

此级数的收敛半径 $R = +\infty$, 余项

$$R_n(x) = \frac{e^\xi}{(n+1)!}x^{n+1}, \quad \xi \text{ 介于 } 0 \text{ 与 } x \text{ 之间}.$$

显然

$$|R_n(x)| = \left| \frac{e^\xi}{(n+1)!}x^{n+1} \right| < e^{|x|} \frac{|x|^{n+1}}{(n+1)!},$$

由于级数 $\sum\limits_{n=0}^{\infty} \frac{|x|^{n+1}}{(n+1)!}$ 对任意 x 都收敛 (可由比值法判定), 所以 $\lim\limits_{n \to \infty} \frac{|x|^{n+1}}{(n+1)!} = 0$ 对任意 x 都成立. 因此

$$\lim_{n \to \infty} e^{|x|} \frac{|x|^{n+1}}{(n+1)!} = 0,$$

从而必有 $\lim\limits_{n \to \infty} |R_n(x)| = 0$, 进而 $\lim\limits_{n \to \infty} R_n(x) = 0$ 对一切 x 成立. 于是得

$$e^x = 1 + x + \frac{x^2}{2!} + \cdots + \frac{x^n}{n!} + \cdots, \quad -\infty < x < +\infty. \tag{6}$$

例 2 将函数 $f(x) = \sin x$ 展开成 x 的幂级数.

解 $f^{(n)}(x) = \sin\left(x + \frac{n\pi}{2}\right), \quad n = 1, 2, \cdots,$

所以 $f^{(2n)}(0) = 0, f^{(2n+1)}(0) = (-1)^n$. 于是得

$$\sin x \sim x - \frac{x^3}{3!} + \frac{x^5}{5!} - \frac{x^7}{7!} + \cdots + (-1)^n \frac{x^{2n+1}}{(2n+1)!} + \cdots,$$

余项

$$R_n(x) = \frac{1}{(n+1)!} \sin\left[\xi + \frac{(n+1)\pi}{2}\right] x^{n+1}, \quad \xi \text{ 介于 } 0 \text{ 与 } x \text{ 之间}.$$

显然

$$|R_n(x)| \leqslant \left| \frac{x^{n+1}}{(n+1)!} \right| \to 0, \quad n \to \infty,$$

由此得展开式

$$\sin x = x - \frac{x^3}{3!} + \frac{x^5}{5!} - \cdots + (-1)^n \frac{x^{2n+1}}{(2n+1)!} + \cdots, \quad -\infty < x < +\infty. \quad (7)$$

上述两例是直接计算 $\frac{1}{n!} f^{(n)}(0)$ 后,写出幂级数,然后验证余项 $R_n(x)$ 趋于零而得到的.这种展开函数成幂级数的方法称为直接展开法,其缺点是计算量较大,而且对一般的函数其余项也不易研究.下面介绍间接展开法,即利用一些已知的函数的幂级数展开式,通过幂级数的运算(四则运算、逐项求导、逐项积分)以及变量代换等,将所给函数展开成幂级数.

例 3 将函数 $\cos x$ 展开成 x 的幂级数.

解 由例 2 知

$$\sin x = x - \frac{x^3}{3!} + \frac{x^5}{5!} - \cdots + (-1)^n \frac{x^{2n+1}}{(2n+1)!} + \cdots, \quad -\infty < x < +\infty,$$

两边求导,得

$$\cos x = 1 - \frac{x^2}{2!} + \cdots + (-1)^n \frac{x^{2n}}{(2n)!} + \cdots, \quad -\infty < x < +\infty. \quad (8)$$

例 4 将函数 $f(x) = (1+x)^m$ 展开成 x 的幂级数,其中 m 为常数.

解 $f'(x) = m(1+x)^{m-1},$
$f''(x) = m(m-1)(1+x)^{m-2},$
$f'''(x) = m(m-1)(m-2)(1+x)^{m-3},$
$\vdots$
$f^{(n)}(x) = m(m-1)\cdots(m-n+1)(1+x)^{m-n},$
$\vdots$

所以

$$f(0) = 1, \quad f'(0) = m, \quad f''(0) = m(m-1), \quad \cdots,$$
$$f^{(n)}(0) = m(m-1)\cdots(m-n+1), \quad \cdots.$$

于是得级数

$$1 + mx + \frac{m(m-1)}{2!} x^2 + \cdots + \frac{m(m-1)\cdots(m-n+1)}{n!} x^n + \cdots.$$

此级数相邻两项的系数之比的绝对值

$$\left| \frac{a_{n+1}}{a_n} \right| = \left| \frac{m-n}{n+1} \right| \to 1, \quad n \to \infty,$$

因此级数在 $(-1,1)$ 内收敛.

设在 $(-1,1)$ 内此级数收敛于 $F(x)$,即

$$F(x) = 1 + mx + \frac{m(m-1)}{2!} x^2 + \cdots + \frac{m(m-1)\cdots(m-n+1)}{n!} x^n + \cdots,$$

两边求导,得

$$F'(x) = m + m(m-1)x + \cdots + \frac{m(m-1)\cdots(m-n+1)}{(n-1)!}x^{n-1} + \cdots$$

$$= m\left[1 + (m-1)x + \cdots + \frac{(m-1)\cdots(m-n+1)}{(n-1)!}x^{n-1} + \cdots\right],$$

两边同乘以 $(1+x)$，并将含有 $x^n (n=1,2,\cdots)$ 的项合并，再由恒等式

$$\frac{(m-1)\cdots(m-n+1)}{(n-1)!} + \frac{(m-1)\cdots(m-n)}{n!} = \frac{m(m-1)\cdots(m-n+1)}{n!}, \quad n=1,2,\cdots$$

可得

$$(1+x)F'(x) = m\left[1 + mx + \frac{m(m-1)}{2!}x^2 + \cdots + \frac{m(m-1)\cdots(m-n+1)}{n!}x^n + \cdots\right]$$

$$= mF(x), \quad -1 < x < 1,$$

这是变量可分离的微分方程(也是一阶线性齐次方程)，将其化为 $\dfrac{\mathrm{d}F(x)}{F(x)} = \dfrac{m\,\mathrm{d}x}{1+x}$，积分可得

$$F(x) = C(1+x)^m,$$

又 $F(0)=1$，从而 $C=1$，所以

$$F(x) = (1+x)^m,$$

即

$$(1+x)^m = 1 + mx + \frac{m(m-1)}{2!}x^2 + \cdots + \frac{m(m-1)\cdots(m-n+1)}{n!}x^n + \cdots, \quad -1 < x < 1,$$

$$\tag{9}$$

在 $x = \pm 1$ 处公式是否成立与 m 有关.

式(9)称为二项式展开式，右端的级数称为二项式级数. 特殊地，当 m 是正整数时，式(9)就是代数学中的二项式定理.

利用展开式(9)可知，当 $m = -1$ 时，

$$\frac{1}{1+x} = 1 - x + x^2 + \cdots + (-1)^n x^n + \cdots, \quad -1 < x < 1; \tag{10}$$

式(10)中 x 换为 $-x$，得

$$\frac{1}{1-x} = 1 + x + x^2 + \cdots + x^n + \cdots, \quad -1 < x < 1; \tag{11}$$

式(10) 两端积分得

$$\ln(1+x) = x - \frac{x^2}{2} + \frac{x^3}{3} + \cdots + (-1)^{n-1}\frac{x^n}{n} + \cdots, \quad -1 < x \leqslant 1. \tag{12}$$

若取 $m = \dfrac{1}{2}$ 或 $m = -\dfrac{1}{2}$，还可得到 $\sqrt{1+x}$ 与 $\dfrac{1}{\sqrt{1+x}}$ 的麦克劳林展开式.

关于 $\mathrm{e}^x, \sin x, \cos x, \dfrac{1}{1-x}, \dfrac{1}{1+x}, \ln(1+x), (1+x)^m$ 的幂级数展开式，以后可以直接引用.

例 5 将 $\dfrac{1}{x^2-3x+2}$ 展开成 x 的幂级数.

解 $\dfrac{1}{x^2-3x+2} = \dfrac{1}{(1-x)(2-x)} = \dfrac{1}{1-x} - \dfrac{1}{2-x},$

而

$$\frac{1}{1-x}=1+x+x^2+\cdots+x^n+\cdots, \quad -1<x<1,$$

$$\frac{1}{2-x}=\frac{1}{2}\frac{1}{1-\dfrac{x}{2}}=\frac{1}{2}\Big(1+\frac{x}{2}+\frac{x^2}{2^2}+\cdots+\frac{x^n}{2^n}+\cdots\Big), \quad -2<x<2,$$

所以在 $(-1,1)$ 内必有

$$\frac{1}{x^2-3x+2}=\sum_{n=0}^{\infty}x^n-\frac{1}{2}\sum_{n=0}^{\infty}\frac{x^n}{2^n}=\sum_{n=0}^{\infty}\Big(1-\frac{1}{2^{n+1}}\Big)x^n.$$

例 6 将 $\sin x$ 展开成 $x-\dfrac{\pi}{4}$ 的幂级数.

解 $\sin x=\sin\Big[\dfrac{\pi}{4}+\Big(x-\dfrac{\pi}{4}\Big)\Big]=\dfrac{1}{\sqrt{2}}\Big[\cos\Big(x-\dfrac{\pi}{4}\Big)+\sin\Big(x-\dfrac{\pi}{4}\Big)\Big].$

由于

$$\cos\Big(x-\frac{\pi}{4}\Big)=1-\frac{1}{2!}\Big(x-\frac{\pi}{4}\Big)^2+\frac{1}{4!}\Big(x-\frac{\pi}{4}\Big)^4-\cdots, \quad -\infty<x<+\infty,$$

$$\sin\Big(x-\frac{\pi}{4}\Big)=\Big(x-\frac{\pi}{4}\Big)-\frac{1}{3!}\Big(x-\frac{\pi}{4}\Big)^3+\frac{1}{5!}\Big(x-\frac{\pi}{4}\Big)^5-\cdots, \quad -\infty<x<+\infty,$$

所以

$$\sin x=\frac{1}{\sqrt{2}}\cos\Big(x-\frac{\pi}{4}\Big)+\frac{1}{\sqrt{2}}\sin\Big(x-\frac{\pi}{4}\Big)$$

$$=\frac{1}{\sqrt{2}}\Big[1+\Big(x-\frac{\pi}{4}\Big)-\frac{1}{2!}\Big(x-\frac{\pi}{4}\Big)^2-\frac{1}{3!}\Big(x-\frac{\pi}{4}\Big)^3+\cdots\Big], \quad -\infty<x<+\infty.$$

例 7 将 $f(x)=\dfrac{1}{x^2+3x+2}$ 展开成 $x+4$ 的幂级数.

解 $\dfrac{1}{x^2+3x+2}=\dfrac{1}{(x+1)(x+2)}=\dfrac{1}{x+1}-\dfrac{1}{x+2},$

$$\frac{1}{x+1}=\frac{1}{(x+4)-3}=-\frac{1}{3}\frac{1}{1-\dfrac{x+4}{3}}$$

$$=-\frac{1}{3}\Big[1+\frac{x+4}{3}+\frac{(x+4)^2}{3^2}+\cdots+\frac{(x+4)^n}{3^n}+\cdots\Big], \quad -7<x<-1,$$

$$\frac{1}{x+2}=\frac{1}{(x+4)-2}=-\frac{1}{2}\frac{1}{1-\dfrac{x+4}{2}}$$

$$=-\frac{1}{2}\Big[1+\frac{x+4}{2}+\frac{(x+4)^2}{2^2}+\cdots+\frac{(x+4)^n}{2^n}+\cdots\Big], \quad -6<x<-2,$$

所以

$$\frac{1}{x^2+3x+2}=\sum_{n=0}^{\infty}\Big(\frac{1}{2^{n+1}}-\frac{1}{3^{n+1}}\Big)(x+4)^n, \quad -6<x<-2.$$

三、函数幂级数展开式的应用

1. 近似计算

例 8 计算 e 的近似值，要求误差不超过 10^{-4}.

解 由

$$e^x = 1 + x + \frac{1}{2!}x^2 + \cdots + \frac{1}{n!}x^n + \cdots$$

知，

$$e = 1 + 1 + \frac{1}{2!} + \cdots + \frac{1}{n!} + \cdots,$$

所以

$$e \approx 1 + 1 + \frac{1}{2!} + \cdots + \frac{1}{n!},$$

余项

$$
\begin{aligned}
r_n &= \frac{1}{(n+1)!} + \frac{1}{(n+2)!} + \cdots \\
&= \frac{1}{(n+1)!}\left[1 + \frac{1}{n+2} + \frac{1}{(n+2)(n+3)} + \cdots\right] \\
&< \frac{1}{(n+1)!}\left[1 + \frac{1}{n+1} + \frac{1}{(n+1)^2} + \cdots\right] \\
&= \frac{1}{(n+1)!}\frac{1}{1 - \frac{1}{n+1}} = \frac{1}{n \cdot n!},
\end{aligned}
$$

要使 $r_n \leqslant 10^{-4}$，只要 $n \cdot n! \geqslant 10^4$，得 $n \geqslant 7$. 故

$$e \approx 1 + 1 + \frac{1}{2!} + \cdots + \frac{1}{7!} \approx 2.718\,3.$$

例 9 计算 ln2 的近似值，要求误差不超过 10^{-4}.

解 由于

$$\ln(1+x) = x - \frac{x^2}{2} + \frac{x^3}{3} + \cdots + (-1)^{n-1}\frac{x^n}{n} + \cdots, \quad -1 < x \leqslant 1,$$

取 $x = 1$，得

$$\ln 2 = 1 - \frac{1}{2} + \frac{1}{3} - \frac{1}{4} + \cdots + (-1)^{n-1}\frac{1}{n} + \cdots,$$

所以

$$\ln 2 \approx 1 - \frac{1}{2} + \frac{1}{3} - \frac{1}{4} + \cdots + (-1)^{n-1}\frac{1}{n}.$$

由余项 $|r_n| < \frac{1}{n+1} \leqslant 10^{-4}$，得 $n \geqslant 9\,999$，即需取级数的前 10\,000 项进行计算，这样做计算量太大！下面寻找收敛速度较快的级数代替.

因为

$$\ln\frac{1+x}{1-x} = \ln(1+x) - \ln(1-x)$$

$$= 2\left(x + \frac{x^3}{3} + \cdots + \frac{x^{2n-1}}{2n-1} + \cdots\right), \quad -1 < x < 1,$$

令 $\dfrac{1+x}{1-x} = 2$,解出 $x = \dfrac{1}{3}$.将 $x = \dfrac{1}{3}$ 代入,得

$$\ln 2 = 2\left(\frac{1}{3} + \frac{1}{3}\frac{1}{3^3} + \cdots + \frac{1}{2n-1}\frac{1}{3^{2n-1}} + \cdots\right),$$

余项

$$r_n = \frac{2}{3^{2n+1}}\left(\frac{1}{2n+1} + \frac{1}{2n+3}\frac{1}{3^2} + \frac{1}{2n+5}\frac{1}{3^4} + \cdots\right)$$

$$< \frac{2}{3^{2n+1}}\frac{1}{2n+1}\left(1 + \frac{1}{3^2} + \frac{1}{3^4} + \cdots\right)$$

$$= \frac{2}{3^{2n+1}}\frac{1}{2n+1}\frac{1}{1 - \frac{1}{9}} = \frac{1}{4(2n+1)3^{2n-1}}.$$

要使误差 $|r_n| \leqslant 10^{-4}$,只要

$$4(2n+1)3^{2n-1} \geqslant 10^4,$$

只需取 $n = 4$,即有

$$4(2 \times 4 + 1) \times 3^7 = 78\,732 > 10^4,$$

所以

$$\ln 2 \approx 2\left(\frac{1}{3} + \frac{1}{3 \times 3^3} + \frac{1}{5 \times 3^5} + \frac{1}{7 \times 3^7}\right) \approx 0.693\,1.$$

例 10　计算积分 $\displaystyle\int_0^{0.2} \mathrm{e}^{-x^2}\,\mathrm{d}x$ 的近似值.

解　e^{-x^2} 的原函数不能用初等函数表示,这里用将其展开成幂级数的方法计算近似值.将 e^x 的幂级数展开式中的 x 换为 $-x^2$,有

$$\mathrm{e}^{-x^2} = 1 - x^2 + \frac{x^4}{2!} - \cdots + (-1)^n\frac{x^{2n}}{n!} + \cdots,$$

从而

$$\int_0^{0.2} \mathrm{e}^{-x^2}\,\mathrm{d}x = \int_0^{0.2}\left[1 - x^2 + \frac{x^4}{2!} - \cdots + (-1)^n\frac{x^{2n}}{n!} + \cdots\right]\mathrm{d}x$$

$$= \left(x - \frac{x^3}{3} + \frac{x^5}{10} - \frac{x^7}{42} + \cdots\right)\Bigg|_0^{0.2}$$

$$= 0.2 - 0.002\,666\,7 + 0.000\,032\,0 - \cdots$$

$$\approx 0.197\,3(\text{取前三项}).$$

例 11　计算积分 $\displaystyle\int_0^1 \frac{\sin x}{x}\,\mathrm{d}x$ 的近似值,要求误差不超过 10^{-4}.

解　由于 $\displaystyle\lim_{x \to 0}\frac{\sin x}{x} = 1$,因此该积分不是无界函数的广义积分.若定义被积函数在 $x = 0$

处的值为 1,则它在积分区间上连续. 展开被积函数,得

$$\frac{\sin x}{x} = 1 - \frac{x^2}{3!} + \frac{x^4}{5!} - \frac{x^6}{7!} + \cdots,$$

在 [0,1] 上逐项积分,得

$$\int_0^1 \frac{\sin x}{x} \mathrm{d}x = 1 - \frac{1}{3 \times 3!} + \frac{1}{5 \times 5!} - \frac{1}{7 \times 7!} + \cdots,$$

由于第四项中的 $\frac{1}{7 \times 7!} < \frac{1}{30\,000} < 10^{-4}$,所以取前三项的和作为积分的近似值:

$$\int_0^1 \frac{\sin x}{x} \mathrm{d}x \approx 1 - \frac{1}{3 \times 3!} + \frac{1}{5 \times 5!} \approx 0.946\,1.$$

2. 欧拉公式的形式推导

这里给出的欧拉公式的推导过程仅是形式上的,复变函数中有正式的推导.

$$\mathrm{e}^x = 1 + x + \frac{x^2}{2!} + \cdots + \frac{x^n}{n!} + \cdots,$$

设 $\mathrm{i} = \sqrt{-1}$ 是虚数单位,将 x 换为 $\mathrm{i}x$ 得

$$\mathrm{e}^{\mathrm{i}x} = 1 + \mathrm{i}x + \frac{(\mathrm{i}x)^2}{2!} + \frac{(\mathrm{i}x)^3}{3!} + \frac{(\mathrm{i}x)^4}{4!} + \frac{(\mathrm{i}x)^5}{5!} + \frac{(\mathrm{i}x)^6}{6!} + \cdots$$

$$= 1 + \mathrm{i}x - \frac{x^2}{2!} - \frac{\mathrm{i}x^3}{3!} + \frac{x^4}{4!} + \frac{\mathrm{i}x^5}{5!} - \frac{x^6}{6!} + \cdots$$

$$= \left(1 - \frac{x^2}{2!} + \frac{x^4}{4!} - \frac{x^6}{6!} + \cdots\right) + \mathrm{i}\left(x - \frac{x^3}{3!} + \frac{x^5}{5!} - \frac{x^7}{7!} + \cdots\right)$$

$$= \cos x + \mathrm{i}\sin x,$$

即

$$\mathrm{e}^{\mathrm{i}x} = \cos x + \mathrm{i}\sin x.$$

这就是欧拉公式.

由欧拉公式易得

$$\mathrm{e}^{-\mathrm{i}x} = \cos x - \mathrm{i}\sin x,$$

将上面两式相加或相减,并整理得

$$\cos x = \frac{\mathrm{e}^{\mathrm{i}x} + \mathrm{e}^{-\mathrm{i}x}}{2}, \quad \sin x = \frac{\mathrm{e}^{\mathrm{i}x} - \mathrm{e}^{-\mathrm{i}x}}{2\mathrm{i}}.$$

这两个式子也叫作欧拉公式.

习题 11-4

1. 将下列函数展开成 x 的幂级数:

(1) $f(x) = 3^{\frac{x+1}{2}}$;

(2) $f(x) = \cos^2 x$;

(3) $(1+x)\ln(1+x)$;

(4) $f(x) = \dfrac{x}{2x^2 - 3x + 1}$;

(5) $f(x) = \dfrac{x}{(1+x^2)^2}$;

(6) $f(x) = x \arctan x$.

2. 对指定的 x_0,将下列函数展开成 $x-x_0$ 的幂级数:

(1) $f(x)=\ln x$,$x_0=3$;　　　　　　(2) $f(x)=\cos x$,$x_0=-\dfrac{\pi}{3}$;

(3) $f(x)=\dfrac{1}{x^2-x-6}$,$x_0=-1$;　　(4) $f(x)=\dfrac{1}{x^2}$,$x_0=2$.

3. 设 $f(x)=\begin{cases}\dfrac{1-\cos x}{x^2}, & x\neq 0, \\ \dfrac{1}{2}, & x=0,\end{cases}$ 求 $f^{(n)}(0)$,$f^{(6)}(0)$,$f^{(7)}(0)$.

4. 利用幂级数展开式求下列各数的近似值:

(1) $\sqrt{630}$(误差不超过 10^{-4});　　　(2) e^{-1}(误差不超过 0.005);

(3) $\cos 20°$(误差不超过 10^{-5}).

5. 利用被积函数的幂级数展开式计算下列定积分的近似值:

(1) $\displaystyle\int_0^{0.5}\dfrac{1}{1+x^4}\mathrm{d}x$(误差不超过 10^{-4});　　(2) $\displaystyle\int_0^{\frac{1}{2}}\dfrac{\arctan x}{x}\mathrm{d}x$(误差不超过 10^{-3}).

6. 由 $\arctan x$ 展开式求 π 的近似值$\left(\text{取 } x=\dfrac{1}{\sqrt{3}},\text{误差}<10^{-5}\right)$.

第五节　傅里叶级数

将函数展开成幂级数,需要函数具有任意阶导数,在许多理论和应用问题中所遇到的函数往往不满足这一条件.此外,周期函数展开成幂级数时,其周期性没有得到体现.但在生活或工程中经常会遇到周期性物理现象,比如简谐振动(或谐波)就用周期函数

$$y=A\sin(\omega t+\varphi)$$

表示,其中 y 是位置、t 是时间、A 是振幅、ω 是角频率、φ 是初相.而对于其他复杂的周期运动或周期波,在研究时很自然的想法就是将其分解为一系列简谐振动或谐波的叠加,即

$$y=A_0+\sum_{n=1}^{\infty}A_n\sin(n\omega t+\varphi_n),$$

右端按三角公式展开得

$$y=A_0+\sum_{n=1}^{\infty}(A_n\sin\varphi_n\cos n\omega t+A_n\cos\varphi_n\sin n\omega t),$$

令 $\dfrac{a_0}{2}=A_0$,$a_n=A_n\sin\varphi_n$,$b_n=A_n\cos\varphi_n$,$x=\omega t$,则上式右端变为

$$\frac{a_0}{2}+\sum_{n=1}^{\infty}(a_n\cos nx+b_n\sin nx),$$

即为本节要讨论的三角级数.

在计算三角级数的系数 a_0,a_n,b_n($n=1,2,\cdots$)时,要用到三角函数系的性质.

一、三角函数系的性质

所谓三角函数系是指：

$$1,\cos x,\sin x,\cos 2x,\sin 2x,\cdots,\cos nx,\sin nx,\cdots. \tag{1}$$

三角函数系(1)在$[-\pi,\pi]$上具有正交性，是指其中任意两个不同的函数之积在$[-\pi,\pi]$上的积分为零，即

$$\int_{-\pi}^{\pi}\cos nx\,\mathrm{d}x=0,\quad n=1,2,3,\cdots;$$

$$\int_{-\pi}^{\pi}\sin nx\,\mathrm{d}x=0,\quad n=1,2,3,\cdots;$$

$$\int_{-\pi}^{\pi}\sin kx\cos nx\,\mathrm{d}x=0,\quad n,k=1,2,3,\cdots;$$

$$\int_{-\pi}^{\pi}\sin kx\sin nx\,\mathrm{d}x=0,\quad n,k=1,2,3,\cdots,k\neq n;$$

$$\int_{-\pi}^{\pi}\cos kx\cos nx\,\mathrm{d}x=0,\quad n,k=1,2,3,\cdots,k\neq n.$$

以上等式都可通过计算定积分来验证，如利用积化和差公式

$$\cos kx\cos nx=\frac{1}{2}\big[\cos(k+n)x+\cos(k-n)x\big],$$

当 $n\neq k$ 时，有

$$\int_{-\pi}^{\pi}\cos kx\cos nx\,\mathrm{d}x=\frac{1}{2}\int_{-\pi}^{\pi}\big[\cos(k+n)x+\cos(k-n)x\big]\mathrm{d}x$$

$$=\frac{1}{2}\left[\frac{\sin(k+n)x}{k+n}+\frac{\sin(k-n)x}{k-n}\right]\Bigg|_{-\pi}^{\pi}$$

$$=0.$$

另外，在三角函数系(1)中，两个相同的函数之积在$[-\pi,\pi]$上的积分不等于零：

$$\int_{-\pi}^{\pi}1^2\,\mathrm{d}x=2\pi,\quad \int_{-\pi}^{\pi}\sin^2 nx\,\mathrm{d}x=\pi,\quad \int_{-\pi}^{\pi}\cos^2 nx\,\mathrm{d}x=\pi.$$

二、函数展开成傅里叶级数

设 $f(x)$ 是周期为 2π 的周期函数，且它能够展开成三角级数，即

$$f(x)=\frac{a_0}{2}+\sum_{n=1}^{\infty}(a_n\cos nx+b_n\sin nx), \tag{2}$$

那么系数 $a_0,a_n,b_n(n=1,2,\cdots)$ 与 $f(x)$ 间存在怎样的关系呢？为了解决这一问题，进一步假设级数(2)可逐项积分.

对式(2)两边积分，得

$$\int_{-\pi}^{\pi}f(x)\mathrm{d}x=\int_{-\pi}^{\pi}\frac{a_0}{2}\mathrm{d}x+\sum_{n=1}^{\infty}\left(a_n\int_{-\pi}^{\pi}\cos nx\,\mathrm{d}x+b_n\int_{-\pi}^{\pi}\sin nx\,\mathrm{d}x\right),$$

由三角函数系(1)的正交性，等式右端除第一项外，其余各项均为零. 所以

$$\int_{-\pi}^{\pi} f(x)\mathrm{d}x = \frac{a_0}{2} \cdot 2\pi = \pi a_0,$$

于是有

$$a_0 = \frac{1}{\pi}\int_{-\pi}^{\pi} f(x)\mathrm{d}x.$$

在式(2)两端同乘 $\cos kx$，再逐项积分，得

$$\int_{-\pi}^{\pi} f(x)\cos kx\,\mathrm{d}x = \frac{a_0}{2}\int_{-\pi}^{\pi}\cos kx\,\mathrm{d}x + \sum_{n=1}^{\infty}\left(a_n\int_{-\pi}^{\pi}\cos kx\cos nx\,\mathrm{d}x + b_n\int_{-\pi}^{\pi}\cos kx\sin nx\,\mathrm{d}x\right),$$

由三角函数系(1)的正交性，上式右端除 $n=k$ 的一项外，其余各项均为零，所以

$$\int_{-\pi}^{\pi} f(x)\cos nx\,\mathrm{d}x = a_n\int_{-\pi}^{\pi}\cos^2 nx\,\mathrm{d}x = a_n\pi,$$

于是有

$$a_n = \frac{1}{\pi}\int_{-\pi}^{\pi} f(x)\cos nx\,\mathrm{d}x, \quad n=1,2,3,\cdots.$$

类似地，用 $\sin kx$ 同乘以式(2)两端，然后逐项积分，可得

$$b_n = \frac{1}{\pi}\int_{-\pi}^{\pi} f(x)\sin nx\,\mathrm{d}x, \quad n=1,2,3,\cdots.$$

综上所述，若 $f(x)$ 可以展开成三角级数(2)，则其系数为

$$\begin{cases} a_0 = \dfrac{1}{\pi}\displaystyle\int_{-\pi}^{\pi} f(x)\mathrm{d}x, \\[2mm] a_n = \dfrac{1}{\pi}\displaystyle\int_{-\pi}^{\pi} f(x)\cos nx\,\mathrm{d}x, \quad n=1,2,3,\cdots, \\[2mm] b_n = \dfrac{1}{\pi}\displaystyle\int_{-\pi}^{\pi} f(x)\sin nx\,\mathrm{d}x, \end{cases}$$

这组系数称为函数 $f(x)$ 的傅里叶系数，将这组系数代入式(2)后所得到的三角级数

$$\frac{a_0}{2} + \sum_{n=1}^{\infty}(a_n\cos nx + b_n\sin nx)$$

称为函数 $f(x)$ 的傅里叶级数.

然而函数 $f(x)$ 的傅里叶级数是否收敛呢？在什么条件下 $f(x)$ 的傅里叶级数收敛于 $f(x)$，即 $f(x)$ 可以展开成傅里叶级数？下面不加证明地给出傅里叶级数的收敛定理.

定理(收敛定理)   设 $f(x)$ 是周期为 2π 的周期函数，如果它满足

(1) 在一个周期内连续或只有有限个第一类间断点，

(2) 在一个周期内至多有有限个极值点，

则 $f(x)$ 的傅里叶级数收敛，并且

当 x 是 $f(x)$ 的连续点时，级数收敛于 $f(x)$；

当 x 是 $f(x)$ 的间断点时，级数收敛于 $\dfrac{f(x+0)+f(x-0)}{2}$.

收敛定理告诉我们，周期函数 $f(x)$ 若在 $[-\pi,\pi]$ 上至多有有限个第一类间断点，并且不作无限次振动，$f(x)$ 就可展开成傅里叶级数. 可见函数展开成傅里叶级数所需的条件比展开成幂级数所需的条件低得多.

由上述讨论可知,函数展开成傅里叶级数可分三步完成:

(1) 求出傅里叶系数;

(2) 写出傅里叶级数;

(3) 讨论傅里叶级数的收敛性.

例 1 设 $f(x)$ 是以 2π 为周期的周期函数,在区间 $[-\pi,\pi)$ 上的表达式为

$$f(x) = \begin{cases} 0, & -\pi \leqslant x < 0, \\ 1, & 0 \leqslant x < \pi, \end{cases}$$

将 $f(x)$ 展开成傅里叶级数.

解 $a_0 = \dfrac{1}{\pi}\displaystyle\int_{-\pi}^{\pi} f(x)\mathrm{d}x = \dfrac{1}{\pi}\int_{0}^{\pi} 1\mathrm{d}x = 1,$

$a_n = \dfrac{1}{\pi}\displaystyle\int_{-\pi}^{\pi} f(x)\cos nx\,\mathrm{d}x = \dfrac{1}{\pi}\int_{0}^{\pi}\cos nx\,\mathrm{d}x = 0,$

$b_n = \dfrac{1}{\pi}\displaystyle\int_{-\pi}^{\pi} f(x)\sin nx\,\mathrm{d}x = \dfrac{1}{\pi}\int_{0}^{\pi}\sin nx\,\mathrm{d}x = -\dfrac{1}{n\pi}\cos nx \Big|_{0}^{\pi}$

$$= \dfrac{1}{n\pi}(1-\cos n\pi) = \dfrac{1}{n\pi}[1-(-1)^n] = \begin{cases} \dfrac{2}{n\pi}, & n=1,3,5,\cdots, \\ 0, & n=2,4,6,\cdots, \end{cases}$$

可得 $f(x)$ 的傅里叶级数为

$$\frac{1}{2} + \frac{2}{\pi}\left[\sin x + \frac{1}{3}\sin 3x + \cdots + \frac{1}{2n-1}\sin(2n-1)x + \cdots\right].$$

当 $x \neq k\pi$ 时,$f(x)$ 连续,所以

$$f(x) = \frac{1}{2} + \frac{2}{\pi}\left[\sin x + \frac{1}{3}\sin 3x + \cdots + \frac{1}{2n-1}\sin(2n-1)x + \cdots\right];$$

当 $x = k\pi$ 时,傅里叶级数收敛于该点处 $f(x)$ 左、右极限的平均值,即

$$\frac{0+1}{2} = \frac{1}{2}.$$

此傅里叶级数和函数的图形如图 11-1 所示.

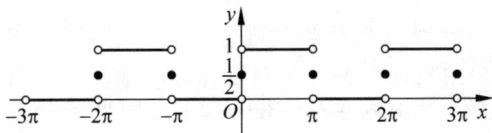

图 11-1

可以看出,在 $x \neq k\pi$ 时和函数与 $f(x)$ 的图像是重合的,在 $x = k\pi$ 时和函数的值为 $\dfrac{1}{2}$.

例 2 设 $f(x)$ 是以 2π 为周期的周期函数,在区间 $[-\pi,\pi)$ 上的表达式为

$$f(x) = \begin{cases} 0, & -\pi \leqslant x < 0, \\ x, & 0 \leqslant x < \pi, \end{cases}$$

将 $f(x)$ 展开成傅里叶级数.

解 $$a_0 = \frac{1}{\pi}\int_{-\pi}^{\pi} f(x)\mathrm{d}x = \frac{1}{\pi}\int_{0}^{\pi} x\,\mathrm{d}x = \frac{\pi}{2},$$

$$a_n = \frac{1}{\pi} \int_{-\pi}^{\pi} f(x) \cos nx \, dx = \frac{1}{\pi} \int_0^{\pi} x \cos nx \, dx$$

$$= \frac{1}{n\pi}(x \sin nx)\Big|_0^{\pi} - \frac{1}{n\pi} \int_0^{\pi} \sin nx \, dx = \frac{1}{n^2\pi} \cos nx \Big|_0^{\pi} = \frac{1}{n^2\pi}[(-1)^n - 1]$$

$$= \begin{cases} -\dfrac{2}{n^2\pi}, & n = 1,3,5,\cdots, \\ 0, & n = 2,4,6,\cdots, \end{cases}$$

$$b_n = \frac{1}{\pi} \int_{-\pi}^{\pi} f(x) \sin nx \, dx = \frac{1}{\pi} \int_0^{\pi} x \sin nx \, dx$$

$$= \frac{1}{n\pi}(-x \cos nx)\Big|_0^{\pi} + \frac{1}{n\pi} \int_0^{\pi} \cos nx \, dx = \frac{(-1)^{n+1}}{n}, \quad n = 1,2,3,\cdots,$$

可得 $f(x)$ 的傅里叶级数为

$$\frac{\pi}{4} + \sum_{n=1}^{\infty} \left[\frac{(-1)^n - 1}{n^2\pi} \cos nx + \frac{(-1)^{n+1}}{n} \sin nx \right].$$

当 $x \neq (2k-1)\pi \ (k = 0, \pm 1, \pm 2, \cdots)$ 时 $f(x)$ 连续,所以

$$f(x) = \frac{\pi}{4} + \sum_{n=1}^{\infty} \left[\frac{(-1)^n - 1}{n^2\pi} \cos nx + \frac{(-1)^{n+1}}{n} \sin nx \right];$$

当 $x = (2k-1)\pi \ (k = 0, \pm 1, \pm 2, \cdots)$ 时,傅里叶级数收敛于

$$\frac{f(-\pi+0) + f(\pi-0)}{2} = \frac{\pi}{2}.$$

傅里叶级数和函数的图形如图 11-2 所示.

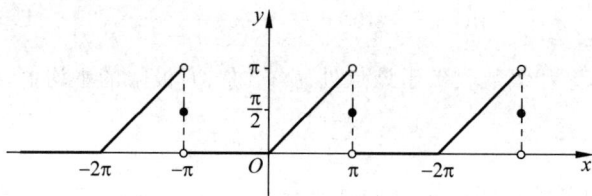

图   11-2

对函数的傅里叶级数作两点说明:

其一,关于傅里叶系数. 若函数 $f(x)$ 是以 2π 为周期的周期函数,则对任意常数 c,$f(x)$ 的傅里叶系数可表示为

$$a_n = \frac{1}{\pi} \int_c^{c+2\pi} f(x) \cos nx \, dx, \quad n = 0,1,2,\cdots,$$

$$b_n = \frac{1}{\pi} \int_c^{c+2\pi} f(x) \sin nx \, dx, \quad n = 1,2,3,\cdots.$$

其二,关于定义区间长为 2π 的函数的傅里叶级数. 当函数 $f(x)$ 的定义区间长为 2π,并且满足收敛定理的条件时,尽管不是周期函数,但也可以将 $f(x)$ 展开成傅里叶级数. 比如,设函数 $f(x)$ 只在 $[-\pi, \pi)$ 上有定义,我们可以在 $[-\pi, \pi)$ 之外补充函数 $f(x)$ 的定义,使它拓广成以 2π 为周期的函数 $F(x)$(按这种方式拓广函数的定义域的过程称为周期延拓),然后再将 $F(x)$ 展开成傅里叶级数,最后限制 x 在 $[-\pi, \pi)$ 内,此时 $F(x) = f(x)$,这样便得到

$f(x)$的傅里叶级数展开式. 根据收敛定理,在区间端点 $x=\pm\pi$ 处,傅里叶级数收敛于 $\frac{1}{2}[f(\pi-0)+f(-\pi+0)]$.

例 3 将函数 $f(x)=x^2$ 在$[0,2\pi]$上展开成傅里叶级数.

解 将 $f(x)=x^2$ 作周期延拓,使其成为以 2π 为周期的函数,其傅里叶系数为

$$a_0=\frac{1}{\pi}\int_0^{2\pi}x^2\,\mathrm{d}x=\frac{8}{3}\pi^2,$$

$$a_n=\frac{1}{\pi}\int_0^{2\pi}f(x)\cos nx\,\mathrm{d}x=\frac{1}{\pi}\int_0^{2\pi}x^2\cos nx\,\mathrm{d}x=-\frac{2}{n\pi}\int_0^{2\pi}x\sin nx\,\mathrm{d}x=\frac{4}{n^2},$$

$$b_n=\frac{1}{\pi}\int_0^{2\pi}f(x)\sin nx\,\mathrm{d}x=\frac{1}{\pi}\int_0^{2\pi}x^2\sin nx\,\mathrm{d}x=-\frac{4\pi}{n}+\frac{1}{n\pi}\int_0^{2\pi}x\cos nx\,\mathrm{d}x=-\frac{4\pi}{n},$$

所以当 $0<x<2\pi$ 时,

$$x^2=\frac{4}{3}\pi^2+4\sum_{n=1}^{\infty}\left(\frac{\cos nx}{n^2}-\frac{\pi\sin nx}{n}\right).$$

傅里叶级数和函数的图形如图 11-3 所示.

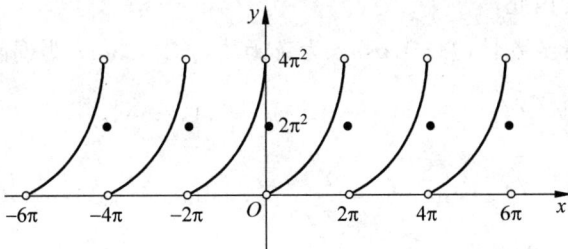

图 11-3

习题 11-5

1. 设 $f(x)=\begin{cases}x+\pi, & -\pi\leqslant x<-\dfrac{\pi}{2}, \\[2mm] -x-\dfrac{\pi}{2}, & -\dfrac{\pi}{2}\leqslant x<0, \\[2mm] x-\dfrac{\pi}{2}, & 0\leqslant x<\dfrac{\pi}{2}, \\[2mm] \pi-x, & \dfrac{\pi}{2}\leqslant x\leqslant\pi,\end{cases}$ 记 $S(x)$ 为 $f(x)$ 以 2π 为周期的傅里叶级数

的和函数,分别给出 $S(-\pi),S\left(-\dfrac{\pi}{2}\right),S(0),S\left(\dfrac{\pi}{4}\right),S\left(\dfrac{\pi}{2}\right),S(\pi),S\left(\dfrac{3\pi}{2}\right),S\left(\dfrac{17\pi}{4}\right)$ 的值.

2. $f(x)$是周期为 2π 的周期函数,它在$[-\pi,\pi)$上的表达式由下列各式给出,试将 $f(x)$展开成傅里叶级数:

(1) $f(x)=\begin{cases}-1, & -\pi\leqslant x<0, \\ x, & 0\leqslant x<\pi;\end{cases}$ (2) $f(x)=x+1,-\pi\leqslant x<\pi$;

(3) $f(x)=\begin{cases}1, & -\pi\leqslant x<0, \\ x^2, & 0\leqslant x<\pi;\end{cases}$ (4) $f(x)=e^x+1, -\pi\leqslant x<\pi.$

3. 将下列函数展开成傅里叶级数:

(1) $f(x)=\begin{cases}\pi+x, & -\pi\leqslant x<0, \\ \pi-x, & 0\leqslant x<\pi;\end{cases}$ (2) $f(x)=\begin{cases}2x, & -\pi\leqslant x<0, \\ 3x, & 0\leqslant x<\pi.\end{cases}$

4. 求 $f(x)=1-x^2, x\in[-\pi,\pi]$ 的傅里叶级数,并求级数 $\sum_{n=1}^{\infty}\dfrac{(-1)^{n-1}}{n^2}$ 的和.

第六节　正弦级数和余弦级数

设 $f(x)$ 是周期为 2π 的函数,在一个周期上可积.下面讨论当 $f(x)$ 是奇函数或偶函数时其傅里叶级数的形式.

由定积分的计算知,奇函数在对称区间上的积分为零,偶函数在对称区间上积分等于半区间上积分的两倍.因此,

(1) 当 $f(x)$ 是奇函数时,$f(x)\cos nx$ 为奇函数,$f(x)\sin nx$ 为偶函数,所以

$$a_n=\frac{1}{\pi}\int_{-\pi}^{\pi}f(x)\cos nx\,\mathrm{d}x=0, \quad n=0,1,2,\cdots,$$

$$b_n=\frac{1}{\pi}\int_{-\pi}^{\pi}f(x)\sin nx\,\mathrm{d}x=\frac{2}{\pi}\int_0^{\pi}f(x)\sin nx\,\mathrm{d}x, \quad n=1,2,3,\cdots,$$

它的傅里叶级数只含正弦项

$$\sum_{n=1}^{\infty}b_n\sin nx,$$

称为正弦级数.

(2) 当 $f(x)$ 是偶函数时,$f(x)\cos nx$ 为偶函数,$f(x)\sin nx$ 为奇函数,所以

$$a_n=\frac{1}{\pi}\int_{-\pi}^{\pi}f(x)\cos nx\,\mathrm{d}x=\frac{2}{\pi}\int_0^{\pi}f(x)\cos nx\,\mathrm{d}x, \quad n=0,1,2,\cdots,$$

$$b_n=\frac{1}{\pi}\int_{-\pi}^{\pi}f(x)\sin nx\,\mathrm{d}x=0, \quad n=1,2,3,\cdots,$$

它的傅里叶级数只含余弦项

$$\frac{a_0}{2}+\sum_{n=1}^{\infty}a_n\cos nx,$$

称为余弦级数.

例1 设 $f(x)$ 是周期为 2π 的周期函数,它在 $[-\pi,\pi]$ 上的表达式为 $f(x)=|x|$.将它展开成傅里叶级数.

解 因为 $f(x)$ 是偶函数,所以

$$a_0=\frac{2}{\pi}\int_0^{\pi}f(x)\,\mathrm{d}x=\frac{2}{\pi}\int_0^{\pi}x\,\mathrm{d}x=\pi,$$

$$a_n = \frac{2}{\pi} \int_0^\pi f(x) \cos nx \, dx = \frac{2}{\pi} \int_0^\pi x \cos nx \, dx = \frac{2}{n\pi} \left[x \sin nx \Big|_0^\pi - \int_0^\pi \sin nx \, dx \right]$$

$$= \frac{2}{n^2 \pi} \left[(-1)^n - 1 \right] = \begin{cases} 0, & n \text{ 为偶数}, \\ -\dfrac{4}{n^2 \pi}, & n \text{ 为奇数}, \end{cases}$$

$$b_n = 0, \quad n = 1, 2, \cdots,$$

于是

$$f(x) \sim \frac{\pi}{2} - \frac{4}{\pi} \sum_{n=1}^\infty \frac{1}{(2n-1)^2} \cos(2n-1)x.$$

因为 $f(x)$ 在 $(-\infty, +\infty)$ 上连续,所以

$$f(x) = \frac{\pi}{2} - \frac{4}{\pi} \sum_{n=1}^\infty \frac{1}{(2n-1)^2} \cos(2n-1)x.$$

和函数的图形如图 11-4 所示.

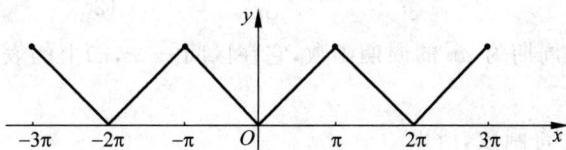

图 11-4

利用这个傅里叶级数,可以求出几个特殊的数项级数的和.

当 $x = 0$ 时,$f(0) = 0$,即

$$0 = \frac{\pi}{2} - \frac{4}{\pi} \left[1 + \frac{1}{3^2} + \frac{1}{5^2} + \cdots + \frac{1}{(2n-1)^2} + \cdots \right],$$

解得

$$\frac{\pi^2}{8} = 1 + \frac{1}{3^2} + \frac{1}{5^2} + \cdots + \frac{1}{(2n-1)^2} + \cdots.$$

若设

$$\delta = 1 + \frac{1}{2^2} + \frac{1}{3^2} + \cdots + \frac{1}{n^2} + \cdots,$$

$$\delta_1 = 1 + \frac{1}{3^2} + \frac{1}{5^2} + \cdots + \frac{1}{(2n-1)^2} + \cdots \left(= \frac{\pi^2}{8} \right),$$

$$\delta_2 = \frac{1}{2^2} + \frac{1}{4^2} + \cdots + \frac{1}{(2n)^2} + \cdots,$$

$$\delta_3 = 1 - \frac{1}{2^2} + \frac{1}{3^2} - \frac{1}{4^2} + \cdots + \frac{1}{(2n-1)^2} - \frac{1}{(2n)^2} + \cdots,$$

则

$$\delta_2 = \frac{1}{2^2} \left(1 + \frac{1}{2^2} + \cdots + \frac{1}{n^2} + \cdots \right) = \frac{1}{4} \delta, \quad \delta_1 + \delta_2 = \delta,$$

所以

$$\delta_1 = \frac{3}{4}\delta.$$

即

$$\delta = \frac{4}{3}\delta_1 = \frac{\pi^2}{6}, \quad \delta_2 = \frac{1}{3}\delta_1 = \frac{\pi^2}{24}, \quad \delta_3 = \delta_1 - \delta_2 = \frac{\pi^2}{8} - \frac{\pi^2}{24} = \frac{\pi^2}{12}.$$

也即

$$1 + \frac{1}{2^2} + \frac{1}{3^2} + \cdots + \frac{1}{n^2} + \cdots = \frac{\pi^2}{6},$$

$$1 + \frac{1}{3^2} + \frac{1}{5^2} + \cdots + \frac{1}{(2n-1)^2} + \cdots = \frac{\pi^2}{8},$$

$$\frac{1}{2^2} + \frac{1}{4^2} + \cdots + \frac{1}{(2n)^2} + \cdots = \frac{\pi^2}{24},$$

$$1 - \frac{1}{2^2} + \frac{1}{3^2} - \cdots + \frac{(-1)^n}{n^2} + \cdots = \frac{\pi^2}{12}.$$

例 2 设 $f(x)$ 是周期为 2π 的周期函数,它在区间 $[-\pi,\pi)$ 上的表达式为 $f(x) = x$,将它展开成傅里叶级数.

解 因为 $f(x)$ 为奇函数,所以

$$a_n = 0, \quad n = 0, 1, 2, \cdots,$$

$$b_n = \frac{2}{\pi} \int_0^\pi f(x) \sin nx \, dx = \frac{2}{\pi} \int_0^\pi x \sin nx \, dx = \frac{2}{\pi} \left(-\frac{x \cos nx}{n} + \frac{\sin nx}{n^2} \right) \Big|_0^\pi$$

$$= \frac{2}{n}(-1)^{n+1}, \quad n = 1, 2, 3, \cdots,$$

可得 $f(x)$ 的傅里叶级数为

$$\sum_{n=1}^\infty \frac{2 \times (-1)^{n+1}}{n} \sin nx.$$

当 $x \neq (2k+1)\pi \, (k = 0, \pm 1, \pm 2, \cdots)$ 时 $f(x)$ 连续,必有

$$f(x) = \sum_{n=1}^\infty \frac{2 \times (-1)^{n+1}}{n} \sin nx;$$

当 $x = (2k+1)\pi$ 时,$f(x)$ 的傅里叶级数收敛于

$$\frac{f(\pi - 0) + f(-\pi + 0)}{2} = \frac{\pi + (-\pi)}{2} = 0.$$

和函数的图形如图 11-5 所示.

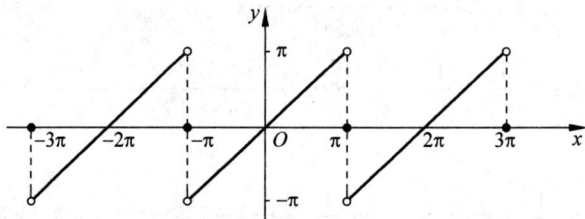

图 11-5

在实际问题(如波动问题、热的传导与扩散)中,常常需要把定义在$[0,\pi]$上的函数$f(x)$展开成正弦级数和余弦级数.这样的问题可按如下方法解决:先在$(-\pi,0)$上补充$f(x)$的定义,得到$(-\pi,\pi]$上的函数$F(x)$,使它成为$(-\pi,\pi)$上的奇函数(偶函数).按这种方法拓广函数定义域的方法称为奇延拓(偶延拓).然后将奇延拓(偶延拓)后的函数展开成傅里叶级数,这个级数必定是正弦级数(余弦级数),再限制x在$[0,\pi]$上,此时$F(x)\equiv f(x)$,这样便得到$f(x)$的正弦级数(余弦级数)展开式.

例 3 将$f(x)=1-\dfrac{2}{\pi}x(0<x<\pi)$展开成正弦级数与余弦级数.

解 先求正弦级数.将$f(x)$进行奇延拓,则

$$a_n=0,\quad n=0,1,2,\cdots,$$

$$b_n=\frac{2}{\pi}\int_0^\pi f(x)\sin nx\,dx=\frac{2}{\pi}\int_0^\pi\left(1-\frac{2}{\pi}x\right)\sin nx\,dx$$

$$=-\frac{2}{n\pi}\left[\left(1-\frac{2}{\pi}x\right)\cos nx\right]\Big|_0^\pi+\frac{2}{\pi}\int_0^\pi\cos nx\cdot\left(-\frac{2}{\pi}\right)dx$$

$$=\frac{2}{n\pi}[1+(-1)^n]=\begin{cases}\dfrac{4}{n\pi},&n\text{ 为偶数},\\[2mm]0,&n\text{ 为奇数}.\end{cases}$$

由于$f(x)$在$(0,\pi)$连续,所以

$$f(x)=\frac{4}{\pi}\left(\frac{1}{2}\sin 2x+\frac{1}{4}\sin 4x+\cdots+\frac{1}{2n}\sin 2nx+\cdots\right).$$

再求余弦级数.将$f(x)$进行偶延拓,则得

$$a_0=\frac{2}{\pi}\int_0^\pi f(x)dx=\frac{2}{\pi}\int_0^\pi\left(1-\frac{2}{\pi}x\right)dx=\frac{2}{\pi}\left(x-\frac{x^2}{\pi}\right)=0,$$

$$a_n=\frac{2}{\pi}\int_0^\pi\left(1-\frac{2}{\pi}x\right)\cos nx\,dx=\frac{2}{n\pi}\left[\left(1-\frac{2}{\pi}x\right)\sin nx\right]\Big|_0^\pi+\frac{2}{n\pi}\int_0^\pi\sin nx\cdot\frac{2}{\pi}dx$$

$$=\frac{4}{n^2\pi^2}[1-(-1)^n]=\begin{cases}\dfrac{8}{n^2\pi^2},&n\text{ 为奇数},\\[2mm]0,&n\text{ 为偶数},\end{cases}$$

由于$f(x)$在$(0,\pi)$上连续,所以

$$f(x)=\frac{8}{\pi^2}\left[\cos x+\frac{\cos 3x}{3^2}+\cdots+\frac{\cos(2n-1)x}{(2n-1)^2}+\cdots\right].$$

习题 11-6

1. 设$f(x)$是周期为2π的函数,且$f(x)=\begin{cases}x,&-\dfrac{\pi}{2}<x<\dfrac{\pi}{2},\\[2mm]0,&\dfrac{\pi}{2}\leqslant|x|\leqslant\pi,\end{cases}$将$f(x)$展开成傅里叶级数.

2. $f(x)$是周期为2π的周期函数,且$f(x)=3x^2+1,-\pi\leqslant x<\pi$,将$f(x)$展开成傅里

叶级数.

3. 将函数 $f(x)=x^3(-\pi\leqslant x<\pi)$ 展开成傅里叶级数.

4. 将函数 $f(x)=\cos\dfrac{x}{2}(-\pi\leqslant x\leqslant\pi)$ 展开成傅里叶级数.

5. 将函数 $f(x)=\dfrac{x-\pi}{2}(0\leqslant x\leqslant\pi)$ 展开成正弦级数.

6. 设 $f(x)=\begin{cases}x, & 0\leqslant x\leqslant\dfrac{\pi}{2}, \\ \pi-x, & \dfrac{\pi}{2}<x\leqslant\pi,\end{cases}$ 分别将 $f(x)$ 展开成正弦级数与余弦级数.

第七节　一般周期函数的傅里叶级数

一、周期为 $2l$ 的周期函数的傅里叶级数

前面讨论的周期函数都是以 2π 为周期的,然而实际问题中有一些周期函数的周期不一定是 2π,所以有必要讨论以 $2l$ 为周期的函数的傅里叶级数.

定理　设以 $2l$ 为周期的函数 $f(x)$ 满足收敛定理的条件,则在连续点处,它的傅里叶级数的展开式为

$$f(x)=\frac{a_0}{2}+\sum_{n=1}^{\infty}\left(a_n\cos\frac{n\pi x}{l}+b_n\sin\frac{n\pi x}{l}\right),$$

其中

$$a_n=\frac{1}{l}\int_{-l}^{l}f(x)\cos\frac{n\pi x}{l}\mathrm{d}x,\quad n=0,1,2,\cdots,$$

$$b_n=\frac{1}{l}\int_{-l}^{l}f(x)\sin\frac{n\pi x}{l}\mathrm{d}x,\quad n=1,2,3,\cdots.$$

若 $f(x)$ 为奇函数,则

$$f(x)=\sum_{n=1}^{\infty}b_n\sin\frac{n\pi x}{l},$$

其中

$$b_n=\frac{2}{l}\int_{0}^{l}f(x)\sin\frac{n\pi x}{l}\mathrm{d}x,\quad n=1,2,3,\cdots.$$

若 $f(x)$ 为偶函数,则

$$f(x)=\frac{a_0}{2}+\sum_{n=1}^{\infty}a_n\cos\frac{n\pi x}{l},$$

其中

$$a_n=\frac{2}{l}\int_{0}^{l}f(x)\cos\frac{n\pi x}{l}\mathrm{d}x,\quad n=0,1,2,\cdots.$$

证　作代换 $z=\dfrac{\pi x}{l}$,于是区间 $-l\leqslant x<l$ 变换成 $-\pi\leqslant z<\pi$. 记

$$f(x) = f\left(\frac{lz}{\pi}\right) = F(z),$$

由于

$$F(z + 2\pi) = f\left(\frac{l(z + 2\pi)}{\pi}\right) = f\left(\frac{lz}{\pi} + 2l\right) = f\left(\frac{lz}{\pi}\right) = F(z),$$

所以 $F(z)$ 是以 2π 为周期的函数. 将 $F(z)$ 展开成傅里叶级数

$$F(z) = \frac{a_0}{2} + \sum_{n=1}^{\infty} (a_n \cos nz + b_n \sin nz),$$

其中

$$a_n = \frac{1}{\pi} \int_{-\pi}^{\pi} F(z) \cos nz \, \mathrm{d}z, \quad b_n = \frac{1}{\pi} \int_{-\pi}^{\pi} F(z) \sin nz \, \mathrm{d}z.$$

在以上式子中令 $z = \frac{\pi x}{l}$，并注意到 $F(z) = f(x)$，可得

$$f(x) = \frac{a_0}{2} + \sum_{n=1}^{\infty} \left(a_n \cos \frac{n\pi x}{l} + b_n \sin \frac{n\pi x}{l}\right),$$

其中

$$a_n = \frac{1}{l} \int_{-l}^{l} f(x) \cos \frac{n\pi x}{l} \, \mathrm{d}x, \quad n = 0, 1, 2, \cdots,$$

$$b_n = \frac{1}{l} \int_{-l}^{l} f(x) \sin \frac{n\pi x}{l} \, \mathrm{d}x, \quad n = 1, 2, 3, \cdots.$$

类似可证明定理的其余部分. $\square$

例 1 设 $f(x)$ 是周期为 4 的周期函数，它在区间 $[-2, 2)$ 上的表达式为

$$f(x) = \begin{cases} 0, & -2 \leqslant x < 0, \\ k, & 0 \leqslant x < 2, \end{cases} \quad 常数 \ k \neq 0,$$

将 $f(x)$ 展开成傅里叶级数.

解
$$a_0 = \frac{1}{2} \int_{-2}^{2} f(x) \, \mathrm{d}x = \frac{1}{2} \int_0^2 k \, \mathrm{d}x = k,$$

$$a_n = \frac{1}{2} \int_{-2}^{2} f(x) \cos \frac{n\pi x}{2} \, \mathrm{d}x = \frac{1}{2} \int_0^2 k \cos \frac{n\pi x}{2} \, \mathrm{d}x$$

$$= \left(\frac{k}{n\pi} \sin \frac{n\pi x}{2}\right) \Big|_0^2 = 0, \quad n = 1, 2, 3, \cdots,$$

$$b_n = \frac{1}{2} \int_{-2}^{2} f(x) \sin \frac{n\pi x}{2} \, \mathrm{d}x = \frac{1}{2} \int_0^2 k \sin \frac{n\pi x}{2} \, \mathrm{d}x = \frac{k}{n\pi} = \frac{k}{n\pi} [1 - (-1)^n]$$

$$= \begin{cases} \dfrac{2k}{n\pi}, & n = 1, 3, 5, \cdots, \\ 0, & n = 2, 4, 6, \cdots, \end{cases}$$

于是 $f(x)$ 的展开式为

$$\frac{k}{2} + \frac{2k}{\pi} \left(\sin \frac{\pi x}{2} + \frac{1}{3} \sin \frac{3\pi x}{2} + \frac{1}{5} \sin \frac{5\pi x}{2} + \cdots\right).$$

当 $x \neq 0, \pm 2, \pm 4, \cdots$ 时，$f(x)$ 连续，必有

$$f(x) = \frac{k}{2} + \frac{2k}{\pi} \left(\sin \frac{\pi x}{2} + \frac{1}{3} \sin \frac{3\pi x}{2} + \frac{1}{5} \sin \frac{5\pi x}{2} + \cdots\right).$$

当 $x=0,\pm2,\pm4,\cdots$ 时,傅里叶级数收敛于 $\dfrac{k}{2}$. 其和函数的图形如图 11-6 所示.

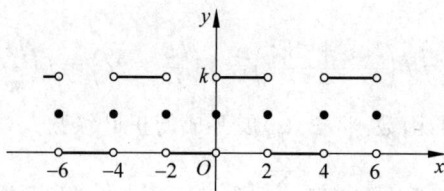

图 11-6

例 2   将函数 $f(x)=x+1(0\leqslant x\leqslant 1)$ 分别展开成正弦级数和余弦级数.

解   先展开成正弦级数. 将 $f(x)$ 在 $(-1,0)$ 上进行奇延拓(图 11-7),然后再进行周期延拓成为 $F(x)$,则

$$a_n=0,\quad n=0,1,2,\cdots,$$

$$b_n=2\int_0^1(x+1)\sin n\pi x\,\mathrm{d}x=\frac{2}{n\pi}(1-2\cos n\pi)=\frac{2}{n\pi}[1+(-1)^{n+1}\times 2],\quad n=1,2,3,\cdots.$$

由于 $f(x)$ 在 $(0,1)$ 上连续,于是

$$x+1=\frac{2}{\pi}\sum_{n=1}^{\infty}\frac{1+(-1)^{n+1}\times 2}{n}\sin n\pi x.$$

在 $x=0,x=1$ 处傅里叶级数收敛于 0.

再展开成余弦级数. 为此,将 $f(x)$ 进行偶延拓(图 11-8),然后进行周期延拓成为 $F(x)$. 因此有

$$b_n=0,\quad n=1,2,3,\cdots,$$

$$a_0=2\int_0^1(x+1)\mathrm{d}x=3,$$

$$a_n=2\int_0^1(x+1)\cos n\pi x\,\mathrm{d}x=\frac{2}{n^2\pi^2}(\cos n\pi-1)=\begin{cases}0,&n\text{ 为偶数},n\neq 0,\\ -\dfrac{4}{n^2\pi^2},&n\text{ 为奇数}.\end{cases}$$

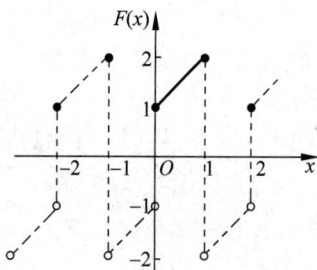

图 11-7

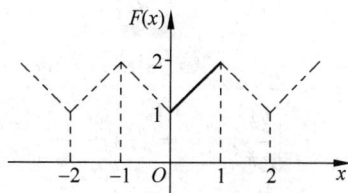

图 11-8

因为延拓后的函数在区间 $(-\infty,+\infty)$ 内连续,故有

$$x+1=\frac{3}{2}-\frac{4}{\pi^2}\left(\cos\pi x+\frac{1}{3^2}\cos 3\pi x+\frac{1}{5^2}\cos 5\pi x+\cdots\right).$$

二、傅里叶级数的复数形式

电子技术等领域经常用到傅里叶级数的复数形式.它与前面所讨论的实数域上的傅里叶级数本质上是一致的,但形式更简洁、系数算式少.

设周期为 $2l$ 的周期函数的傅里叶级数为

$$\frac{a_0}{2} + \sum_{n=1}^{\infty} \left(a_n \cos \frac{n\pi x}{l} + b_n \sin \frac{n\pi x}{l} \right), \tag{1}$$

其中,系数为

$$a_n = \frac{1}{l} \int_{-l}^{l} f(x) \cos \frac{n\pi x}{l} \mathrm{d}x, \quad n = 0,1,2,\cdots,$$

$$b_n = \frac{1}{l} \int_{-l}^{l} f(x) \sin \frac{n\pi x}{l} \mathrm{d}x, \quad n = 1,2,3,\cdots. \tag{2}$$

利用欧拉公式

$$\cos t = \frac{\mathrm{e}^{t\mathrm{i}} + \mathrm{e}^{-t\mathrm{i}}}{2}, \quad \sin t = \frac{\mathrm{e}^{t\mathrm{i}} - \mathrm{e}^{-t\mathrm{i}}}{2},$$

式(1)可化为

$$\frac{a_0}{2} + \sum_{n=1}^{\infty} \left[\frac{a_n}{2} \left(\mathrm{e}^{\frac{n\pi x}{l}\mathrm{i}} + \mathrm{e}^{-\frac{n\pi x}{l}\mathrm{i}} \right) - \frac{b_n \mathrm{i}}{2} \left(\mathrm{e}^{\frac{n\pi x}{l}\mathrm{i}} - \mathrm{e}^{-\frac{n\pi x}{l}\mathrm{i}} \right) \right]$$

$$= \frac{a_0}{2} + \sum_{n=1}^{\infty} \left(\frac{a_n - b_n \mathrm{i}}{2} \mathrm{e}^{\frac{n\pi x}{l}\mathrm{i}} + \frac{a_n + b_n \mathrm{i}}{2} \mathrm{e}^{-\frac{n\pi x}{l}\mathrm{i}} \right). \tag{3}$$

记

$$\frac{a_0}{2} = c_0, \quad \frac{a_n - b_n \mathrm{i}}{2} = c_n, \quad \frac{a_n + b_n \mathrm{i}}{2} = c_{-n}, \quad n = 1,2,3,\cdots, \tag{4}$$

则式(3)表示为

$$c_0 + \sum_{n=1}^{\infty} \left(c_n \mathrm{e}^{\frac{n\pi x}{l}\mathrm{i}} + c_{-n} \mathrm{e}^{-\frac{n\pi x}{l}\mathrm{i}} \right)$$

$$= \left(c_n \mathrm{e}^{\frac{n\pi x}{l}\mathrm{i}} \right)_{n=0} + \sum_{n=1}^{\infty} \left(c_n \mathrm{e}^{\frac{n\pi x}{l}\mathrm{i}} + c_{-n} \mathrm{e}^{-\frac{n\pi x}{l}\mathrm{i}} \right)$$

$$= \sum_{n=-\infty}^{\infty} c_n \mathrm{e}^{\frac{n\pi x}{l}\mathrm{i}}, \tag{5}$$

这就是傅里叶级数的复数形式.

下面求式(5)中的系数 c_n. 将式(2)代入式(4)得

$$c_0 = \frac{a_0}{2} = \frac{1}{2l} \int_{-l}^{l} f(x) \mathrm{d}x;$$

$$c_n = \frac{a_n - b_n \mathrm{i}}{2} = \frac{1}{2} \left[\frac{1}{l} \int_{-l}^{l} f(x) \cos \frac{n\pi x}{l} \mathrm{d}x - \frac{\mathrm{i}}{l} \int_{-l}^{l} f(x) \sin \frac{n\pi x}{l} \mathrm{d}x \right]$$

$$= \frac{1}{2l} \int_{-l}^{l} f(x) \left(\cos \frac{n\pi x}{l} - \mathrm{i} \sin \frac{n\pi x}{l} \right) \mathrm{d}x = \frac{1}{2l} \int_{-l}^{l} f(x) \mathrm{e}^{-\frac{n\pi x}{l}\mathrm{i}} \mathrm{d}x;$$

$$c_{-n}=\frac{a_n+b_n\mathrm{i}}{2}=\frac{1}{2l}\int_{-l}^{l}f(x)\mathrm{e}^{\frac{n\pi x}{T}\mathrm{i}}\mathrm{d}x,\quad n=1,2,3,\cdots,$$

上述结果可以合并写为

$$c_n=\frac{1}{2l}\int_{-l}^{l}f(x)\mathrm{e}^{-\frac{n\pi x}{T}\mathrm{i}}\mathrm{d}x,\quad n=0,\pm 1,\pm 2,\cdots. \tag{6}$$

这就是傅里叶系数的复数形式.

例3　把宽为 τ、高为 h、周期为 T 的矩形波(图 11-9)展开成复数形式的傅里叶级数.

解　在一个周期 $\left[-\dfrac{T}{2},\dfrac{T}{2}\right]$ 内矩形波的函数表达式为

$$u(t)=\begin{cases}0,&-\dfrac{T}{2}\leqslant t<-\dfrac{\tau}{2},\\[2mm]h,&-\dfrac{\tau}{2}\leqslant t<\dfrac{\tau}{2},\\[2mm]0,&\dfrac{\tau}{2}\leqslant t<\dfrac{T}{2},\end{cases}$$

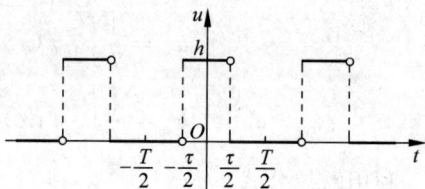

图　11-9

由式(6)得

$$c_n=\frac{1}{T}\int_{-T/2}^{T/2}u(t)\mathrm{e}^{-\frac{2n\pi t}{T}\mathrm{i}}\mathrm{d}t=\frac{1}{T}\int_{-\tau/2}^{\tau/2}h\,\mathrm{e}^{-\frac{2n\pi t}{T}\mathrm{i}}\mathrm{d}t$$

$$=\frac{h}{T}\left(\frac{-T}{2n\pi\mathrm{i}}\mathrm{e}^{-\frac{2n\pi t}{T}\mathrm{i}}\right)\Big|_{-\tau/2}^{\tau/2}=\frac{h}{n\pi}\sin\frac{n\pi\tau}{T},\quad n=\pm 1,\pm 2,\cdots,$$

$$c_0=\frac{1}{T}\int_{-T/2}^{T/2}u(t)\mathrm{d}t=\frac{1}{T}\int_{-\tau/2}^{\tau/2}h\,\mathrm{d}t=\frac{h\tau}{T}.$$

将这些系数代入式(5)得

$$u(t)=\frac{h\tau}{T}+\frac{h}{\pi}\sum_{\substack{n=-\infty\\n\neq 0}}^{\infty}\frac{1}{n}\sin\frac{n\pi\tau}{T}\mathrm{e}^{\frac{2n\pi t}{T}\mathrm{i}},\quad-\infty<t<+\infty,t\neq nT\pm\frac{\tau}{2},n=0,\pm 1,\pm 2,\cdots.$$

习题 11-7

1. 将下列周期函数展开为傅里叶级数,函数在一个周期上的表达式为:

(1) $f(x)=\begin{cases}2x+1,&-3\leqslant x<0,\\1,&0\leqslant x<3;\end{cases}$　(2) $f(x)=1-x^2,\quad-\dfrac{1}{2}\leqslant x<\dfrac{1}{2}.$

2. 将下列函数展开成正弦级数与余弦级数:

(1) $f(x)=\begin{cases}1,&0\leqslant x<\dfrac{1}{2},\\[2mm]0,&\dfrac{1}{2}\leqslant x\leqslant 1;\end{cases}$　(2) $f(x)=-x,\quad 0\leqslant x<5.$

3. 设周期函数 $f(x)$ 的周期为 $2l$,证明 $f(x)$ 的傅里叶系数为

$$a_n=\frac{1}{l}\int_{0}^{2l}f(x)\cos\frac{n\pi x}{l}\mathrm{d}x,\quad n=0,1,2,\cdots,$$

$$b_n=\frac{1}{l}\int_{0}^{2l}f(x)\sin\frac{n\pi x}{l}\mathrm{d}x,\quad n=1,2,\cdots.$$

4. 设 $f(x)$ 是周期为 2 的周期函数,它在 $[-1,1)$ 上的表达式为 $f(x)=e^{-x}$. 试将 $f(x)$ 展开成复数形式的傅里叶级数.

第八节 工程应用举例

例 1(药物在体内的残留量) 患有某种心脏病的病人经常要服用洋地黄毒苷(digitoxin). 洋地黄毒苷在体内的清除速率正比于体内洋地黄毒苷的药量. 一天(24h)大约有 10% 的药物被清除. 假设每天给某病人 0.05mg 的维持剂量,试估算治疗几个月后该病人体内的洋地黄毒苷的总量.

解 第一天,给病人 0.05mg 的初始剂量,到第一天末时,0.05mg 的 10% 被清除,体内残留的药量为

$$0.05 \times 0.90 \, \text{mg};$$

第二天,给病人 0.05mg 的剂量,到第二天末时,$(0.05+0.05\times0.90)$mg 的 10% 被清除,体内残留的药量为 $(0.05+0.05\times0.90)\times0.90$mg,即

$$(0.05 \times 0.90 + 0.05 \times 0.90^2)\text{mg};$$

同理,在第三天末时,体内残留的药量为

$$(0.05 \times 0.90 + 0.05 \times 0.90^2 + 0.05 \times 0.90^3)\text{mg};$$

如此下去,第 n 天末残留的药量为

$$(0.05 \times 0.90 + 0.05 \times 0.90^2 + \cdots + 0.05 \times 0.90^n)\text{mg}.$$

我们看到,每一次重新给药时体内的药量是下列几何级数的部分和:

$$(0.05 \times 0.90 + 0.05 \times 0.90^2 + 0.05 \times 0.90^3 + \cdots + 0.05 \times 0.90^n + \cdots)\text{mg},$$

这个级数的和为 $\dfrac{a}{1-r}=\dfrac{0.05}{1-0.90}\text{mg}=0.5\text{mg}.$

由于此级数的部分和趋近于此级数的和,所以,每天给病人 0.05mg 的维持剂量将最终使病人体内的洋地黄毒苷水平达到一个 0.5mg 的"坪台".

当我们要将这个"坪台"降低 10%,也就是让坪水平达到 $0.90\times0.5\text{mg}=0.45\text{mg}$ 时,就需调整维持剂量,这在药物的治疗中是一种重要的技术.

例 2(存取款问题) 设年利率为 i,依复利计算,想要在第一年末提取 1 元,第二年末提取 2^2 元=4 元,第三年末提取 3^2 元=9 元,$\cdots$,在第 n 年末提取 n^2 元. 要能永远如此提取,问至少需要事先存入多少本金?

解 这里本金为存入的钱,设为 A,则一年后本金与利息之和称为一年的本利和,即为 $A(1+i)$,两年后本利和为 $A(1+i)^2$,$\cdots$,n 年后本利和为 $A(1+i)^n$. n 年后若要提取 n^2 元本利和,则

$$A(1+i)^n = n^2,$$

即本金应为 $A=n^2(1+i)^{-n}$ 元. 所以为使第一年末提取 1 元本利和,则要有本金 $(1+i)^{-1}$ 元;第二年末能提取 2^2 元=4 元本利和,则要有本金 $2^2(1+i)^{-2}$ 元;第三年末能提取 3^2 元=9 元,则要有本金 $3^2(1+i)^{-3}$ 元;$\cdots$;第 n 年末能提取 n^2 元本利和,则要有本金 $n^2(1+i)^{-n}$ 元,如此下去,所需本金总数为

$$\sum_{i=1}^{\infty} n^2(1+i)^{-n}.$$

下面求此和.由于

$$\frac{1}{1-x} = \sum_{n=0}^{\infty} x^n, \quad -1 < x < 1,$$

故

$$\frac{x}{(1-x)^2} = x\frac{\mathrm{d}}{\mathrm{d}x}\left(\frac{1}{1-x}\right) = \sum_{n=1}^{\infty} nx^n, \quad -1 < x < 1,$$

又

$$\frac{x+x^2}{(1-x)^3} = x\frac{\mathrm{d}}{\mathrm{d}x}\left(\frac{x}{(1-x)^2}\right) = \sum_{n=1}^{\infty} n^2 x^n, \quad -1 < x < 1.$$

令 $x=1/(1+i)$,得

$$\sum_{i=1}^{\infty} n^2(1+i)^{-n} = \frac{(1+i)(2+i)}{i^3},$$

所以,要想永远如此提取,至少事先存入$\frac{(1+i)(2+i)}{i^3}$元本金.

例3（矩形脉冲信号的频谱分析） 图 11-10 表示一矩形脉冲,其周期为 T,频率 $\omega = \frac{2\pi}{T}$,脉冲宽度为 τ,高度为 E,试画出它的频谱图并分析之.

解 傅里叶级数在电子技术中的重要应用之一是利用它作频谱分析.我们知道,一个周期函数 $f(t)$ 展开为傅里叶级数,在物理上意味着将一个较复杂的周期波形分解为许多不同频率的正弦波的叠加.这些正弦波的频率通常称为 $f(t)$ 的频率成分.如果 $f(t)$ 的周期为 T,令 $\omega = \frac{2\pi}{T}$,那么 $f(t)$ 的频率成分(用角频率表示)就是

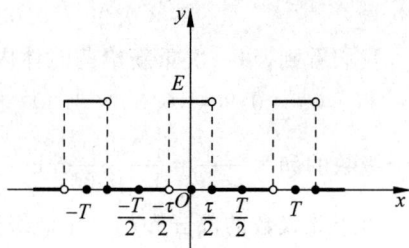

图 11-10

$$\omega, 2\omega, 3\omega, \cdots, n\omega, \cdots.$$

在许多实际问题中,还需要进一步搞清楚每一种频率成分的正弦波的振幅有多大,这在物理和工程技术上就称为"频谱分析".而把各次谐波的振幅 $|c_n|$ 与频率 ω 的函数关系画成的线图称为"频谱图".这里 c_n 的计算由复数形式的傅里叶系数公式给出.

由傅里叶级数的复数形式可得(第七节例3)

$$c_0 = \frac{E\tau}{T},$$

$$c_n = \frac{E}{n\pi}\sin\frac{n\pi\tau}{T},$$

$$f(t) = \frac{E\tau}{T} + \frac{E}{\pi}\sum_{\substack{n=-\infty\\n\neq 0}}^{+\infty}\frac{1}{n}\sin\frac{n\pi\tau}{T}e^{in\omega t}, \quad -\infty < t < +\infty; t \neq \pm\frac{\tau}{2}, \pm\frac{\tau}{2}\pm T, \cdots.$$

有了 c_n,便可作出它的频谱图(见表 11-1 及图 11-11),这里设脉冲宽度 $\tau = \frac{T}{3}$.

表 11-1　矩形脉冲信号的"振幅频谱"

n	直流分量	1	2	3	4	5	6	7	...
$\|c_n\|$	$\dfrac{E}{3}$	$\dfrac{\sqrt{3}E}{2\pi}$	$\dfrac{\sqrt{3}E}{2\pi}\dfrac{1}{2}$	0	$\dfrac{\sqrt{3}E}{2\pi}\dfrac{1}{4}$	$\dfrac{\sqrt{3}E}{2\pi}\dfrac{1}{5}$	0	$\dfrac{\sqrt{3}E}{2\pi}\dfrac{1}{7}$	...

从频谱图上看到,频率 $3\omega_1, 6\omega_1, \cdots$ 对应的 $|c_n|=0$（这些点称为谱线的零点,其中 $3\omega_1 = 3\times$

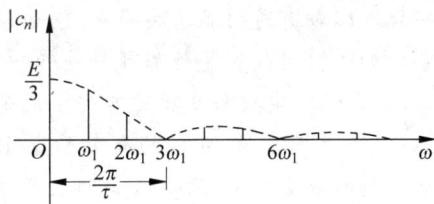

图　11-11

$\dfrac{2\pi}{T} = \dfrac{2\pi}{\dfrac{T}{3}} = \dfrac{2\pi}{\tau}$ 叫作第一个零值点）. 在第一个零值

点后,振幅相对减少,可以忽略不计. 因此,矩形脉冲的频带宽度（谱线的第一个零值点以内的频率范围称为信号的频带宽度）为

$$\Delta\omega = \frac{2\pi}{\tau}.$$

还可以看到,矩形脉冲的频谱是离散的,也就是说,它的谱线是一条一条分开的,其间的距离是 $\omega_1 = \dfrac{2\pi}{T}$. 而且,当脉冲宽度 τ 不变时,增大周期（即相邻的脉冲间隔加大）,谱线之间的距离就缩小,也就是周期越大,谱线越密.

数学思想（五）——分类思想

分类思想指的是根据所考虑的一些对象的某种共同性和差异性将它们分类（也称划分）来进行研究的一种指导思想. 数学中的分类思想是指根据数学本质属性的相同点和不同点,将数学研究对象分为不同种类的一种数学思想.

分类时,人们根据一定的法则（标准）,把所考虑的对象全体组成的集合划分成若干个子集（类）,使得具有某一共性的对象属于同一个子集,而不具有这种共性的对象属于别的子集.

分类以比较为基础,分类的法则常是在比较和鉴别的基础上形成的. 同样一些对象构成的集合可依不同法则（标准）分类,每个类（子类）看成一个整体（集）也可以再次分类（下一个等级的类）. 比如,三角形可按边分类,也可按角分类;按边分类中的等腰三角形还可以分为等边三角形和非等边的等腰三角形.

分类应遵循如下原则:①在进行同一次分类时,标准必须统一;②分类必须不重复且不遗漏;③分类必须按照一定层次逐级进行,不能越级.

数学分类有现象分类和本质分类之别. 所谓现象分类,是指仅仅根据数学对象的外部特征或外部联系进行分类;所谓本质分类,即根据事物的本质特征或内部联系进行分类. 例如,自然数集可以根据能否被2整除的标准分为奇数和偶数,这可算是现象分类;为了更好地认识自然数间的内在联系,按所含质因数的个数将自然数分为1、质数、合数三类,这可算是本质分类.

　　对数学对象的本质分类有个逐步深化的过程.20世纪初,人们常把数学分为代数、几何、分析三大类.代数又分为初等代数、高等代数、抽象代数等;几何又分为初等几何、高等几何、射影几何、非欧几何、微分几何等;分析又可分为微积分、微分方程、实变函数、复变函数、泛函分析、流形上的分析等.这种分类法直观明了,但存在本质上的缺陷.事实上,按照这种分类,对于一些不同的对象可能说不清楚它们之间的区别究竟是什么,而另一些不同的数学对象之间却有着明显的共同点.例如,数的加法、多项式的加法、向量的加法等,它们为什么都叫加法? 实数和复数都可以进行四则运算、都有绝对值,似乎差别不大,但复数没有大小,为什么呢? 实数与复数的本质区别是什么? 这些问题按传统的分类方法都无法说清楚.20世纪40年代前后,法国的布尔巴基(Bourbaki)学派在深入研究整个数学全貌的基础上,提出了新的分类方法.他们从全部数学中提炼出三种结构:代数结构、序结构和拓扑结构,把所有的数学模式按照这三种结构的不同特征加以分类.这种分类当然比传统的现象分类深刻得多,原先那些不甚明了的问题用结构主义的观点来看就容易明白了.

　　分类思想来源于逻辑学,但从欧几里得创建几何时起就成为一种重要的数学思想,现代数学的每一分支无不体现出分类思想的作用.例如,构造实数时可采用戴德金分割或柯西序列等价类;定义函数的黎曼积分时采用了定义域的分划,定义函数的勒贝格积分时采用了值域的分划(分划实际上就是某种分类方法);克莱因的几何统一理论也体现了一种分类思想,依照不同的变换群对几何分类,其目的是通过这种分类来统一整个几何学.

第 十 二 章

数学技术简介

一般地,数学被认为是属于形式科学的一种科学.现在,数学也被认为是一种技术,称为数学技术,它把数学思想、数学方法与当今高度发展的计算技术相结合,利用数学建模等方法对现实问题进行分析、研究,提出解决方案、得出定量结论等,其主要内容是计算技术与数学建模技术.本章从软件、算法、建模三方面对数学技术进行简要介绍.

第一节 数 学 软 件

数学软件众多,但最为常用的当属 MATLAB、Mathematica、Maple 这三大数学软件.本节主要对 MATLAB 软件作简要介绍.

MATLAB 是美国 MathWorks 公司出品的商业数学软件,是 matrix 与 laboratory 两个词的组合,意为矩阵实验室,是集算法开发、数据可视化、数据分析及数值计算等功能于一体的工程实用软件,被称为"科学计算的语言".

MATLAB 的操作界面主要由标题栏、菜单栏、工作空间(Workspace)、命令窗口(Command Window)和命令历史(Command History)等部分组成.其中,工作空间、命令窗口和命令历史三个区域的用途如下:

(1) 工作空间:MATLAB 用来存储变量.

(2) 命令窗口:用户用来输入命令.

(3) 命令历史:记录了用户曾经执行的各种命令.

在上述三个区域中,只能有一个区域为活动状态,要在它们之间进行切换,只需在其中单击鼠标即可.如果某个区域为活动状态,其标题栏将显示为蓝色;否则,其标题栏将显示为灰色.

MATLAB 有两种输入命令的方式:第一种是在命令窗口即 Command Window 中的提示符">>"后输入命令,按 Enter 键即可执行;第二种是新建一个 M 文件,把需要执行的命令都输入到这个文件中,然后保存,按 F5 键运行,其输出结果会在命令窗口中显示出来.一般来说,如果输入的命令较少,就使用第一种方式;如果一次输入的命令比较多,就可以使用第二种方式.

MATLAB 的详细知识请参阅专门著作,本节主要举例说明如何用 MATLAB 实现高等数学中一些基本的计算与绘图.

1. 用 MATLAB 求极限

MATLAB 中可以利用 limit 函数求极限,格式如表 12-1 所示.

表 12-1 limit 函数

limit(f)	$x \to 0$ 时函数 f 的极限
limit(f,a)	$x \to a$ 时函数 f 的极限
limit(f,a,'left')	$x \to a^-$ 时函数 f 的极限
limit(f,a,'right')	$x \to a^+$ 时函数 f 的极限

例 1 用 MATLAB 计算下列极限：

(1) $\lim\limits_{x \to 2} \dfrac{x-2}{\sqrt{x+2}-2}$;　　　(2) $\lim\limits_{x \to 0} \dfrac{1-\cos 2x}{\sin 2x}$;　　　(3) $\lim\limits_{x \to \infty} \left(\dfrac{x-1}{x+1}\right)^{2x}$.

注 应先使用命令 syms x 定义变量 x，然后再使用 limit 函数求极限.

解 在 MATLAB 中的提示符(>>)后输入：

(1) `syms x;limit((x-2)/(sqrt(x+2)-2),2)`

返回结果：`ans = 4`.

(2) `limit((1-cos(2*x))/sin(2*x))`

返回结果：`ans = 0`.

(3) `limit(((x-1)/(x+1))^(2*x),inf)`

返回结果：`ans = exp(-4)`.

2. 用 MATLAB 求导数

MATLAB 中可以利用 diff 函数求一元函数的导数，格式如表 12-2 所示.

表 12-2 diff 函数

diff(f)	函数 f 对变量 x 的一阶导数
diff(f,n)	函数 f 对变量 x 的 n 阶导数

例 2 用 MATLAB 求函数 $y = x^3 + 4x^2 + 1$ 的一阶导数和二阶导数.

解 (1) 在 MATLAB 中的提示符(>>)后输入：

`syms x; diff(x^3+4*x^2+1)`

返回结果：`ans = 3*x^2+8*x`.

(2) 在 MATLAB 中的提示符(>>)后输入：

`diff(x^3+4*x^2+1,2)`

返回结果：`ans = 6*x+8`.

3. 用 MATLAB 求函数的极值点和拐点

可以利用 MATLAB 求出函数的驻点与二阶导数为零的点，再判定是不是极值点和拐点.

例 3 (1) 计算函数 $y = 2x^3 - 6x^2 - 18x - 7$ 的极值点；

(2) 计算函数 $y = x^3 - 5x^2 + 3x + 5$ 的拐点.

解 (1) 在提示符(>>)后输入：

`syms x;y=2*x^3-6*x^2-18*x-7;dy1=diff(y)`

返回结果：dy1 = 6 * x^2 - 12 * x - 18. 即 $f'(x)=6x^2-12x-18.$

接着输入：solve(dy1)

注　solve 函数用来求方程的根.

返回的结果：ans = 3 - 1. 即 $6x^2-12x-18=0$ 有两个根 3 和 -1.

然后可以根据驻点两侧的单调性,得出 $x=-1$ 为极大值点,$x=3$ 为极小值点.

(2) 在提示符(>>)后输入：

syms x;y = x^3 - 5 * x^2 + 3 * x + 5;dy2 = diff(y,2)

返回结果：dy2 = 6 * x - 10. 即 $f''(x)=6x-10.$

接着输入：solve(dy2)

返回结果：ans = 5/3. 即 $f''(x)=0$ 的点为：$x=\dfrac{5}{3}.$

然后可以根据 $x=\dfrac{5}{3}$ 两侧的凹凸性,得出 $\left(\dfrac{5}{3},\dfrac{20}{27}\right)$ 为函数的拐点.

4. 用 MATLAB 绘制平面图形

在 MATLAB 中,可以利用 fplot 函数绘制函数的图形,其格式为：

fplot('fun',[xmin,xmax]),

其中 fun 为一已定义的函数名称,例如 $\sin(x),\cos(x)$ 等. xmin,xmax 是设定绘图横轴的下限及上限.

例 4　绘制函数 $y=\dfrac{x}{x^2+1}$ 在 $(-5,5)$ 上的图形.

解　在提示符(>>)后输入：fplot('x/(x^2 + 1)',[- 5,5]),得到图形如图 12-1 所示.

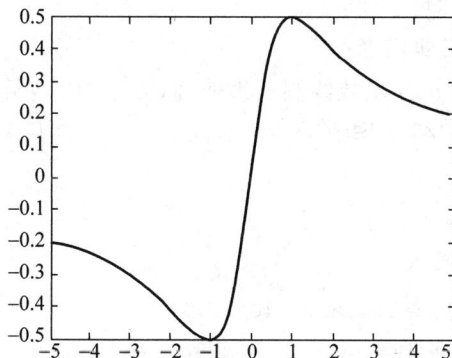

图　12-1

5. 用 MATLAB 计算不定积分和定积分

MATLAB 中可以利用 int 函数求函数的不定积分和定积分,格式如表 12-3 所示.

表 12-3　int 函数

int(f)	函数 f 对变量 x 的不定积分,结果中不包含任意常数 C
int(f,a,b)	函数 f 对变量 x 从 a 到 b 的定积分

例 5　用 MATLAB 求下列积分：

$(1) \int \cos^2 \frac{x}{2} dx$; $(2) \int_0^1 \sqrt{1-x^2} \, dx$.

解　(1) 在提示符(>>)后输入：symsx;int(cos(x/2)^2)

返回结果：ans = cos(1/2 * x) * sin(1/2 * x) + 1/2 * x.

(2) 在提示符(>>)后输入：symsx;int((1 - x^2)^(1/2),0,1)

返回结果：ans = 1/4 * pi.

6. 用 MATLAB 解微分方程

MATLAB 中可以利用 dsolve 函数求解微分方程，格式如表 12-4 所示.要注意的是方程中一些记号需要改写，如 y' 或 $\frac{dy}{dx}$ 需要写成 Dy，y'' 或 $\frac{d^2 y}{dx^2}$ 需要写成 D2y.

表 12-4　dsolve 函数

dsolve('equ','x')	x 为指定的自变量，默认的变量为 t
dsolve('equ','cond1','cond2',…,'x')	cond1,cond2,…为常微分方程的初始条件

例 6　(1) 求微分方程 $y' - 2xy = x$ 的通解；

(2) 求方程 $xy'' = y'$ 满足初始条件 $y'|_{x=1} = 2, y|_{x=0} = 1$ 的特解.

解　(1) 在提示符(>>)后输入：syms x; y = dsolve('Dy - 2 * x * y = x','x')

返回结果：y = -1/2 + exp(x^2) * C1. 即 $y = -\frac{1}{2} + Ce^{x^2}$;

(2) 在提示符(>>)后输入：y = dsolve('x * D2y = Dy','Dy(1) = 2','y(0) = 1','x')

返回结果：y = 1 + x^2. 即 $y = 1 + x^2$.

7. 用 MATLAB 绘制三维图形

在 MATLAB 中，可用 surf 函数绘制三维曲面，方法为：先确定 x 和 y 的范围，然后进一步在 xOy 面上形成采样"格点"矩阵[X,Y] = meshgrid(x,y)，然后利用Z = f(X,Y)求出函数在采样"格点"上的函数值.

例 7　绘制旋转抛物面 $z = x^2 + y^2$.

解　在提示符(>>)后输入：

```
x = linspace( - 10,10,50);y = linspace( - 10,10,50);
```

注　linspace 函数可以创建一维数组.格式为：linspace(first,last,n)，即创建从 first 开始，到 last 结束，有 n 个元素的向量.

```
[X,Y] = meshgrid(x,y);
```

注　meshgrid 函数用来创建格点矩阵.

```
Z = X.^2 + Y.^2;
```

注　由于是对 ***X*** 矩阵、***Y*** 矩阵的每一个元素求平方，所以应用".^".

```
mesh(X,Y,Z)
```

绘制结果如图 12-2 所示.

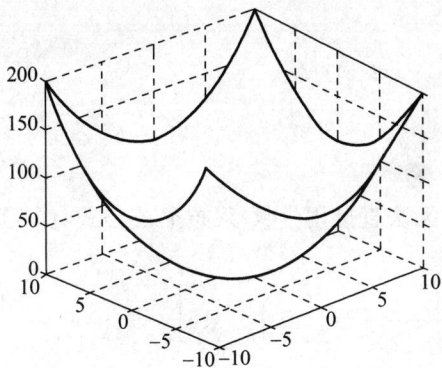

图 12-2

8. 用 MATLAB 计算多元函数的偏导数

MATLAB 中，多元函数偏导数的计算所用函数与一元函数求导时一样，即都用 diff 函数，只不过求偏导数时应指定相应变量.

例 8 设 $z = x^4 - 3y^3 + 2x^2 y^2$，求 $\dfrac{\partial^2 z}{\partial x^2}, \dfrac{\partial^2 z}{\partial y^2}, \dfrac{\partial^2 z}{\partial x \partial y}$.

解 输入以下命令：

```
>> syms x y;
>> f = x^4 - 3 * y^3 + 2 * x^2 * y^2;
>> f_xx = diff(f,x,2)          % 计算 f 对 x 的二阶偏导数
>> f_yy = diff(f,y,2)          % 计算 f 对 y 的二阶偏导数
>> f_x = diff(f,x);            % 计算 f 对 x 的偏导数
>> f_xy = diff(f_x,y)          % 计算 f 的混合偏导数
>> f_yx = diff(diff(f,y),x)    % 计算 f 的混合偏导数
```

运算结果如下.

```
f_xx = 12 * x^2 + 4 * y^2
f_yy = 4 * x^2 - 18 * y
f_xy = 8 * x * y
f_yx = 8 * x * y
```

9. 用 MATLAB 计算重积分

先将重积分化为累次积分，再用 int 函数计算.

例 9 （1）计算 $I = \iint\limits_{D} x^2 e^{-y^2} \, \mathrm{d}\sigma$，其中 D 为直线 $x = 0$ 及 $y = 1, y = x$ 围成的区域；

（2）计算 $I = \iiint\limits_{\Omega} \dfrac{\mathrm{d}x \, \mathrm{d}y \, \mathrm{d}z}{(1 + x + y + z)^3}$，其中 Ω 是由平面 $x = 0, y = 0, z = 0$ 及 $x + y + z = 1$

围成的四面体.

解 （1）$I = \iint\limits_{D} x^2 e^{-y^2} \, \mathrm{d}\sigma = \int_0^1 x^2 \, \mathrm{d}x \int_x^1 e^{-y^2} \, \mathrm{d}y$.

用 MATLAB 计算如下：

```
>> syms x y
>> f = x^2 * exp( - y^2);
```

```
>> I1 = int(f,y,x,1)
I1 =
(x^ 2 * pi^(1/2) * (erf(1) - erf(x)))/2
>> I2 = int(I1,x,0,1)
I2 =
1/6 - exp( -1)/3
```

注　此种积分次序中,无法直接用牛顿-莱布尼茨公式计算关于 y 的定积分,但在软件中可直接算出.

（2）$I = \iiint\limits_{\Omega} \dfrac{\mathrm{d}x\,\mathrm{d}y\,\mathrm{d}z}{(1+x+y+z)^3} = \int_0^1 \mathrm{d}x \int_0^{1-x} \mathrm{d}y \int_0^{1-x-y} \dfrac{\mathrm{d}z}{(1+x+y+z)^3}.$

用 MATLAB 计算如下.

```
>> syms x y z
>> f = (1 + x + y + z)^ ( -3)
>> I1 = int(f,z,0,1 - x - y)
I1 =
piecewise( -1<x+y,1/(2 * (x + y + 1)^ 2) - 1/8,x + y< = -1,int(1/(z + x + y + 1)^ 3,z,0,1, -y -x))
>> I2 = int(I1,y,0,1 - x)
I2 =
piecewise(x = = 1,0,x = = -1,inf,x in Dom∷Interval([ -1],1),(x - 1)^ 2/(8 * (x + 1)))
>> I3 = int(I2,x,0,1)
I3 =
log(2)/2 - 5/16
```

10. 用 MATLAB 计算曲线积分和曲面积分

MATLAB 没有提供可以直接使用的命令函数来解决曲线积分和曲面积分问题,一般需要把它们化为定积分或二重积分来计算.

例 10　（1）计算曲线积分 $\displaystyle\int_L (x^2 + y^2 + z^2)\mathrm{d}s$,其中 L 为螺旋线 $x = a\cos t$,$y = a\sin t$,$z = kt$ 上相应于 t 从 0 到 2π 的一段弧;

（2）利用高斯公式计算曲面积分 $\displaystyle\iint\limits_{\Sigma} xz^2\mathrm{d}y\mathrm{d}z + (x^2y - z^3)\mathrm{d}z\mathrm{d}x + (2xy + y^3z)\mathrm{d}x\,\mathrm{d}y$,

其中 Σ 为上半球体 $0 \leqslant z \leqslant \sqrt{a^2 - x^2 - y^2}$ 的表面,取外侧.

解　（1）输入以下命令:

```
>> syms x y z k a t
>> x = a * cos(t)
>> y = a * sin(t)
>> z = k * t
>> dx = diff(x)
>> dy = diff(y)
>> dz = diff(z)
>> int((x^ 2 + y^ 2 + z^ 2) * sqrt(dx^ 2 + dy^ 2 + dz^ 2),t,0,2 * pi)
```

运算结果如下:

```
ans =
(2 * pi * (3 * a^ 2 + 4 * pi^ 2 * k^ 2) * (a^ 2 + k^ 2)^(1/2))/3
```

即计算结果为：$\dfrac{2}{3}\pi(3a^2+4\pi^2k^2)\sqrt{a^2+k^2}$.

（2）输入以下命令：

```
>> syms x y z u v t a
>> p = x * z ^ 2
>> q = x ^ 2 * y - z ^ 3
>> r = 2 * x * y + y ^ 3 * z
>> dpx = diff(p,x)
>> dqy = diff(q,y)
>> drz = diff(r,z)
>> f = dpx + dqy + drz
>> m = t * sin(u) * cos(v)
>> n = t * sin(u) * sin(v)
>> l = t * cos(u)
>> g = subs(f,[xyz],[mnl])
>> int(int(int(g * t ^ 2 * sin(u),u,0,pi/2),v,0,2 * pi),t,0,a)
```

运算结果如下：

```
ans =
(4 * pi * a ^ 5)/15
```

即计算结果为：$\dfrac{4}{15}\pi a^5$.

11. 用 MATLAB 求函数的泰勒级数

MATLAB 求一元函数泰勒展开式的命令为 taylor，其格式为：

$$\text{taylor}(f,x,a,'Order',k),$$

意义是关于变量 x 求函数 f 在 $x=a$ 点处的 $k-1$ 阶泰勒展开式. 其中，若 a 缺省，则表示 $a=0$；若 k 缺省，则表示 $k=6$.

例 11 求 $\ln x$ 在 $x=1$ 处的 10 阶泰勒展开式.

解 输入以下命令：

```
>> symsx
>> f = log(x)
>> f10 = taylor(f,x,1,'Order',11)
```

运算结果如下：

```
f10 =
x - (x - 1) ^ 2/2 + (x - 1) ^ 3/3 - (x - 1) ^ 4/4 + (x - 1) ^ 5/5 - (x - 1) ^ 6/6 + (x - 1) ^ 7/7 - (x - 1) ^
8/8 + (x - 1) ^ 9/9 - (x - 1) ^ 10/10 - 1
```

即

$$\ln x = x - 1 - \frac{(x-1)^2}{2} + \frac{(x-1)^3}{3} - \frac{(x-1)^4}{4} + \frac{(x-1)^5}{5} - \frac{(x-1)^6}{6} + \frac{(x-1)^7}{7} -$$

$$\frac{(x-1)^8}{8} + \frac{(x-1)^9}{9} - \frac{(x-1)^{10}}{10}.$$

第二节　数　值　方　法

数值计算技术是数学技术的重要方面,它依赖于计算机编程和数值方法设计的相互结合.前面已经对编程软件作了简介,本节运用实例揭示数值方法的基本思想.

一、方程求根的近似方法

在科学技术的很多领域中都会遇到方程求根的问题.对于绝大多数函数 $g(x)$,我们得不到 $g(x)=0$ 的根的形式表达式,甚至对根的位置都难以得到好的估计,因此需要发展求近似根的数学方法.

求方程的近似根的方法很多,其共性是迭代地构造一个序列 $\{x_n\}_{n=0}^{\infty}$,在一定条件下 $\lim\limits_{n\to\infty} x_n$ 存在,并且就是 $f(x)=0$ 的根;其个性是不同的求根方法都有特定的适用范围.序列中的 x_0 是求根者自选的,称为迭代初值.迭代的含义是用函数 f 及 $x_0,x_1,\cdots,x_{n-1}$(或其一部分)去构造 x_n.这里介绍三种常用的方法.

1. 二分法

设 $f(x)$ 在 $[a,b]$ 上连续,$f(a)f(b)<0$.由零点定理知,$f(x)=0$ 在区间 (a,b) 内至少有一个根.这样的区间 $[a,b]$ 称为 $f(x)=0$ 的含根区间.二分法的基本思想是逐步缩小含根区间,当含根区间的长度足够小时,其内部任何一点(比如中点)都可以作为近似根.二分法的典型一步为:

令 $\xi_1=\dfrac{1}{2}(a+b)$,计算 $f(\xi_1)$.

如果 $f(a)f(\xi_1)>0$,则必有 $f(\xi_1)f(b)<0$,因而含根区间可取为 $[\xi_1,b]$;如果 $f(a)f(\xi_1)<0$,则 $[a,\xi_1]$ 为含根区间;如果 $f(\xi_1)=0$,则 ξ_1 是 $f(x)=0$ 的根.

不难看出,要么我们很幸运地求得了根,要么上述过程重复 n 次得到含根区间 $[a_n,b_n]$,而 $b_n-a_n=\dfrac{1}{2^n}(b-a)$.注意 $\lim\limits_{n\to\infty}\dfrac{1}{2^n}=0$,因而当 n 足够大时,可取 $\xi_{n+1}=\dfrac{1}{2}(a_n+b_n)$ 为近似根.

例 1　用二分法求 $x^3+1.1x^2+0.9x-1.4=0$ 的根.

解　令 $f(x)=x^3+1.1x^2+0.9x-1.4$,由于
$$f(0)=-1.4<0,\quad f(1)=1.6>0,$$
因此 $[0,1]$ 为一个含根区间.用求导法易证,当 $x>0$ 时,$f(x)$ 是严格增加的,因而在 $(0,1)$ 内 $f(x)=0$ 只有一个根,记为 ξ.用二分法计算 10 步$(n=10)$,得
$$a_{10}=0.67,\quad b_{10}=0.671.$$
取 $\xi_{11}=\dfrac{1}{2}(a_{10}+b_{10})=0.670\,5$ 为近似根,易知误差
$$|\xi_{11}-\xi|\leqslant\dfrac{1}{2}(b_{10}-a_{10})=0.000\,5.$$

2. 简单迭代

设 $f(x)$ 在 $[a,b]$ 上连续，$f(x)=0$ 在 $[a,b]$ 上有根。简单迭代的基本想法是：先把函数 $f(x)$ 分裂为 $f(x)=f_1(x)-f_2(x)$（要求 $f_1(x)$ 易求反函数 f_1^{-1}），然后把方程 $f(x)=0$ 转化为同根方程 $x=\varphi(x)$，其中 $\varphi(x)=f_1^{-1}[f_2(x)]$。在 $[a,b]$ 上取一点 x_0，然后构造序列

$$x_{n+1}=\varphi(x_n), \quad n=0,1,2,\cdots, \tag{1}$$

希望 $\lim\limits_{n\to\infty} x_n$ 存在，而且就是 $f(x)=0$ 在 $[a,b]$ 上的根。φ 称为迭代函数，式(1)称为简单迭代公式。由于 f_1 与 f_2 相互确定，f_1 的选择方法很多，因而对于同一方程可以构造很多简单迭代，但是不同迭代法的计算效果一般是不同的，有些简单迭代甚至达不到目的。

例 2 求 $x^3-x-1=0$ 在 $[1,2]$ 上的根。

解法 1 把方程写成等价形式

$$x=\sqrt[3]{x+1},$$

得到简单迭代公式

$$x_{n+1}=\sqrt[3]{x_n+1}, \quad n=0,1,2,\cdots,$$

取 $x_0=1.5$，计算 11 步后得到

$$x_{11}=1.324\,717\,96,$$

它与精确根 $\xi=1.324\,717\,957\,2$ 已很接近。

解法 2 把方程写成等价形式

$$x=x^3-1,$$

得到简单迭代公式

$$x_{n+1}=x_n^3-1, \quad n=0,1,2,\cdots.$$

取 $x_0=1.5$，计算一步得 $x_1=2.375$，已超出区间 $[1,2]$，继续计算则 $x_n\to+\infty(n\to\infty)$。

3. 牛顿法

设 $f(x)$ 在 $[a,b]$ 上一阶可导，$f(x)=0$ 在 $[a,b]$ 上有根。牛顿法的基本思想是：如果 x_0 已经求得，那么过点 $(x_n,f(x_n))$ 作 $y=f(x)$ 的切线

$$y=f(x_n)+f'(x_n)(x-x_n),$$

把切线与 x 轴的交点作为 x_{n+1}：

$$x_{n+1}=x_n-\frac{f(x_n)}{f'(x_n)}, \quad n=0,1,2,\cdots,$$

如果 $\xi=\lim\limits_{n\to\infty} x_n$，则 n 充分大时 x_n 为近似根。

例 3 用牛顿法求 $x^3+1.1x^2+0.9x-1.4=0$ 的根。

解 取 $x_0=1$，计算三步得

$$x_3\approx 0.671.$$

二、定积分的近似计算

对于 $\displaystyle\int_a^b f(x)\mathrm{d}x$，如果 $f(x)$ 的原函数不是初等函数，那么难以用牛顿 - 莱布尼茨公式计算，例如 $\displaystyle\int_0^1 \mathrm{e}^{-x^2}\mathrm{d}x$。因此，需要寻求近似计算方法。本节介绍梯形法，其想法也可以用于近

似计算其他类型的积分.

梯形法的原理如下:如果能找到 $f(x)$ 在 $[a,b]$ 上的近似函数 $P(x)$,而且 $\int_a^b P(x)\mathrm{d}x$ 易于计算,那么

$$\int_a^b f(x)\mathrm{d}x \approx \int_a^b P(x)\mathrm{d}x.$$

当 $b-a$ 不很小时,要构造 $f(x)$ 的良好的近似函数 $P(x)$ 并不容易.但如果在 $[a,b]$ 内适当地插入一些分点

$$a=x_0 < x_1 < \cdots < x_{n-1} < x_n = b,$$

则把 $[a,b]$ 剖分为 n 个小区间,且可使每个小区间的长度都足够小.根据定积分的基本性质知

$$\int_a^b f(x)\mathrm{d}x = \sum_{j=1}^n \int_{x_{j-1}}^{x_j} f(x)\mathrm{d}x,$$

设 $f(x)$ 在 $[a,b]$ 上连续,那么在每个小区间 $[x_{j-1},x_j]$ 上函数曲线近似为一段直线,可以用下述函数近似:

$$P_j(x) = f(x_{j-1})\frac{x-x_j}{x_{j-1}-x_j} + f(x_j)\frac{x-x_{j-1}}{x_j-x_{j-1}},$$

从而有近似公式

$$\int_a^b f(x)\mathrm{d}x = \sum_{j=1}^n \int_{x_{j-1}}^{x_j} f(x)\mathrm{d}x \approx \sum_{j=1}^n \int_{x_{j-1}}^{x_j} P_j(x)\mathrm{d}x$$

$$= \frac{1}{2}\sum_{j=1}^n (x_j-x_{j-1})[f(x_{j-1})+f(x_j)], \tag{2}$$

这就是梯形法.不难看出,当 $f(x) \geqslant 0$ 时,这是在 $[x_{j-1},x_j]$ 上用梯形面积近似替代曲边梯形面积的结果.如果定义分段函数

$$P(x)=P_j(x), x_{j-1} \leqslant x \leqslant x_j, \quad j=1,2,\cdots,n,$$

则 $y=P(x)$ 是一条折线,而式(2)等价于

$$\int_a^b f(x)\mathrm{d}x \approx \int_a^b P(x)\mathrm{d}x.$$

由于

$$T_n \equiv \frac{1}{2}\sum_{j=1}^n (x_j-x_{j-1})[f(x_{j-1})+f(x_j)]$$

$$= \frac{1}{2}\sum_{j=1}^n (x_j-x_{j-1})f(x_{j-1}) + \frac{1}{2}\sum_{j=1}^n (x_j-x_{j-1})f(x_j),$$

令 $\Delta x_j = x_j - x_{j-1}, \lambda = \max_{1 \leqslant j \leqslant n}\{\Delta x_j\}$,则

$$\sum_{j=1}^n \Delta x_j f(x_{j-1}) \quad \text{和} \quad \sum_{j=1}^n \Delta x_j f(x_j)$$

都是 $f(x)$ 在 $[a,b]$ 上的积分和.所以,当 $f(x)$ 在 $[a,b]$ 上可积时,必有

$$\lim_{\lambda \to 0} T_n = \frac{1}{2}\int_a^b f(x)\mathrm{d}x + \frac{1}{2}\int_a^b f(x)\mathrm{d}x = \int_a^b f(x)\mathrm{d}x,$$

所以,λ 越小,用梯形法计算的结果越精确.

例 4　用梯形法计算 $I = \int_0^1 \frac{1}{1+x} \mathrm{d}x$.

解　把 $[0,1]$ 剖分成 8 个等长度小区间,计算结果为

$$T_8 = 0.694\,123, \quad I \approx 0.693\,154.$$

例 5　用梯形法计算 $I = \int_0^{\frac{\pi}{2}} \sqrt{1 - \frac{1}{4}\sin^2 x}\, \mathrm{d}x$.

解　把 $\left[0, \frac{\pi}{2}\right]$ 分成 6 个等长小区间,计算结果为

$$T_6 = 1.467\,5.$$

第三节　数 学 建 模

　　数学建模是数学技术的另一重要方面,数学建模过程就是构造数学模型的过程,即对现实问题作出必要的简化和假设,再用公式、符号、图表等数学的语言对该问题进行刻画和描述,然后经过计算、迭代等数学处理得到定量的结果,以供人们作分析、预报、决策和控制.

　　对实际问题建立数学模型时,需要解决的问题往往涉及因素众多,这就需要分清问题的主要因素和次要因素,恰当地抛弃次要因素,提出合理的假设,建立相应的数学模型,并用相应的数学方法(或现有软件)求解模型,然后将所得的解与实际问题进行比较,发现不足、找出原因,对问题作进一步的分析,提出新的假设,逐步修改完善模型,使问题得到更好的解决.上述数学建模步骤可用图 12-3 表示.

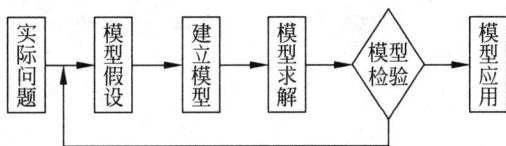

图　12-3

　　现实问题的复杂多样性导致了数学建模所需数学知识的广博性,此处仅利用两个建模实例简单介绍数学建模过程.

一、雨中行走问题

　　人在雨中沿直线行走一段路程,当雨的速度已知时,问人的速度多大才能使淋雨量最少? 先简化实际情况.为此,作如下假设.

　　假设　人体为长方形,其前、侧、顶的面积之比为 $1 : b : c$.适当建立直角坐标系,使人行走的速度为 $(u, 0, 0)$,设雨的速度为 (v_x, v_y, v_z),人行走的距离为 l,则行走的时间为 $\frac{l}{u}$.

　　淋雨量等同于曲面积分中介绍的通量概念.在上述假设下,单位时间的淋雨量正比于

$$(\,|\,u - v_x\,|, \,|\,0 - v_y\,|, \,|\,0 - v_z\,|\,) \cdot (1, b, c) = |\,u - v_x\,| + b\,|\,v_y\,| + c\,|\,v_z\,|,$$

所以总淋雨量正比于

$$R(u) = \frac{l}{u}(\,|\,u - v_x\,| + a),$$

其中 $a = b|v_y| + c|v_z| > 0$. 问题归结为如下数学问题: 已知 l, v_x, v_y, v_z, b, c, 求 u_0, 使得 $R(u_0)$ 取得最小值.

为直观起见, 我们用图解法求解此模型, 分下列几种情况:

(1) $v_x > 0$.

$$R(u) = \begin{cases} \dfrac{l}{u}\big[(v_x - u) + a\big] = \dfrac{l(v_x + a)}{u} - l, & u < v_x, \\[3mm] \dfrac{l}{u}\big[(u - v_x) + a\big] = \dfrac{l(a - v_x)}{u} + l, & u > v_x, \end{cases}$$

当 $v_x > a$ 时, $R(u)$ 的图形如图 12-4 所示. 由此可知, 当 $u = v_x$ 时, $R(u)$ 取最小值, $R_{\min} = \dfrac{la}{v_x}$. 当 $v_x < a$ 时, $R(u)$ 的图形如图 12-5 所示. 可以看出, u 应尽可能大, $R(u)$ 才尽可能小 (接近于 l).

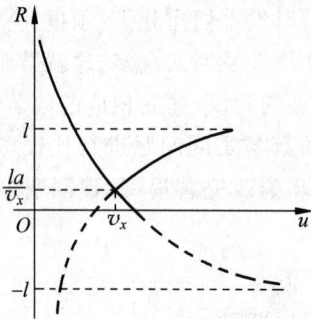

图　12-4

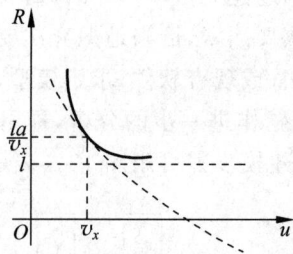

图　12-5

(2) $v_x < 0$.

$$R(u) = \frac{l}{u}(u + |\,v_x\,| + a) = \frac{l(|\,v_x\,| + a)}{u} + l,$$

其图形如图 12-6 所示. 不难看出, u 应尽可能大, $R(u)$ 才尽可能小 (接近于 l).

(3) $v_x = a$ 及 $v_x = 0$, 分别为 (1) 和 (2) 的特例.

综上所述, 当 $v_x > a > 0$ 时, 只要 $u = v_x$, 就使前后不淋雨, 从而总淋雨量最少; 其他情况都应使 u 尽可能大 (缩短行走时间), 才能使总淋雨量尽可能少, 这显然符合人们的生活常识.

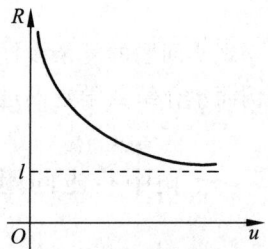

图　12-6

二、传染病模型

1. 问题的提出及分析(建模准备)

传染病是危及人类身体健康的重要因素之一, 长期以来一直受到世界各国的关注. 传染病的传播规律是什么? 疾病的传染行为如何影响它的流行? 怎样减小甚至控制它的传染性？这些都是人们十分关注的问题.

由于传染病的传播涉及的因素很多,如病人的数量,传染率和治愈率的大小,人群的迁入、迁出,以及潜伏期的影响等,如果一开始就把所有的因素全部考虑在内来建立数学模型,将无从下手.因而在建模时宜先将问题简化,按照循序渐进的思路,依照疾病一般的传播机理,逐步建立一个与实际相吻合的模型.

2. 初步模型

(1) 模型假设

① 人一旦得病后,久治不愈,在传染期间内不会死亡；

② 疾病的传染率为常数 k, $k>0$,即单位时间内一个病人能传染的人数是常数 k；

③ 不考虑出生与死亡的过程和人群的迁入与迁出.

(2) 建模与求解

用 $I(t)$ 表示 t 时刻病人的数量,则 $I(t+\Delta t)-I(t)=kI(t)\Delta t$,于是有

$$\begin{cases}\dfrac{\mathrm{d}I(t)}{\mathrm{d}t}=kI(t),\\ I(0)=I_0,\end{cases} \tag{1}$$

对式(1)求解,得

$$I(t)=I_0\mathrm{e}^{kt}. \tag{2}$$

对式(2)稍加分析,我们发现,当 $t\to+\infty$ 时,$I(t)\to+\infty$,即随着时间的推移,病人的数量将无限增加,所有的人最终将全被感染,无一例外,这与实际情况不符.因为在不考虑传染病期间的出生、死亡和迁移时,一个地区的总人数可视为常数,不会无限增大.进一步分析,k 应为时间 t 的函数.因为在传染病流行初期 k 较大,随着病人数的增多,健康人数的减少,被传染的机会也减少,于是 k 将变小.可见,应对模型进行修改.

3. 改善模型

设 t 时刻健康人数为 $S(t)$.

(1) 模型假设

① 地区总人数为 n,即 $I(t)+S(t)=n$；

② 病人在单位时间内传染的人数与当时健康的人数成正比,比例系数为 k(称为传染系数)；

③ 人一旦得病后久治不愈,但在传染期间内不会死亡.

(2) 建模与求解

由假设可得方程

$$\begin{cases}\dfrac{\mathrm{d}I(t)}{\mathrm{d}t}=kS(t)\cdot I(t),\\ I(0)=I_0.\end{cases} \tag{3}$$

将假设①代入式(3),得

$$\begin{cases}\dfrac{\mathrm{d}I(t)}{\mathrm{d}t}=kI(n-I),\\ I(0)=I_0.\end{cases} \tag{4}$$

式(4)为可分离变量的微分方程,解得

$$I(t) = \frac{n}{1 + \left(\dfrac{n}{I_0} - 1\right) e^{-knt}}. \tag{5}$$

$I(t)$ 及 $\dfrac{\mathrm{d}I}{\mathrm{d}t}$ 的函数曲线如图 12-7 所示,它们分别表示传染病人数、传染病人数的变化率与时间 t 的关系.

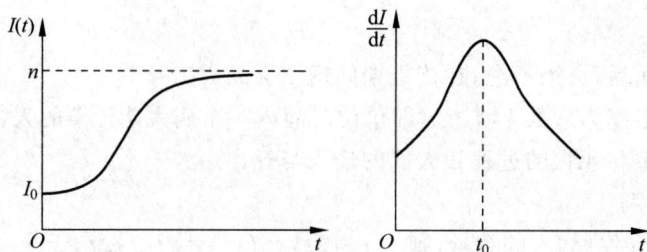

图　12-7

由式(5)可得

$$\frac{\mathrm{d}I}{\mathrm{d}t} = \frac{kn^2 \left(\dfrac{n}{I_0} - 1\right) e^{-knt}}{\left[1 + \left(\dfrac{n}{I_0} - 1\right) e^{-knt}\right]^2}, \tag{6}$$

对式(6)求导,并令 $\dfrac{\mathrm{d}^2 I}{\mathrm{d}t^2} = 0$,得

$$t_0 = \frac{\ln\left(\dfrac{n}{I_0} - 1\right)}{kn}. \tag{7}$$

对以上结果进行分析,可以看出当 $t = t_0$ 时,$\dfrac{\mathrm{d}I}{\mathrm{d}t}$ 达到最大值,此时病人数增加得最快,这一时刻称为疾病的传染高峰.由式(7)可知,当 k 或 n 增大时,t_0 随之减少,表示传染高峰随着传染系数与总人数的增加而更快地来临,这与实际情况比较符合.由式(5)知,当 $t \to +\infty$ 时,$I(t) \to n$,表示所有的人最终都将成为病人,这与实际情况不符.经过进一步分析,发现这是由假设③所致,没有考虑病人可以治愈的情况.

4. 最终模型

有些传染病(如痢疾)患者愈后免疫力很低,还有可能再次被传染而成为病人.

(1)模型假设

① 健康人数和病人数在总人数中所占的比例分别为 $s(t), i(t)$,则 $s(t) + i(t) = 1$;

② 病人在单位时间内传染的人数与当时的健康人数成正比,比例系数为 k;

③ 每天治愈的人数与病人数成正比,比例系数为 μ,称为日治愈率,病人愈后成为仍可被感染的健康者,称 $\dfrac{1}{\mu}$ 为传染病的平均传染期.

(2)建模与求解.

由假设①、②可得

$$\begin{cases} \dfrac{\mathrm{d}i(t)}{\mathrm{d}t}n = kn \cdot s(t) \cdot i(t) - \mu n \cdot i(t), \\ i(0) = i_0, \end{cases} \tag{8}$$

将假设①代入式(8),得

$$\begin{cases} \dfrac{\mathrm{d}i}{\mathrm{d}t} = ki(1-i) - \mu i, \\ i(0) = i_0. \end{cases} \tag{9}$$

对式(9)进行分离变量求解,需对 k, μ 进行讨论.

当 $k=\mu$ 时,式(9)可化为 $-\dfrac{\mathrm{d}i}{ki^2} = \mathrm{d}t$,两边积分,代入初始条件得

$$i(t) = \left(kt + \dfrac{1}{i_0}\right)^{-1}.$$

当 $k \neq \mu$ 时,式(9)可化为

$$\dfrac{1}{k-\mu}\left(\dfrac{1}{i} + \dfrac{k}{k-\mu-ki}\right)\mathrm{d}i = \mathrm{d}t,$$

解得

$$i(t) = \left[\mathrm{e}^{-(k-\mu)t}\left(\dfrac{1}{i_0} - \dfrac{k}{k-\mu}\right) + \dfrac{k}{k-\mu}\right]^{-1}.$$

综上得

$$i(t) = \begin{cases} \left[\mathrm{e}^{-(k-\mu)t}\left(\dfrac{1}{i_0} - \dfrac{k}{k-\mu}\right) + \dfrac{k}{k-\mu}\right]^{-1}, & k \neq \mu, \\ \left(kt + \dfrac{1}{i_0}\right)^{-1}, & k = \mu. \end{cases} \tag{10}$$

上式中,定义 $\sigma = \dfrac{k}{\mu}$,由 k 与 $\dfrac{1}{\mu}$ 的含义可知 σ 表示的含义是:病人在平均传染期内传染的人数与当时健康的人数成正比,比例系数为 σ. 由式(10)有

$$\lim_{t\to\infty}i(t) = \begin{cases} 1 - \dfrac{1}{\sigma}, & \sigma > 1, \\ 0, & \sigma \leqslant 1. \end{cases}$$

根据式(10)可作出 $i(t)$ 的图像,如图 12-8 所示.

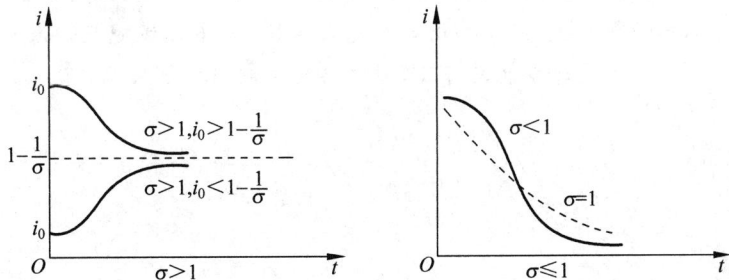

图　12-8

当 $\sigma \leqslant 1$ 时,病人数在总人数中所占的比例 $i(t)$ 越来越小,最终趋于零,这一点可从 σ 的含义上得到一个直观的解释,就是传染期内被传染的人数不超过当时健康的人数;当 $\sigma > 1$ 时,$i(t)$ 的变化趋势取决于 i_0 的大小,最终以 $1 - \dfrac{1}{\sigma}$ 为极限;当 σ 增大时,$i(\infty)$ 也增大,这是因为随着传染期内被传染人数占当时健康人数的比例的增加,当时的病人数所占比例也随之上升. 本模型中,当 $t \to +\infty$ 时,$i(t)$ 与实际情况较前面两个模型更吻合,但仍有缺陷,还需考虑其他一些因素,这里就不再讨论了.

数学思想(六)——随机思想

自然界与人类社会中的现象可分为两大类:一类是在一定条件下必然发生或必然不发生,例如,"在一个标准大气压下,温度若升为 $100\,℃$,则水一定沸腾"是必然现象,"太阳从西边升起"是不可能现象,它们统称为确定性现象;另一类是,在某些给定的条件下,事先无法确定会出现什么结果,只知道是某些可能结果中的一个,至于出现哪一个是带有随机性的,这种现象称为随机现象,例如,"投掷一枚硬币,正面朝上或反面朝上","未来某日的天气是阴、晴或雨","未来某个交易日股票的涨跌",等等.

人们把研究确定性现象的数量规律的数学分支(如几何、代数、微积分等)称为确定性数学;把研究随机现象的数量规律的科学称为随机数学,它包含概率论、随机过程、数理统计、随机运筹等,其中,概率论是后三者的基础.

随机数学的核心数学思想就是随机思想. 随机包含两方面的含义:一方面,单一随机现象的不确定性和不可预见性;另一方面,随机现象在经历大量重复试验中表现出规律性. 随机现象从表面上看,似乎是杂乱无章的、没有什么规律的现象. 但实践证明,如果同类的随机现象大量重复出现,它的总体就呈现出一定的规律性. 大量同类随机现象所呈现的这种规律性,随着观察的次数的增多而愈加明显. 这种由大量同类随机现象所呈现出来的集体规律性叫作统计规律性. 统计规律就是随机现象的数量规律.

随机思想在应用上的体现就是重视统计规律的研究和指导作用. 生活中很多问题的处理方法用到了随机思想,比如政府做人口统计、社会调查,基于统计数据预测经济走势、制定经济政策;企业统计产品销量、进行市场调查,预测产品销售前景、做出生产决策;等等.

当前,随机思想已经广泛应用或渗透于工农业生产、经济、管理、军事、科学研究及现代生活的各个领域,并成为人们作出预测与决策的依据. 可以预期,在人类社会面对以信息科学与生物科学为标志的新时代,以及知识更新越来越快、竞争环境越来越激烈的未来,随机数学的理论与方法将更迅速地发展与普及,随机思想的应用将越来越广泛.

行列式简介

一、二阶行列式

由四个数 a_{11}, a_{12}, a_{21}, a_{22} 构成的如下形式的两行两列的表示式称为二阶行列式：

$$\begin{vmatrix} a_{11} & a_{12} \\ a_{21} & a_{22} \end{vmatrix},$$

它表示主对角线上两元素 a_{11}, a_{22} 的积与次对角线上两元素 a_{12}, a_{21} 的积的差值 $a_{11}a_{22} - a_{12}a_{21}$，即

$$\begin{vmatrix} a_{11} & a_{12} \\ a_{21} & a_{22} \end{vmatrix} = a_{11}a_{22} - a_{12}a_{21},$$

称 a_{ij} 为行列式中第 i 行、第 j 列元素，称 i 为行标，称 j 为列标.

二、三阶行列式

由 9 个数 a_{11}, a_{12}, a_{13}, a_{21}, a_{22}, a_{23}, a_{31}, a_{32}, a_{33} 构成的如下形式的三行三列的表示式称为三阶行列式：

$$\begin{vmatrix} a_{11} & a_{12} & a_{13} \\ a_{21} & a_{22} & a_{23} \\ a_{31} & a_{32} & a_{33} \end{vmatrix},$$

它表示六项数值的代数和：主对角线上三元素的积（1 项）与位于主对角线平行线上的两元素与另一元素的乘积（2 项）的和，减去次对角线上三元素的积（1 项），再减去位于次对角线平行线上的两元素与另一元素的乘积（2 项），即

$$\begin{vmatrix} a_{11} & a_{12} & a_{13} \\ a_{21} & a_{22} & a_{23} \\ a_{31} & a_{32} & a_{33} \end{vmatrix} = a_{11}a_{22}a_{33} + a_{12}a_{23}a_{31} + a_{13}a_{21}a_{32} -$$

$$a_{13}a_{22}a_{31} - a_{12}a_{21}a_{33} - a_{11}a_{23}a_{32},$$

它可按照第一行展开：

$$\begin{vmatrix} a_{11} & a_{12} & a_{13} \\ a_{21} & a_{22} & a_{23} \\ a_{31} & a_{32} & a_{33} \end{vmatrix} = a_{11}\begin{vmatrix} a_{22} & a_{23} \\ a_{32} & a_{33} \end{vmatrix} - a_{12}\begin{vmatrix} a_{21} & a_{23} \\ a_{31} & a_{33} \end{vmatrix} + a_{13}\begin{vmatrix} a_{21} & a_{22} \\ a_{31} & a_{32} \end{vmatrix}.$$

例 $|\boldsymbol{A}| = \begin{vmatrix} 2 & 1 & 2 \\ -4 & 3 & 1 \\ 2 & 3 & 5 \end{vmatrix}$,直接进行计算是:

$$|\boldsymbol{A}| = 2 \times 3 \times 5 + 1 \times 1 \times 2 + 2 \times (-4) \times 3 - 2 \times 3 \times$$
$$2 - 2 \times 1 \times 3 - 1 \times (-4) \times 5$$
$$= 10;$$

按照第一行展开是:

$$|\boldsymbol{A}| = 2 \times \begin{vmatrix} 3 & 1 \\ 3 & 5 \end{vmatrix} - 1 \times \begin{vmatrix} -4 & 1 \\ 2 & 5 \end{vmatrix} + 2 \times \begin{vmatrix} -4 & 3 \\ 2 & 3 \end{vmatrix}$$
$$= 2 \times (15 - 3) - 1 \times (-20 - 2) + 2 \times (-12 - 6) = 10.$$

计算行列式时,利用如下一些性质,能够简化计算过程:

(1) 如果行列式某行(或列)的元素全为零,则行列式的值为零;

(2) 如果行列式的两行(或列)的元素成比例,则行列式的值为零;

(3) 行列式中某行(或列)有公因子,该公因子可提取到行列式符号外;

(4) 将行列式的两行(或列)的位置互换,行列式只改变符号.

习题答案与提示

第 七 章

习题 7-1

1. 提示：当有一个坐标为零时点在坐标面上,有两个坐标为零时点在坐标轴上.

2. 提示：关于 x 轴的对称点坐标为 $(x,-y,-z)$,其他类似；关于 xOy 平面的对称点坐标为 $(x,y,-z)$,
其他类似；关于坐标原点的对称点坐标为 $(-x,-y,-z)$.

3. 提示：作 xOy 平面的垂线,垂足的坐标为 $(a_0,b_0,0)$,其他类似；作 x 轴的垂线,垂足的坐标为 $(a_0,0,0)$,
其他类似.

4. $(9,0,0)$.

5. 到坐标原点的距离为 $3\sqrt{5}$；到 x 轴的距离为 $2\sqrt{5}$；到 y 轴的距离为 $\sqrt{41}$；到 z 轴的距离为 $\sqrt{29}$.

6. 提示：用两点间距离公式.

习题 7-2

1. 提示：用向量加法.

2. 提示：用向量加法.

3. $(1,3,0)$.

4. $\pm\left(\dfrac{2}{\sqrt{21}},\dfrac{4}{\sqrt{21}},\dfrac{1}{\sqrt{21}}\right)$.

5. 方向余弦分别为 $\dfrac{3\sqrt{2}}{10},\dfrac{-\sqrt{2}}{2},\dfrac{2\sqrt{2}}{5}$.

6. 模为 $2\sqrt{5}$,方向余弦分别为 $\dfrac{\sqrt{3}}{2},\dfrac{\sqrt{5}}{10},\dfrac{\sqrt{5}}{5}$.

7. 方向角分别为 $\dfrac{\pi}{4},\dfrac{\pi}{2},\dfrac{3\pi}{4}$ 或者 $\dfrac{\pi}{6},\dfrac{\pi}{3},\dfrac{\pi}{2}$.

8. $|\overrightarrow{M_1M_2}|=2$；方向余弦为 $\cos\alpha=-\dfrac{1}{2},\cos\beta=\dfrac{-\sqrt{2}}{2},\cos\gamma=\dfrac{1}{2}$；方向角为 $\alpha=\dfrac{2\pi}{3},\beta=\dfrac{3\pi}{4},\gamma=\dfrac{\pi}{3}$.

9. (1) 向量垂直于 x 轴；(2) 向量平行于 y 轴,且与 y 轴同向；(3) 向量垂直于 xOy 平面.

10. 2.

11. $(-1,3,-2)$.

习题 7-3

1. 7；$(4,-4,-2)$；-42；0.

2. $6\sqrt{2}$；9；$62+6\sqrt{2}$.

3. 2.

4. $-\dfrac{3}{2}$.

5. $\pm\left(\dfrac{2}{\sqrt{89}},\dfrac{-6}{\sqrt{89}},\dfrac{-7}{\sqrt{89}}\right).$

6. 面积为 3；对角线长度分别为 $\sqrt{5}$，3.

7. 提示：将一个向量用另外两个表示.

8. 提示：向量积为零向量.

9. $-1.$

10. 4.

11. 46；$(-1,-22,1).$

12. $\sqrt{14}$；$\dfrac{2}{\sqrt{14}},\dfrac{3}{\sqrt{14}},\dfrac{1}{\sqrt{14}}.$

习题 7-4

1. $2y-z=0.$

2. $2x-z-3=0.$

3. $10(x-1)-13(y+5)+21(z-8)=0.$

4. $2x+2y-3z=0.$

5. (1) 平行于 xOz 面；(2) 过 z 轴；(3) 平行于 y 轴；(4) 在三条坐标轴上的截距都等于 1.

6. $\dfrac{\sqrt{6}}{3},\dfrac{\sqrt{6}}{6},\dfrac{\sqrt{6}}{6}.$

7. $\sqrt{2}.$

8. $6x+3y+2z=28$ 或 $6x+3y+2z=-28.$

9. $\dfrac{|D_1-D_2|}{\sqrt{A^2+B^2+C^2}}.$

习题 7-5

1. $\begin{cases}x+y=1,\\z=0;\end{cases}\begin{cases}y-z=1,\\x=0;\end{cases}\begin{cases}x-z=1,\\y=0.\end{cases}$

2. $\dfrac{x}{-1}=\dfrac{y-1}{1}=\dfrac{z-2}{1},\begin{cases}x=-t,\\y=t+1,\\z=t+2.\end{cases}$

3. $\dfrac{x-3}{2}=\dfrac{y}{-1}=\dfrac{z-1}{-6}.$

4. $x=y=z,x=y=-z,x=-y=z,-x=y=z.$

5. $\dfrac{\pi}{3}.$

6. $\arcsin\dfrac{2\sqrt{2}}{3}.$

7. 直线与平面垂直相交，交点为 $\left(\dfrac{12}{31},\dfrac{-8}{31},\dfrac{28}{31}\right).$

8. $x-2y+z-3=0.$

9. $\left(-\dfrac{5}{3},\dfrac{2}{3},\dfrac{2}{3}\right).$

10. $\dfrac{3}{2}\sqrt{2}.$

11. 提示：结合向量积的几何意义.

12. $\begin{cases} 4x - y + z = 1, \\ 17x + 31y - 37z - 117 = 0. \end{cases}$

习题 7-6

1. 略.

2. (1) $3x^2 + 3y^2 - 4z^2 = 1$；(2) $y^2 - 4\sqrt{x^2 + z^2} = 0$.

3. $x^2 + y^2 = 2z^2 - 2z + 1$.

4. S_1 的方程为 $\dfrac{x^2}{4} + \dfrac{y^2 + z^2}{3} = 1$；$S_2$ 的方程为 $y^2 + z^2 = \left(\dfrac{1}{2}x - 2\right)^2$.

5. 略.

习题 7-7

1. 略.

2. $\begin{cases} 4x^2 + 5y^2 - 8xy - 8x + 12y + 4 = 0, \\ z = 0; \end{cases}$ $\begin{cases} y^2 + z^2 + 4y = 0, \\ x = 0. \end{cases}$

3. $\begin{cases} x^2 + y^2 = x + y, \\ z = 0; \end{cases}$ $\begin{cases} 2x^2 + 2xz + z^2 - 4x - 3z + 2 = 0, \\ y = 0; \end{cases}$ $\begin{cases} 2y^2 + 2yz + z^2 - 4y - 3z + 2 = 0, \\ x = 0. \end{cases}$

4. 在 xOy 面上的投影为 $x^2 + y^2 \leqslant 9$，在 yOz 面上的投影为 $y^2 \leqslant z \leqslant 9$，在 xOz 面上的投影为 $x^2 \leqslant z \leqslant 9$.

5. $\begin{cases} 2x^2 - 2x + y^2 = 8, \\ z = 0. \end{cases}$

6. 在 xOy 面上的投影为 $\begin{cases} (x-1)^2 + y^2 \leqslant 1, \\ z = 0; \end{cases}$ 在 yOz 面上的投影为 $\begin{cases} \left(\dfrac{z^2}{2} - 1\right)^2 + y^2 \leqslant 1, \\ x = 0; \end{cases}$ 在 zOx 面上的投

影为 $\begin{cases} x \leqslant z \leqslant \sqrt{2x}, \\ y = 0. \end{cases}$

习题 7-8

1. $\dfrac{x'^2}{36} + \dfrac{y'^2}{18} + \dfrac{z'^2}{36} = 1$，表示旋转椭球面.

2. $\dfrac{y''^2}{5} + \dfrac{z''^2}{10} = 1$，表示椭圆柱面.

第 八 章

习题 8-1

1. (1) 开区域；(2) 既非开区域，又非闭区域；(3) 闭区域；(4) 既为开区域，又为闭区域；(5) 闭区域；
(6) 既非开区域，又非闭区域.

2. (1) $D = \{(x, y) \mid x > 0, y \leqslant 1\}$；(2) $D = \{(x, y) \mid x + y < 1\}$；(3) $D = \{(x, y) \mid x - y + 1 \geqslant 0\}$；
(4) $D = \{(x, y, z) \mid x^2 + y^2 \geqslant z^2, x^2 + y^2 \neq 0\}$；(5) $D = \{(x, y, z) \mid r^2 < x^2 + y^2 + z^2 \leqslant R^2\}$.

3. $t^2 f(x, y)$.

4. 略.

5. (1) 1；(2) ln2；(3) 2；(4) 2；(5) 0；(6) 0；(7) 0；(8) 0；(9) 0.

6. 提示：使用特殊路径法.

7. (1) 极限存在且为 0；(2) 极限不存在.

8. $1, -1$, 不存在.

9. 满足 $y^2 = 2x$ 的点处间断.

10. $a = 0$.

习题 8-2

1. (1) $\dfrac{\sqrt{2}}{2} - 1, \dfrac{\pi}{4}$；(2) $36, -2, 2xy^2 - 2$；(3) 1.

2. (1) $\dfrac{\partial z}{\partial x} = \dfrac{1}{2x\sqrt{\ln(xy)}}, \dfrac{\partial z}{\partial y} = \dfrac{1}{2y\sqrt{\ln(xy)}}$；

   (2) $\dfrac{\partial s}{\partial u} = \dfrac{1}{v} - \dfrac{v}{u^2}, \dfrac{\partial s}{\partial v} = -\dfrac{u}{v^2} + \dfrac{1}{u}$；

   (3) $\dfrac{\partial z}{\partial x} = \dfrac{2}{y}\csc\dfrac{2x}{y}, \dfrac{\partial z}{\partial y} = -\dfrac{2x}{y^2}\csc\dfrac{2x}{y}$；

   (4) $\dfrac{\partial z}{\partial x} = y^2(1+xy)^{y-1}, \dfrac{\partial z}{\partial y} = (1+xy)^y\left[\ln(1+xy) + \dfrac{xy}{1+xy}\right]$；

   (5) $\dfrac{\partial u}{\partial x} = \dfrac{y}{z}x^{\left(\frac{y}{z}-1\right)}, \dfrac{\partial u}{\partial y} = \dfrac{1}{z}x^{\frac{y}{z}}\cdot\ln x, \dfrac{\partial u}{\partial z} = -\dfrac{y}{z^2}x^{\frac{y}{z}}\cdot\ln x$；

   (6) $\dfrac{\partial u}{\partial x} = \dfrac{z(x-y)^{z-1}}{1+(x-y)^{2z}}, \dfrac{\partial u}{\partial y} = -\dfrac{z(x-y)^{z-1}}{1+(x-y)^{2z}}, \dfrac{\partial u}{\partial z} = \dfrac{(x-y)^z\ln(x-y)}{1+(x-y)^{2z}}$.

3. 略.

4. 略.

5. $\dfrac{\pi}{4}$.

6. $f_x(0,0)$ 不存在，$f_y(0,0)$ 存在且为 0.

7. (1) $\dfrac{\partial^2 z}{\partial x^2} = 12x^2 - 8y^2, \dfrac{\partial^2 z}{\partial y^2} = 12y^2 - 8x^2, \dfrac{\partial^2 z}{\partial x \partial y} = -16xy$；

   (2) $\dfrac{\partial^2 z}{\partial x^2} = \dfrac{2xy}{(x^2+y^2)^2}, \dfrac{\partial^2 z}{\partial y^2} = -\dfrac{2xy}{(x^2+y^2)^2}, \dfrac{\partial^2 z}{\partial x \partial y} = \dfrac{y^2-x^2}{(x^2+y^2)^2}$；

   (3) $\dfrac{\partial^2 z}{\partial x^2} = y(y-1)x^{y-2}, \dfrac{\partial^2 z}{\partial y^2} = x^y(\ln x)^2, \dfrac{\partial^2 z}{\partial x \partial y} = x^{y-1}(1+y\ln x)$；

   (4) $\dfrac{\partial^3 u}{\partial x^2 \partial y} = 0, \dfrac{\partial^3 u}{\partial x \partial y^2} = -\dfrac{1}{y^2}$；

   (5) $\dfrac{\partial^{p+q+r} u}{\partial x^p \partial y^q \partial z^r} = (p+x)(q+y)(r+z)e^{x+y+z}$.

8. $f_{xy}(0,0) = -1, f_{yx}(0,0) = 1$.

9. $f_{xx}(0,0,1) = 2, f_{xz}(1,0,2) = 2, f_{yz}(0,-1,0) = 0, f_{zzx}(2,0,1) = 0$.

10. 略.

11. 提示：用反证法.

12. $\dfrac{\partial^2 u}{\partial x^2} = \phi''(x+y) + \phi''(x-y) + \psi'(x+y) - \psi'(x-y)$，

     $\dfrac{\partial^2 u}{\partial y^2} = \phi''(x+y) + \phi''(x-y) + \psi'(x+y) - \psi'(x-y)$，

     $\dfrac{\partial^2 u}{\partial x \partial y} = \phi''(x+y) - \phi''(x-y) + \psi'(x+y) + \psi'(x-y)$.

习题 8-3

1. $e^{\sin t - 2t^3}(\cos t - 6t^2)$.

2. $\dfrac{3(1-4t^2)}{\sqrt{1-(3t-4t^3)^2}}$.

3. $\dfrac{e^x(1+x)}{1+x^2 e^{2x}}$.

4. $e^{ax}\sin x$.

5. $\dfrac{\partial z}{\partial x}=4x,\dfrac{\partial z}{\partial y}=4y$.

6. $\dfrac{\partial z}{\partial x}=\dfrac{2x}{y^2}\ln(3x-2y)+\dfrac{3x^2}{(3x-2y)y^2},\dfrac{\partial z}{\partial y}=-\dfrac{2x^2}{y^3}\ln(3x-2y)-\dfrac{2x^2}{(3x-2y)y^2}$.

7. 略.

8. (1) $\dfrac{\partial u}{\partial x}=2xf_1'+ye^{xy}f_2',\dfrac{\partial u}{\partial y}=-2yf_1'+xe^{xy}f_2'$;

   (2) $\dfrac{\partial u}{\partial x}=\dfrac{1}{y}f_1',\dfrac{\partial u}{\partial y}=-\dfrac{x}{y^2}f_1'+\dfrac{1}{z}f_2',\dfrac{\partial u}{\partial z}=-\dfrac{y}{z^2}f_2'$;

   (3) $\dfrac{\partial z}{\partial x}=yx^{y-1}f_1'+y^x\ln yf_2',\dfrac{\partial z}{\partial y}=x^y\ln xf_1'+xy^{x-1}f_2'$;

   (4) $\dfrac{\partial u}{\partial x}=f_1'+yf_2'+yzf_3',\dfrac{\partial u}{\partial y}=xf_2'+xzf_3',\dfrac{\partial u}{\partial z}=xyf_3'$;

   (5) $\dfrac{\partial z}{\partial x}=2f(f_1'+yf_2'),\dfrac{\partial z}{\partial y}=2xff_2'$;

   (6) $\dfrac{\partial z}{\partial x}=2xyf+x^2y(2xf_1'+yf_2'),\dfrac{\partial z}{\partial y}=x^2f+x^2y(-2yf_1'+xf_2')$.

9. 略.

10. 略.

11. 51.

12. $\dfrac{\partial^2 z}{\partial x^2}=2f'+4x^2f'',\dfrac{\partial^2 z}{\partial x\partial y}=4xyf'',\dfrac{\partial^2 z}{\partial y^2}=2f'+4yf''$.

13. (1) $\dfrac{\partial^2 z}{\partial x^2}=y^2f_{11}'',\dfrac{\partial^2 z}{\partial x\partial y}=f_1'+xyf_{11}''+yf_{12}'',\dfrac{\partial^2 z}{\partial y^2}=x^2f_{11}''+2xf_{12}''+f_{22}''$;

   (2) $\dfrac{\partial^2 z}{\partial x^2}=f_{11}''+\dfrac{2}{y}f_{12}''+\dfrac{1}{y^2}f_{22}'',\dfrac{\partial^2 z}{\partial x\partial y}=-\dfrac{x}{y^2}f_{12}''-\dfrac{1}{y^2}f_2'-\dfrac{x}{y^3}f_{22}'',\dfrac{\partial^2 z}{\partial y^2}=\dfrac{2x}{y^3}f_2'+\dfrac{x^2}{y^4}f_{22}''$;

   (3) $\dfrac{\partial^2 z}{\partial x^2}=y^4f_{11}''+4xy^3f_{12}''+2yf_2'+4x^2y^2f_{22}''$;

   $\dfrac{\partial^2 z}{\partial x\partial y}=2yf_1'+2xy^3f_{11}''+5x^2y^2f_{12}''+2xf_2'+2x^3yf_{22}''$,

   $\dfrac{\partial^2 z}{\partial y^2}=2xf_1'+4x^2y^2f_{11}''+4x^3yf_{12}''+x^4f_{22}''$;

   (4) $\dfrac{\partial^2 z}{\partial x^2}=-\sin xf_1'+\cos^2 xf_{11}''+2e^{x+y}\cos xf_{13}''+e^{x+y}f_3'+e^{2(x+y)}f_{33}''$,

   $\dfrac{\partial^2 z}{\partial x\partial y}=-\cos x\sin yf_{12}''+e^{x+y}\cos xf_{13}''+e^{x+y}f_3'-e^{x+y}\sin yf_{32}''+e^{2(x+y)}f_{33}''$,

   $\dfrac{\partial^2 z}{\partial y^2}=-\cos yf_2'+\sin^2 yf_{22}''-2e^{x+y}\sin yf_{23}''+e^{x+y}f_3'+e^{2(x+y)}f_{33}''$.

习题 8-4

1. (1) $\dfrac{y^2-e^x}{\cos y-2xy}$; (2) $\dfrac{x+y}{x-y}$.

2. (1) $\dfrac{\partial z}{\partial x} = \dfrac{z}{x+z}, \dfrac{\partial z}{\partial y} = \dfrac{z^2}{y(x+z)}$;

(2) $\dfrac{\partial z}{\partial x} = -\dfrac{f_1' + f_3'}{f_2' + f_3'}, \dfrac{\partial z}{\partial y} = -\dfrac{f_1' + f_2'}{f_2' + f_3'}$;

(3) $\dfrac{\partial z}{\partial x} = \dfrac{zf_1'}{1 - xf_1' - f_2'}, \dfrac{\partial z}{\partial y} = -\dfrac{f_2'}{1 - xf_1' - f_2'}$.

3. z.

4. 略.

5. 可确定两个具有连续偏导数的隐函数 $x = x(y,z)$ 和 $y = y(x,z)$.

6. 略.

7. $\dfrac{\partial z}{\partial \xi} = 0$.

8. (1) $\dfrac{e^z}{(1-e^z)^3}$; (2) $\dfrac{2(x+z)}{(x+y)^2}$; (3) $\dfrac{2y^2 z e^z - 2xy^3 z - y^2 z^2 e^z}{(e^z - xy)^3}$; (4) $\dfrac{z(z^4 - 2xyz^2 - x^2 y^2)}{(z^2 - xy)^3}$.

9. (1) $\dfrac{dy}{dx} = -\dfrac{y(x-z)}{x(y-z)}, \dfrac{dz}{dx} = -\dfrac{z(y-x)}{x(y-z)}, \dfrac{d^2 y}{dx^2} = -\dfrac{3(x^2 + y^2 + z^2)}{x^3 (y-z)^3}$.

(2) $\dfrac{dy}{dx} = \dfrac{-x(6z+1)}{2y(3z+1)}, \dfrac{dz}{dx} = \dfrac{x}{3z+1}$. (3) $\dfrac{\partial z}{\partial x} = -\dfrac{3}{2}(x^2 - y), \dfrac{\partial z}{\partial y} = \dfrac{3}{2}x$.

(4) $\dfrac{\partial u}{\partial x} = \dfrac{\sin v}{e^u(\sin v - \cos v) + 1}, \dfrac{\partial v}{\partial x} = \dfrac{\cos v - e^u}{u[e^u(\sin v - \cos v) + 1]}; \dfrac{\partial u}{\partial y} = \dfrac{-\cos v}{e^u(\sin v - \cos v) + 1}$,

$\dfrac{\partial v}{\partial y} = \dfrac{\sin v + e^u}{u[e^u(\sin v - \cos v) + 1]}$.

(5) $\dfrac{\partial u}{\partial x} = \dfrac{-uf_1'(2yvg_2' - 1) - f_2' g_1'}{(xf_1' - 1)(2yvg_2' - 1) - f_2' g_1'}, \dfrac{\partial v}{\partial x} = \dfrac{g_1'(xf_1' + uf_1' - 1)}{(xf_1' - 1)(2yvg_2' - 1) - f_2' g_1'}$.

10. 略.

习题 8-5

1. (1) 在点 $(0,0)$ 处,$du = 0$,在点 $(1,1)$ 处,$du = -4dx - 4dy$;

(2) 在点 $(0,1)$ 处,$du = dx + 2dy$,在点 $(1,1)$ 处,$du = \dfrac{1}{2}dx + dy$;

(3) 在点 $\left(\dfrac{\pi}{4}, \dfrac{\pi}{4}\right)$ 处,$dz = dx$;

(4) 在点 $(2,1)$ 处,$dz = -\dfrac{1}{4}dx + \dfrac{1}{2}dy$.

2. (1) $dz = \left(y + \dfrac{1}{y}\right)dx + x\left(1 - \dfrac{1}{y^2}\right)dy$; (2) $dz = -\dfrac{1}{x}e^{\frac{y}{x}}\left(\dfrac{y}{x}dx - dy\right)$;

(3) $dz = -\dfrac{x}{(x^2 + y^2)^{3/2}}(ydx - xdy)$; (4) $du = yzx^{yz-1}dx + zx^{yz}\ln x dy + yx^{yz}\ln x dz$.

3. $\Delta z = e^{1.265} - e, dz = 0.25e$.

4. $dz = (2x + 2y + 3x^2 y)dx + (2x + 2y + x^3)dy$.

5. $2edx + (e+2)dy$.

6. $4dx - 2dy$.

7. $-2dx$.

8. $dz = \dfrac{2xf + x^2 f_1' - z}{x + 1 + x^2 f_1'}dx + \dfrac{2y + x^2 f_2'}{x + 1 + x^2 f_1'}dy$.

9. $f(x,y)$ 在 $(0,0)$ 处不可微.

10. $f(x,y)$ 在 $(0,0)$ 处不可微.

*11. 2.95.

*12. 2.039 3.

*13. 大约减小 5cm.

*14. 绝对误差界约为 0.124cm,相对误差界约为 0.496%.

习题 8-6

1. 切线方程为 $\dfrac{x+1-\dfrac{\pi}{2}}{1}=\dfrac{y-1}{1}=\dfrac{z-2\sqrt{2}}{\sqrt{2}}$,法平面方程为 $x+y+\sqrt{2}\,z=\dfrac{\pi}{2}+4$.

2. 切线方程为 $\dfrac{x-1}{2}=\dfrac{y-2}{2}=\dfrac{z-1}{-1}$,法平面方程为 $2x+2y-z-5=0$.

3. 切线方程为 $\dfrac{x-1}{16}=\dfrac{y-1}{9}=\dfrac{z-1}{-1}$,法平面方程为 $16x+9y-z-24=0$.

4. $y=x+1$.

5. 点为 $(-3,-1,3)$,法线方程为 $\dfrac{x+3}{1}=\dfrac{y+1}{3}=\dfrac{z-3}{1}$.

6. 提示:切平面方程化为截距式形式.

7. 切平面方程为 $x+y-2\ln 2 \cdot z=0$,法线方程为 $\dfrac{x-\ln 2}{1}=\dfrac{y-\ln 2}{1}=\dfrac{z-1}{-2\ln 2}$.

8. 切平面方程为 $ax_0 x+by_0 y+cz_0 z=1$,法线方程为 $\dfrac{x-x_0}{ax_0}=\dfrac{y-y_0}{by_0}=\dfrac{z-z_0}{cz_0}$.

9. $2x+4y-z=5$.

习题 8-7

1. 1.

2. $\dfrac{4}{\sqrt{14}}$.

3. $\dfrac{\sqrt{2}}{ab}\sqrt{a^2+b^2}$.

4. $\dfrac{6}{7}\sqrt{14}$.

5. $x_0+y_0+z_0$.

6. 提示:用方向导数和偏导数的定义.

7. $\boldsymbol{i}$ 或 $(1,0)$.

8. $(1,1,1)$.

9. 略.

10. 略.

11. 沿 $2\boldsymbol{i}-4\boldsymbol{j}+\boldsymbol{k}$ 方向导数最大,最大的方向导数为 $\sqrt{21}$.

12. 最快增长方向与 x 轴正向的夹角为 $\theta=-\dfrac{\pi}{6}$,最大增长率为 2.

习题 8-8

1. (1) 极小值为 $f(2,-2)=-8$,无极大值; (2) 极小值为 $f(3,2)=-36$,无极大值;

   (3) 极大值为 $f(a,a)=a^3$,无极小值; (4) 极小值为 $f\left(\dfrac{1}{2},-1\right)=-\dfrac{\mathrm{e}}{2}$,无极大值.

2. (1) 极大值为 $\sqrt{2}$,极小值为 $-\sqrt{2}$; (2) 极大值为 $f\left(\dfrac{1}{2},\dfrac{1}{2}\right)=\dfrac{1}{4}$; (3) 极小值为 $f\left(\dfrac{4}{5},\dfrac{3}{5},\dfrac{35}{12}\right)=\dfrac{35}{12}$,极

大值为 $f\left(-\dfrac{4}{5},-\dfrac{3}{5},\dfrac{85}{12}\right)=\dfrac{85}{12}$.

3. 极小值为 $z(9,3)=3$,极大值为 $z(-9,-3)=-3$.

4. 最大值为 $z(2,1)=4$,最小值为 $z(4,2)=-64$.

5. 最大值为 8,最小值为 0.

6. 周长最大的是等腰直角三角形.

7. 当三角形是等边三角形时面积最大.

8. 长和宽均为 2m、高为 1m 时,水箱的表面积最小.

9. $\left(\dfrac{8}{5},\dfrac{16}{5}\right)$.

10. 当矩形的边长为 $\dfrac{2p}{3}$ 和 $\dfrac{p}{3}$ 时,绕短边旋转所得圆柱体的体积最大.

11. 最大的体积为 $\dfrac{8\sqrt{3}}{9}abc$.

12. 最长距离为 $\sqrt{9+5\sqrt{3}}$,最短距离为 $\sqrt{9-5\sqrt{3}}$.

13. 3.

习题 8-9

1. $f(x,y)=5+2(x-1)^2-(x-1)(y+2)-(y+2)^2$.

2. $\sin x\sin y=\dfrac{1}{2}+\dfrac{1}{2}\left(x-\dfrac{\pi}{4}\right)+\dfrac{1}{2}\left(y-\dfrac{\pi}{4}\right)-\dfrac{1}{4}\left[\left(x-\dfrac{\pi}{4}\right)^2-2\left(x-\dfrac{\pi}{4}\right)\left(y-\dfrac{\pi}{4}\right)+\left(y-\dfrac{\pi}{4}\right)^2\right]+$

   R_2,其中 $R_2=-\dfrac{1}{6}\left[\cos\xi\sin\eta\cdot\left(x-\dfrac{\pi}{4}\right)^3+3\sin\xi\cos\eta\cdot\left(x-\dfrac{\pi}{4}\right)^2\left(y-\dfrac{\pi}{4}\right)+3\cos\xi\sin\eta\cdot\left(x-\dfrac{\pi}{4}\right)\cdot\right.$

   $\left.\left(y-\dfrac{\pi}{4}\right)^2+\sin\xi\cos\eta\cdot\left(y-\dfrac{\pi}{4}\right)^3\right]$,且有 $\xi=\dfrac{\pi}{4}+\theta\left(x-\dfrac{\pi}{4}\right),\eta=\dfrac{\pi}{4}+\theta\left(y-\dfrac{\pi}{4}\right),0<\theta<1.$

3. $e^x\ln(1+y)=y+\dfrac{1}{2!}(2xy-y^2)+\dfrac{1}{3!}(3x^2y-3xy^2+2y^3)+R_3$,其中

   $R_3=\dfrac{e^\theta}{24}\left[x^4\ln(1+\theta y)+\dfrac{4x^3y}{1+\theta y}-\dfrac{6x^2y}{(1+\theta y)^2}+\dfrac{8xy^3}{(1+\theta y)^3}-\dfrac{6y^4}{(1+\theta y)^4}\right],0<\theta<1.$

第 九 章

习题 9-1

1. $\sqrt[3]{\dfrac{3}{2}}$.

2. $I_3>I_2>I_1$.

3. (1) $\dfrac{3}{4}$;(2) $\dfrac{1}{3}e^3+\dfrac{5}{3}$;(3) $\dfrac{1}{40}$;(4) $\dfrac{16}{5}$;(5) $\dfrac{120}{7}$;(6) $\dfrac{13}{6}$;(7) $\dfrac{9}{4}$;(8) $e-e^{-1}$;(9) $\dfrac{1\,066}{315}$.

4. (1) $\displaystyle\int_0^1 dx\int_{x^2}^x f(x,y)dy$;(2) $\displaystyle\int_1^2 dy\int_{\sqrt{y}}^y f(x,y)dx+\int_2^4 dy\int_{\sqrt{y}}^2 f(x,y)dx$;(3) $\displaystyle\int_0^1 dx\int_{e^x}^e f(x,y)dy$;

   (4) $\displaystyle\int_a^{2a}dy\int_{\frac{y^2}{2a}}^{2a}f(x,y)dx+\int_0^a dy\int_{\frac{y^2}{2a}}^{a-\sqrt{a^2-y^2}}f(x,y)dx+\int_0^a dy\int_{a+\sqrt{a^2-y^2}}^{2a}f(x,y)dx$;

   (5) $\displaystyle\int_{-\sqrt{2}}^0 dy\int_{y+2}^2 f(x,y)dx+\int_{-2}^{-\sqrt{2}}dy\int_{y+2}^{4-y^2}f(x,y)dx$;(6) $\displaystyle\int_0^1 dy\int_y^{\frac{3-y}{2}}f(x,y)dx$.

5. (1) $\displaystyle\int_0^{\frac{\pi}{4}}d\theta\int_0^{\sec\theta}f(r\cos\theta,r\sin\theta)r\,dr+\int_{\frac{\pi}{4}}^{\frac{\pi}{2}}d\theta\int_0^{\csc\theta}f(r\cos\theta,r\sin\theta)r\,dr$;

   (2) $\displaystyle\int_{\frac{\pi}{4}}^{\frac{\pi}{3}}d\theta\int_0^{2\sec\theta}f(r)r\,dr$;

(3) $\int_0^{\frac{\pi}{2}} \mathrm{d}\theta \int_{\frac{1}{\cos\theta+\sin\theta}}^1 f(r\cos\theta, r\sin\theta)r\mathrm{d}r$;

(4) $\int_0^{\frac{\pi}{4}} \mathrm{d}\theta \int_{\sec\theta\tan\theta}^{\sec\theta} f(r\cos\theta, r\sin\theta)r\mathrm{d}r$.

6. (1) $\dfrac{256}{9}$; (2) $\dfrac{3\pi^2}{64}$; (3) $-6\pi^2$; (4) $\dfrac{\pi}{4}(2\ln 2-1)$; (5) $\pi(e^4-1)$; (6) $\dfrac{\pi}{8}(\pi-2)$; (7) $-\dfrac{8}{3}$.

7. (1) 8π; (2) $\dfrac{1}{2}\pi ab$; (3) $\dfrac{7}{3}\ln 2$; (4) $\dfrac{1}{2}\sin 1$; (5) $\dfrac{\pi^4}{3}$.

8. (1) $\dfrac{9}{8}$; (2) $\sqrt{2}-1$; (3) $(b-a)\dfrac{\ln q-\ln p}{2}$; (4) $\dfrac{5}{4}\pi a^2$.

9. (1) $\dfrac{5}{6}$; (2) $\dfrac{88}{105}$.

10. $e-1$.

11. 提示：用换元法.

习题 9-2

1. (1) $\int_0^1 \mathrm{d}x \int_0^{1-x} \mathrm{d}y \int_0^{xy} f(x,y,z)\mathrm{d}z$; (2) $\int_0^{\frac{\sqrt{15}}{4}} \mathrm{d}x \int_0^{\sqrt{\frac{15}{16}-x^2}} \mathrm{d}y \int_{\frac{1}{4}}^{\sqrt{1-x^2-y^2}} f(x,y,z)\mathrm{d}z$;

(3) $\int_0^1 \mathrm{d}x \int_0^{\sqrt{1-x^2}} \mathrm{d}y \int_0^{\frac{xy}{c}} f(x,y,z)\mathrm{d}z$; (4) $\int_{-1}^1 \mathrm{d}x \int_{x^2}^1 \mathrm{d}y \int_0^{x^2+y^2} f(x,y,z)\mathrm{d}z$.

2. (1) $\dfrac{3}{2}$; (2) $\dfrac{1}{24}$; (3) $\dfrac{1}{2}\ln 2-\dfrac{5}{16}$; (4) $\dfrac{28}{45}$; (5) $\dfrac{1}{364}$; (6) $\dfrac{\pi}{4}a^2b^2$; (7) $\dfrac{4\pi}{15}$; (8) $\dfrac{\pi}{4}h^4$; (9) 0; (10) 0.

3. (1) $\dfrac{512}{3}\pi$; (2) 1; (3) $\dfrac{\pi}{12}$; (4) $\dfrac{8}{9}a^2$; (5) $\dfrac{16}{15}\pi(4-\sqrt{2})$; (6) $\dfrac{8\pi}{5}$; (7) $\dfrac{4\pi}{15}(A^5-a^5)$; (8) $\dfrac{1}{5}\pi a^4(8-\sqrt{2})$.

4. (1) $\dfrac{\pi a^3 b}{2}$; (2) $\dfrac{4}{5}\pi abc$.

5. (1) $\dfrac{22}{3}$; (2) $\dfrac{\pi a^3}{6}$; (3) $\dfrac{128}{3}$; (4) $\dfrac{2\pi}{3}(a^3-b^3)$.

习题 9-3

1. (1) $\dfrac{2\pi}{3}(2\sqrt{2}-1)$; (2) $\sqrt{2}\pi$; (3) $\dfrac{8\pi}{3}(2\sqrt{2}-1)$; (4) $2\sqrt{3}$.

2. $\left(\dfrac{35}{48}, \dfrac{35}{54}\right)$.

3. $\left(\pi a, \dfrac{5a}{6}\right)$.

4. $\left(0, 0, \dfrac{2}{3}\right)$.

5. $\left(0, 0, \dfrac{2a}{5}\right)$.

6. $\dfrac{368}{105}$.

7. (1) $\dfrac{\pi}{2}\rho R^4 H$; (2) $\dfrac{\pi}{12}\rho R^2 H^3 + \dfrac{\pi}{4}\rho R^4 H$.

8. $I_{xy}=\dfrac{\pi\rho}{5}a^5,\ I_{yz}=\dfrac{\pi\rho}{20}a^5,\ I_{xz}=\dfrac{\pi\rho}{20}a^5$.

第 十 章

习题 10-1

1. (1) $2\pi a^{n+1}$；(2) π；(3) $\frac{1}{12}(5\sqrt{5}-1)$；(4) $\sqrt{2}$；(5) $e^a\left(2+\frac{\pi a}{4}\right)-2$；(6) $\frac{\sqrt{3}}{2}(1-e^{-2})$；(7) 9.

2. (1) $I_x=\int_L y^2\rho(x,y)\mathrm{d}s,\ I_y=\int_L x^2\rho(x,y)\mathrm{d}s$；

   (2) $\bar{x}=\dfrac{M_y}{m}=\dfrac{\int_L x\rho(x,y)\mathrm{d}s}{\int_L \rho(x,y)\mathrm{d}s},\ \bar{y}=\dfrac{M_x}{m}=\dfrac{\int_L y\rho(x,y)\mathrm{d}s}{\int_L \rho(x,y)\mathrm{d}s}.$

3. $I_x=R^3(\alpha-\sin\alpha\cos\alpha),\ \left(\dfrac{R\sin\alpha}{\alpha},0\right).$

4. $\left(\dfrac{6ab^2}{3a^2+4\pi^2b^2},\dfrac{-6\pi ab^2}{3a^2+4\pi^2b^2},\dfrac{3\pi b(a^2+2\pi^2b^2)}{3a^2+4\pi^2b^2}\right),\ \dfrac{2}{3}\pi a^2\sqrt{a^2+b^2}\,(3a^2+4\pi^2b^2).$

5. $12a$.

6. $\dfrac{-\pi}{3}$.

习题 10-2

1. (1) $\frac{4}{3}R^3$；(2) πR^3；(3) $-\frac{2}{5}$；(4) -2π；(5) $\frac{\pi^3 b^3}{3}-\pi a^2$；(6) $\frac{\sqrt{2}\pi}{16}$；(7) 13；(8) $\frac{1}{2}$.

2. (1) 31；(2) 31；(3) 31.

3. $\frac{k}{2}(a^2-b^2)$.

4. π.

5. $\frac{\sqrt{2}\pi}{2}$.

6. $X=\dfrac{a}{\sqrt{3}},Y=\dfrac{b}{\sqrt{3}},Z=\dfrac{c}{\sqrt{3}}$ 时功最大，最大功为 $\dfrac{\sqrt{3}\,abc}{9}$.

7. (1) $\dfrac{\sqrt{2}}{2}\int_L[P(x,y)+Q(x,y)]\mathrm{d}s$；(2) $\int_L\dfrac{1}{\sqrt{1+4x^2}}[P(x,y)+2xQ(x,y)]\mathrm{d}s$；

   (3) $\int_L[\sqrt{2x-x^2}\,P(x,y)+(1-x)Q(x,y)]\mathrm{d}s$.

8. $\int_\Gamma\dfrac{P+2xQ+3yR}{\sqrt{1+4x^2+9y^2}}\mathrm{d}s.$

习题 10-3

1. (1) $\frac{3\pi}{8}ab$；(2) $6\pi a^2$.

2. (1) 18π；(2) $4(\ln3-1)$；(3) $\frac{5\pi}{4}-e+e^{-1}$；(4) $\frac{\pi^2}{4}$.

3. $\frac{\pi}{2}-4$.

4. $2\pi+24$.

5. $-\pi$.

6. π.

7. (1) $\dfrac{5}{2}$；(2) 236；(3) 5.

8. (1) $\dfrac{1}{2}x^2+2xy+\dfrac{1}{2}y^2$；(2) $-\sin3y\cos2x$；(3) x^2y；(4) $x^3y+4x^2y^2+12(ye^y-e^y+1)$；

(5) $y^2\sin x+x^2\cos y$.

9. 提示：$\dfrac{\partial P}{\partial y}=\dfrac{\partial Q}{\partial x}=\dfrac{-3xy}{(\sqrt{x^2+y^2})^5}$.

10. $I(t)=t+e^{2-t}$，最小值为 $I(2)=3$.

习题 10-4

1. 当 Σ 是 xOy 面内的一个平面闭区域时，$\displaystyle\iint_{\Sigma}f(x,y,z)\mathrm{d}S=\iint_{\Sigma}f(x,y,0)\mathrm{d}x\,\mathrm{d}y$.

2. (1) $\dfrac{2(6\sqrt{3}+1)}{15}\pi$；(2) $\dfrac{\sqrt{3}}{2}(2\ln2-1)$；(3) $2\pi R(\ln R-\ln h)$；(4) $\dfrac{\sqrt{3}}{120}$.

3. (1) $\dfrac{13}{3}\pi$；(2) $\dfrac{149}{30}\pi$；(3) $\dfrac{111}{10}\pi$.

4. (1) $\dfrac{25\sqrt{5}+31}{60}\pi$；(2) 9π.

5. 64.

6. $I_x=\displaystyle\iint_{\Sigma}(y^2+z^2)\rho(x,y,z)\mathrm{d}S$；$I_y=\displaystyle\iint_{\Sigma}(x^2+z^2)\rho(x,y,z)\mathrm{d}S$；$I_z=\displaystyle\iint_{\Sigma}(x^2+y^2)\rho(x,y,z)\mathrm{d}S$.

7. $\dfrac{4}{3}\pi R^4$.

8. $\dfrac{4\sqrt{3}}{3}$.

习题 10-5

1. $\displaystyle\iint_{\Sigma}f(x,y,z)\mathrm{d}x\,\mathrm{d}y=\iint_{D_{xy}}f(x,y,0)\mathrm{d}x\,\mathrm{d}y$.

2. (1) $\dfrac{32}{3}$；(2) $\dfrac{2\pi}{105}$；(3) -2π；(4) $\dfrac{2\pi}{3}$；(5) $\dfrac{1}{8}$.

3. $\displaystyle\iint_{\Sigma}\boldsymbol{A}\cdot\mathrm{d}\boldsymbol{S}=\iint_{\Sigma}(\boldsymbol{A}\cdot\boldsymbol{n})\mathrm{d}S$.

4. (1) $\dfrac{1}{5}\displaystyle\iint_{\Sigma}[3P(x,y,z)+2Q(x,y,z)+2\sqrt{3}R(x,y,z)]\mathrm{d}S$；

(2) $\displaystyle\iint_{\Sigma}\dfrac{1}{\sqrt{1+4x^2+y^2}}[2xP(x,y,z)+yQ(x,y,z)+R(x,y,z)]\mathrm{d}S$.

5. $\dfrac{-1}{2}$.

6. $\dfrac{14\pi}{3}$.

习题 10-6

1. (1) $-4\pi R^3$；(2) 81π；(3) $\dfrac{1}{3}a^5+a^3$；(4) $\dfrac{2}{5}\pi a^5$；(5) $-\dfrac{9}{2}\pi$；(6) $\dfrac{1}{2}$；(7) 2π；(8) $\dfrac{5}{3}\pi$；
(9) -4π；(10) $\dfrac{-1}{2}\pi h^4$.

2. 4π.

3. (1) 0；(2) $a^3\left(2-\dfrac{1}{6}a^2\right)$；(3) $8\sqrt{2}\pi$.

4. (1) $3x^2+3y^2+3z^2$；(2) $6xyz$；(3) 2.

5. $\dfrac{2}{3}$.

6. 提示：取液面为 xOy 面，z 轴铅直向上. 利用高斯公式计算各压力分量，得 $F_x=0,F_y=0,F_z=\rho g V$，故合力为 $\boldsymbol{F}=\rho g V\boldsymbol{k}$.

习题 10-7

1. (1) 1；(2) $\sqrt{3}\pi R^2$；(3) $-2\pi a(a+b)$；(4) -9π.

2. 0.

3. (1) $4\boldsymbol{i}+5\boldsymbol{j}+3\boldsymbol{k}$；(2) $\boldsymbol{0}$；(3) $\boldsymbol{i}+\boldsymbol{j}$.

4. (1) 2π；(2) 12π.

5. 略.

6. 略.

第 十 一 章

习题 11-1

1. (1) $\dfrac{1}{2}$；(2) 1；(3) $1-\sqrt{2}$；(4) $-\dfrac{4}{9}$；(5) $\dfrac{13}{24}$.

2. (1) 收敛；(2) 发散；(3) 发散；(4) 发散；(5) 收敛；(6) 发散；(7) 发散；(8) 收敛.

3. $\dfrac{\pi^2}{8}$.

习题 11-2

1. (1) 收敛；(2) 收敛；(3) 发散；(4) 当 $a>1$ 时收敛，当 $0<a\leqslant 1$ 时发散；(5) 发散；(6) 收敛.

2. 提示：结合不等式放缩及比较判别法.

3. (1) 收敛；(2) 收敛；(3) 收敛；(4) 发散；(5) $0<a<e$ 时收敛，$a\geqslant e$ 时发散；(6) 发散.

4. (1) 发散；(2) 发散；(3) 收敛；(4) 发散.

5. (1) 发散；(2) 收敛；(3) 发散；(4) 收敛；(5) 收敛；(6) 收敛；(7) 收敛；(8) 发散；
(9) 当 $a\geqslant 1$ 时发散，当 $a<1$ 时收敛；(10) 当 $b<a$ 时收敛，当 $b>a$ 时发散，当 $b=a$ 时敛散性不能确定.

6. (1) 绝对收敛；(2) 条件收敛；(3) 条件收敛；(4) 绝对收敛；(5) 条件收敛；(6) 绝对收敛.

7. 提示：结合正项级数的比较判别法以及级数收敛的定义.

习题 11-3

1. 2,e；2,e；$-2,-1,0,\dfrac{1}{e}$；1.

2. (1) $\left(-\dfrac{1}{10},\dfrac{1}{10}\right)$; (2) $\{0\}$; (3) $\left[-\dfrac{1}{2},\dfrac{1}{2}\right)$; (4) $\left[-\dfrac{1}{3},\dfrac{1}{3}\right]$; (5) $(-4,4)$; (6) $\left[-\dfrac{1}{3},\dfrac{1}{3}\right)$;

(7) $[2,4)$; (8) $\left[-\dfrac{7}{2},-\dfrac{5}{2}\right)$; (9) $(-\infty,+\infty)$; (10) $(-\sqrt{2},\sqrt{2})$; (11) $(-2,2)$; (12) $[-1,1]$.

3. (1) $\dfrac{2}{2-x}$, $-2<x<2$; (2) $\dfrac{1}{2}\ln\dfrac{1+x}{1-x}$, $-1<x<1$; (3) $\dfrac{1}{(1-x)^3}$, $-1<x<1$;

(4) $\dfrac{2+x^2}{(2-x^2)^2}$, $-\sqrt{2}<x<\sqrt{2}$, $S(1)=3$.

习题 11-4

1. (1) $\sqrt{3}\displaystyle\sum_{n=0}^{\infty}\dfrac{\left(\dfrac{\ln 3}{2}\right)^n}{n!}x^n$, $x\in(-\infty,+\infty)$; (2) $1+\displaystyle\sum_{n=1}^{\infty}\dfrac{(-1)^n 2^{2n-1}x^{2n}}{(2n)!}$, $-\infty<x<+\infty$;

(3) $x+\displaystyle\sum_{n=1}^{\infty}\dfrac{(-1)^{n-1}}{n(n+1)}x^{n+1}$, $-1<x\leqslant 1$; (4) $\displaystyle\sum_{n=0}^{\infty}(2^n-1)x^n$, $-\dfrac{1}{2}<x<\dfrac{1}{2}$;

(5) $\displaystyle\sum_{n=1}^{\infty}(-1)^{n-1}nx^{2n-1}$, $-1<x<1$; (6) $\displaystyle\sum_{n=0}^{\infty}(-1)^n\dfrac{x^{2n+2}}{2n+1}$, $x\in[-1,1]$.

2. (1) $\ln 3+\displaystyle\sum_{n=1}^{\infty}\dfrac{(-1)^{n-1}}{3^n\cdot n}(x-3)^n$, $0<x\leqslant 6$;

(2) $\dfrac{1}{2}\displaystyle\sum_{n=0}^{\infty}(-1)^n\left[\dfrac{1}{(2n)!}\left(x+\dfrac{\pi}{3}\right)^{2n}+\dfrac{\sqrt{3}}{(2n+1)!}\left(x+\dfrac{\pi}{3}\right)^{2n+1}\right]$, $-\infty<x<+\infty$;

(3) $-\dfrac{1}{5}\displaystyle\sum_{n=0}^{\infty}\left[\dfrac{1}{4^{n+1}}+(-1)^n\right](x+1)^n$, $-2<x<0$; (4) $\displaystyle\sum_{n=1}^{\infty}(-1)^{n+1}\dfrac{n}{2^{n+1}}(x-2)^{n-1}$, $0<x<4$.

3. $f^{(2n)}(0)=\dfrac{(-1)^n}{[2(n+1)]!}(2n)!$, $f^{(2n+1)}(0)=0$, $n=0,1,2,\cdots$; $f^{(6)}(0)=-\dfrac{1}{56}$, $f^{(7)}(0)=0$.

4. (1) 25.099 8; (2) 0.366 7; (3) 0.939 69.

5. (1) 0.494; (2) 0.487.

6. 3.141 6.

习题 11-5

1. $S(-\pi)=0$, $S\left(-\dfrac{\pi}{2}\right)=\dfrac{\pi}{4}$, $S(0)=-\dfrac{\pi}{2}$, $S\left(\dfrac{\pi}{4}\right)=-\dfrac{\pi}{4}$, $S\left(\dfrac{\pi}{2}\right)=\dfrac{\pi}{4}$, $S(\pi)=0$, $S\left(\dfrac{3\pi}{2}\right)=\dfrac{\pi}{4}$,

$S\left(\dfrac{17\pi}{4}\right)=-\dfrac{\pi}{4}$.

2. (1) $f(x)=\dfrac{1}{4}\pi-\dfrac{1}{2}+\dfrac{1}{\pi}\displaystyle\sum_{n=1}^{\infty}\left[\dfrac{1}{n^2}[(-1)^n-1]\cos nx+\dfrac{1}{n}[1-(-1)^n+\pi(-1)^{n+1}]\sin nx\right]$,

$x\neq k\pi$, $k=0,\pm 1,\pm 2,\cdots$; 当 $x=2k\pi$, $k=0,\pm 1,\pm 2,\cdots$ 时, 傅里叶级数收敛到 $-\dfrac{1}{2}$;

当 $x=(2k-1)\pi$, $k=\pm 1,\pm 2,\cdots$ 时, 傅里叶级数收敛到 $\dfrac{\pi-1}{2}$.

(2) $f(x)=1+\displaystyle\sum_{n=1}^{\infty}(-1)^{n+1}\dfrac{2}{n}\sin nx$, $x\neq(2k+1)\pi$, $k=0,\pm 1,\pm 2,\cdots$;

当 $x=(2k+1)\pi$, $k=0,\pm 1,\pm 2,\cdots$ 时, 傅里叶级数收敛到 1.

(3) $f(x)=\dfrac{1}{2}+\dfrac{\pi^2}{6}+\displaystyle\sum_{n=1}^{\infty}\left\{\dfrac{(-1)^n 2}{n^2}\cos nx+\left[\left(1+\dfrac{2}{n^2}\right)\dfrac{(-1)^n-1}{n\pi}+\dfrac{\pi}{n}(-1)^{n+1}\right]\sin nx\right\}$, $x\neq k\pi$,

$k=0,\pm 1,\pm 2,\cdots$; 当 $x=2k\pi$, $k=0,\pm 1,\pm 2,\cdots$ 时, 傅里叶级数收敛到 $\dfrac{1}{2}$;

当 $x=(2k-1)\pi,k=\pm1,\pm2,\cdots$ 时,傅里叶级数收敛到 $\dfrac{\pi^2+1}{2}$.

(4) $f(x)=\dfrac{e^\pi-e^{-\pi}+2\pi}{2\pi}+\dfrac{e^\pi-e^{-\pi}}{\pi}\sum\limits_{n=1}^{\infty}\dfrac{(-1)^n}{1+n^2}(\cos nx-n\sin nx)$, $x\neq(2k+1)\pi,k=0,\pm1,\pm2,\cdots$;

当 $x=(2k+1)\pi,k=0,\pm1,\pm2,\cdots$ 时,傅里叶级数收敛到 $\dfrac{e^\pi+e^{-\pi}+2}{2}$.

3. (1) $f(x)=\dfrac{\pi}{2}+\dfrac{4}{\pi}\sum\limits_{n=1}^{\infty}\dfrac{\cos(2n-1)x}{(2n-1)^2}$, $-\pi\leqslant x<\pi$;

(2) $f(x)=\dfrac{\pi}{4}+\sum\limits_{n=1}^{\infty}\left[\dfrac{(-1)^n-1}{n^2\pi}\cos nx+\dfrac{5(-1)^{n-1}}{n}\sin nx\right]$, $-\pi<x<\pi$;在 $x=-\pi$ 处,傅里叶级数收敛到 $\dfrac{\pi}{2}$.

4. $f(x)=1-x^2=1-\dfrac{\pi^2}{3}+\sum\limits_{n=1}^{\infty}\dfrac{4(-1)^{n+1}}{n^2}\cos nx$, $x\in[-\pi,\pi]$; $\sum\limits_{n=1}^{\infty}\dfrac{(-1)^{n-1}}{n^2}=\dfrac{\pi^2}{12}$.

习题 11-6

1. $f(x)=\dfrac{2}{\pi}\sum\limits_{n=1}^{\infty}(-1)^{n-1}\left[\dfrac{\sin(2n-1)x}{(2n-1)^2}+\dfrac{\pi}{2n}\sin 2nx\right]$, $x\neq\left(k+\dfrac{1}{2}\right)\pi,k=0,\pm1,\pm2,\cdots$.

当 $x=\left(k+\dfrac{1}{2}\right)\pi,k=0,\pm2,\pm4,\pm6,\cdots$ 时,傅里叶级数收敛到 $\dfrac{\pi}{4}$;当 $x=\left(k+\dfrac{1}{2}\right)\pi,k=\pm1,\pm3,\pm5,\cdots$ 时,傅里叶级数收敛到 $-\dfrac{\pi}{4}$.

2. $f(x)=\pi^2+1+12\sum\limits_{n=1}^{\infty}\dfrac{(-1)^n}{n^2}\cos nx$, $-\infty<x<+\infty$.

3. $f(x)=\sum\limits_{n=1}^{\infty}(-1)^n\left(\dfrac{12}{n^3}-\dfrac{2\pi^2}{n}\right)\sin nx$, $-\pi<x<\pi$;当 $x=-\pi$ 时,级数收敛到 0.

4. $\cos\dfrac{x}{2}=\dfrac{2}{\pi}+\dfrac{4}{\pi}\sum\limits_{n=1}^{\infty}(-1)^{n+1}\dfrac{1}{4n^2-1}\cos nx$, $-\pi\leqslant x\leqslant\pi$.

5. $f(x)=\sum\limits_{n=1}^{\infty}\dfrac{1}{n}\sin nx$, $0<x\leqslant\pi$;当 $x=0$ 时级数收敛到 0.

6. $f(x)=\dfrac{4}{\pi}\sum\limits_{n=1}^{\infty}\dfrac{1}{n^2}\sin\dfrac{n\pi}{2}\sin nx$, $f(x)=\dfrac{\pi}{4}+\dfrac{2}{\pi}\sum\limits_{n=1}^{\infty}\dfrac{1}{n^2}\left[2\cos\dfrac{n\pi}{2}-1-(-1)^n\right]\cos nx$.

习题 11-7

1. (1) $f(x)=-\dfrac{1}{2}+\sum\limits_{n=1}^{\infty}\left\{\dfrac{6}{n^2\pi^2}[1-(-1)^n]\cos\dfrac{n\pi x}{3}+\dfrac{6}{n\pi}(-1)^{n+1}\sin\dfrac{n\pi x}{3}\right\}$, $x\neq3(2k-1),k=0,\pm1,\pm2,\cdots$.

(2) $f(x)=\dfrac{11}{12}+\sum\limits_{n=1}^{\infty}\dfrac{(-1)^{n+1}}{n^2\pi^2}\cos 2n\pi x$, $-\infty<x<\infty$.

2. (1) $f(x)=\sum\limits_{n=1}^{\infty}\dfrac{2}{n\pi}\left(1-\cos\dfrac{n\pi}{2}\right)\sin n\pi x$, $f(x)=\dfrac{1}{2}+\dfrac{2}{\pi}\sum\limits_{n=1}^{\infty}\dfrac{(-1)^{n+1}}{2n-1}\cos(2n-1)\pi x$;

(2) $f(x)=\dfrac{10}{\pi}\sum\limits_{n=1}^{\infty}\dfrac{(-1)^n}{n}\sin\dfrac{n\pi}{5}x$, $f(x)=-\dfrac{5}{2}+\dfrac{20}{\pi^2}\sum\limits_{n=1}^{\infty}\dfrac{1}{(2n-1)^2}\cos\dfrac{(2n-1)\pi x}{5}$.

3. 提示:周期函数在任何长度为一个周期的区间上的积分相等.

4. $f(x)=\sum\limits_{n=-\infty}^{\infty}(-1)^n\dfrac{e-e^{-1}}{2}\dfrac{1-n\pi i}{1+n^2\pi^2}\cdot e^{in\pi x}$, $x\neq2k+1,k\in\mathbf{Z}$.

参考文献

[1] 同济大学数学系.高等数学[M].7 版.北京:高等教育出版社,2014.

[2] 四川大学数学学院高等数学教研室.高等数学[M].5 版.北京:高等教育出版社,2020.

[3] 刘新国.高等数学(修订版)[M].东营:中国石油大学出版社,2011.

[4] 华东师范大学数学科学学院.数学分析[M].5 版.北京:高等教育出版社,2019.

[5] 杨孔庆.高等数学[M].北京:高等教育出版社,2016.

[6] 许艾珍.高等数学实用教程[M].北京:高等教育出版社,2017.

[7] 罗蕴玲,李乃华,安建业,等.高等数学及其应用[M].北京:高等教育出版社,2016.

[8] 唐晓文.高等数学[M].北京:高等教育出版社,2018.

[9] 但琦.高等数学军事应用案例[M].北京:国防工业出版社,2018.

[10] WEIR,HASS,GIORDANO.托马斯微积分[M].11 版.北京:高等教育出版社,2016.

[11] JAMES STEWART.微积分[M].7 版.北京:高等教育出版社,2014.

[12] 杨军.工科数学案例与练习[M].南京:南京大学出版社,2013.

[13] 沈跃云,马怀远.应用高等数学[M].3 版.北京:高等教育出版社,2019.

[14] 宣明.应用高等数学(工科类)[M].北京:国防工业出版社,2014.

[15] 史彦龙,虞峰.应用高等数学(医药类)[M].杭州:浙江科学技术出版社,2016.

[16] 李心灿.高等数学应用 205 例[M].北京:高等教育出版社,1997.

[17] 吴炯圻,林培榕.数学思想方法——创新与应用能力的培养[M].2 版.厦门:厦门大学出版
     社,2009.

[18] 王章雄.数学的思维与智慧[M].北京:中国人民大学出版社,2011.

[19] 王宪昌.数学思维方法[M].2 版.北京:人民教育出版社,2010.

[20] 莫里斯·克莱因.古今数学思想[M].上海:上海科学技术出版社,2014.

[21] 张天德.高等数学(慕课版)[M].北京:人民邮电出版社,2020.

[22] 赵静,但琦.数学建模与数学实验[M].5 版.北京:高等教育出版社,2020.